新世紀科技叢書

普通物理 下

陳龍英
郭明賢 著

三民書局

國家圖書館出版品預行編目資料

普通物理(下) / 陳龍英,郭明賢著.－－初版三刷.－
－臺北市：三民，2008
面； 公分.－－(新世紀科技叢書)
ISBN 957－14－4062－0 （上冊：平裝）
ISBN 957－14－4237－2 （下冊：平裝）

1.物理學

330   93012849

© 普通物理(下)

著作人	陳龍英　郭明賢
發行人	劉振強
著作財產權人	三民書局股份有限公司 臺北市復興北路386號
發行所	三民書局股份有限公司 地址／臺北市復興北路386號 電話／(02)25006600 郵撥／0009998－5
印刷所	三民書局股份有限公司
門市部	復北店／臺北市復興北路386號 重南店／臺北市重慶南路一段61號

初版一刷　2005年2月
初版三刷　2008年1月
編　號　S 331830
定　價　新臺幣520元

行政院新聞局登記證局版臺業字第〇二〇〇號

有著作權‧不准侵害

ISBN　957－14－4237－2　（下冊：平裝）

http://www.sanmin.com.tw　三民網路書店

編 輯大意

一、 本書係遵照教育部技職體系一貫課程之四年制科技院校一般科目「普通物理」教學綱要編寫而成，適合四年制科技院校物理教學之需要。

二、 本書分上、下兩冊，足供第一學年上、下學期每週三小時授課之需。如上課時數不足，教師可酌量重點說明，不需全部解說。有※之章節可選擇教學。

三、 本書之取材與編寫著重物理觀念之闡明，使學生能具備正確的物理學基本知識，培養學生吸收科技知識的潛力。並利用已學習的數學工具，解決簡單、有趣、實用的物理問題，增進學生對各種問題的分析、解決能力，滿足學生的求知慾望，以配合將來工作的需要，並解決日常生活上的有關問題。

四、 本書文字力求簡潔，所用名詞，以國立編譯館編訂的物理學名詞為主，並參酌近年來編譯館新編訂的重要刊物（如科學名詞、高中物理等）為輔。在專有名詞第一次出現或主要敘述的章節中皆附有英文原名，並在書後附有中英名詞索引方便檢索。重要說明、敘述和向量並以黑體字或其他特殊字型排印。本書使用的單位為國際標準制（SI 制），而其他單位使用很少。

五、 本書對於公式的推導，已儘可能利用學生已習得的數學工具，如有部分學生尚未習得的數學，尚請教師擇要加以說明或省略跳過。

六、 本書例題取材難易並列，教師可酌量取捨。

七、 本書各章後附有習題，供學生複習之用。因題數眾多，教師可參酌適量勾選。

八、 本書另編有教師手冊（習題解答）供教師教學之參考。

九、 本書雖經細心編寫，並多次校對，然疏誤之處難免，尚祈教師、讀者多所指正。

普通物理（下）

目　次

編輯大意

第18章　電磁感應、電磁振盪與馬克士威方程式　189

第 25 章　近代物理簡介　413

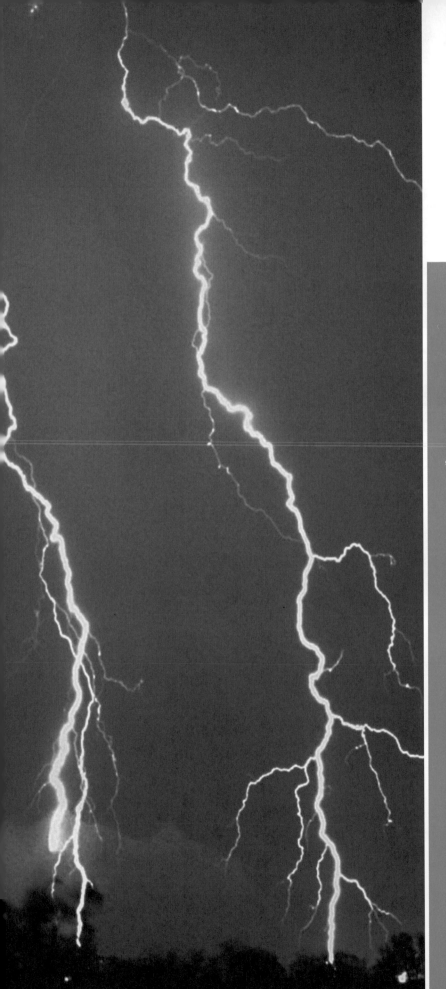

13

電荷、電力與電場

■ 本章學習目標

學完這章後，您應該能夠

1. 知道有兩種電荷存在，並知道其同性相斥，異性相吸。

2. 知道有電子、質子及中子等三種次原子質點，並知道其具有的質量及電量。

3. 分辨導體、半導體及絕緣體。

4. 藉由接觸或感應起電的過程以及應用驗電器來決定未知電荷的特性。

5. 敘述庫侖定律，並加以計算點電荷間的作用力。

6. 明瞭電場的意義，並計算點電荷以及連續電荷所建立的電場。

7. 利用電力線來表示電場的方向及強度。

8. 知道電通量的定義。

9. 瞭解高斯定律的內涵並加以應用。

10. 明瞭並計算帶電質點在電場中的運動。

在自然界中，較容易被人們所察覺出來的基本作用力，除了在第 4 章所討論的萬有引力之外，就算是電磁力 (electromagnetic force) 了。電與磁的現象之間，事實上有極為密切的關係，這是因為不論是電的效應或是磁的效應，都肇因於一種稱為電 (electricity) 的特性所造成的。研究與靜止的電有關的知識，我們稱為靜電學 (electrostatics)，而研究與運動中的電有關的知識，我們稱為電磁學 (electromagnetism)。在本章中，我們將介紹此一新的名詞──電、電力及電場。

13-1　電的本性

電 (electricity) 雖然在近代才開始廣泛的為人們利用，但遠在西元前 600 年希臘人就已知道摩擦過的琥珀可以吸引稻草和某些細小的物體。琥珀古希臘字是 elektron，電的名稱即由此而來。

現在我們敘述一些物理現象來說明電的存在。假使我們用絲絹摩擦玻璃棒後，用一條絲線將此棒懸空吊起，再用絲絹摩擦另一根玻璃棒，然後將此棒靠近懸空的玻璃棒，我們發現兩根玻璃棒互相推斥，如圖 13-1 (a)所示。若改用毛皮摩擦兩根塑膠棒，重覆上述步驟，我們發現兩根塑膠棒也是互相推斥。

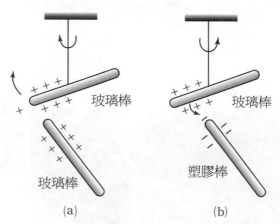

▲圖 13-1　(a)兩根用絲絹摩擦過的玻璃棒，互相排斥；
　　　　　　(b)絲絹摩擦過的玻璃棒和毛皮摩擦過的塑膠棒互相吸引。

　　但若將絲絹摩擦過的玻璃棒和毛皮摩擦過的塑膠棒接近，則我們發現，二者互相吸引，如圖 13–1 (b) 所示。此吸引的力，可比物體間的萬有引力大得多。

　　用各種的物體作此相同的實驗，我們發現相同的物體用相同的方法摩擦，則這些物體將會互相推斥。而相異的物體間則可能會互相吸引，也可能互相推斥，隨各種物體的本性和所用方法的不同而有分別。像這樣用毛皮摩擦塑膠棒或用絲絹摩擦玻璃棒，使塑膠棒和玻璃棒產生相斥或相吸的作用，我們稱為起電 (electrification) 或帶電。若物體用摩擦的方法而帶電，則稱為摩擦起電 (friction electrification)。此類因起電作用而具吸引或排斥作用的物體，稱為帶電體 (charged body)，或說該物體帶有電荷（electric charge 或簡寫為 charge）。

　　由前述的實驗我們知道帶電的物體所帶的電可歸納為兩類，一種是玻璃棒所帶的電，由傳統的習慣，我們稱此種電為正電荷 (positive charge)，另一種是塑膠棒所帶的電，則稱為負電荷 (negative charge)。正電荷又稱為陽電荷，負電荷又稱為陰電荷。任何兩帶同性電荷的物體間互相推斥，任何兩帶異性電荷的物體間則互相吸引。在我們生存的世界中，我們發現任何物體，或者帶正電，或者帶負電，或者不帶電，而沒有發現第三種「電」的存在。

　　一塑膠棒在和毛皮摩擦之後，與一懸掛的通草球相接觸，將使通草球與塑膠棒同樣帶有負電。如再以該摩擦之毛皮移近帶有負電的通草球，球會被毛皮所吸引，這表示毛皮帶有正電。由此可知當塑膠棒與毛皮相互摩擦之後，兩物體所帶的電荷為相反。同樣地，玻璃和絲絹摩擦後，玻璃帶正電，絲絹就帶負電。由更精確的實驗，我們發現自然界的任何過程都不能產生淨電荷，當產生一正電荷時，必然同時伴隨產生一等量的負電荷。在任何一孤立系統中，電荷的總和是不變的，此稱為電荷守恆定律 (law of conservation of charge)。

13–2　原子構造

　　欲瞭解物體為何會帶電，首先必須知道物體的構造情形如何。在以前我們認為原子 (atom) 為構成物體不可分割的最小質點，但現在我們已經知道任何原子都為若干次原子質點 (subatomic particles) 的繁雜組織，並且有許多方法，能使此種

次原子質點從單一原子或成群原子中分裂出來。造成原子的次原子質點有三種：有帶負電荷的電子 (electron)，有帶正電荷的質子 (proton)，另一為中性的中子 (neutron)。一個電子所帶的負電荷的量，恰好和一個質子所帶的正電荷的量相等，且較此更小量的電荷從未發現。因此一電子或一質子所帶的電荷，成為最小量的電荷，是電荷的自然單位，其他帶電體的正負電荷量都是此數值的整數倍，此稱為電荷的量子化 (quantization of charge) ❶。

所有原子中的次原子質點，都依共同的方式排列。質子和中子密結成一團而成原子核 (nucleus)，並因含有質子而帶正電。如果把原子核看作一球體，它的直徑大約為 10^{-14} 公尺。在原子核的外方，相當距離（和核的直徑比較時）處有電子，電子的數目，等於核內質子的數目。如果原子沒有被擾動，因而沒有電子自核的周圍空間移出，就這原子整體而言，電荷的總和為零。

圍繞原子核的電子如果獲得足夠的能量，就會脫離原子而使原子成為帶正電荷的正離子 (positive ion)。若一原子獲得或多或少的額外電子，就成為帶有負電荷的負離子 (negative ion)。這種使原子減少或獲得電子而帶電的過程稱為游離 (ion-ization)。使電子獲得能量的方法很多：例如前面所述用絲絹摩擦玻璃棒，或用毛皮摩擦塑膠棒；又如將真空管的絲極加熱，絲極的部分電子因獲得足夠的能量，就會脫離絲極而去。再如圖 13-2 所示，用二根導線將一電池的陽極與陰極分別接至兩金屬板，則因電池化學能的作用，將一金屬板的電子推至另一金屬板，而使與陽極相接的金屬板帶正電荷，與陰極相接的金屬板帶負電荷。

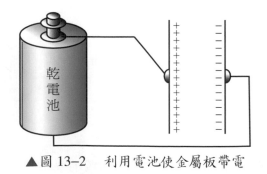

▲圖 13-2　利用電池使金屬板帶電

❶　雖然近來有人假設有帶 $\frac{2}{3}$ 和 $\frac{1}{3}$ 基本電荷的粒子叫做虧子 (quark) 或稱夸克者存在，但直到現在尚沒有人真正直接地觀察到單獨的這種粒子。

　　1931 年，丹麥物理學家波耳 (N. Bohr) 所設想的原子模型，是電子以圓形或橢圓形的軌道繞核運轉，如圖 13–3 所示。今天我們相信這一模型並不完全確實，不過這一模型仍有助於我們對原子構造的了解。電子的軌道決定原子的大小，它的直徑約為 10^{-10} 公尺的程度，大約為核直徑的一萬倍。一個波耳原子好像一個小型的太陽系，但以電力替代萬有引力，帶正電的原子核相當於太陽，而電子則由於電力作用，以極高的速度繞核轉動，相當於行星由於萬有引力的吸引繞太陽轉動一樣。

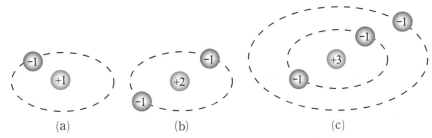

▲圖 13–3　　原子為由帶有正電的原子核及外繞電子所組成。(a)氫原子；(b)氦原子；
　　　　　　(c)鋰原子。

　　質子與中子的質量約略相等，各約為電子質量的 1840 倍，因此一原子的質量可視為係集中於原子核。一克分子量的單原子氫含有 6.02×10^{23} 個亞佛加厥常數的原子，其質量為 1.008 公克，故一氫原子之質量為

$$\frac{1.008 \text{ 公克}}{6.02 \times 10^{23}} = 1.67 \times 10^{-24} \text{ 公克} = 1.67 \times 10^{-27} \text{ 公斤}$$

　　所有原子均由三種次原子質點所組成，僅有氫原子由一質子及一電子所組成，而無中子。故氫原子之質量中，其 $\frac{1}{1840}$ 為電子的質量，其餘為一質子的質量，因此

$$電子的質量 = \frac{1.67 \times 10^{-27}}{1840} = 9.11 \times 10^{-31} \text{ 公斤}$$

$$質子的質量 = 1.67 \times 10^{-27} \text{ 公斤}$$

中子的質量與質子的質量非常接近，故亦為 1.67×10^{-27} 公斤。緊接氫之後，較重於氫的元素為氦，其原子核中含有兩個質子和兩個中子，核外有兩個電子。如果氦原子失去此兩個電子，此帶兩個正電荷的氦離子，也就是氦原子核，通常叫做

α 粒子 (alpha particle)。再次一元素為鋰，其核中有三個質子和三個中子，在非游離狀態下其核外有三個電子。每一元素在其原子核中各有不同數目的質子，因此各核均具有不同數量的正電荷。我們常用元素的原子序數 (atomic number) 來表示該原子核內的質子數，或原子在非游離狀態下其核外的電子數。

13–3　導體、半導體與絕緣體

為觀測物體的導電情形，我們可做如下的實驗：用一絲線懸掛一用保麗龍鍍上一層金屬的金屬小球，並將一根金屬棒水平置於絕緣架上，使得金屬球與金屬棒的一端接觸，如圖 13–4 (a)所示。另取一根玻璃棒，用絲絹摩擦後，與金屬棒的一端接觸，則金屬球被推斥開，如圖 13–4 (b)所示。將玻璃棒移開後，此金屬球仍然被金屬棒所推斥，如圖 13–4 (c)所示。若將金屬棒換為塑膠棒，重覆以上的實驗，我們發現金屬球不為塑膠棒所推斥，如圖 13–4 (d)。由此可知金屬棒和塑膠棒對「電」的反應迥然不同。

如何來解釋這個現象呢？當我們用絲絹摩擦玻璃棒後，絲絹因獲得一些電子而帶負電荷，玻璃棒失去了一些電子而帶正電荷。當此帶正電荷的玻璃棒與金屬棒接觸後，在金屬棒與金屬球中，許多能夠自由移動稱為自由電子 (free electron) 的帶電質點，由於受到正負電荷間的相吸力，便會移動到玻璃棒與棒上的正電荷中和，於是金屬棒與金屬球失去了一些電子而都帶正電荷。此種因接觸而獲得電量的方法，我們稱為接觸起電 (contact electrification)。由於帶同性電荷的物體互相推斥，所以金屬球被金屬棒推斥開。為什麼用塑膠棒代替金屬棒後便沒有這現象發生呢？我們可以這樣解釋：在塑膠棒內絕大多數的電子均被原子核緊緊地吸引著，當帶正電荷的玻璃棒與之接觸後，不易將電子吸引到玻璃棒上，因而金屬球與塑膠棒均無法帶有足夠的電量，故不互相推斥。

像金屬棒這樣具有多量自由電子能夠很容易地傳導電荷的物體，我們稱之為導體 (conductor)；像塑膠棒這類不具有或很少有自由電子，很難傳導電荷的物體，則稱之為絕緣體 (insulator) 或非導體 (nonconductor) 或介電體 (dielectric)。至於如

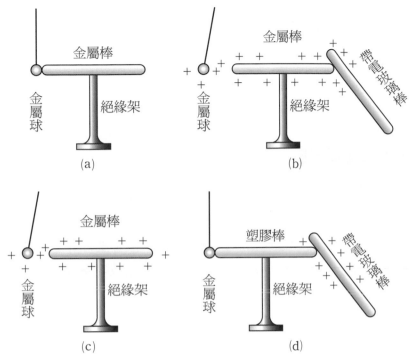

▲圖 13-4　導體與非導體的判別實驗。(a)金屬棒置放於絕緣架上，與一金屬球相接觸；
(b)將帶有正電的玻璃棒與(a)圖的裝置接觸；(c)將(b)圖中的玻璃棒移去；
(d)將(a)圖中的金屬棒改用塑膠棒。

鍺 (germanium) 和矽 (silicon) 之類的物體，其導電性介於導體和絕緣體之間，我們稱之為半導體 (semiconductor)。有關半導體的性質，我們將在後面的電子學章節裡再詳細討論。至於最近新發現，自由電荷可毫無阻礙地在其內流動的物體稱為超導體 (superconductor)，則因需要量子物理的基本知識，將不在本書內討論。

　　氣體與液體有時亦為電的良導體。純水雖為電的絕緣體，但加入電解質後，電解質會溶於水中，產生陽離子與陰離子，陰、陽離子在水中能自由移動，所以電解液就成為導體了。比如：食鹽（NaCl，氯化鈉）溶於水後，就產生了帶正電的鈉離子與帶負電的氯離子，由於氯離子和鈉離子的存在，使得食鹽的水溶液成為電的良導體。但是當食鹽未溶於水時，固態的食鹽晶體卻不能導電，原因是氯和鈉原子在晶體中未被游離，不能自由移動而輸送電荷，所以固態的食鹽晶體為電的絕緣體。

一般氣體於正常狀態下皆為電的絕緣體，但是當我們使它們游離（例如以 X 射線照射）產生陰、陽離子後，即可導電。

13–4   感應起電與驗電器

13-4-1   感應起電

當一帶電體移近一未帶電體時，則未帶電體上之正、負電荷，將受此帶電體之影響而分離，如圖 13–5 所示。在圖 13–5 (a)內，當帶有負電之塑膠棒移近一未帶電之金屬球時，由於同性電荷相斥，異性相吸，故金屬球靠近塑膠棒的一邊帶正電，他邊則帶負電。如圖 13–5 (b)所示，以一帶正電之玻璃棒移近此金屬球時，則金屬球上靠近玻璃棒的一邊帶負電，另一邊則帶正電。因兩異性電荷間之距離較同性電荷間者為短，故其引力大於斥力，因而金屬球受帶電棒之吸引。在此過程中，金屬球並未獲得或失去電荷，故將帶電體移遠時，金屬球仍回復原有不帶電之中性狀態。上述現象稱為靜電感應 (electrostatic induction)。

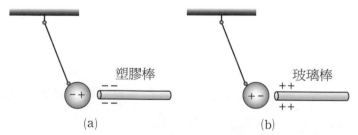

塑膠棒   玻璃棒

(a)   (b)

▲圖 13–5   靜電感應。(a)帶負電的塑膠棒移近金屬球；
(b)帶正電的玻璃棒移近金屬球。

利用靜電感應的原理，使一物體帶電的作用，稱為感應起電 (charging by induction)。如圖 13–6 (a)所示，兩相接觸之中性金屬球，置於一絕緣檯上，當一帶正電之玻璃棒移近其中一球時,則一部分自由電子即被吸引至離棒較近之金屬球。此時若將二球稍稍分離，如圖 13–6 (b)所示，則靠近玻璃棒者因具有較多電子，由感應而帶負電荷；遠離之球因欠缺電子，由感應而帶正電荷。若將玻璃棒移去，

則兩金屬球上相異之電荷互相吸引而集中於球之一側，如圖 13–6 (c)所示。將兩球遠移一相當距離，其所帶之電荷即可作均勻之分佈，如圖 13–6 (d)所示。自圖(a)至圖(d)的感應起電過程中，玻璃棒並未散失任何電荷。

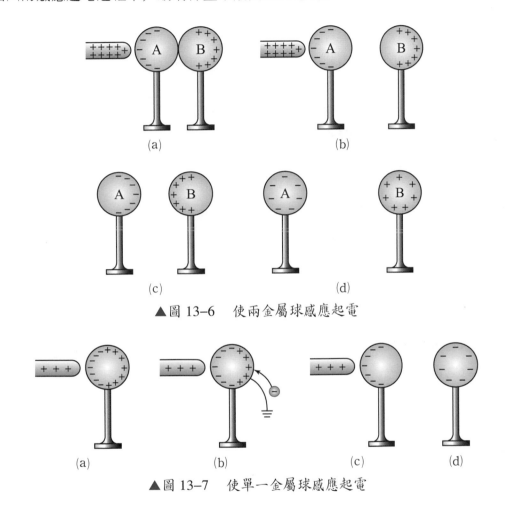

▲圖 13–6　使兩金屬球感應起電

▲圖 13–7　使單一金屬球感應起電

　　圖 13–7 所示為單一金屬球由感應而起電之過程。圖 13–7 (b)中係將此金屬球經一導體與地連接，稱為接地（ground 或 earth），此即取地球以替代圖 13–7 (a)中之第二球，而使金屬球帶有負電荷。

13-4-2　金箔驗電器

欲檢查物體是否帶電，以及所帶電荷的性質，最簡單的方法為使用金箔驗電器 (goldleaf electroscope)。金箔驗電器的構造，如圖 13-8 (a)所示，係一金屬桿，其上端為球形金屬，下端附有二片極薄的金箔或其他金屬箔片，用一橡皮塞固定在一透明的玻璃瓶內。透明玻璃瓶可用以擋風並可察看瓶內箔片的情況。

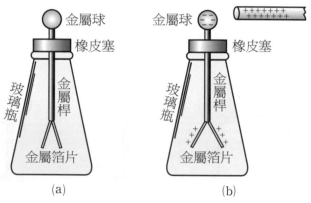

▲圖 13-8　(a)金箔驗電器的構造；(b)利用金箔驗電器檢驗電荷的多寡及性質。

當以一帶電體與驗電器頂端之小球靠近時，在金屬箔片上則因靜電感應帶有相同性質之電荷，於是互相推斥而張開。由其張開之程度，即可知其獲得電荷之多寡，如圖 13-8 (b)所示。

如欲檢查物體所帶電之性質，則可先以一已知帶電體之性質的物體與驗電器相接觸，則金屬箔片帶電而張開。今取另一帶電體與其接觸，如金屬箔片之張角更大，則其所帶之電荷與前已知者相同；如張角減小，則為相異。

13-5　庫侖定律

我們已經知道在大自然中存在著兩種性質不同的電荷，帶同性電荷的各物體間互相排斥，而帶異性電荷的物體間則互相吸引。可是我們尚未確實討論過這排斥力或吸引力的大小如何，其與各帶電體所帶的電量有何關係，與各帶電體間的距離又有何關係。

　　靜止兩電荷間的吸引力或排斥力的大小與距離的關係，是由法國物理學家庫命 (Charles Augustin de Coulomb, 1736～1806) 在 1785 年由實驗所發現，故此種靜電荷間的作用力，我們稱之為靜電力 (electrostatic force) 或庫命力 (coulomb force)，有時簡稱電力。

　　首先我們考慮點電荷 (point charge)。當一群（或多個）基本帶電粒子局限在一「極小」的空間時，其對外界而言，可視同電荷係集中在一「點」上，而稱為「點電荷」。在此所謂的「極小」空間，是指此空間遠小於其與其他物體間的距離而言。

　　庫命由實驗發現在靜止的兩點電荷之間，其作用力的方向係沿連接兩點電荷之間的直線上。因此，庫命力為有心力 (central force)。此外，庫命又發現兩點電荷間的庫命力，與其距離 r 的平方成反比

$$F \propto \frac{1}{r^2}$$

此項關係後來又經卡文迪西 (Cavendish) 以庫命的扭秤，如圖 13–9 所示，實驗加以證實。卡文迪西亦曾以扭秤實驗證實了牛頓的萬有引力定律，此兩種實驗所依據的原理完全相同。庫命力與萬有引力均與距離成平方反比關係，但萬有引力僅限於相吸的力，而庫命力可為吸引力亦可為排斥力，且其大小常遠大於萬有引力。例如一個電子與一個質子間的庫命力約為其萬有引力的 10^{39} 倍！此點將在後面例題 13–1 中證明。因此，當我們考慮靜止的兩點電荷之間的作用力時，常可將其間的萬有引力略去不計，而僅考慮其庫命力即可。

　　接著我們再討論兩帶電體間的作用力與電量之間的關係。我們將保持帶電體間的距離一定，而改變其所帶的電量，來觀察其作用力與所帶電量間的關係。

　　在討論此關係之前，我們先來討論如何改變一帶電體的電量。假設有 A、B 兩個性質、大小完全相同的金屬球，A 球帶有電荷，而 B 球不帶電荷。當兩球接觸時，A 球上的電荷將受到電荷本身的斥力而移向 B 球。由於兩球性質、大小完全相同，所以分佈於兩球上的電量也應相等，故當兩球再分開時，A、B 兩球各帶有原 A 球所帶電量的一半。由此方法我們可將一帶電體上的電量減至原有的 $\frac{1}{2}$、$\frac{1}{4}$、$\frac{1}{8}$、$\frac{1}{16}$、…等。由上述方法，我們知道如何改變帶電體上的電量，並可知道改變後的電量與原來電量的關係。

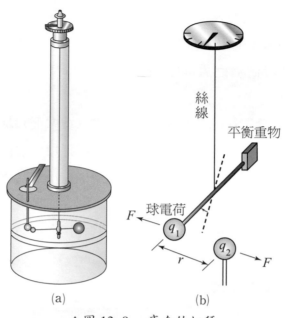

(a)　　　　(b)

▲圖 13–9　　庫侖的扭秤

　　庫侖就是使用這種方法來改變電量，以求出電量與作用力的關係。結果他發現兩帶電體間的作用力，除與距離 r 的平方成反比之外，還與兩帶電體所帶電量 q_1、q_2 的乘積成正比。這關係稱為庫侖定律 (Coulomb's law)，並可用下列的數學式子來表示

$$F = k\frac{q_1 q_2}{r^2} \tag{13–1}$$

式中 k 為一常數，其值視 F、q 及 r 所選用的單位而定，在 SI 中，電量 q 的單位為庫侖 (coulomb，符號為 C)，這單位係由實用的電流單位安培 (ampere，符號為 A) 而來。如電流為一安培，則一庫侖定義為此電流一秒鐘內所流過的電量。而安培又由兩通過電流導體間的磁力來定義，此將留待後面章節再予詳述。若 F 以牛頓，r 以公尺，q 以庫侖為單位，則式 (13–1) 中的 k 值為

$$k = 8.9875 \times 10^9 \text{ 牛頓} \cdot \text{公尺}^2/\text{庫侖}^2$$

$$\approx 9.0 \times 10^9 \text{ 牛頓} \cdot \text{公尺}^2/\text{庫侖}^2 \tag{13–2}$$

即當各帶 1 庫侖相距 1 公尺的兩點電荷間，其相互之作用力約為 9.0×10^9 牛頓。為了計算的方便，我們常取 k 值為 9.0×10^9 牛頓·公尺^2/庫侖^2，其誤差極微，而

可忽略。在 SI 中，常數 k 通常寫成下式

$$k = \frac{1}{4\pi\varepsilon_0} \tag{13-3}$$

在此之 ε_0 為真空中的電容率 (permittivity) 或稱介電係數，其值可由 k 值算得為

$$\varepsilon_0 = 8.8542 \times 10^{-12} \text{ 庫侖}^2 / \text{牛頓} \cdot \text{公尺}^2 \tag{13-4}$$

電量的自然最小單位為在一電子或一質子上的電量，其大小為

$$|e| = 1.60219 \times 10^{-19} \text{ 庫侖} \tag{13-5}$$

所以 1 庫侖的電量相當於 6.3×10^{18} 個電子的電量。在摩擦起電的靜電實驗裡，塑膠或玻璃棒上所獲得的電量約為 10^{-6} 庫侖，即約有 10^{13} 個基本電荷在摩擦過程中被轉移，此與每立方公分銅原子約具有的 10^{23} 個自由電子的電量相比，僅是一小部分而已。

　　由式 (13-1)，我們可很容易地知道兩物體間庫侖力的大小。但力為向量，如我們也要同時清楚地表示兩物體間庫侖力的方向，則我們可將式 (13-1) 寫成向量的形式，即

$$\mathbf{F}_{12} = k\frac{q_1 q_2}{r_{12}^2}\hat{\mathbf{r}}_{12} \tag{13-6}$$

　　如圖 13-10 所示，式中 $\mathbf{F}_{12}$ 為電荷 q_2 作用於電荷 q_1 的力，$\hat{\mathbf{r}}_{12}$ 為電荷 q_2 指向電荷 q_1 的單位向量，r_{12} 為兩電荷 q_1、q_2 間的距離。如果 $q_1 q_2 > 0$ 則作用力相排斥，如圖 13-10 (a)所示，而當 $q_1 q_2 < 0$，則作用力相吸引，如圖 13-10 (b)所示。

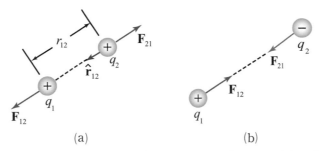

▲圖 13-10　相距 r_{12} 的兩點電荷 q_1、q_2 間的庫侖力。(a)兩電荷同性，作用力相斥；(b)兩電荷異性，作用力相吸。

在力學中，我們由牛頓第三定律可知若 A 物體對 B 物體有一作用力時，則 B 物體亦對 A 物體有一作用力，此兩力的大小相等而方向相反。此定律亦可適用於庫侖力，不論兩帶電體之間的作用力為排斥力或吸引力，兩者間相互的作用力其大小相等而方向相反，即 $\mathbf{F}_{12} = -\mathbf{F}_{21}$，如圖 13–10 所示。

以上所討論的是兩個靜止點電荷間的庫侖力。現在假設在電荷 q_1 與 q_2 之外，又有一電荷 q_3，如圖 13–11 所示，若 q_1 作用於 q_3 的力為 $\mathbf{F}_{31}$，q_2 作用於 q_3 的力為 $\mathbf{F}_{32}$，則由實驗可知：作用於 q_3 的合力 $\mathbf{F}_3$ 為 $\mathbf{F}_{31}$ 與 $\mathbf{F}_{32}$ 的向量和。我們若將此實驗推廣到一群電荷間，可發現任何兩電荷間的作用力，均不因其他電荷的存在而受影響，因此，由其他電荷 q_j 作用於電荷 q_i 的合力，等於其他各電荷 q_j 分別作用於 q_i 上的諸力的向量和。即

$$\mathbf{F}_i = \sum_j \mathbf{F}_{ij}\ (其中\ j \neq i) \tag{13-7}$$

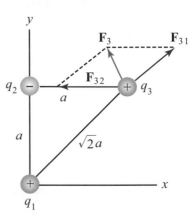

▲圖 13–11　兩電荷 q_1、q_2 同時作用於電荷 q_3 上，則 q_3 所受之力為 $\mathbf{F}_3 = \mathbf{F}_{31} + \mathbf{F}_{32}$

例題 13–1

一氫原子的電子與質子相距約為 5.30×10^{-11} 公尺。已知質子及電子各帶一自然單位的正電荷及負電荷。質子的質量為 1.67×10^{-27} 公斤，電子的質量為 9.11×10^{-31} 公斤。求質子與電子間的庫侖力及萬有引力，並求此兩力的比值。

解 由式 (13–1)，庫侖力為

$$F_e = k\frac{q_1 q_2}{r^2} = (9 \times 10^9) \times \frac{-(1.60 \times 10^{-19})^2}{(5.30 \times 10^{-11})^2}$$

$$= -8.2 \times 10^{-8}\ 牛頓$$

而萬有引力為

$$F_g = -G\frac{m_1 m_2}{r^2} = -(6.67 \times 10^{-11}) \times \frac{(1.67 \times 10^{-27}) \times (9.11 \times 10^{-31})}{(5.30 \times 10^{-11})^2}$$

$$= -3.61 \times 10^{-47}\ 牛頓$$

上面兩式中力為負，表示係為吸引力。今取其比值，

$$\frac{F_e}{F_g} = \frac{(-8.2 \times 10^{-8})}{(-3.61 \times 10^{-47})} = 2.3 \times 10^{39}$$

由此可見靜電（庫侖）作用力，遠大於萬有引力。

例題 13-2

假設 A 及 B 為大小及性質完全相同的帶電金屬小球，當其間之距離為 r 時，測得其相斥力為 1.2×10^{-5} 牛頓；如果將 A、B 兩小球接觸後再分開至原來的距離 r，則其相斥力增至 1.6×10^{-5} 牛頓。試求 A、B 兩小球原先所帶電量之比。

解 假設 A、B 兩球在接觸前所帶的電量分別為 q_A 及 q_B，則由庫侖定律式 (13-1)，可得

$$1.2 \times 10^{-5} = k\frac{q_A q_B}{r^2}$$

因為 A、B 兩球之大小、性質完全相同，接觸後所有的電荷將為兩球所平分，所以接觸後 A、B 各帶 $\frac{1}{2}(q_A + q_B)$ 的電量，由庫侖定律可得

$$1.6 \times 10^{-5} = k\frac{\frac{1}{2}(q_A + q_B)\frac{1}{2}(q_A + q_B)}{r^2}$$

將兩式相除，可得

$$\frac{3}{4} = \frac{4q_A q_B}{(q_A + q_B)(q_A + q_B)}$$

將此式展開，得

$$3q_A^2 - 10q_A q_B + 3q_B^2 = 0$$

即

$$(3q_A - q_B)(q_A - 3q_B) = 0$$

解得

$$3q_A = q_B \text{ 或 } q_A = 3q_B$$

故原先兩球電量之比為

$$\frac{q_A}{q_B} = \frac{1}{3} \text{ 或 } \frac{q_A}{q_B} = 3$$

例題 13-3

有三電荷 q_1、q_2 與 q_3 排列如圖 13-12 所示，其所帶電量分別為 $4Q$、$-Q$ 與 $4Q$，試問作用於 q_1、q_2 與 q_3 之庫侖力各為若干?

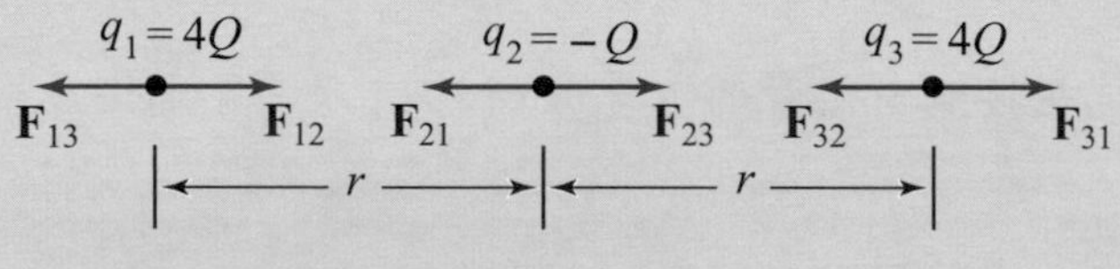

▲圖 13-12

解 電荷 q_1 所受的力為 q_2 及 q_3 分別作用於其上的力 $\mathbf{F}_{12}$ 與 $\mathbf{F}_{13}$ 的合力。設向右方向的力為正，向左為負，則由式 (13-1) 可得

$$F_{12} = k\frac{(4Q)(Q)}{r^2} = k\frac{4Q^2}{r^2} \text{ (此力係向右，故取正值)}$$

$$F_{13} = -k\frac{(4Q)(4Q)}{(2r)^2} = -k\frac{4Q^2}{r^2} \text{ (此力係向左，故取負值)}$$

因此，作用於電荷 q_1 的庫侖力為

$$F_1 = F_{12} + F_{13} = k\frac{4Q^2}{r^2} - k\frac{4Q^2}{r^2} = 0$$

同理，我們可求得作用於電荷 q_2 及電荷 q_3 間的作用力 F_{23} 及 F_{32} 為

$$F_{23} = k\frac{(Q)(4Q)}{r^2} = k\frac{4Q^2}{r^2} = -F_{32}$$

因此，作用於 q_2 及 q_3 之庫侖力分別為（利用 $F_{21} = -F_{12}$，$F_{31} = -F_{13}$）

$$F_2 = F_{21} + F_{23} = -k\frac{4Q^2}{r^2} + k\frac{4Q^2}{r^2} = 0$$

$$F_3 = F_{31} + F_{32} = k\frac{4Q^2}{r^2} - k\frac{4Q^2}{r^2} = 0$$

解得作用於 q_1、q_2 及 q_3 的庫侖力均等於零。即 q_1、q_2 及 q_3 均處於力平衡狀況下。

例題 13-4

兩帶電小球，各具有 2×10^{-2} 公斤的質量，如圖 13-13 所示，平衡地懸掛著。如果繩長 L 為 0.300 公尺，角度 θ 為 15°，求每一小球上的電荷。

解 如圖 13-13 (a)所示，球與垂直線間的距離為

$$a = L\sin\theta = (0.300)\sin(15°) = 0.078 \text{ 公尺}$$

所以兩球間的距離為 $r = 2a = 0.156$ 公尺。如圖 13-13 (b)所示，作用於左球上的力，因為處於平衡狀態，所以在水平和垂直方向的合力應分別為零，即

$$\sum F_x = T\sin\theta - F_e = 0 \cdots\cdots (1)$$

$$\sum F_y = T\cos\theta - mg = 0 \cdots\cdots (2)$$

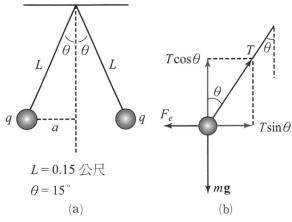

▲ 圖 13-13　(a)兩相同的帶電球，各具有相同的電量 q；
(b)左邊帶電球的受力圖。

由(2)式我們可得 $T = \dfrac{mg}{\cos\theta}$，將之代入(1)式，得

$$F_e = mg\tan\theta = (2\times10^{-2})(9.80)\tan(15°) = 5.25\times10^{-2} \text{ 牛頓}$$

應用式 (13-1) 的庫侖定律，我們可得

$$q^2 = \frac{F_e r^2}{k} = \frac{(5.25\times10^{-2})(0.156)^2}{(9\times10^9)} = 1.42\times10^{-13} \text{ （庫侖）}^2$$

即得

$$q = 3.77\times10^{-7} \text{ 庫侖}$$

13-6   電   場

13-6-1   點電荷的電場

如圖 13-14 所示，設從點電荷 q 到點 P 的位置向量為 $\mathbf{r}$，置點電荷 q' 於 P 點時，依庫侖定律可知 q 作用於 q' 之靜電力（即庫侖力）為

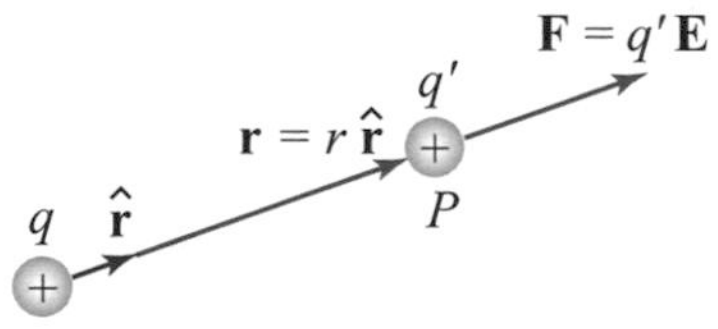

$$\mathbf{F} = \frac{kqq'}{r^2}\hat{\mathbf{r}} = (\frac{kq}{r^2}\hat{\mathbf{r}})q' \qquad (13\text{-}8)$$

▲圖 13-14 q 作用於 q' 之電力

式中的 $\hat{\mathbf{r}}$ 是由 q 指向 q' 的單位向量。由此式可知點電荷 q' 所受之力，與其所帶之電量 q' 成正比。若將式 (13-8) 之力 $\mathbf{F}$ 除以 q'，則得一新的向量 $\mathbf{E}$

$$\mathbf{E} = \frac{\mathbf{F}}{q'} = \frac{kq}{r^2}\hat{\mathbf{r}} \qquad (13\text{-}9)$$

因此任一帶電體 q' 在 P 點時，其所受之力為其電量與 $\mathbf{E}$ 的乘積。換言之，空間某一點之 $\mathbf{E}$，為在該點單位正電荷所受的電力。我們稱此向量 $\mathbf{E}$ 為帶電體 q 在該點所建立的電場 (electric field)。一帶正電荷物體所建立的電場 $\mathbf{E}$ 的方向為離開此物體向外；如帶負電荷，則電場 $\mathbf{E}$ 的方向為指向此物體。

　　在空間中的任一點，每單位正電荷所受之電力，即為該點的電場，其大小稱為該點的電場強度 (electric field strength)。在 SI 制中，力以牛頓表示，電荷以庫侖表示，故電場強度的單位為牛頓 / 庫侖 (N/C)。

　　若點電荷 q' 位於空間上之一點 P，則距 P 點為 r_1、r_2 的帶電體 q_1、q_2 對 q' 所施之靜電力，是 q_1、q_2 分別作用於 q' 的靜電力的向量和，即

$$\mathbf{F} = \mathbf{F}_1 + \mathbf{F}_2 = (\frac{kq_1q'}{r_1^2}\hat{\mathbf{r}}_1 + \frac{kq_2q'}{r_2^2}\hat{\mathbf{r}}_2)$$

$$= (\frac{kq_1}{r_1^2}\hat{\mathbf{r}}_1 + \frac{kq_2}{r_2^2}\hat{\mathbf{r}}_2)q'$$

故每單位正電荷在 P 點所受之力，即 P 點之電場強度，為

$$\mathbf{E} = \frac{kq_1}{r_1^2}\hat{\mathbf{r}}_1 + \frac{kq_2}{r_2^2}\hat{\mathbf{r}}_2 = \mathbf{E}_1 + \mathbf{E}_2 \tag{13-10}$$

　　我們稱此 $\mathbf{E}$ 為 q_1、q_2 在點 P 所建立的電場。由式 (13-10) 及圖 13-15 可知 q_1、q_2 在點 P 所建立的電場 $\mathbf{E}$ 為二電荷分別在點 P 所建立的電場 $\mathbf{E}_1$、$\mathbf{E}_2$ 的向量和。同理可知若電場是由一群電荷 $q_1, q_2, q_3, \cdots, q_N$ 所建立，則在 P 點的靜電場 $\mathbf{E}$ 將為各個電荷各自在點 P 所建立之電場 $\mathbf{E}_1, \mathbf{E}_2, \mathbf{E}_3, \cdots, \mathbf{E}_N$ 的向量和。即

$$\mathbf{E} = \sum_i \mathbf{E}_i = k\sum_i \frac{q_i}{\mathbf{r}_i^2}\hat{\mathbf{r}}_i, \, i = 1, 2, \cdots, N \tag{13-11}$$

　　在空間任一點之電場，其方向與正電荷在該點所受的靜電力方向相同，而與負電荷在該點所受靜電力的方向相反。

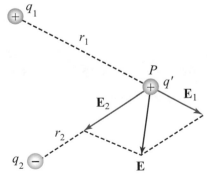

▲圖 13-15　在 P 點的電場為 $\mathbf{E}_1$、$\mathbf{E}_2$ 的向量和

例題 13-5

有一點電荷 q，帶電量為 -2×10^{-6} 庫侖，求在此點電荷正上方 0.50 公尺處的電場強度。

解 由於 q 帶負電荷，故在其正上方的電場方向為垂直向下。至於電場強度的大小則為

$$E = \frac{kq}{r^2} = \frac{(9 \times 10^9)(2 \times 10^{-6})}{(0.50)^2}$$

$$= 7.2 \times 10^4 \ 牛頓 / 庫侖$$

例題 13-6

如圖 13-16 所示，有二點電荷 q_1 及 q_2，各帶 $+1.2 \times 10^{-8}$ 庫侖及 -1.2×10^{-8} 庫侖的電量。若二點電荷間的距離為 0.10 公尺，求圖中 a、b、c 三點上的電場強度。

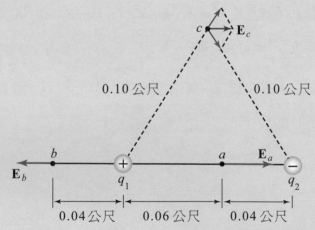

▲圖 13-16　在電荷 q_1、q_2 所形成的電場中，a、b、c 三點之電場強度。

解 在 a 點，由正電荷 q_1 所產生的電場，方向係向右，其大小則為

$$(9 \times 10^9) \frac{(1.2 \times 10^{-8})}{(0.06)^2} = 3.00 \times 10^4 \text{ 牛頓／庫侖}$$

由負電荷 q_2 所產生的電場，方向亦向右，其大小為

$$\frac{(9 \times 10^9)(1.2 \times 10^{-8})}{(0.04)^2} = 6.75 \times 10^4 \text{ 牛頓／庫侖}$$

故在 a 點之淨電場 E_a 方向向右，其大小為

$$E_a = (3.00 + 6.75) \times 10^4 = 9.75 \times 10^4 \text{ 牛頓／庫侖}$$

在 b 點，自 q_1 所產生的電場是向左，而自 q_2 所產生的電場是向右，兩者電量大小雖然相等，但因 q_1 距 b 點較近，其所建立的電場自然較強，故淨電場 E_b 之方向向左。其大小則為

$$E_b = \frac{(9 \times 10^9)(1.2 \times 10^{-8})}{(0.04)^2} + \frac{(9 \times 10^9)(-1.2 \times 10^{-8})}{(0.1 + 0.04)^2}$$

$$= 6.20 \times 10^4 \text{ 牛頓／庫侖}$$

在 c 點，q_1、q_2 與 c 點的距離相等，故其各別在 c 點所建立電場的大小亦相等，其值為

$$(9 \times 10^9) \times \frac{(1.2 \times 10^{-8})}{(0.1)^2} = 1.08 \times 10^4 \text{ 牛頓／庫侖}$$

由圖 13–16 所示，q_1、q_2 與 c 點正好構成一正三角形，可得淨電場 E_c 之方向為向右，其大小為

$$E_c = (1.08 \times 10^4) \cos 60° + (1.08 \times 10^4) \cos 60°$$

$$= 1.08 \times 10^4 \times \frac{1}{2} + 1.08 \times 10^4 \times \frac{1}{2}$$

$$= 1.08 \times 10^4 \text{ 牛頓／庫侖}$$

13-6-2　連續分佈電荷的電場

若建立電場的電荷為連續分佈於一體積或某些表面，則我們必需將連續分佈的電荷分成許多小電荷基素 Δq，如圖 13–17 所示。然後我們再利用庫侖定律計算

一小電荷基素 Δq 在 P 點的電場 ΔE，最後再應用重疊原理將所有小電荷基素所形成的小電場加在一起。

　　某一小電荷基素 Δq 在 P 點所形成的電場為

$$\Delta \mathbf{E} = k\frac{\Delta q}{r^2}\hat{\mathbf{r}} \tag{13-12}$$

式中 r 為小電荷基素 Δq 到 P 點的距離，$\hat{\mathbf{r}}$ 為小電荷 Δq 指向 P 點的單位向量。全部小電荷基素建立在 P 點的電場則為

$$\mathbf{E} \approx k\sum_i \frac{\Delta q_i}{r_i^2}\hat{\mathbf{r}}_i \tag{13-13}$$

式中 i 表示電荷分佈之第 i 個基素。如果每一基素間的間距與到 P 點的距離比較為相當地小，則 Δq_i 可視為趨近於零，因此式 (13-13) 可用極限或積分表示為

$$\mathbf{E} = k\lim_{\Delta q_i \to 0}\sum_i \frac{\Delta q_i}{r_i^2}\hat{\mathbf{r}}_i = k\int \frac{dq}{r^2}\hat{\mathbf{r}} \tag{13-14}$$

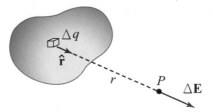

▲圖 13-17　連續電荷在 P 點所形成的電場為連續電荷之所有小電荷 Δq 所形成電場的向量和

例題 13-7

如圖 13-18 所示，有一長為 ℓ 的均勻帶正電細棒，其荷電線密度為 λ，總電荷為 Q。求在 P 點的電場大小。

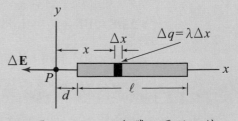

▲圖 13-18　均勻帶正電的細棒

解 細棒沿著 x 軸放置，在長為 Δx 基素上的電荷 Δq，因細棒的電荷分佈為均勻，所以 $\Delta q = \lambda \Delta x$。因 P 點在電荷基素 Δq 之左邊，所以 $\Delta \mathbf{E}$ 的方向指向負 x 方向，而其大小為

$$\Delta E = k\frac{\Delta q}{x^2} = k\frac{\lambda \Delta x}{x^2}$$

由細棒的一端 $x = d$ 到另一端 $x = d + \ell$ 之所有小電荷基素在 P 點所建立的電場，依式 (13–14) 為

$$E = \int_{d}^{\ell+d} k\lambda \frac{dx}{x^2}$$

因為 k 和 λ 為常數，可以移到積分外。因此我們可得

$$E = k\lambda \int_{d}^{\ell+d} \frac{dx}{x^2} = k\lambda[-\frac{1}{x}]_{d}^{\ell+d} = k\lambda(\frac{1}{d} - \frac{1}{\ell+d}) = \frac{k\lambda\ell}{d(\ell+d)}$$

$$= \frac{kQ}{d(\ell+d)} \tag{13–15}$$

式中 $\lambda\ell$ 等於細棒的總電荷 Q。若 P 點離細棒很遠，即 $d \gg \ell$ 時，上式可化簡為 $E = \frac{kQ}{d^2}$，此結果顯示在大距離下，可將細棒看成點電荷，此結果可用來作為檢驗理論公式的好方法。

例題 13–8

如圖 13–19 所示，有一半徑為 a 的均勻帶電圓環，其總電量為 Q，在圓環之中心軸上，離環心距離為 x 處有一 P 點，求 P 點處的電場大小。

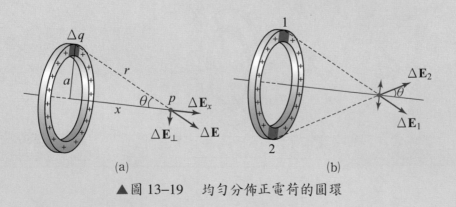

(a)　　　　　　　　　　　　(b)

▲ 圖 13–19　均勻分佈正電荷的圓環

解 電荷基素 Δq 在 P 點所形成電場之大小為

$$\Delta E = k\frac{\Delta q}{r^2}$$

此電場在 x 方向有一分量為 $\Delta E_x = \Delta E \cos\theta$，而另有一垂直 x 軸之分量為 $\Delta E_\perp$，如圖 13-19 (a)所示。由圖 13-19 (b)可知垂直 x 軸之分量總和為零，此因在環之相對位置之任意基素所形成的垂直 x 軸之分量，互相抵消。因此我們只需計算 x 軸方向之大小即可。因為 $r = (x^2 + a^2)^{\frac{1}{2}}$ 及 $\cos\theta = \frac{x}{r}$，我們可得

$$\Delta E_x = \Delta E \cos\theta = (k\frac{\Delta q}{r^2})\frac{x}{r} = \frac{kx}{(x^2 + a^2)^{\frac{3}{2}}}\Delta q$$

上式中，因為圓環上任一基素 Δq 到 P 點的距離都相同，所以我們可很容易地計算在 P 點的總電場大小為

$$E = E_x = \sum \frac{kx}{(x^2 + a^2)^{\frac{3}{2}}}\Delta q = \frac{kx}{(x^2 + a^2)^{\frac{3}{2}}}\sum \Delta q = \frac{kx}{(x^2 + a^2)^{\frac{3}{2}}}Q \qquad (13\text{-}16)$$

由上式可知在 $x = 0$（環心）處之電場為零。而若 P 點離環心甚遠，即 $x \gg a$ 時，電場 $E = \frac{kQ}{x^2}$，此結果顯示在距離環心很遠時，可將圓環視為點電荷。

例題 13-9

一半徑為 R 之均勻荷電圓盤，如圖 13-20 所示，其單位面積之正電荷為 σ，試計算在圓環軸心上距離盤心 x 處之電場大小。

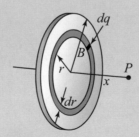

▲圖 13-20　均勻帶正電之圓盤

解 解此題時，如果我們將此圓盤分成許多同心環，則可利用上題的結果，再將所有同心環所建立之電場加起來即可。

如圖 13-20 所示，半徑為 r 寬度為 dr 之圓環，其面積為 $2\pi r dr$，則此小環上之電荷 $dq = \sigma(2\pi r dr)$，應用式 (13-16) 可得

$$dE = \frac{kx}{(x^2 + r^2)^{\frac{3}{2}}}(2\pi\sigma r dr)$$

要計算在 P 點的總電場，則可將上式由 $r = 0$ 計算到 $r = R$ 即可，計算中要注意 x 為定值。因此可得

$$E = kx\pi\sigma\int_0^R \frac{2r dr}{(x^2 + r^2)^{\frac{3}{2}}} = kx\pi\sigma\int_0^R (x^2 + r^2)^{\frac{-3}{2}} d(r^2)$$

$$= kx\pi\sigma\left[\frac{(x^2 + r^2)^{\frac{-1}{2}}}{\frac{-1}{2}}\right]_0^R = 2\pi k\sigma\left(\frac{x}{|x|} - \frac{x}{(x^2 + R^2)^{\frac{1}{2}}}\right) \tag{13-17}$$

此結果對於所有的 x 值都是正確的。要知道靠近盤心之電場，則可令式 (13-17) 之 $x \to 0$ 或 $R \to \infty$ 而得。即靠近盤心或無窮大平面之電場為

$$E = 2\pi k\sigma = \frac{\sigma}{2\varepsilon_0} \tag{13-18}$$

式中 ε_0 為真空的電容率 (permittivity)。相同的結果會在第 8 節高斯定律中得到。

13-7　電力線

我們在前面討論的所謂電荷 q_1 對位在 P 點的電荷 q_2 作用的庫侖力，實際上是由 q_1 先在 P 點產生一電場，再由此電場對 q_2 作用，而使其受力。因此若已知一電場 $\mathbf{E}$ 在一區域內分佈的情形，就不再需要任何建立此電場的電荷的資料了（譬如這些電荷如何排列，它們所帶的電量各為多少等），而亦能算出一電荷置於此塊區域後，所將受到的作用力。

　　通常要測知空間某一點的電場，是將一檢驗電荷 (test charge) 放在該點處，測出其受力的大小及方向，再除以此檢驗電荷的帶電量，即得該點的電場。檢驗電荷的電量，應遠小於建立電場的電荷所帶之電量，否則就會影響這些電荷的分佈，而改變原來所建立的電場。

　　為了描述電場在空間分佈的情形，可用電力線 (electric line of force) 來表示。電力線係將檢驗電荷沿著所受電力的方向，連續移動而得。在移動中其所受電力的方向如何改變，電力線亦隨之改變。故電力線是一平滑的曲線，在其上任一點切線的方向，與電場在此點的方向相同，如圖 13–21 所示。這些曲線平滑而連續的從正電荷向外延伸，終止於負電荷上。因為電場只有一個方向，所以在空間任一點上，只能有一條電力線經過。換句話說，電力線不會相交。圖 13–22 為用電力線表示單一點電荷、兩個等值的點電荷及其他形式分佈的電荷所建立的電場。

　　要想描出空間中每一點上的電力線，雖非不可能，但若如此做，則整個圖上都將充滿了電力線，反而無法分辨出個別的電力線來。故通常我們將電場較強的區域以較密集的電力線來表示，而在電場較弱的地方，以較稀疏的電力線來表示。

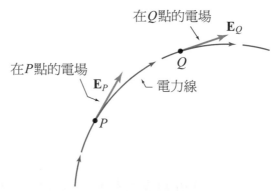

▲圖 13–21　電力線上任意點的切線方向即為該點的電場方向

　　如圖 13–22 (a)所示，單一點電荷的電力線，係以此點電荷為中心，向四面八方均勻輻射出去的直線。若在以點電荷為球心，半徑為 r 的球面上（面積為 $4\pi r^2$）觀察電力線的密度，則我們將發現它隨著 r^2 成反比。這正好和點電荷的電場與距離的平方成反比有著相同的關係。因此，除了可由電力線的切線方向來表示該點的電場方向之外，我們尚可由電力線的密度與電場強度成正比的關係，來衡量電場的大小。

　　電力線是為了電場表示的方便，而想像出來的「線」。由電力線，我們可得知在任何一點上，正電荷的受力方向。但我們卻不能說：電力線就是帶電質點在電場中釋放後所將走的路徑。「力」的方向不見得就是「路徑」的方向，例如在等速圓周運動的質點，所受的力（向心方向），與其位移的方向（沿圓周的切線方向）就不一致。電力線雖不能表示帶電質點受力後的運動軌跡，但我們還是可以經由電力線而推算出質點的運動軌跡。

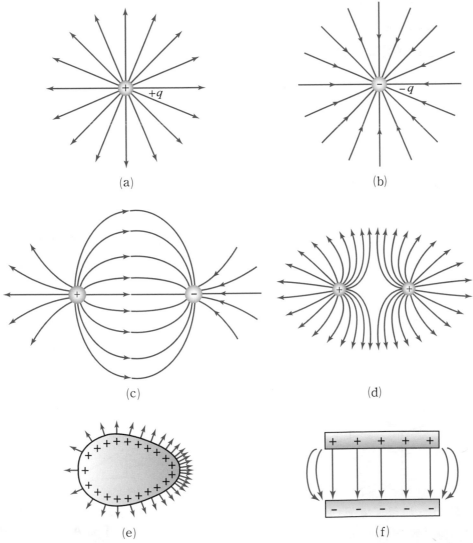

▲圖 13–22　電荷附近的電力線。⒜單一正點電荷的電力線；⒝單一負點電荷的電力線；⒞兩等量異性點電荷的電力線；⒟兩等量同性點電荷的電力線；⒠帶電導體的電力線；⒡帶等量異性電荷之平行板間的電力線。

13-8　高斯定律

理論上，由連續分佈之電荷所建立的電場都能夠由庫侖定律求得，但常需用到複雜的積分。對於對稱性較高的電荷分佈，在這節中，我們將基於電力線的概念，提供一種較為簡便的變通方法來解決。在上節中，我們已經知道電力線的密度與電場強度成正比，但此僅為定性的概念。數學家高斯 (Carl F. Gauss, 1777～1855) 將此概念變成定量的形式。他敘述通過一封閉表面的電力線的量與此封閉表面所包圍的淨電荷的關係，此關係即稱為高斯定律 (Gauss's law)。在敘述高斯定律之前，我們先來定義電力線通過一表面的量，即電通量 (electric flux)。

13-8-1　電通量

在圖 13-23 中，有一均勻電場 **E** 的電力線垂直通過面積為 A 的平面，則我們定義通過此平面的電通量 (electric flux) 為

$$\Phi_E = EA \tag{13-19}$$

如果平面 A 與均勻電場不垂直，如圖 13-24 所示，則穿過平面 A 的電力線數目，與穿過平面 A 在垂直於電力線之投影平面 A_n 相等，所以此時之電通量可寫為

$$\Phi_E = EA_n = EA \cos\theta \tag{13-20}$$

寫成向量形式則為

$$\Phi_E = \mathbf{E} \cdot \mathbf{A} = EA \cos\theta \tag{13-21}$$

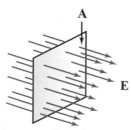

▲圖 13-23　均勻電場 **E** 垂直通過平面 **A**

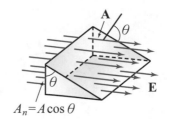

▲圖 13-24　均勻電場 **E** 與通過的平面 **A** 之夾角為 θ

如果電場不是均勻的或通過的表面不是平面，如圖 13-25 所示，則可在曲面上取一極小面積 ΔA_i，此面積若足夠小，則可看成一平面，並規定該小面積的方向為曲面法線向外的方向，則通過該小面積的電通量定義為

$$\Delta \Phi_{E_i} = E_i \Delta A_i \cos\theta = \mathbf{E}_i \cdot \Delta \mathbf{A}_i \qquad (13\text{-}22)$$

則通過整個曲面的電通量為個別小面積基素之微小電通量的總和，即

$$\Phi_E \equiv \lim_{\Delta \mathbf{A}_i \to 0} \sum \mathbf{E}_i \cdot \Delta \mathbf{A}_i = \int_{曲面} \mathbf{E} \cdot d\mathbf{A} \qquad (13\text{-}23)$$

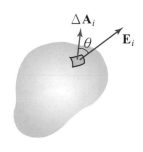

▲圖 13-25　通過小曲面 ΔA_i 的電場 $\mathbf{E}_i$ 與小曲面 ΔA_i 的法線夾角為 θ

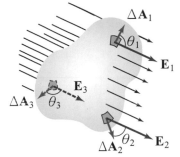

▲圖 13-26　在一非均勻電場中之封閉曲面。通過一面積基素的電通量可能為正，如圖中之 ΔA_1 及 ΔA_2，亦可能為負，如圖中之 ΔA_3。

對於開放式或封閉式的曲面，都可由上式計算其電通量。對於封閉曲面上每一小面積基素的方向，規定為垂直於小平面而由體積指向外，如圖 13-26 所示，因此，電場方向為離開封閉面者，其電通量為正；進入封閉面者，其電通量為負。在計算封閉曲面的電通量時，我們特地在式 (13-24) 之積分符號上加一圓圈來強調它，即

$$\Phi_E = \oint \mathbf{E} \cdot d\mathbf{A} = \oint E_n dA \qquad (13\text{-}24)$$

例題 13-10

如圖 13-27 所示，有一邊長為 0.4 公尺的正方形，其平面與 300 牛頓／庫侖之均勻電場夾 37°，試求通過此平面的電通量為何？

正方形側視圖

▲圖 13-27

解 正方形平面的法線與電場之夾角為

$$\theta = 90° - 37° = 53°$$

由式 (13–21) 得通過此平面之電通量為

$$\Phi_E = EA\cos\theta = 300 \times (0.4)^2 \cos 53°$$

$$= 28.8 \text{ 牛頓} \cdot \text{公尺}^2 / \text{庫侖}$$

例題 13–11

如圖 13–28 所示，均勻電場 **E** 之方向為正 x 方向，求(a)通過邊長為 ℓ 之正立方體各面的電通量。(b)通過整個立方體之封閉面的電通量。

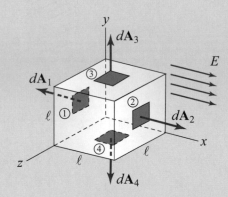

▲圖 13–28   正立方體整個位於均勻電場 **E** 內

解 (a)第三及第四面因其法線方向與電場垂直，所以

$$\Phi_{E_3} = \Phi_{E_4} = 0$$

第一面之電通量為

$$\Phi_{E_1} = \int_1 \mathbf{E} \cdot d\mathbf{A} = \int_1 E dA \cos 180° = -E \int_1 dA$$

$$= -EA = -E\ell^2$$

第二面之電通量為

$$\Phi_{E_2} = \int_2 \mathbf{E} \cdot d\mathbf{A} = \int_2 E dA \cos 0° = E \int_2 dA$$

$$= EA = E\ell^2$$

(b)通過整個封閉面的電通量為

$$\Phi_E = \Phi_{E_1} + \Phi_{E_2} + \Phi_{E_3} + \Phi_{E_4} = 0$$

13-8-2　高斯定律

在此我們要來討論通過一封閉曲面，通常稱為高斯面 (gaussian surface) 的電通量與封閉在此曲面內之淨電荷的一般關係。此關係我們稱為高斯定律 (Gauss' law)，為研究靜電場的主要項目。

首先讓我們考慮正點電荷 q 位於半徑為 r 之球心的情況，如圖 13–29 所示，高斯面為球面。在半徑為 r 之球面上各處之電場，依庫侖定律或式 (13–9) 為 $\mathbf{E} = \dfrac{kq}{r^2}\hat{\mathbf{r}}$。因此電場垂直通過高斯面上之各點，即在各點之電場 $\mathbf{E}$ 都與在各該點之小面積基素 $d\mathbf{A}$ 平行。因此依式 (13–24)，通過整個高斯面的電通量為

$$\Phi_E = \oint \mathbf{E} \cdot d\mathbf{A} = \oint E \, dA = E \oint dA = (\frac{kq}{r^2})(4\pi r^2) = \frac{q}{\varepsilon_0} \tag{13–25}$$

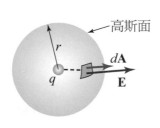

▲圖 13–29　半徑為 r 之球面，當電荷 q 位於球心時，電場垂直球面且在球面上各點的大小都相同。

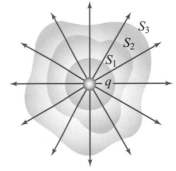

▲圖 13–30　繞著電荷 q 之各種不同形狀的封閉曲面，但通過此些封閉曲面的電通量都相同。

現在我們考慮，如圖 13–30 所示之各個封閉曲面。曲面 S_1 為球面，而 S_2、S_3 為任意的封閉曲面。由圖 13–30 我們知道通過 S_1 的電力線亦必通過 S_2、S_3，所以可知通過任意封閉曲面的電通量與曲面的形狀無關。事實上，通過任意包圍點電荷 q 之封閉曲面的電通量都是 $\dfrac{q}{\varepsilon_0}$。

現在我們更進一步討論點電荷在任意形狀封閉曲面外的情況。如圖 13–31 所示，我們可看到電力線有些進入曲面，有些從曲面穿出。然而，進入曲面的電力線數與穿出的電力線數正好相等，因此我們可得到一個結論，封閉曲面內若沒有電荷，則通過封閉曲面的淨電通量為零。

最後我們再將討論的狀況擴充到許多點電荷或連續分佈的電荷。假設個別電荷 q_i 建立的電場為 $\mathbf{E}_i$，則依電場的重疊原理及電荷的可加性，我們可得

$$\oint \mathbf{E} \cdot d\mathbf{A} = \oint \sum_i \mathbf{E}_i \cdot d\mathbf{A} = \sum_i (\oint \mathbf{E}_i \cdot d\mathbf{A}) = \sum_i (\frac{q_i}{\varepsilon_0}) = \frac{\sum_i q_i}{\varepsilon_0} = \frac{q_{in}}{\varepsilon_0} \qquad (13\text{--}26)$$

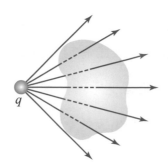

◀ 圖 13–31　點電荷位於封閉曲面外。在此狀況下，進入或穿出曲面的電力線相等。

式中 q_{in} 表示在高斯面內的淨電荷，而 $\mathbf{E}$ 表示在高斯面上任意點的電場。總而言之，高斯定律可敘述如下：通過任意封閉高斯曲面的淨電通量等於被該曲面包圍之淨電荷除以 ε_0。

13–8–3　高斯定律的應用

　　當電荷的分佈具有足夠的對稱性時，我們利用高斯定律來求其所建立的電場，常可簡化計算過程。在解題過程中，我們先分析電荷分佈的對稱性，以決定其電力線的圖案，然後再選定一封閉的高斯面，一般為球形或圓柱形，使得電場 $\mathbf{E}$ 的方向垂直或平行於此高斯面上之面積基素 $d\mathbf{A}$ 的方向。若 $\mathbf{E}$ 與 $d\mathbf{A}$ 垂直，則 $\mathbf{E} \cdot d\mathbf{A} = 0$；若 $\mathbf{E}$ 與 $d\mathbf{A}$ 平行，則 $\mathbf{E} \cdot d\mathbf{A} = EdA$，當電場的大小 E 與 dA 無關為一常數時，可將 E 提出積分符號外面，積分就可簡化為求高斯面上微小面積基素的總和。以下我們將列舉數例以說明高斯定律的應用。

例題 13–12

有一半徑為 a、帶電量為 Q 的實心帶電非導體球，如圖 13–32 所示，其電荷均勻分佈於整個球內，有一點在距球心 r 處，試求(a)當此點在球內部時，其電場為何? (b)當此點在球外部時，其電場為何?

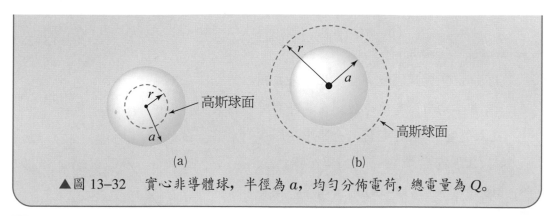

▲圖 13–32　實心非導體球，半徑為 a，均勻分佈電荷，總電量為 Q。

解 (a)如圖 13–32 (a)所示，以球心為中心，在非導體球內取一半徑為 r 的球形高斯面，由高斯定律可得

$$\Phi_E = EA = E(4\pi r^2) = \frac{q_{in}}{\varepsilon_0}$$

故

$$E = \frac{1}{4\pi\varepsilon_0}\frac{q_{in}}{r^2} = \frac{kq_{in}}{r^2} \tag{1}$$

上式之 q_{in} 為高斯面內的淨電荷，由於電荷均勻分佈，q_{in} 的大小與高斯面內的體積成正比，即

$$\frac{q_{in}}{Q} = \frac{\dfrac{4\pi r^3}{3}}{\dfrac{4\pi a^3}{3}} \quad 或 \quad q_{in} = \frac{r^3}{a^3}Q$$

將 q_{in} 代入(1)式，得

$$E = \frac{kQ}{a^3}r \quad （非導體球內部） \tag{13–27}$$

上式顯示，在非導體球內部各點的電場 E 與該點至球心的距離 r 成正比，而在球心處之電場為 $E = 0$。

(b)如圖 13–32 (b)所示，在非導體球外取一半徑為 r 之球形高斯面，由高斯定律可得

$$\Phi_E = EA = E(4\pi r^2) = \frac{Q}{\varepsilon_0}$$

或

$$E = \frac{1}{4\pi\varepsilon_0}\frac{Q}{r^2} = \frac{kQ}{r^2} \quad \text{(非導體球外部)} \tag{13-28}$$

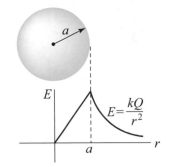

上式之 Q 為球體總電量，此結果亦顯示，實心均勻帶電非導體球在其外部所建立的電場，與其電荷完全集中在球心處之點電荷相同。當 $r = a$ 時，式 (13-27) 和式 (13-28) 的值相等，換言之，電場在非導體球的表面是連續的。圖 13-33 為半徑 a 之均勻帶電非導體球在任一點所建立之電場 E 與該點至球心之距離 r 的關係圖。

▲圖 13-33　半徑為 a 之均勻帶電非導體球，其任一點之電場與該點至球心距離 r 的關係圖。

例題 13-13

有一無限長之均勻帶電直線，其電荷線密度為 λ，試求距離此線 r 處的電場強度。

解 如圖 13-34 所示，以長直線為中心軸，取一半徑為 r，長為 ℓ 的圓柱形高斯面，其左右兩端之平面 S_1 與 S_2 處之電場方向與該處平面的法線方向垂直，或是說與該平面平行，沒有電力線穿越這兩個平面，故此兩平面沒有電通量的貢獻。圓柱形之圓周長為 $2\pi r$，長為 ℓ，故圓柱曲面 S_3 的表面積為 $A = (2\pi r)\ell$，由對稱性可知，直線帶電體在此曲面 S_3 上之任一點所建立的電場大小均相等，電場方向為沿徑向外，與該點之面積基素的法線方向平行，因此有電通量的貢獻。將整個高斯面分成 S_1、S_2、S_3 三個表面時，其總電通量為

$$\Phi_E = 0 + 0 + EA = E(2\pi r\ell) = 2\pi r\ell E \cdots\cdots (1)$$

由高斯定律得電通量應為

$$\Phi_E = \frac{q}{\varepsilon_0} \cdots\cdots (2)$$

由(1)式與(2)式相等可得

$$E = \frac{q}{2\pi\varepsilon_0 \ell r} \cdots\cdots (3)$$

其中 q 為圓柱形高斯面所包圍之帶電線段上的電荷，此線段長為 ℓ，因每單位長度的電荷為 λ，故此線段的總電荷為 $q = \lambda\ell$，代入(3)式得

$$E = \frac{\lambda}{2\pi\varepsilon_0 r} = 2k\frac{\lambda}{r} \tag{13-29}$$

因此，無限長直線均勻帶電體在任一點所建立的電場，與該點至長直線之垂直距離 r 的一次方成反比。

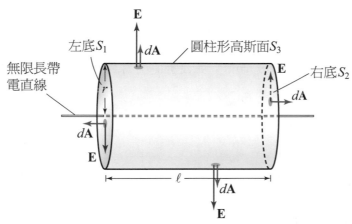

▲圖 13-34　帶電直線之圓柱形高斯面

例題 13-14

有一無限大的均勻帶電薄平板，其電荷面密度為 σ，求在距薄平板 r 處之電場為何？

解 如圖 13-35 (a)所示，取一截面積為 A 的圓柱形高斯面，此圓柱形兩端的平面分別位於薄平板的兩側，且與薄平板平行，與薄平板的距離均為 r。由於電荷分佈對稱，此帶電薄平板所建立的電場方向必垂直於平板向外，且距平板等距離的所有點皆具有相同大小的電場。因此，在高斯面兩端之平面 S_1 與 S_2 的面積方向皆分別與該處之電場方向相同，且此兩平面上任一點之電場大小 E 亦相同，由式 (13-21) 可得兩平面之電通量皆為

$$\Phi_E = \mathbf{E} \cdot \mathbf{A} = EA \cos 0° = EA$$

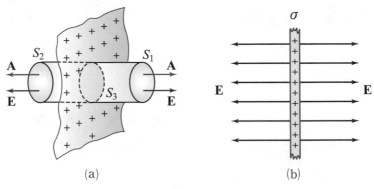

▲圖 13–35

對圓柱形高斯面之曲面 S_3 而言，並沒有電力線穿過，故其電通量為零。因此，整個封閉高斯面的電通量為

$$\Phi_E = EA + EA + 0 = 2EA \cdots\cdots (1)$$

再由高斯定律得電通量為

$$\Phi_E = \frac{q}{\varepsilon_0} = \frac{\sigma A}{\varepsilon_0} \cdots\cdots (2)$$

由(1)式與(2)式相等得

$$E = \frac{\sigma}{2\varepsilon_0} \text{（非導體薄平板）} \tag{13–30}$$

上面的結果顯示，在薄平板兩側任一點的電場大小均相同，與距離 r 無關，而在同一側之電場方向亦相同，如圖 13–35 (b)所示，此即為均勻電場。實際上並沒有無限大的帶電薄平板，但對於真正的薄平板而言，如果考慮的點不在板之邊緣，且其與板的距離遠小於板的尺寸時，式 (13–30) 仍然成立。式 (13–30) 與例題 13–9 之式 (13–18) 相同，但顯然應用高斯定律時，計算比較簡單。

例題 13–15

兩片完全相同的大金屬板，如圖 13–36 所示，表面電荷密度各為 $+\sigma$ 及 $-\sigma$，求下列各處之電場強度。(a)在兩板之左方，(b)在兩板之間，(c)在兩板之右方。

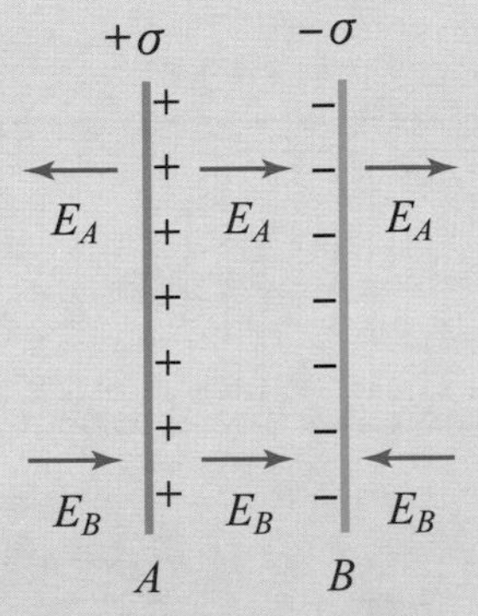

▲圖 13–36　兩相同之金屬板上面電荷
密度各為 $+\sigma$ 及 $-\sigma$

解　由上題知 A 板電荷建立之電場強度為 $E_A = \dfrac{\sigma_A}{2\varepsilon_0} = \dfrac{\sigma}{2\varepsilon_0}$

B 板建立之電場強度 $E_B = \left| \dfrac{\sigma_B}{2\varepsilon_0} \right| = \left| \dfrac{-\sigma}{2\varepsilon_0} \right|$

(a) $\mathbf{E} = \mathbf{E}_A + \mathbf{E}_B = \dfrac{\sigma_A}{2\varepsilon_0}(-\mathbf{i}) + \left| \dfrac{\sigma_B}{2\varepsilon_0} \right|(+\mathbf{i}) = 0$

(b) $\mathbf{E} = \mathbf{E}_A + \mathbf{E}_B = \dfrac{\sigma_A}{2\varepsilon_0}(\mathbf{i}) + \left| \dfrac{\sigma_B}{2\varepsilon_0} \right|(-\mathbf{i}) = \dfrac{\sigma}{\varepsilon_0}\mathbf{i}$ 　　　　(13–31)

(c) $\mathbf{E} = \mathbf{E}_A + \mathbf{E}_B = \dfrac{\sigma_A}{2\varepsilon_0}(\mathbf{i}) + \left| \dfrac{\sigma_B}{2\varepsilon_0} \right|(\mathbf{i}) = 0$

13–9　帶電質點在均勻電場中的運動

　　帶電質點在均勻電場的運動與一質點在均勻重力場的運動非常相似。因為電場是均勻的，所以帶電質點所受的電力為常數，加速度也是常數。因此你可以應用第 3 章、第 4 章所得的等加速度運動的方程式。

例題 13–16

一質量為 m，帶電量為 $-e$ 之電子以 $\mathbf{v}_0$ 之初速垂直進入一均勻電場，如圖 13–37 所示。試計算其離開長度為 ℓ 之電場時，偏移若干？

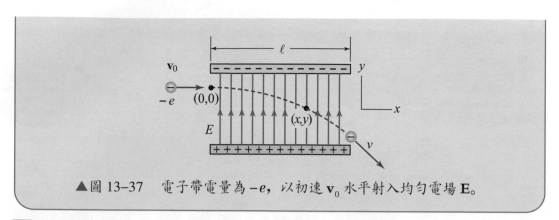

▲圖 13-37   電子帶電量為 $-e$，以初速 $\mathbf{v}_0$ 水平射入均勻電場 $\mathbf{E}$。

解 參考圖 13-37 之坐標。初速為

$$\mathbf{v}_0 = v_0\hat{\mathbf{i}}$$

而均勻電場為

$$\mathbf{E} = E\hat{\mathbf{j}}$$

作用於電子之電力為

$$\mathbf{F} = q\mathbf{E} = qE\mathbf{j}$$

電子之電量為 $-e$，則此電子的偏移方向與電場相反。

電子在電場中停留的時間，可以由等速運動的 x 方向的速度 v_0 求出。

$$t = \frac{\ell}{v_0}$$

在這期間質點在 y 方向是做等加速運動，其在 y 方向的偏移量可用等加速運動的式子

$$y = y_0 + v_{y_0}t + \frac{1}{2}a_yt^2$$

上式中，$y_0 = v_{y_0} = 0$，因此上式可簡化為

$$y = \frac{1}{2}a_yt^2$$

又 a_y 可以由電力求得

$$a_y = \frac{F_y}{m} = \frac{-eE}{m}$$

因此，偏移量 y 為

$$y = \frac{1}{2}(-\frac{eE}{m})(\frac{\ell}{v_0})^2$$

例題 13-17

一帶電質點，質量為 m，帶電量為 q，如圖 13-38 所示，由靜止狀態自靠近平行板之一板釋放，該電荷一路被此一電場加速。已知電場大小為 E，平行板間距為 ℓ，試計算該質點抵達另一板之瞬時速率及動能。

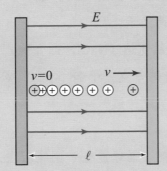

▲圖 13-38　帶正電荷之質點通過均勻電場加速運動

解 帶電質點的加速度 a 為定值，其大小為

$$a = \frac{qE}{m}$$

故運動為沿 x 方向的線性運動，因此我們可應用第 3 章的運動方程式，且知其初位置 $x_0 = 0$，$v_0 = 0$，可得

$$v^2 = 2ax = (\frac{2qE}{m})\ell$$

所以當質點達到另一板之瞬間，其速率為

$$v = (\frac{2qE\ell}{m})^{\frac{1}{2}}$$

此時之動能

$$K = \frac{1}{2}mv^2 = \frac{1}{2}m(\frac{2qE}{m})\ell = qE\ell$$

習 題

1. 假設 A、B、C 為三帶電體，A 球吸引 B 球，B 球吸引 C 球，而 C 球吸引 A 球。試問此情形是否可能發生？如果發生是否表示宇宙中存在有三種性質不同的帶電體？

2. (a)為什麼你不能手持金屬棒，而摩擦使之帶電？ (b)如何使金屬棒帶電？

3. 將紙片撕成碎片置於桌上，並用鋼筆的塑膠桿在頭髮上或毛衣上摩擦後，靠近紙片。觀察有何現象發生，並解釋之。

4. 何謂電荷守恆？何謂電荷量子化？

5. 如有質量為 10^{-3} 公斤的氯化鈉（NaCl，即食鹽）完全熔解。求所有鈉離子具有的基本電量數。（氯化鈉每克分子 58.5×10^{-3} 公斤）

6. 如何分別導體、非導體與絕緣體？

7. 何謂感應起電？

8. 假如你有大小相同的兩個金屬球放在一絕緣板上，有一根塑膠棒及一塊毛皮。試問你將用何種方法使它們帶有(a)等量同性的電荷；(b)等量異性的電荷？

9. 將一帶電的玻璃棒靠近一接地驗電器，然後將驗電器之接地導線取去，再移開玻璃棒。我們發現驗電器的兩金屬箔片是張開的，可知驗電器已經帶電。此現象是否與電荷守恆定律相違背，請解釋之。如果先移開玻璃棒，然後再將接地導線取去，則結果有何不同？

10. 假如你將一根帶電的棒子靠近帶負電的驗電器，驗電器的兩金屬箔片所張開的角度變小。試問這棒子帶的是什麼電荷？

11. 與上題相同，不過兩金屬箔片由張開的角度變小、下垂繼而張開。試問這是什麼原因？

12. 有兩個 α 粒子（即氦核），相距 10^{-13} 公尺。(a)求其間的庫侖力；(b)並與其間的萬有引力比較。

13. 正方形每邊長 0.10 公尺，假設其四角各有一個電子。求其中任一個電子所受的庫侖力。

14. 在 x 軸上有兩個電荷 Q_1、Q_2，其電量和位置如下：$Q_1 = -4 \times 10^{-6}$ 庫侖，位

置 $x = -3$ 公尺；$Q_2 = +1 \times 10^{-6}$ 庫侖，其位置為 $x = 2$ 公尺。試問第三個電荷 $Q = 10^{-5}$ 庫侖必須放在什麼地方，作用於其上的淨庫侖力才會等於零？其所在位置與第三個電荷的電量 Q 是否有關？

15. 假設 A、B 為大小、性質相同的小金屬圓球，各帶 Q 與 q 的電荷，當其距離為 r 時其相吸力為 24 牛頓；將 A、B 兩球接觸後再行分開至 r 的距離，則其作用力減至 1 牛頓，試問：

(a)此 1 牛頓的作用力為相吸力或是相斥力？

(b)原來的電量 Q 與 q 之比為若干？

(c)在兩球接觸再行分開後，若將距離增至 $3r$ 時，其作用力為若干？

16. 兩相同正電荷 q 均固定在 y 軸上，一在原點之上方 $y = a$ 處，一在原點之下方 $y = -a$ 處。試求(a)位於坐標為 $(x, 0)$ 處的電場；(b)若在 $y = -a$ 處的電荷改為 $-q$，在上述之點的電場。

17. 將正電荷 q 置於 $y = a$ 處，負電荷 $-q$ 置於 $y = -a$ 處，則此兩電荷形成一電偶極 (dipole)，其電偶極矩 (electric dipole moment) $\mathbf{P} = 2qa\mathbf{j}$。若在 y 軸 r 處有一點 P。試證當 $r \gg a$ 時，P 點的電場 $\mathbf{E}$ 為 $\mathbf{E} = \dfrac{\mathbf{P}}{2\pi\varepsilon_0 r^3}$。

18. 試求能平衡(a)電子、(b) α 粒子重量的電場大小及方向。

19. 有一半圓弧，其上線電荷密度為 λ，求在圓心處之電場強度。

20. 如圖 13-39 所示，以一細線懸掛質量為 m、電量為 q 的小球。平衡時小球與帶電薄大導體平面的夾角為 θ。求此導體平面之電荷面密度及繩上張力。

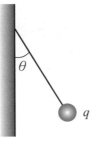

▲圖 13-39

21. 有一點在距離半徑為 R、帶電量為 q 的實心帶電導體球的球心 r 處。試求(a)當此點在球內部時，其電場為何？(b)當此點在球外部時，其電場為何？

22. 如圖 13–40 所示，有一內半徑為 a、外半徑為 b 的非導體球殼，其電荷均勻分佈，電荷體密度為 ρ。若有一點在距球心 r 處，試求(a)當 $r<a$ 時之電場強度為何？(b)當 $a<r<b$ 時之電場強度為何？(c)當 $r>b$ 時之電場強度為何？

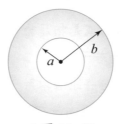

▲圖 13–40

23. 有一半徑為 R 的無限長均勻帶電圓柱形非導體，其單位體積的電荷密度為 ρ。試求(a)在圓柱體內部離其中心軸 r 處之電場大小為何？(b)在圓柱體外部離其中心軸 r 處之電場大小為何？

24. 如圖 13–41 所示，二平行板間相距為 d，內有一均勻電場 $\mathbf{E}$，有一質量為 m，荷電為 q 的質點，由正電板處自由釋放。試求抵達負電板之瞬間的(a)速率；(b)動能；(c)所需的時間。

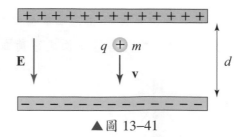

▲圖 13–41

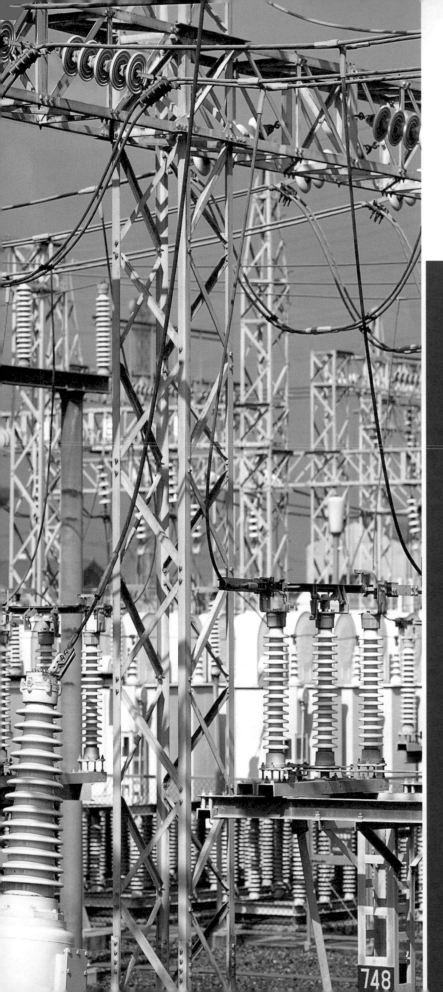

14

電位與電容

學完這章後，您應該能夠

1. 了解電位能、電位的定義以及其間的關係。

2. 計算單點電荷、多點電荷以及連續分佈之
   電荷所建立之電場的電位能及電位。

3. 知道等位面的意義以及明瞭等位面上電場
   的方向。

4. 了解電場與電位的關係，並由電位的函數
   導出電場函數，或由電場函數導出電位
   函數。

5. 知道電容器電容的定義，並由定義計算常
   見形狀電容器的電容。

6. 了解電容器充填介電質後的電容變化。更
   要進一步知道填入介電質後甚至接上電池
   後，其所儲存電量、電場以及電位的反應
   情形。

7. 計算電容器連接後的等效電路。

8. 了解電容器所儲存的能量與電量、電位、
   電容之間的關係，更要了解所儲存的能量
   係存在那裡。

在上一章中，我們已討論過庫侖定律，且知庫侖力與第 4 章中的萬有引力具有相同的形式，都是與距離的平方成反比，即

$$\mathbf{F}_g（萬有引力）= -G\frac{mM}{r^2}\mathbf{u}_r = m\mathbf{g}$$

$$\mathbf{F}_e（庫侖力或靜電力）= k\frac{q'q}{r^2}\mathbf{u}_r = q'\mathbf{E}$$

而在第 5 章功與能的討論中，我們曾定義重力位能差 ($\Delta U_{g,\,a\to b}$) 為在重力場 $\mathbf{F}_g$ 下，能使物體由一位置 $\mathbf{r}_a$ 移到另一位置 $\mathbf{r}_b$ 時，動能仍保持不變的外力所作的功。而因物體在移動一位移時，動能仍保持不變，所以知道外力在此位移中，所作的功正好與重力所作的功大小相等，而互相抵消。因此重力位能差，也可定義為重力對物體移動一位移，所作功的負值。根據這個說法，我們亦可同樣稱在電力場下的位能為電位能 (electric potential energy)，並由電位能差導出電位 (electric potential)。在此章中，我們除了要討論電位能、電位外，還要由電量與電位的關係導出電容 (capacitance)。

14–1　電位能

我們定義在電力場作用下的電位能差 (electric potential energy difference) 為電力對帶電體移動一位移時，電力所作功的負值，或能使帶電體移動一位移時，仍保持動能不變的外力對帶電體所作的功。即

$$\Delta U（電位能差）= -W_e（電力所作功的負值）$$

$$= W_{ext}（外力所作的功） \tag{14–1}$$

圖 14–1 為一正電荷 q 所建立的電場。檢驗電荷 q' 在該電場下所受的電力為 $\mathbf{F}_e = k\dfrac{q'q}{r^2}\mathbf{u}_r$。依上面的說法，檢驗電荷 q' 在 a 點及在 b 點的電位能差 ($\Delta U_{a\to b}$) 等於將檢驗電荷 q' 在電力場 $\mathbf{F}_e$ 下，從 a 點移到 b 點時，電力 $\mathbf{F}_e$ 對帶電體所作功的負值 ($-W_{e,\,a\to b}$)。因位移 $\Delta\mathbf{S}$ 可分成垂直於電力方向及平行於電力方向的分量，且因電力僅會在平行電力方向的位移分量作功，因此，

$$\Delta U_{a\to b} = -W_{e,\,a\to b} = -\lim_{\Delta \mathbf{S}\to 0}\sum_{a\to b}\mathbf{F}_e\cdot\Delta\mathbf{S}$$

$$= -\lim_{\Delta r\to 0}\sum_{a\to b}(k\frac{q'q}{r^2}\mathbf{u}_r)\cdot(\Delta r\mathbf{u}_r) = -\lim_{\Delta r\to 0}\sum_{a\to b}k\frac{q'q}{r^2}\Delta r \qquad (14\text{--}2)$$

因為上式等號右邊等於

$$-\int_{r_a}^{r_b}k\frac{q'q}{r^2}dr = -kq'q\int_{r_a}^{r_b}\frac{dr}{r^2} = -kq'q(-\frac{1}{r})_{r_a}^{r_b}$$

$$= +kq'q(\frac{1}{r_b} - \frac{1}{r_a})$$

因此式 (14–2) 變成

$$\Delta U_{a\to b} = -W_{e,\,a\to b} = kq'q(\frac{1}{r_b} - \frac{1}{r_a}) \qquad (14\text{--}3)$$

如果我們取 r_a 為無窮遠處的位置，且令其電位能 $U(\infty)$ 為零，而 r_b 代表電力場中的任意位置 r，則上式變成

$$\Delta U_{a\to b} = U(r_b) - U(r_a) = U(r) - U(\infty) = kq'q(\frac{1}{r} - 0)$$

即

$$U(r) = \frac{kq'q}{r} \qquad (14\text{--}4)$$

我們稱 $U(r)$ 為電荷 q 與 q' 相距為 r 時的電位能。*此電位能為電荷 q 與 q' 之系統所共有，為一距離 r 的純量函數*，其值等於將 q' 從距離 q 無窮遠處移到距離 q 為 r 時，電力所作功的負值，或等於將 q' 從距離 q 無窮遠處，移到距離 q 為 r 時，仍能保持動能不變之外力所作的功。

　　將上面所述用向量及積分表示，則可得

$$U(r) = -\int_{\infty}^{r}\mathbf{F}_e\cdot d\mathbf{S} = -\int_{\infty}^{r}q\mathbf{E}\cdot d\mathbf{S} = -\int_{\infty}^{r}\frac{kq'q}{r^2}\hat{\mathbf{r}}\cdot d\mathbf{S}$$

$$= -kq'q\int_{\infty}^{r}\frac{dr}{r^2} = -kq'q(-\frac{1}{r})_{\infty}^{r}$$

$$= \frac{kq'q}{r} \qquad (14\text{--}5)$$

　　將一群電荷由彼此相距無窮遠處，相互移近，以使其建立一新的電場時，需以外力施於此諸電荷之上，以抵抗電荷間所作用的庫侖力。此外力所作之功，即

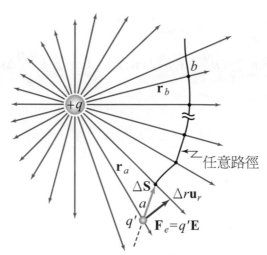

▲圖 14–1　在正電荷 q 所建立的電場中，將檢驗電荷 q' 由 a 點移到 b 點。

稱為此重新排列的電荷系統中的位能，或稱為此新建立的電場的能量。由此定義，可知我們已先設定當各電荷間的距離為無窮遠時，系統中的能量為零。如圖 14–2 (a)所示，設兩點電荷 q_1、q_2 的距離原，為無窮遠，若將此二點電荷逐漸移近至相距為 r_{12}，則由前面的討論得知，不論此兩電荷相互移近時，所沿之路徑為何，外力所需作之功皆為

$$W_{ext} = \frac{kq_1q_2}{r_{12}} \tag{14--6}$$

如圖 14–2 (b)所示，我們再從無窮遠處移入第三個電荷 q_3，並移置於圖中之最終位置，使 q_3 與 q_1、q_2 距離分別為 r_{31}、r_{32}。在移動過程中，若兩電荷 q_1、q_2 分別對 q_3 所施的力為 $\mathbf{F}_{31}$ 與 $\mathbf{F}_{32}$，則需要以 $(-\mathbf{F}_{31}) + (-\mathbf{F}_{32})$ 的外力施於 q_3，方能使其等速移動。故知將 q_3 等速移至終點，外力所作之功 W_3；為當 q_1 單獨存在時，受外力 $-\mathbf{F}_{31}$ 所作之功 $\dfrac{kq_3q_1}{r_{31}}$；與 q_2 單獨存在時，受外力 $-\mathbf{F}_{32}$ 所作之功 $\dfrac{kq_3q_2}{r_{32}}$ 的代數和。即

$$W_3 = \frac{kq_3q_1}{r_{31}} + \frac{kq_3q_2}{r_{32}} \tag{14--7}$$

故構成此三個電荷的排列，其全部所需作之功，亦即此電荷系統的電位能為

$$U = \frac{kq_1q_2}{r_{12}} + \frac{kq_3q_1}{r_{31}} + \frac{kq_3q_2}{r_{32}} \tag{14--8}$$

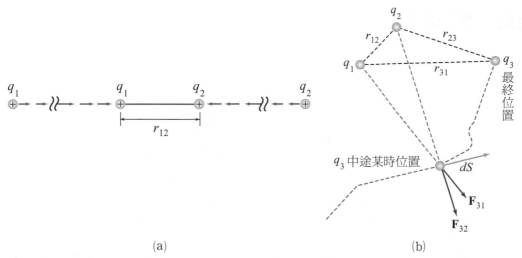

▲圖 14–2　(a)將兩電荷 q_1、q_2 從無窮遠處等速移到相距為 r_{12}；(b)將 q_1、q_2 等速移至相距為 r_{12} 後，再將第三電荷 q_3 從無窮遠處等速移入 q_1、q_2 所建立的電場範圍內。

　　從上式可發現，雖然 q_3 是最後移入此系統，但 q_1、q_2、q_3，卻以非常對稱的形式出現上式中。故可知電荷系統的電位能 U 與排列電荷的先後次序無關，而僅決定於各電荷最後所在的位置。一般而言，位能是表示某一時刻電荷系統的一種狀態，與其過去的歷史無關；其大小僅依各電荷間相對位置而改變，不因安排此諸電荷之不同步驟而改變。

　　依此類推，若有 N 個電荷在空間作某種排列，則整個系統的電位能為所有成對電荷的電位能之代數和，即

$$U = \sum_{i,j} \frac{kq_i q_j}{r_{ij}} \ (i = 1、2、\cdots、N; j = 1、2、\cdots、N; j > i) \tag{14–9}$$

今若一電場係由 N 個電荷 q_1、q_2、$\cdots$、q_N 所建立，而有一檢驗電荷 q' 在 P 點，P 點距各電荷各為 r_1、r_2、$\cdots$、r_N 等，則在 P 點的總電位能為各電荷對 P 點的電位能的代數和，即

$$U_p = \sum_i \frac{kq' q_i}{r_i} = kq' \sum_i \frac{q_i}{r_i} \ (i = 1、2、\cdots、N) \tag{14–10}$$

例題 14-1

在一邊長為 L 的正三角形的三個角上，各置一個點電荷，其電量分別為 $+Q$，$+Q$ 及 $-Q$，如圖 14-3 (a)所示。試求要組合此三個點電荷所需的總能量。

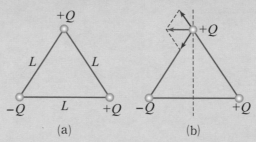

▲圖 14-3　(a)形成正三角形的三電荷；(b)在底邊中垂線上的電荷，其受力垂直於此中垂線。因此沿中垂線等速運動之任意電荷都不需作功。

解 要組合此電荷系統所需的能量，即等於此系統的電位能。故由式 (14-8) 可得

$$W = U = +\frac{kQ^2}{L} - \frac{kQ^2}{L} - \frac{kQ^2}{L} = -\frac{kQ^2}{L}$$

此系統之總能量為負值，表示此三個電荷組成一個束縛系統。有一點值得注意的是：此系統的總能量，正好等於此三角形中之 $-Q$ 電荷，與任何一個 $+Q$ 電荷間所具有之電位能。例如三角形底邊的兩個電荷 $-Q$ 與 $+Q$ 間的電位能即為 $\dfrac{-kQ^2}{L}$。現設第三個電荷 $+Q$ 係沿此底的中垂線引入而到達該三角形的頂角位置，則此第三電荷所受由底邊兩電荷所產生的庫侖力，其合力垂直於其位移的方向（見圖 14-3 (b)），故此第三電荷的引入，並不須作功。因此，此系統之總能量（電位能），並不因有如此之第三電荷的介入，而有所增減。

例題 14-2

如上例題，求檢驗電荷 q' 在正三角形中心位置的電位能。

解 正三角形中心到各頂點的距離為邊長 L 的 $\dfrac{1}{\sqrt{3}}$，所以依式 (14-10)，在三角形中心的電位能（非系統的電位能）為

$$U = kq'\sum_i \frac{q_i}{r_i}$$

$$= kq'[\frac{Q}{(\frac{L}{\sqrt{3}})} + \frac{Q}{(\frac{L}{\sqrt{3}})} + \frac{-Q}{(\frac{L}{\sqrt{3}})}]$$

$$= \frac{\sqrt{3}kq'Q}{L}$$

例題 14-3

設有一固定物體 A，帶 $q_A = 3 \times 10^{-3}$ 庫侖之正電荷。另一物體 B，帶有 $q_B = 2 \times 10^{-3}$ 庫侖的正電荷，原靜止於距 A 物體為 100 公尺遠處。今將 B 物體由距 A 物體 100 公尺處等速移至距 A 物體 5 公尺處。問外力至少對 B 物體作功若干焦耳？又此功以何形式出現？

解 依式 (14-1) 及式 (14-4)，知外力對 B 物體所作之功為

$$W_{ext} = \Delta U_{i \to f} = U(r_f) - U(r_i) = \frac{kq_A q_B}{r_f} - \frac{kq_A q_B}{r_i} = kq_A q_B(\frac{1}{r_f} - \frac{1}{r_i})$$

$$= (9 \times 10^9)(3 \times 10^{-3})(2 \times 10^{-3})(\frac{1}{5} - \frac{1}{100})$$

$$= 1.03 \times 10^4 \text{ 焦耳}$$

此外力所作之功以電位能形式存在系統中。

14-2 電 位

由前面的討論，我們知道當施一外力將一檢驗電荷 q' 由無窮遠處，移至一由位置固定的點電荷 q 所形成的電場，而與電荷 q 相距為 r 時，此外力所作的功為 $\frac{kq'q}{r}$。顯然，此所需的功，與檢驗電荷的電量 q' 成正比。因此，如果我們知道將一個單位正電荷從無窮遠處，移到某點所需作的功，我們即可推知將其他任一電荷移到該點所需的功。而此外力所作的功，又等於該電荷在電場中該點的電位能。

　　因此，我們定義電場中 a 點的電位 (electric potential) V_a，為將單位正電荷由無窮遠處移到 a 點所需的功，或者稱電場中 a 點的電位 V_a 為單位電荷在 a 點的電位能，寫成式子即

$$V_a = \frac{W_{ext,\,\infty \to a}}{q'} = \frac{\Delta U_{\infty \to a}}{q'} = \frac{U_a}{q'} \tag{14--11}$$

在此，$W_{ext,\,\infty \to a}$ 為外力對檢驗電荷 q' 所需作的功，U_a 為檢驗電荷在 a 點的電位能。通常我們係設兩相距無窮遠的電荷間，其電位能為零，則式 (14--11) 即表示某處的電位。此電位係相對於無窮遠處之零電位而言。

　　在前面電位能的討論中，我們已推得當測試電荷 q' 與一位置固定的點電荷 q 之距離為 r 時，其電位能為 $(\frac{kq}{r})q'$。由此可推知距離點電荷 q 為 r 處的電位為

$$V_r = V(r) = \frac{U(r)}{q'} = \frac{kq}{r} \tag{14--12}$$

空間中某點電位的大小，僅與該點在電場中的位置及建立此電場的電荷有關。電位是純量而非向量。若 q 為正，則在 r 處的電位為正；若 q 為負，則在 r 處的電位為負。

　　由式 (14--11) 對於電位的定義，可知電位的單位為功（或能）與電量的比值：焦耳／庫侖。我們將此比值稱為伏特 (volt)，以紀念發明電池的意大利物理學家伏打 (A. Volta, 1745～1827)。即

　　　　1 伏特 = 1 焦耳／庫侖

　　若電場是由許多在不同位置的點電荷 q_1、q_2、…所建立，則在空間上任一點的電位，是由每一點電荷單獨在該點建立之電位的代數和。若此點距 q_1、q_2、…，分別為 r_1、r_2、…則其電位為

$$V = V_1 + V_2 + \cdots = k(\frac{q_1}{r_1} + \frac{q_2}{r_2} + \cdots)$$

$$= k\sum \frac{q_i}{r_i} \qquad (\text{設無窮遠處 } V = 0) \tag{14--13}$$

寫成積分形式則為

$$V = k\int \frac{dq}{r} \qquad (\text{設無窮遠處 } V = 0) \tag{14--14}$$

此時由於電荷不只一個，並且散佈各處，要描繪空間各點之電位較為困難。但無論如何，當電場建立後，由無窮遠處移一個 q' 電荷到電位為 V 的地方，其電位能的變化仍為 $q'V$。

在一靜電場中，我們若知任意兩點之電位，則我們馬上可推知將任一電荷在該兩點間移動所需作的功。所以，某兩點間的電位差 (electrical potential difference)，才是真正有用且重要的觀念。當然，我們稱某點的電位，實際上仍然指的是電位差，即指該點與無窮遠處的電位差。在電路應用上，我們通常選定地球的電位為零電位，此乃因地球體積大，其電位穩定，故選定地球的電位為零電位，常可使問題的解析得以簡化。

任兩點 a 與 b 之間的電位差 V_a-V_b 通常可簡寫成 V_{ab}，即

$$V_{ab} = V_a - V_b \tag{14-15}$$

若此值為正，則表示第一點 a 比第二點 b 在較高的電位上。此時，需由外界作 qV_{ab} 之功，才能將一正電荷 q 從 b 點移至 a 點。反之，若正電荷 q 由 a 移至 b，則電荷受電力的作用而釋出 $-qV_{ab}$ 的位能。此即表示如果移一正電荷由 b 至 a，需要作功以抗拒電場者，則當此正電荷由 a 移回 b 時，即可從電場中獲得能量。

將帶有一基本電荷之帶電粒子，通過電位差為 1 伏特之兩點時，其所需要的能量稱為 1 電子伏特 (electron volt，符號為 eV)。我們常以此電子伏特當做能量的單位，即

$$1 \text{ 電子伏特} = (1.6 \times 10^{-19} \text{ 庫侖}) \times (1 \text{ 焦耳 / 庫侖})$$

$$= 1.6 \times 10^{-19} \text{ 焦耳}$$

或　　　$1 \text{ 焦耳} = 6.25 \times 10^{18} \text{ 電子伏特}$

例題 14-4

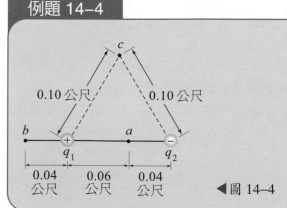

如圖 14-4 所示，q_1、q_2 兩電荷的電量各為 1.2×10^{-8} 庫侖與 -1.2×10^{-8} 庫侖。試計算 a、b、c 三位置點的電位。

0.10 公尺　　0.10 公尺

b　　　　a

q_1　　　　q_2

0.04 公尺　0.06 公尺　0.04 公尺

◀ 圖 14-4

解 各點上的電位，為分別由 q_1 正電荷與 q_2 負電荷所產生電位的代數和。

在 a 點由式 (14–12) 得

$$V_{a^+} = \frac{kq_1}{r} = \frac{(9 \times 10^9) \times (1.2 \times 10^{-8})}{0.06} = 1800 \text{ 伏特}$$

$$V_{a^-} = \frac{kq_2}{r} = \frac{(9 \times 10^9) \times (-1.2 \times 10^{-8})}{0.04} = -2700 \text{ 伏特}$$

故

$$V_a = V_{a^+} + V_{a^-} = -900 \text{ 伏特}$$

同法可解得

$$V_b = (9 \times 10^9) \left(\frac{(1.2 \times 10^{-8})}{0.04} + \frac{-(1.2 \times 10^{-8})}{0.14} \right) = 1930 \text{ 伏特}$$

$$V_c = (9 \times 10^9) \left(\frac{(1.2 \times 10^{-8})}{0.10} + \frac{-(1.2 \times 10^{-8})}{0.10} \right) = 0 \text{ 伏特}$$

例題 14–5

圖 14–5 所示為一均勻帶電的圓環，其總電量為 Q。如環的半徑為 a，試求在此環軸上，距環面為 x 處的電位。

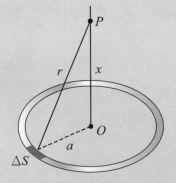

▲圖 14–5　均勻帶電的圓環

解 先取環上一微小長度 ΔS，若 ΔS 很小，則 ΔS 上的電荷可視為點電荷，因圓環為一均勻帶電體，故 ΔS 長度上的電量為

$$\Delta q = \frac{Q}{2\pi a} \Delta S$$

此 Δq 與 P 點的距離為

$$r = \sqrt{a^2 + x^2}$$

依式 (14–12)，Δq 在 P 點處所產生之電位為

$$\Delta V = \frac{k\Delta q}{r} = \frac{k\Delta q}{(a^2 + x^2)^{\frac{1}{2}}}$$

因電位為一純量，故整個圓環在 P 點所產生的電位即為

$$V = \sum \Delta V = \sum \frac{k\Delta q}{(a^2 + x^2)^{\frac{1}{2}}} = \frac{k}{(a^2 + x^2)^{\frac{1}{2}}} \sum q = \frac{kQ}{(a^2 + x^2)^{\frac{1}{2}}} \tag{14–16}$$

例題 14–6

一半徑為 R 的金屬球，若其上帶有電荷 Q，求球心及球表面上的電位。

解　金屬球上若帶有電荷，則當其穩定時必都跑到球表面上且均勻地分佈。因此球面上一小面積 ΔA 上之電荷 $\Delta q = \dfrac{Q}{4\pi R^2}\Delta A$，若取 ΔA 為很小，則此 ΔA 上的電荷可視為點電荷，此 Δq 之點電荷到球心之距離為 R，所以依式 (14–12)，Δq 電荷對球心處所產生的電位為

$$\Delta V = \frac{k\Delta q}{R}$$

而全部的電荷 Q，對球心所產生的電位則為

$$V = \sum \Delta V = \sum \frac{k\Delta q}{R} = \frac{kQ}{R}$$

因導體內無電場，所以整個導體球的電位都相等，所以球面上的電位等於球心的電位，亦為 $\dfrac{kQ}{R}$。

例題 14–7

有一均勻荷電之細棒，棒長 $L = 0.08$ 公尺，其上荷電線密度為 $\lambda = 0.20$ 微庫 / 公尺，置於如圖 14–6 原點的位置。求距棒子末端 0.16 公尺處之 P 點的電位。

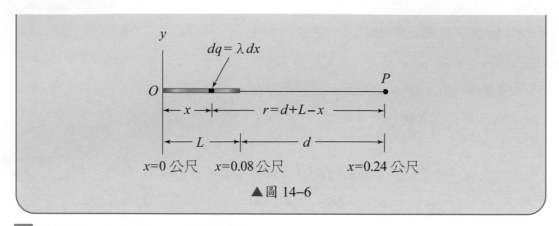

▲圖 14–6

解 要計算 P 點的電位，可應用式 (14–14)

$$V = k\int \frac{dq}{r}$$

我們可將荷電棒從 $x = 0$ 公尺到 $x = 0.08$ 公尺切成一小塊一小塊，每塊長 dx，其上電荷 $dq = \lambda dx$。由圖上可知 $r = d + L - x$。因此

$$V = k\int_0^L \frac{\lambda dx}{(d+L)-x} = k\lambda[-\ln(d+L-x)]_0^L = k\lambda \ln(\frac{d+L}{d})$$

$$= (9 \times 10^9)(0.20 \times 10^{-6}) \ln \frac{0.24}{0.16} = 7.30 \times 10^2 \text{ 伏特}$$

14–3　等位面

在一電場中，可得到很多電位相同的點，若將這些點連接或線或面，則稱為等位線 (equipotential line) 或等位面 (equipotential surface)。在等位線或面上的所有點，其電位都相同。

因等位面上各點電位都相同，因此電荷在等位面上任意移動都不需作功。而因電荷在電場 **E** 中必受有一電力 $q\mathbf{E}$，若移動一位移 $\Delta\mathbf{S}$，則由式 (14–2) 及式 (14–11)，可知電位能的變化為

$$\Delta U = -W_e = -\mathbf{F} \cdot \Delta\mathbf{S} = -q\mathbf{E} \cdot \Delta\mathbf{S} = q\Delta V \tag{14–17}$$

在上式中，因等位面上各點的電位差 ΔV 為零，所以等位面上各點的電位能差 ΔU 也等於零。因此上式中的 $\mathbf{E} \cdot \Delta \mathbf{S}$ 也要等於零。當在等位面上任意移動時，其位移 $\Delta \mathbf{S}$ 不會是零；而又若有電場存在，則 $\mathbf{E}$ 也不會是零；因此必定是等位面上的任意位移 $\Delta \mathbf{S}$ 都與該處的電場 $\mathbf{E}$ 垂直。即等位面上的電場都與等位面互相垂直，如圖 14–7 所示。

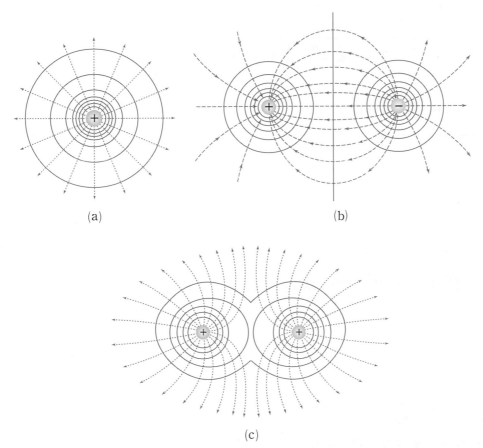

(a)

(b)

(c)

▲圖 14–7　等位線或面（實線）與電力線（虛線）互相垂直

　　導體上的自由電荷，可在導體上自由運動。在導體內部若其電場不是零，則自由電荷就會受到電力作用而運動，因此帶靜止電荷的導體內部，其電場必定為零。而帶靜止電荷的導體表面的電場，若不是垂直導體表面，則表面上的自由電荷就會受到電力的作用而運動，也就不是靜止了。因此帶靜止電荷的導體，其內部或表面各點的電位差 $\Delta V = \mathbf{E} \cdot \Delta \mathbf{S}$ 都是零，所以整個導體的內部及表面的電位都相同。

14–4　電場與電位的關係

　　由式 (14–17) 我們可得

$$\Delta V = -\mathbf{E} \cdot \Delta \mathbf{S} \tag{14–18}$$

寫成微分形式，則為

$$dV = -\mathbf{E} \cdot d\mathbf{S} \tag{14–19}$$

寫成積分形式，則為

$$\Delta V = -\int \mathbf{E} \cdot d\mathbf{S} \tag{14–20}$$

若為一度空間則 $\mathbf{E} \cdot d\mathbf{S}$ 可寫成 Edx，因此上二式變成

$$dV = -E_x dx \tag{14–21}$$

$$\Delta V = -\int E_x dx \tag{14–22}$$

所以可得

$$E_x = -\frac{dV}{dx} \tag{14–23}$$

在一度空間，電場為電位導數的負值。

　　如果電位只是 r 的函數，亦即 $V = V(r)$，則電場的方向為法線方向（徑向），其大小為

$$E_r = -\frac{dV}{dr} \tag{14–24}$$

若空間為三度空間，則 dV 要分成三個方向的變化量，即

$$dV = \frac{\partial V}{\partial x}dx + \frac{\partial V}{\partial y}dy + \frac{\partial V}{\partial z}dz$$

式中 $\frac{\partial V}{\partial x}$、$\frac{\partial V}{\partial y}$ 及 $\frac{\partial V}{\partial z}$ 分別表示電位僅隨 x、y 及 z 的變化率，稱為 x、y、z 方向的偏導數；而 $\mathbf{E}$ 及 $d\mathbf{S}$ 在三度空間，則為

$$\mathbf{E} = E_x\mathbf{i} + E_y\mathbf{j} + E_z\mathbf{k}$$

$$d\mathbf{S} = dx\mathbf{i} + dy\mathbf{j} + dz\mathbf{k}$$

因此式 (14–19) 就變成

$$dV = \frac{\partial V}{\partial x}dx + \frac{\partial V}{\partial y}dy + \frac{\partial V}{\partial z}dz = -(E_xdx + E_ydy + E_zdz)$$

或寫成

$$E_x = -\frac{\partial V}{\partial x}, E_y = -\frac{\partial V}{\partial y}, E_z = -\frac{\partial V}{\partial z} \tag{14–25}$$

在數學上有一特殊的運算符號 ∇，稱為梯度 (gradient)，其定義為

$$\nabla = \frac{\partial}{\partial x}\mathbf{i} + \frac{\partial}{\partial y}\mathbf{j} + \frac{\partial}{\partial z}\mathbf{k}$$

因此式 (14–25) 可簡寫成

$$\mathbf{E} = -\nabla V \tag{14–26}$$

例題 14–8

$V(r) = \dfrac{kq}{r}$ 係表示距離點電荷 r 處的電位，求距離點電荷 r 處的電場。

解 應用式 (14–24)，可得

$$E_r = -\frac{dV(r)}{dr} = -kq\frac{dr^{-1}}{dr} = \frac{kq}{r^2}$$

所以電場

$$\mathbf{E} = E_r\hat{\mathbf{r}} = \frac{kq}{r^2}\hat{\mathbf{r}}$$

例題 14-9

例題 14-5 中，已計算出一均勻帶電環，半徑為 a，總帶電量為 Q，在其軸上距離為 x 處的電位為

$$V = \frac{kQ}{(a^2 + x^2)^{\frac{1}{2}}} \tag{14-27}$$

證由此計算 x 處電場的大小。

解 因式 (14-27) 中僅有一變數，所以由式 (14-23) 可得

$$E_x = -\frac{dV}{dx} = -kQ\frac{d(a^2 + x^2)^{-\frac{1}{2}}}{dx}$$

$$= -kQ(-\frac{1}{2})\frac{2x}{(a^2 + x^2)^{\frac{3}{2}}}$$

$$= \frac{kQx}{(a^2 + x^2)^{\frac{3}{2}}}$$

此式與例題 13-8 之式 (13-16) 完全相同。

例題 14-10

有二平行金屬板，其間距為 d，兩板間之電場 E_0 為均勻，求兩板間之電位差。

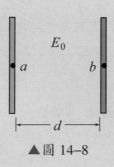

▲圖 14-8

解 應用式 (14-20) 可得

$$\Delta V = -\int \mathbf{E}_0 \cdot d\mathbf{S} = -\int E_0 dx$$

$$V_{ab} = V_a - V_b = -\int_a^b E_0 dx = -E_0(b - a) = -E_0 d \tag{14-28}$$

14–5　電容器與電容

14-5-1　電容器的電容

　　若將圖 14–8 中，帶等值異號電荷的兩導體平行板接近至某種程度，則此兩導體即構成一個可儲存電荷的裝置。此種可儲存電荷的裝置即稱為電容器 (capacitor)。

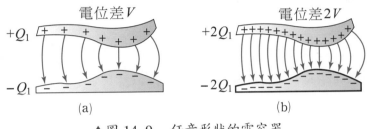

電位差 V　　　　　　　　　電位差 $2V$

　(a)　　　　　　　　　　　(b)

▲圖 14–9　任意形狀的電容器

　　圖 14–9 表示兩任意形狀的導體其中一個帶正電荷，另一個帶負電荷。帶正電荷之導體，其電位較帶負電荷之導體為高。設兩導體帶著等值異號的電荷。當電荷由圖 14–9 (a)之 Q_1 增加兩倍至圖 14–9 (b)之 $2Q_1$ 時，導體間電力線的密度增為兩倍。可推知導體間的電位差亦增為兩倍。由此可知，帶等值異號的電荷的二導體間，其電位差 V 與各導體上的電荷數 Q 成正比。因此，對於一對位置固定的導體而言，$\dfrac{Q}{V}$ 之比例，是一個常數。設此常數以符號 C 表示，則

$$C = \frac{Q}{V} \tag{14–29}$$

此常數稱為此對導體所構成的電容器的電容 (capacitance)。

　　在 SI 中，電容的單位為庫侖 / 伏特。此又特稱為法拉 (farad，符號為 F)。換言之，若加 1 庫侖之電荷於一未充電之電容器上，而能產生 1 伏特的電位差，則此電容器的電容為 1 法拉。在實用上，1 法拉為一過大而不方便的單位。我們通常使用的是微法拉 (microfarad) 或皮法拉 (picofarad)，即

　　　　1 微法拉 $(\mu F) = 10^{-6}$ 法拉 (F)

　　　　1 皮法拉 $(pF) = 10^{-6}$ 微法拉 $(\mu F) = 10^{-12}$ 法拉 (F)

電容器在電路中的符號以 ┤├ 或 →├ 表示之。

　　凡能儲存電量的物體，稱為電容器。最簡單的電容器，即一個導體球，它的電容 C 可如下計算：設球之半徑為 R，其帶電量為正電荷 Q，在無其他物體存在的理想情形下，Q 係均勻的分佈於球面上。由例題 14–6 知其電位為 $V = \dfrac{kQ}{R}$。依式 (14–29) 的定義，即得導體球的電容 C 為

$$C = \frac{Q}{V} = \frac{Q}{\dfrac{kQ}{R}} = \frac{R}{k} = 4\pi\varepsilon_0 R \qquad\qquad (14\text{–}30)$$

故導體球的電容與球的半徑成正比。如視地球為一導體，則地球的電容甚大。故加電荷 Q 於地球上所產生的電位 $V = \dfrac{Q}{C}$ 甚小，這是我們將地球的電位定為零的原因。

　　另一簡單的電容器為如圖 14–10 所示的平行金屬板電容器。金屬板的單面表面積為 A，兩板間距離為 d。若板面電荷分別為 Q_0 及 $-Q_0$，則兩板間的電場，由例題 13–15 可知為

$$E_0 = \frac{\sigma}{\varepsilon_0} = \frac{Q_0}{\varepsilon_0 A} \qquad\qquad (14\text{–}31)$$

又由例題 14–10 可知兩板間的電位差為

$$V_0 = E_0 d = \left(\frac{Q_0}{\varepsilon_0 A}\right)d$$

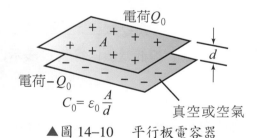

▲圖 14–10　平行板電容器

由此可得此平板電容器之電容

$$C_0 = \frac{Q_0}{V_0} = \frac{\varepsilon_0 A}{d} \qquad\qquad (14\text{–}32)$$

14-5-2　充填介電質的電容器

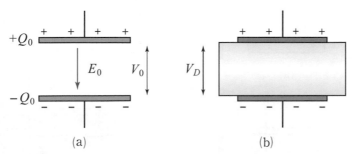

▲圖 14-11　兩相同之電容器，荷有相同電量 Q_0。(a)電容器兩板間為空氣或真空；(b)電容器兩板間充滿介電常數為 κ 之介電質。

圖 14-11 (a)所示之電容器荷電量為 Q_0 時，電場為 E_0，電位差 V_0，平板間若為真空時之初電容值為 $C_0 = \dfrac{Q_0}{V_0}$。現在插入一厚層的介電質，使之充滿於兩板之間，如圖 14-11 (b)所示，則由於介電質在電場 E_0 下會感應電荷，此感應之電荷會產生一與原電場方向相反的應電場 E_i，如圖 14-12 所示，使得充滿介電質的電容器之電場變小為

$$E_D = E_0 - E_i = \frac{E_0}{\kappa} \tag{14-33}$$

上式中之 κ 稱為介電常數 (dielectric constant)。

因 $V_0 = E_0 d$，$V_D = E_D d$，所以在此狀況下，兩板間的電壓 V_D 也會跟著變小為

$$V_D = \frac{V_0}{\kappa} \tag{14-34}$$

電容器原來之電容為 C_0，因電容器上之電量 Q_0 不會變，因此充滿介電常數為 κ 的介電質的電容器，其電容將變為

$$C_D = \frac{Q_0}{V_D} = \frac{Q_0}{\dfrac{V_0}{\kappa}} = \kappa C_0 \tag{14-35}$$

若原電容器之表面積為 A，兩板間距為 d，則填滿介電質之電容器的電容

$$C_D = \kappa C_0 = \frac{\kappa \varepsilon_0 A}{d} = \frac{\varepsilon A}{d} \tag{14-36}$$

式中 $\varepsilon = \kappa \varepsilon_0$ 稱為所填入之介電質的電容率 (permittivity) 或介電係數。

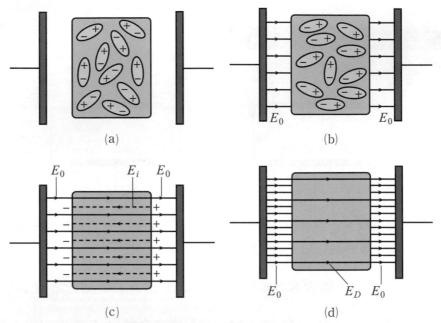

▲圖 14–12　(a)無外加電場時，介電質內之電偶極指向為隨機分佈。(b)加上電場以後，電偶極有隨電場方向作排列的趨勢。就效果而言，可以看成介電質兩端面被充電了。(c)介電質表面電荷所造成的感應電場 E_i，其方向與外加電場的方向相反。(d)介電質內淨電場 $E_D = E_0 - E_i$。

14-5-3　接上電池並充填介電質的電容器

　　電容器之電容，由式 (14–32) 及式 (14–36) 可知其值僅與電容器之截面 A 及兩板間距與填入之介電質有關。當電容器接上電位差（電壓）為 V_0 之電池時，則不管有無填入介電質，電容器之電位差亦保持為 V_0，因此未充填介電質之電容器上的電量為

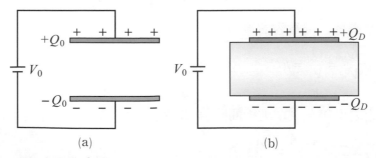

▲圖 14–13　(a)除了接有電池外，其餘狀況同圖 14–10 (a)；(b)電位差不變，而板上荷電量增為 $Q_D = \kappa Q_0$。

$$Q_0 = C_0 V_0 \tag{14-37}$$

而填入介電質電容器上的電量，則變為

$$Q_D = C_D V_0 = (\kappa C_0) V_0 = \kappa Q_0 \tag{14-38}$$

但其板間之電場 E_D 則不變，仍為 E_0，即

$$E_D = \frac{V_D}{d} = \frac{V_0}{d} = E_0 \tag{14-39}$$

　　使用介電質除可增加電容值外，還有其他好處。比如說，在平行板電容器的兩平板間插入薄片塑膠或紙，則兩個平板就可以非常靠近而無碰觸之虞。因 $C \propto \dfrac{1}{d}$，故對某個固定電容值而言，電容器之大小可以儘量縮減。一些常用介電質的介電常數列於表 14–1 中。

表 14–1　常用介電質的介電常數

物質	介電常數（20°C）	物質	介電常數（20°C）
空氣	1.0006	矽油	2.5
氧化鋁	8.5	特夫龍	2.1
紙	3.7	變壓器用油	～5
玻璃	4～6	酒精	26
石蠟	2.3	水	80
雲母	6	真空	1（設定）

例題 14–11

一平板電容器其表面積為 2 公分 × 4 公分，兩板間用 1 毫米的紙隔開。求此電容器的電容。

解　紙的介電常數，由表 14–1 查得 $\kappa = 3.7$，因此電容器之電容為

$$C = \kappa \frac{\varepsilon_0 A}{d} = (3.7)(8.85 \times 10^{-12}) \frac{(0.02 \times 0.04)}{1 \times 10^{-3}}$$

$$= 2.62 \times 10^{-11} \text{ 法拉} = 26.2 \text{ 皮法拉}$$

例題 14-12

兩片形狀、大小均相同的金屬平板，面積均為 0.2公尺^2，相距 0.01 公尺。電荷保持一定時，兩板間的電位差為 3000 伏特。而當一介電質插入其中後，電位差降到 1000 伏特。試計算(a)原電容器上的電容 C_0，(b)每片金屬上的電荷量，(c)介電質插入後的電容 C_D，(d)介電質的介電常數 κ，(e)兩片金屬間原來的電場 E_0，(f)插入介電質後的電場 E。

解 (a) $C_0 = \varepsilon_0 \dfrac{A}{d} = (8.85 \times 10^{-12}) \times \dfrac{(2 \times 10^{-1})}{10^{-2}} = 177 \times 10^{-12}$ 法拉 $= 177$ 皮法拉

(b) $Q = C_0 V_0 = (177 \times 10^{-12}) \times (3 \times 10^3) = 5.31 \times 10^{-7}$ 庫侖

(c) $C_D = \dfrac{Q}{V} = \dfrac{5.31 \times 10^{-7}}{10^3} = 531 \times 10^{-12}$ 法拉 $= 531$ 皮法拉

(d) $\kappa = \dfrac{C_D}{C_0} = \dfrac{531 \times 10^{-12}}{177 \times 10^{-12}} = 3$

(e) $E_0 = \dfrac{V_0}{d} = \dfrac{3 \times 10^3}{10^{-2}} = 3 \times 10^5$ 伏特 / 公尺

(f) $E = \dfrac{V}{d} = \dfrac{10^3}{10^{-2}} = 1 \times 10^5$ 伏特 / 公尺

14-6　電容器的連接

時常在一電路中，有數個電容器連接在一起。如圖 14-14 所示，有二個電容器，連接成一串，稱為電容器的串聯 (series)。如圖 14-15 所示，有二個電容器，其兩端各分別接於同一共同點，而分成二個不同的電路，稱為電容器的並聯 (parallel)。

14-6-1　電容器的串聯

　　現在就先來討論電容器的串聯，在圖 14–14 中，設各電容器之電容為 C_1、C_2，而電容器部分的電路兩端 a、b 間之電位差為 V。設在左邊電容器的左片得 $+Q$ 的電荷，則在其右片必感應有等量的電荷 $-Q$。因第二電容器的左片以導線與第一電容器之右片相連接，故在第二電容器的左片亦必感應有 $+Q$ 之電荷。因此在每一電容器的一片上，均有一等量之電荷 Q。

　　由電容之定義，可得 C_1、C_2 電容器的電位差分別為

$$V_1 = \frac{Q}{C_1}, V_2 = \frac{Q}{C_2}$$

現因

$$V = V_1 + V_2$$

並令圖 14–14 (b)中的 C_{eq} 為電路內所有電容器的等效電容 (equivalent capacitance)，亦即以單一電容器其電容為 C_{eq}，當其兩端的電位差為 V 時，可獲得相同

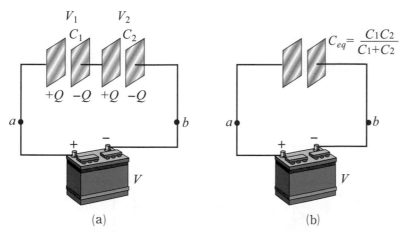

(a)　　　　　　　　(b)

▲圖 14–14　(a)電容為 C_1、C_2 的兩電容器的串聯；(b)電容器串聯的等效電容 $C_{eq} = \dfrac{C_1 C_2}{C_1 + C_2}$。

的電荷 Q，即 $V = \dfrac{Q}{C_{eq}}$。將 V、V_1 及 V_2 代入上式可得

$$\frac{Q}{C_{eq}} = \frac{Q}{C_1} + \frac{Q}{C_2}$$

故

$$\frac{1}{C_{eq}} = \frac{1}{C_1} + \frac{1}{C_2} \text{ 或 } C_{eq} = \frac{C_1 C_2}{C_1 + C_2} \qquad (14\text{--}40)$$

當有許多個電容器連接成串聯時，其等效電容之倒數，等於各個電容器電容之倒數的和，即

$$\frac{1}{C_{eq}} = \sum_i \frac{1}{C_i} \qquad \text{(串聯)} \qquad (14\text{--}41)$$

由上式可知，串聯的總電容，必小於任何所串聯的單獨電容器的電容。電容器串聯之目的，不在於增加所儲的電荷，而在使各電容器分擔一部分電壓，以免有一電容器超過最大可容許電壓的限度而漏電，或為火花所擊毀。

14-6-2　電容器的並聯

在圖 14–15 中，因加諸於電容器兩端的電壓（電位差）均為 V，但因各電容器電容不同，故每一電容器上的電荷亦不相同。即

$$Q_1 = C_1 V, \ Q_2 = C_2 V$$

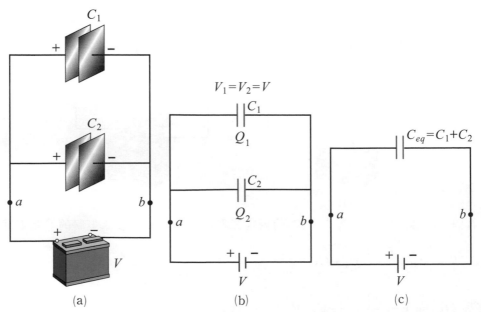

▲圖 14–15　(a)電容為 C_1、C_2 的兩電容器的並聯；(b)並聯組合的電路；(c)電容器並聯的等效電容 $C_{eq} = C_1 + C_2$。

而其總電荷 Q 必等於各個電容器所有電荷的和，即

$$Q = Q_1 + Q_2$$

設 C_{eq} 為各電容器並聯的等效電容，即令 $Q = C_{eq}V$，將 Q、Q_1 及 Q_2 代入上式，可得

$$C_{eq}V = C_1 V + C_2 V$$

故

$$C_{eq} = C_1 + C_2 \tag{14--42}$$

當有許多電容器並聯時，其總電容等於各個別電容之和，即

$$C_{eq} = \sum_i C_i \tag{14--43}$$

電容器之串聯或並聯，在電力系統中廣被採用。因電容器受介質強度及其他因素的限制，其所能承受的電位差有一定的限度。故如使用的電壓較高時，必須以數個電容器串聯，而使高的電壓由各電容器共同分擔。如電壓較低，但需有較大的電容時，則可將電容器並聯使用。

例題 14-13

三電容器連接如圖 14–16 所示。設 b 點的電位為零，a 點的電位為 $+1200$ 伏特，求每一電容器上的電荷，及 c 點的電位。

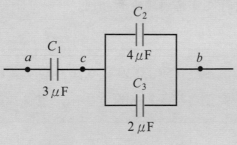

▲圖 14–16　三電容器的組合

解　圖 14–16 中的 C_2 與 C_3 為並聯。設 C_4 為此二電容器的等效電容，則

$$C_4 = C_2 + C_3 = (4 \times 10^{-6}) + (2 \times 10^{-6})$$
$$= 6 \times 10^{-6} \text{ 法拉}$$

又 C_1 與 C_4 成串聯，故整個網路的等效電容 C 為

$$\frac{1}{C} = \frac{1}{C_1} + \frac{1}{C_4} = \frac{1}{3 \times 10^{-6}} + \frac{1}{6 \times 10^{-6}} = \frac{1}{2 \times 10^{-6}}$$

所以得 $C = 2 \times 10^{-6}$ 法拉。此網路之總電荷為

$$Q = CV_{ab} = (2 \times 10^{-6})(1200) = 2.4 \times 10^{-3}$$ 庫侖

電容器 C_1 兩端之電位差 V_{ac} 為

$$V_{ac} = \frac{Q}{C_1} = \frac{2.4 \times 10^{-3}}{3 \times 10^{-6}} = 800$$ 伏特

則 C_2 及 C_3 兩端之電位差 V_{cb} 為

$$V_{cb} = V_{ab} - V_{ac} = 1200 - 800 = 400$$ 伏特

得 c 點之電位為 +400 伏特。

電容器 C_2 所儲存的電荷 Q_2 為

$$Q_2 = C_2 V_{cb} = (4 \times 10^{-6}) \times 400 = 1.6 \times 10^{-3}$$ 庫侖

電容器 C_3 所儲存的電荷 Q_3 為

$$Q_3 = C_3 V_{cb} = (2 \times 10^{-6}) \times 400 = 0.8 \times 10^{-3}$$ 庫侖

電容器 C_1 所儲存的電荷 Q_1 為

$$Q_1 = Q_2 + Q_3 = (1.6 \times 10^{-3}) + (0.8 \times 10^{-3}) = 2.4 \times 10^{-3}$$ 庫侖

由 $Q_1 = Q$ 知其所儲存之電荷與總電荷相同。

例題 14–14

今有三電容器，其電容各為 0.50、0.30 及 0.20 微法拉。問此電容器如何連接時，其(a)電容最大，其值為若干？ (b)電容最小，其值為若干？

解 (a)將三電容器連接成並聯，則其電容為最大，即

$$C = C_1 + C_2 + C_3 = (0.50 \times 10^{-6}) + (0.30 \times 10^{-6}) + (0.20 \times 10^{-6})$$
$$= 1.00 \times 10^{-6}$$ 法拉

(b)將三電容器連接成串聯，則其電容最小，即

$$\frac{1}{C} = \frac{1}{C_1} + \frac{1}{C_2} + \frac{1}{C_3}$$

$$= \frac{1}{(0.50 \times 10^{-6})} + \frac{1}{(0.30 \times 10^{-6})} + \frac{1}{(0.20 \times 10^{-6})}$$

解得

$$C = 0.097 \times 10^{-6} \text{ 法拉}$$

例題 14–15

一平行板電容器，如圖 14–17 所示，填滿兩種大小相同但介電常數分別為 κ_1 及 κ_2 的介電質。若 C_0 表平板間為真空時的電容。求(a)及(b)組合的等效電容。以 κ_1、κ_2 及 C_0 表示。

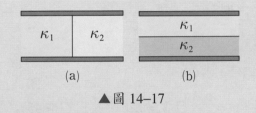

▲圖 14–17

解 設原電容器之表面積為 $2A$，板間距為 $2d$，則原電容

$$C_0 = \frac{\varepsilon_0 (2A)}{2d} = \frac{\varepsilon_0 A}{d}$$

(a)圖 14–16 (a)中，相當兩電容 $C_1 = \dfrac{\kappa_1 \varepsilon_0 A}{2d} = \dfrac{\kappa_1}{2} C_0$ 及 $C_2 = \dfrac{\kappa_2}{2} C_0$ 的並聯。

應用並聯公式可得等效電容

$$C_{eq} = C_1 + C_2 = \frac{1}{2}(\kappa_1 + \kappa_2) C_0$$

(b)圖 14–16 (b)中，相當兩電容 $C_3 = \dfrac{\kappa_1 \varepsilon_0 (2A)}{d} = 2\kappa_1 C_0$ 及 $C_4 = 2\kappa_2 C_0$ 的串聯。

應用串聯公式，

$$\frac{1}{C_{eq}} = \frac{1}{C_3} + \frac{1}{C_4} = \frac{1}{2\kappa_1 C_0} + \frac{1}{2\kappa_2 C_0} = \frac{1}{2C_0}\left(\frac{1}{\kappa_1} + \frac{1}{\kappa_2}\right)$$

可得

$$C_{eq} = 2C_0 \left(\frac{\kappa_1 \kappa_2}{\kappa_1 + \kappa_2}\right)$$

14–7   電容器所儲存的能量

　　電容器在充電時，其兩導體間之電位差，必較充電前為高。因此在充電過程中，電源必將減少能量，而此減少的能量，即被電容器所儲存。今若有一電容器，其電容為 C。自完全未帶電的情況下，充電到兩板間的電位差為 V，而帶有電荷 Q，則 $Q = CV$。在充電過程中，電位差係自零與電量成比例升至 V。設其平均值為 V_{avg}，則

$$V_{avg} = \frac{1}{2}\frac{Q}{C}$$

充電過程所作之功 W 為平均電位差與電荷的乘積，即為電容器所儲存的能量，故

$$U = W = (\frac{1}{2}\frac{Q}{C})(Q) = \frac{1}{2}\frac{Q^2}{C} \tag{14–44}$$

因 $Q = CV$，代入上式，又可得

$$U = W = \frac{1}{2}CV^2 = \frac{1}{2}QV \tag{14–45}$$

若將平板電容器的數據 $C = \frac{\varepsilon_0 A}{d}$ 及 $V = Ed$ 代入式 (14–45)，又可得

$$U = \frac{1}{2}(\frac{\varepsilon_0 A}{d})(Ed)^2$$

$$= \frac{1}{2}\varepsilon_0 E^2 (Ad) \tag{14–46}$$

式中 Ad 正好為電容器兩平板間的體積，故能量密度，即每單位體積內的能量，為

$$u_E = \frac{1}{2}\varepsilon_0 E^2 \tag{14–47}$$

此式與電容器的形狀並無直接關係。故由式 (14–47)，我們可認為能量是儲存在電場中。式 (14–47) 雖然是由特例導出，但對於電場所儲存的能量，它是普遍有效的。

例題 14–16

有一 0.25 微法拉之電容器，連接在一 300 伏特蓄電池之兩端。問當電容器充電後其電位差與蓄電池之電壓相等時，儲有能量若干？

解　$U = \dfrac{1}{2} CV^2 = \dfrac{1}{2} \times (0.25 \times 10^{-6}) \times (300)^2$

$\qquad = 1.12 \times 10^{-2}$ 焦耳

例題 14–17

一半徑為 R，荷電為 Q 之金屬球，試利用式 (14–47) 導出其儲存的電位能。

解　金屬球荷電為 Q 時，利用高斯定律，我們可得其電場為

$$E = \dfrac{kQ}{r^2} \qquad (r \geq R)$$

半徑為 r，厚度為 dr 之球殼之體積為 $4\pi r^2 dr$。故在此體積內之電位能為

$$dU_E = u_E(4\pi r^2)dr = (\dfrac{1}{2}\varepsilon_0 E^2)(4\pi r^2)dr$$

$$= \dfrac{1}{2}\varepsilon_0(\dfrac{kQ}{r^2})^2(4\pi r^2)dr$$

$$= \dfrac{kQ^2}{2r^2}dr \ \ (式中 \ k = \dfrac{1}{4\pi\varepsilon_0})$$

因此總電位能等於

$$U_E = \dfrac{kQ^2}{2}\int_R^\infty r^{-2}dr = \dfrac{kQ^2}{2R}$$

習 題

1. 設一靜止的電荷 q 所帶電量為 -5×10^{-6} 庫侖。一電量為 2×10^{-6} 庫侖的電荷 q' 受電荷 q 之吸引,自距 q 為 3 公尺處被吸至距 q 為 2 公尺處。求此正電荷 q' 所增加的動能。

2. 兩電子相距 10^{-10} 公尺,由靜止同時釋放。求(a)每一電子可獲得的最大動能;(b)設其中一電子固定不動,求運動電子的最大動能。

3. 相距 0.20 公尺的兩水平平行金屬板,電位差為 20000 伏特,在上者帶正電。求(a)位於兩板間的電子與質子各受電力與重力若干?(b)將電子與質子均向上移動 0.01 公尺,則重力位能與電力位能變化各若干?(質子帶一基本單位正電荷,質量為 1.67×10^{-27} 公斤)

4. 將四個點電荷排成如圖 14–18 的形狀,求此系統的電位能。

5. 有一正點電荷形成一電場。在距離該點電荷某處,其電場強度為 200 牛頓 / 庫侖,其電位為 600 伏特(設無窮遠處的電位為 0)。求(a)該電荷的電量;(b)某處與該電荷間的距離。

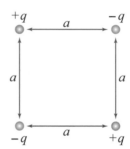

▲圖 14–18 四個點電荷的位置圖

6. 若在某一點上的電場 **E** 為零,則該點電位是否必為零?反之若某一點的電位為零,則該點的電場 **E** 是否必為零?試舉例說明之。

7. 設一點電荷電量為 2×10^{-5} 庫侖,求距離此點電荷 2 公尺及 5 公尺兩處間的電位差。

8. 有兩塊相隔 0.04 公尺的平行板,其電位差為 1600 伏特。有一電子自負板釋出,同時一質子自正板釋出,求(a)兩者各抵達對面之板時,速度比為若干?(b)碰到板時能量比為若干?

9. 圖 14–19 中,從燈絲 F 處出發的電子被加速而向 B 前進。試求(a)電子到達 B 板時所增加的能量;(b) A、B 間與 B、C 間的電場;(c)電子穿過 B 板上的孔後,運動情況如何?(各板均置於真空中)

10. 有一平行板電容器，其電容為 8.5 微法拉。欲使兩板間的電位差由零增到 50 伏特，需移多少電荷到一板上？

11. 將電容器與電池相連，為何每板上所得的電荷大小相等，符號相反？若兩板的尺寸不同，則此種電荷分配是否仍存在？

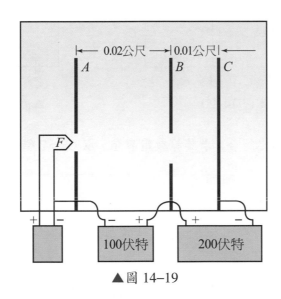

▲圖 14–19

12. 一平行板電容器的兩板間隔為 5.0×10^{-3} 公尺，面積為 2 公尺^2。今此二板置於空氣中，外加 1000 伏特的電壓在兩板上。求(a)平行板電容器的電容；(b)每一平行板上的電荷；(c)兩板間的電場強度。

13. 二平行板面積各為 1 平方公尺，給予各板大小相等而符號相反的電荷 8.9×10^{-7} 庫侖，則充塞於板間的介電材料中的電場強度為 1.4×10^{6} 伏特／公尺。試求材料的介電常數。

14. 設有三個電容器，其電容各為 2、4、8 微法拉。求其並聯和串聯時的等效電容。

15. 有三電容器，其電容各為 5×10^{-6}、10×10^{-6} 及 15×10^{-6} 法拉，並聯於 60 伏特的電源。試求(a)等效電容；(b)每一電容器兩端點的電位差；(c)每一電容器所儲存的電荷。

16. 兩個球形的導體電容各為 1.0×10^{-6} 和 1.5×10^{-6} 法拉。如用一導線將其連接後，將 2.0×10^{-4} 庫侖的電量分配於此兩導體上，求每一導體各得的電量，並求其電位。

17.如圖 14–20 所示的電容器組合,每一電容器的電容 C_1 為 1 微法拉,C_2 為 2 微法拉,C_3 為 3 微法拉。求此網路的等效電容。

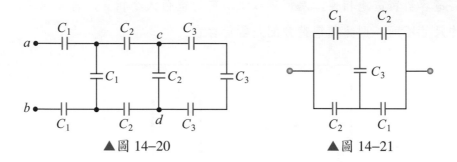

▲圖 14–20　　　　　　　　　▲圖 14–21

18.如圖 14–21 所示之組合,求其等效電容值。取 $C_1 = 2$ 微法拉、$C_2 = 4$ 微法拉、$C_3 = 3$ 微法拉。

19.平行板電容器未填入介電質的電容為 C_0,如圖 14–22 所示,填入介電質。求兩平板間的等效電容。用 κ_1、κ_2、κ_3 及 C_0 表示。

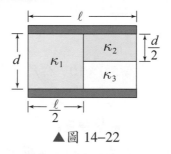

▲圖 14–22

20.一電容器為 1 微法拉,充電至 100 伏特,與另一電容為 2 微法拉,充電至 200 伏特的電容器並聯(正電板與正電板相連)。求電容器(a)在未聯結前所儲存的總能量;(b)在聯結後所儲存的總能量。

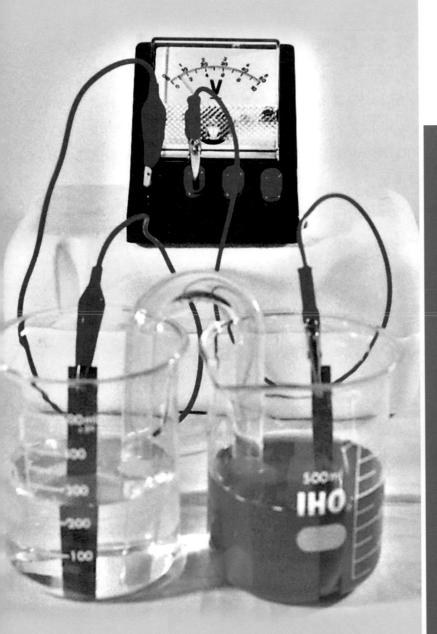

15

電流與電池

本章學習目標

學完這章後，您應該能夠

1. 知道電流的定義及其量度的方法。

2. 知道漂移速度、電流密度等名詞的意義。

3. 明瞭電解的現象及法拉第的電解定律。

4. 知道亞佛加厥常數、法拉第常數、化學當量及電化當量等名詞的意義。

5. 了解各種化學電池的作用原理及其電動勢。

6. 了解常見的碳鋅乾電池及鉛蓄電池的工作原理。

15–1 電流及其量度

我們知道，在靜電平衡下，導體的內部電場為零。現在我們若將導體的兩端分別接到一個電池的正、負極時，則靜電平衡不再成立，此時在導體內部將建立電場，如圖 15–1 所示，使導體內的自由電子在此電場中受一電力的作用，而產生某方向的位移。當電荷移動時，即構成了電流 (electric current, current)。

在單位時間內，垂直通過某一截面的電量，定為流過此截面的電流。若在 Δt 時間內，通過的電量為 ΔQ，則在 Δt 時間內的平均電流 (average current) $\bar{i}$ 為

$$\bar{i} = \frac{\Delta Q}{\Delta t} \tag{15–1}$$

某一時刻的瞬時電流 (instantaneous current)，則用極限值表示為

$$i = \lim_{\Delta t \to 0} \frac{\Delta Q}{\Delta t} \tag{15–2}$$

在 SI（國際單位制）中，電流的單位為安培（ampere，符號為 A），以紀念法國物理學家安培 (A. M. Ampere, 1775～1836)。1 安培就是每秒通過 1 庫侖電量的電流。通常量度電流大小的儀器為安培計 (ammeter)，如圖 15–1 所示。當我們在導線中連接一個安培計時，可由指針的偏轉，得知有電流通過。通過的電流越多，則指針的偏轉越大。

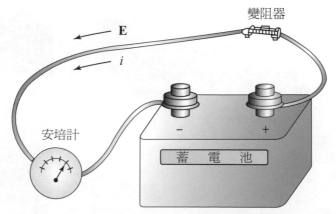

▲圖 15–1　當有電流通過導線時，安培計的指針就會偏轉。

　　以上所討論的電流是由在固體導體中自由電子（帶負電荷）的移動而產生，至於正電荷是否也能移動而產生電流呢？答案是肯定的，茲詳述如下：硝酸銀 $AgNO_3$ 是一種強電解質，溶解於水後會分解成帶正電荷的銀離子 Ag^+ 及帶負電荷的硝酸根離子 NO_3^-，如圖 15-2 (a)所示。若插入兩根金屬棒，而金屬棒分別以導線接至乾電池的兩極（碳棒與鋅板），如圖 15-2 (b)所示，則因乾電池的化學作用將正電荷推到與其相接的銀棒 A 上。因此 NO_3^- 離子受到銀棒 A 上面正電荷的引力而移向 A 棒（即陽極）。同理 Ag^+ 會游向 B 棒（即陰極），於是產生離子移動的電流。電流的方向我們規定為正電荷移動的方向。因此電流由乾電池的陽極，移向電解池的陽極 A 棒，經過硝酸銀溶液、B 棒，回到乾電池的陰極；然後再經過乾電池的內部而回到乾電池的陽極，完成一通路。前面一段稱為電池的外電路 (external circuit)，後面一段稱為電池的內電路 (internal circuit)。至此我們知道電流可以由帶負電荷的物體移動而產生，也可以由帶正電荷的物體移動而產生，也可以同時由帶正、負電荷的物體移動而產生。此種攜帶電荷運動的物體，我們常稱為載體 (carrier)。電流方向與帶正電荷的正離子運動方向相同，與帶負電荷的負離子或自由電子的運動方向相反。

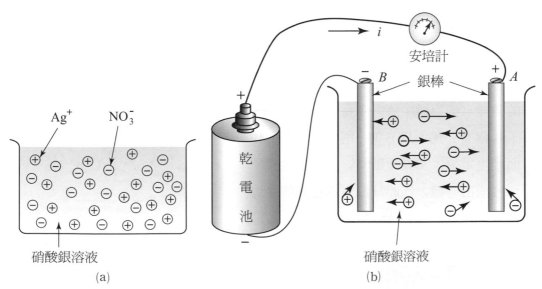

▲圖 15-2　(a) $AgNO_3$ 溶解於水產生 Ag^+ 離子與 NO_3^- 離子；(b)當兩根銀棒以導線接到電池的兩極，則 Ag^+ 離子移向陰極，NO_3^- 離子移向陽極。

如圖 15-3 所示，假設有一金屬導線，其截面積為 A，而其中單位體積的可移動荷電的載體（自由電子）密度為 n，以平均速度 $\bar{v}$ 在導線內自左向右移動，則此導線所帶的電流，可由單位時間內通過某一截面積為 A 的截面 C 的電量而求得。由於載體（自由電子）的平均速度為 $\bar{v}$，在時間 Δt 內，這些載體（自由電子）在導線內平均移動了 $\Delta x =$

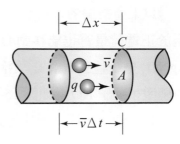

▲圖 15-3　金屬導線內的電流

$\bar{v}\Delta t$ 的距離，因此相當於在截面 C 左端長度為 Δx 的導線內的載體（自由電子），都能在時間 Δt 內通過該截面；由於 Δx 間導線的體積為截面積 A 與導線長度 Δx 的乘積，即

$$V = A\Delta x = A\bar{v}\Delta t$$

所以 Δx 間載體（自由電子）的數目為

$$N = nV = nA\bar{v}\Delta t$$

若設每一載體（自由電子）所帶的電量為 $q\,(=-e)$，則其所帶的總電量為

$$\Delta Q = Nq = nqA\bar{v}\Delta t$$

故導線內的電流由式 (15-2) 知為

$$i = nqA\bar{v}$$

載體為電子時，q 值為負，電流的方向與電子的平均速度方向相反。在一電路中荷電的載體（如導體中的自由電子或溶液中的離子），當有外加電場 $\mathbf{E}$ 時，則因受電力的作用而產生電流；當其運動時，因與其他粒子產生多次的碰撞，因此其沿電場運動的平均速度變得相當緩慢，此緩慢的平均速度，即稱為漂移速度 (drift velocity)，如圖 15-4 所示。因此電流通常表示為

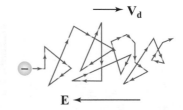

▲圖 15-4　自由電子在外加電場 $\mathbf{E}$ 的電路中，其漂移速度 $\mathbf{v}_d$ 的方向與外加電場 $\mathbf{E}$ 的方向相反。

$$\mathbf{i} = nqA\mathbf{v}_d \qquad (15\text{-}3)$$

其中的 $\mathbf{v}_d$ 為載體在電路中的漂移速度。

如果將電流 $\mathbf{i}$ 除以導線的截面積 A，所得即為單位截面積所通過的電流，稱為電流密度 (current density)，通常以 $\mathbf{j}$ 表之，即

$$\mathbf{j} = \frac{\mathbf{i}}{A} = nq\mathbf{v_d} \tag{15-4}$$

由進一步的探討，我們知道式 (15–4) 不但可用於金屬導線的電流密度，並且可用於任意電路內的電流密度。假設有一電路，其中的正電荷之密度為 n_1，而以漂移速度 $\mathbf{v_{d1}}$ 運動，負電荷的密度為 n_2，而以漂移速度 $\mathbf{v_{d2}}$ 運動，若每一正電荷之電量為 q_1，每一負電荷之電量為 q_2 $(q_2 < 0)$，則電流密度為

$$\mathbf{j} = n_1 q_1 \mathbf{v_{d1}} + n_2 q_2 \mathbf{v_{d2}} \tag{15-5}$$

在通常情況下，任意導體的截面積可能各處不同，其電荷密度亦可能隨處變化，電荷的漂移速度也可能各處不同，所以電流密度亦可隨處而變。

穩定電流中，電路上各點沒有電荷聚集。若一電路上有穩定電流，我們在這電路上任取一小段電路，則從此小段電路一端進入之電荷，必等於從另一端流出之電荷，也就是此兩端點的電流須相同。又因所取的電路為任意一小段，故知道有穩定電流的電路上，任意兩截面的電流應完全相同。

例題 15–1

銅的密度為 8.95×10^3 公斤 / 公尺^3，銅的原子量為 63.55，即每克分子（6.02×10^{23} 個原子）銅的質量 M 為 63.55×10^{-3} 公斤，求銅導線每單位體積可移動的荷電載體（自由電子）數 n。

解 一克分子銅的體積

$$V = \frac{M}{\rho} = \frac{63.55 \times 10^{-3}}{8.95 \times 10^3} = 7.10 \times 10^{-6} 公尺^3$$

假設每一原子的銅，可提供一個自由電子給銅的導線，則導線內每單位體積的可移動荷電載體數為

$$n = \frac{N_0}{V} = \frac{6.02 \times 10^{23}}{7.10 \times 10^{-6}} = 8.48 \times 10^{28} 個 / 公尺^3$$

例題 15-2

一條直徑為 2.00×10^{-3} 公尺的鋁線與直徑為 6.4×10^{-4} 公尺的銅線相接，其中載有 1.0 安培的穩定電流。問各線上的電流密度為多少？在銅線內的電子的漂移速度為多少？

解 由於鋁線與銅線相接形成一條導體，並通過 1.0 安培的穩定電流，所以各線中任一截面的電流均為定值 1.0 安培。

鋁線截面積為

$$\pi(\frac{2.00 \times 10^{-3}}{2})^2 = 3.14 \times 10^{-6} \text{ 平方公尺}$$

故鋁線的電流密度為

$$j_{Al} = \frac{i}{A} = \frac{1.0}{3.14 \times 10^{-6}} = 3.18 \times 10^5 \text{ 安培 / 公尺}^2$$

同理，銅線的截面積為

$$\pi(\frac{6.4 \times 10^{-4}}{2})^2 = 3.22 \times 10^{-7} \text{ 平方公尺}$$

故銅線的電流密度為

$$j_{Cu} = \frac{i}{A} = \frac{1.0}{3.22 \times 10^{-7}} = 3.10 \times 10^6 \text{ 安培 / 公尺}^2$$

由式 (15-4) 知

$$j = nqv_d$$

因此銅線中電子的漂移速度為

$$v_d = \frac{j}{nq} = \frac{3.10 \times 10^6}{(8.48 \times 10^{28}) \times (1.6 \times 10^{-19})} = 2.28 \times 10^{-4} \text{ 公尺 / 秒}$$

由此可知，實際上電子的漂移速度相當慢。但電場在導體中的傳遞速率卻很快，幾乎等於光速。因此在通電之瞬間，導線各處幾乎隨即有電流產生。

15–2　電解與法拉第電解定律

　　電解 (electrolysis) 是一種很有趣的現象，不但在實際應用上用途廣泛，而且在理論上它提供了物質電性結構的最早的一條線索。假定有一個電場加到氯化鈉 (NaCl) 的水溶液中，如圖 15–5 所示，則帶正電荷或負電荷的離子便分別向帶負電的陰極 (cathode) 或帶正電的陽極 (anode) 移動。帶著正電荷向陰極移動的離子稱為陽離子 (cations) 或陰向離子；而帶著負電荷向陽極移動的離子稱為陰離子 (anions) 或陽向離子。

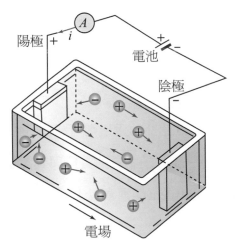

▲圖 15–5　氯化鈉溶液中之離子在正負電極所建立的電場的作用下運動

　　這些離子抵達極板板面後，分別向極板取得電子或付出多餘的電子，而恢復其原子形態被析出。因離子價 (ionic valence)（如物質為元素，則離子價即為原子價）為正 ν 價的離子所帶電量為 νe，離子價為負 ν 價的離子所帶電量是 $-\nu e$，若在 t 時間內兩種離子各有 N 個到達兩極板，則一極板自離子取得的（或付給離子的）電量便是

$$q = N\nu e$$

或

$$N = \frac{q}{\nu e}$$

假定各個分子的質量為 m_0，在一極板處析出的某一物質的質量便是

$$m = N m_0 = \frac{q}{\nu e} m_0 \qquad\qquad (15\text{--}6)$$

如以 N_0 表亞佛加厥常數 (Avogadro's constant)，這物質一克分子的質量就是

$$M = N_0 m_0$$

因此式 (15–6) 可寫成

$$m = (\frac{q}{\nu e})\,(\frac{M}{N_0}) = \frac{Mq}{\nu(N_0 e)}$$

$$= (\frac{M}{\nu})\frac{q}{F} = (\frac{M}{\nu})(\frac{it}{F}) \qquad\qquad (15\text{--}7)$$

式中 $F = N_0 e$ 為亞佛加厥常數和基本電量的乘積，係一常數，我們稱為法拉第常數 (Faraday's constant)，它代表析出一克分子單價 $(\nu = 1)$ 物質所需的電量。$F = N_0 e$ 的實驗值是

$$F = 9.65 \times 10^4 \text{ 庫侖 / 克分子}$$

也就是說當電解時，使用 96500 庫侖的電量則可析出任一物質每離子價一克分子的質量 $(\frac{M}{\nu})$。此 $(\frac{M}{\nu})$ 代表每一克分子物質的質量與其離子價的比值，我們稱為該物質的化學當量 (chemical equivalent)，通常以 E 表示。而 9.65×10^4 庫侖的電量，我們特稱為 1 法拉第 (faraday)。

　　由式 (15–7) 可知對同一電解質電解時，所電解出的物質的質量 m 與使用的電量 q 成正比，此稱為法拉第第一電解定律 (Faraday's first law of electrolysis)。其關係可寫成

$$m = (\frac{M}{\nu})\frac{q}{F} = (E)\frac{q}{F} = Zq = Zit \qquad\qquad (15\text{--}8)$$

式中 $Z = \frac{E}{F}$ 為化學當量 E 除以法拉第常數 F，亦為一比例常數，表示通過 1 庫侖的電量（或通過 1 安培的電流在 1 秒內）所能析出的物質的質量，我們稱為電化當量 (electrochemical equivalent)。表 15–1 為常見物質的化學當量及電化當量表。

由式 (15–8)，我們又可知對不同的電解質，通過相同的電量時，可電解出的物質的質量 m 與各物質的化學當量 $E\,(=\dfrac{M}{\nu})$ 成正比，此稱為法拉第第二電解定律 (Faraday's second law of electrolysis)。此關係可寫成

$$\frac{m}{E} = \frac{q}{F} = 定值（q 為定值時）\tag{15–9}$$

或

$$\frac{m}{E_1} = \frac{m_2}{E_2} = \cdots = \frac{m_j}{E_j},\; j = 1, 2, 3, \cdots\tag{15–10}$$

表 15–1　常見物質的化學當量及電化當量

物質名稱	原子量 M 10^{-3} 公斤／克分子	原子價 ν	化學當量 E 10^{-3} 公斤／克分子	電化當量 Z 10^{-3} 公斤／庫侖
氫	1.008	1	1.008	0.0000104
氧	16.00	2	8.000	0.0000829
氮	14.01	3	4.670	0.0000484
氯	35.45	1	35.45	0.0003674
銅	63.55	2	31.78	0.0003293
鐵	55.85	3	18.62	0.0001930
鋅	65.39	2	32.70	0.0003389
銀	107.9	1	107.9	0.0011181
銻	121.8	3	40.60	0.0004207
鎳	58.69	2	29.35	0.0003041
鋁	26.98	3	8.993	0.0000932
金	197.0	3	65.67	0.0006805

*10^{-3} 公斤常以克表示，而將表中各欄分別稱為克原子量、克化學當量或克電化當量。

例題 15–3

2.00 安培的電流在 1 小時內能在 $CuSO_4$ 電解池中析出多少質量的銅? 含有多少個銅原子?

解 銅的原子量為 63.55，所以銅每克分子的質量為

$$M = 63.55 \text{ 克 / 克分子} = 63.55 \times 10^{-3} \text{ 公斤 / 克分子}$$

又由表 15–1 知銅的原子價 $\nu = 2$。代入式 (15–7) 的電解公式，可得析出的銅質量

$$m = \frac{M}{\nu F} it = \frac{(63.55 \times 10^{-3})}{2 \times 96500} \times (2.00) \times (3600)$$

$$= 2.37 \times 10^{-3} \text{ 公斤}$$

可析出銅原子數

$$N = \frac{m}{M} N_0 = \frac{(2.37 \times 10^{-3})}{(63.55 \times 10^{-3})} \times (6.02 \times 10^{23})$$

$$= 2.25 \times 10^{22} \text{ 個}$$

例題 15–4

將數個電解池互相串聯後再與電池聯接，如圖 15–6。通過每一電解池的電流均相同。圖中四個電解池中的電解質分別為氫氧化鋁 $Al(OH)_3$，鹽酸 HCl，硫酸銅 $CuSO_4$，及硝酸銀 $AgNO_3$。求當第二電解池析出的氫的質量 m_H 為 0.504×10^{-3} 公斤時，其他電解池析出的鋁、銅、銀的質量。

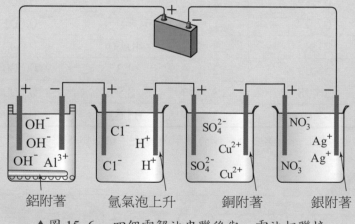

鋁附著　　　氫氣泡上升　　　銅附著　　　銀附著

▲圖 15–6　四個電解池串聯後與一電池相聯接

解 依法拉第第二電解定律及式 (15–10) 可知所析出各元素的化學當量數相同，即

$$\frac{m_{Al}}{E_{Al}} = \frac{m_{Cu}}{E_{Cu}} = \frac{m_{Ag}}{E_{Ag}} = \frac{m_{H}}{E_{H}}$$

由表15–1 查得的各元素的化學當量及已知析出的氫的質量 $m_H = 0.504 \times 10^{-3}$ 公斤代入上式，得

$$\frac{m_{Al}}{8.993 \times 10^{-3}} = \frac{m_{Cu}}{31.78 \times 10^{-3}} = \frac{m_{Ag}}{107.9 \times 10^{-3}} = \frac{0.504 \times 10^{-3}}{1.008 \times 10^{-3}} = \frac{1}{2}$$

由上式解得其他析出各元素的質量為

$$m_{Al} = (8.993 \times 10^{-3}) \div 2 = 4.497 \times 10^{-3} \text{ 公斤}$$

$$m_{Cu} = (31.78 \times 10^{-3}) \div 2 = 15.89 \times 10^{-3} \text{ 公斤}$$

$$m_{Ag} = (107.9 \times 10^{-3}) \div 2 = 53.95 \times 10^{-3} \text{ 公斤}$$

例題 15–5

由例題 15–4，我們知道銀的化學當量 $E = 107.9 \times 10^{-3}$ 公斤 / 克分子，求銀的電化當量 Z。若有一電解池在 1 秒內能析出銀 1.118×10^{-6} 公斤，求電解池使用的電流。

解 依式 (15–8)，銀的電化當量為

$$Z = \frac{E}{F} = \frac{107.9 \times 10^{-3}}{96500} = 1.118 \times 10^{-6} \text{ 公斤 / 庫侖}$$

若在 1 秒內可析出銀 1.118×10^{-6} 公斤，則使用電流為

$$i = \frac{m}{Zt} = \frac{(1.118 \times 10^{-6})}{(1.118 \times 10^{-6})(1)} = 1 \text{ 安培}$$

事實上，銀電解池常被當作標準的電流計，作為校正他種電流計之用。

15–3　電池的原理與其電動勢

15-3-1　電池的原理

電池 (cell) 為極普遍之日用品，如手電筒用之乾電池 (dry cell)，汽車用之蓄電池組 (storage battery, secondary battery) 等。化學電池中之化學反應，可將化學能轉換為電能，為氧化還原反應之一種。

最早的電池係 1800 年由伏打 (A. Volta) 所發明的伏打電池 (Voltaic cell)，係用銅板及鋅板各一片，分開置於稀硫酸中所成，如圖 15–7 所示。

要知道伏打電池的作用原理，首先需說明金屬離子進入溶液的情形。我們先就鋅板浸入稀硫酸中的現象加以討論，當將鋅板浸入稀硫酸中後，鋅離子受水分子以及硫酸根 (SO_4^{2-}) 的引力，超過了鋅離子所受鋅板的內聚力及稀酸中氫離子 H^+ 的排斥力，因此有一連串的鋅離子進入溶液。每一進入溶液之鋅離子，均留下兩個電子在鋅板上，因此鋅板相對溶液而言，即有一負電位，其反應可寫為

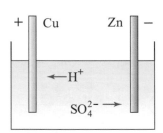

▲圖 15–7　伏打電池

$$Zn \rightarrow Zn^{2+} + 2e^-$$

在溶液中的部分鋅離子，受鋅板負電位的吸引或受稀酸中氫離子 H^+ 的排斥，而重回鋅板。鋅板上負電荷愈多時，其負電位愈高，則鋅離子返回鋅板的數量亦愈多。當自鋅板離開的離子與返回鋅板的離子其數量相等時，即達平衡。此時鋅板上相對於溶液的接觸電位，稱為電極電位 (electrode potential)。而電極電位的負值，即電極溶液相對鋅極的電位，稱為鋅的電溶電位 (electrolytic solution potential，或稱電溶電勢)。此電位亦常稱為氧化電位 (oxidation potential) 或游離電位 (ionization potential)。

今將銅板放入稀硫酸中，其情形與放入鋅板時相同，但銅的溶解趨向較少。當鋅溶解成 Zn^{2+} 後，溶液中原有的 H^+ 離子，因受鋅板周圍 Zn^{2+} 離子的排斥而遠

離鋅板，趨向銅板，於抵達銅板時，則每一氫離子都自銅板取得一電子，而成氫氣，並使銅板帶正電，使溶液與銅板間產生一電位差，當此電位差達到一定值（電溶電位）時，即達平衡。上述過程寫成化學反應式則為

在鋅極　　　$Zn \rightarrow Zn^{2+} + 2e^-$　　　　　　　　　　　　　　(15–11)

在銅極　　　$2H^+ + 2e^- \rightarrow H_2$　　　　　　　　　　　　　　(15–12)

整個反應　　$Zn + 2H^+ \rightarrow Zn^{2+} + H_2$　　　　　　　　　　(15–13)

式 (15–11) 和式 (15–12) 的反應式稱為半電池反應 (half-cell reaction) 或半反應 (half reaction)。此二半反應之總和，如式 (15–13) 稱為全反應 (full reaction)。因此銅板帶正電，其電位高；鋅板帶負電，其電位低。在電池外如連以導線，則電子將由鋅板經此導線而流向銅板，而電流與電子流方向相反，係由銅板經導線流向鋅板。此電池當電流通過時，在銅極上常附著許多氫氣，阻礙離子的移動，而使流通的電流變小，伏打電池因具有上述的電極化 (polarization) 作用，不太實用，一般僅用來當做電池的講解之用。事實上任何兩種不同的金屬板和至少一種能與任意兩種金屬板起化學作用的電解溶液，即可形成一電化電池，例如圖 15–8 所示為一種兩液電池 (two fluid cell)，其金屬板分別為銀及銅，而電解溶液則為硝酸銀及硫酸銅。其化學反應為

在銅極　　　$Cu \rightarrow Cu^{2+} + 2e^-$

在銀極　　　$2Ag^+ + 2e^- \rightarrow 2Ag$

整個反應　　$Cu + 2Ag^+ \rightarrow 2Ag + Cu^{2+}$

因在銅極放出電子，故銅極為負極，而銀極為正極。

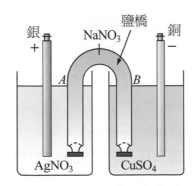

▲圖 15–8　　銀銅兩液電池與裝妥之鹽橋

上面兩個電池的例子中，都用了銅極，但為何在伏打電池中的銅極為正極，而在銀銅兩液電池中卻成為負極呢？

現在我們舉一實例來加以說明，如圖15–9所示為一丹尼耳電池 (Daniell cell)。該電池係丹尼耳 (Daniell) 為改良伏打電池具有電極化作用的缺失所創作。其方法為與伏打電池一樣用鋅板為負極，銅板為正極，但將鋅板置於稀硫酸鋅內，此兩溶液以一多孔隔板分開，當鋅板與稀硫酸鋅作用後產生的氫離子透過多孔隔板，遇到硫酸銅時，取代硫酸銅中的銅離子，而使銅離子還原成銅，附在銅板上，其反應式為

$$Zn \rightarrow Zn^{2+} + 2e^- \qquad (15\text{–}14)$$

$$Zn^{2+} + H_2SO_4 \rightarrow ZnSO_4 + 2H^+ \qquad (15\text{–}15)$$

$$2H^+ + CuSO_4 \rightarrow H_2SO_4 + Cu^{2+} \qquad (15\text{–}16)$$

$$Cu^{2+} + 2e^- \rightarrow Cu \qquad (15\text{–}17)$$

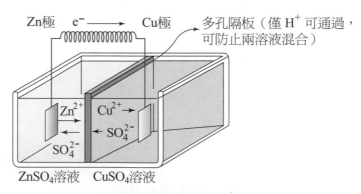

▲圖 15–9　丹尼耳電池（銅鋅取代電池）

在式 (15–14) 中的 Zn 放出電子的反應之所以能發生，主要因為鋅的電溶電位大於零，在溶液（純水亦可）中具有致游離本領 (ionizing power)。而在式 (15–15) 中的鋅離子 Zn^{2+} 之所以能取代氫離子 H^+，主要因為 Zn^{2+} 的電溶電位大於 H^+ 的電溶電位，Zn^{2+} 對 H^+ 會產生電溶壓 (electrolytic solution pressure)，逼使 H^+ 離開，所以 H^+ 只好透過多孔隔板移向硫酸銅溶液。而又因 H^+ 的電溶電位又比銅離子 Cu^{2+} 的電溶電位大，因此能趨使 Cu^{2+} 還原成銅而附著在銅板上。因式 (15–14) 的

反應使鋅板獲得電子而成負極,因式 (15–17) 的反應而使銅板失去電子而成正極。總之，當以不同的物質為電池的電極時，若化學反應能自然發生，則電溶電位較高或電極電位較低的物質的電極必為負極，反之，電溶電位較低或電極電位較高的物質的電極必成為正極。

　　欲量度一物質的電極電位的絕對值，實際上並不容易，通常選氫電極作為標準，而量其對氫極的相對電位差為其標準電極電位。國際上規定某物質的標準電極電位為在攝氏 25 度一大氣壓下,離子濃度為 1 克分子的溶液中的某物質電極與在相同狀況下含有同樣濃度的氫離子 H^+ 之溶液中的包覆氫氣之鉑製電極間的電位差。而某物質的標準電極電位的負值,即規定為該物質的標準電溶電位,表 15–2 為常用電極物質的電極電位及其電溶電位。

表 15–2　常用物質的標準電極電位及電溶電位

電　極	電池半反應	電極電位（伏特）	電溶電位（伏特）
Li	$Li \rightleftharpoons Li^+ + e^-$	−3.00	+3.00
K	$K \rightleftharpoons K^+ + e^-$	−2.93	+2.93
Ca	$Ca \rightleftharpoons Ca^{2+} + 2e^-$	−2.87	+2.87
Na	$Na \rightleftharpoons Na^+ + e^-$	−2.71	+2.71
Mg	$Mg \rightleftharpoons Mg^{2+} + 2e^-$	−2.4	+2.4
Al	$Al \rightleftharpoons Al^{3+} + 3e^-$	−1.7	+1.7
Zn	$Zn \rightleftharpoons Zn^{2+} + 2e^-$	−0.76	+0.76
Fe	$Fe \rightleftharpoons Fe^{2+} + 2e^-$	−0.44	+0.44
Cd	$Cd \rightleftharpoons Cd^{2+} + 2e^-$	−0.40	+0.40
Ni	$Ni \rightleftharpoons Ni^{2+} + 2e^-$	−0.22	+0.22
Sn	$Sn \rightleftharpoons Sn^{2+} + 2e^-$	−0.13	+0.13
Pb	$Pb \rightleftharpoons Pb^{2+} + 2e^-$	−0.12	+0.12
H_2	$H_2 \rightleftharpoons 2H^+ + 2e^-$	0.00	0.00
Cu	$Cu \rightleftharpoons Cu^{2+} + 2e^-$	+0.34	−0.34
Ag	$Ag \rightleftharpoons Ag^+ + e^-$	+0.80	−0.80
O_2	$O_2 + 4e^- \rightleftharpoons 2O^{2-}$	+1.23	−1.23
Cl_2	$Cl_2 + 2e^- \rightleftharpoons 2Cl^-$	+1.36	−1.36
Au	$Au \rightleftharpoons Au^{3+} + 3e^-$	+1.50	−1.50

15-3-2　電池的電動勢

電池是將化學能轉化為電能的裝置。因化學的作用，電池的兩極間，會有不同的電位。電池的電動勢（electromotive force，簡寫為 emf 或 EMF），可定義為電池外電路中的電流為零時，其兩極間的電位差，常以希臘字母 $\mathscr{E}$ 表示。此電位差即為單位電荷通過電池內電路時，電池對其所作的功所轉換的電位能。若有 q 庫侖的電荷通過電池內部，而獲得 W 焦耳的能量，則電動勢

$$\mathscr{E} = \frac{W}{q} \tag{15-18}$$

電動勢的單位與電位差（電壓）的單位相同，即為焦耳／庫侖，也就是伏特。

因電池兩極的電位差，即為電池兩極板的電極電位的差值，或兩極板物質游離時的電溶電位差。因此式 (15-18) 亦可寫成

$\mathscr{E}$ = 正極電極電位 – 負極電極電位

　　= 負極電溶電位 – 正極電溶電位 $\tag{15-19}$

今若以如圖 15-9 所示的銅鋅取代電池為例來說明，其以鋅及銅為電極，在鋅極（負極）的半反應及其半反應的電溶電位（查表 15-2）為

$$Zn \rightarrow Zn^{2+} + 2e^- \qquad 電溶電位為 0.76 伏特$$

而在銅極正極的半反應及其電溶電位為

$$Cu^{2+} + 2e^- \rightarrow Cu \qquad 電溶電位為 -0.34 伏特$$

所以整個電池的全反應為

$$Zn + Cu^{2+} \rightarrow Zn^{2+} + Cu$$

可提供 $(0.76 \ 伏特) - (-0.34 \ 伏特) = 1.10$ 伏特的電動勢。以如圖 15-8 所示的銀銅兩液電池為例來說明，其反應式及電溶電位為

銅極（負極）	$Cu \rightarrow Cu^{2+} + 2e^-$	-0.34 伏特
銀極（正極）	$2Ag^+ + 2e^- \rightarrow 2Ag$	-0.80 伏特
所以整個電池的全反應	$Cu + 2Ag^+ \rightarrow 2Ag + Cu^{2+}$	

可提供（−0.34 伏特）−（−0.80 伏特）＝ 0.46 伏特的電動勢。銀銅兩液電池的電動勢較小，此因其兩極的銅及銀的電溶電位都比氫小的緣故。若要有較大的電動勢，則應取其電池兩極板的物質具有較大的電溶電位差才能使兩極間具有較大的電位差。例如若能設計一電池的化學反應，而使其極板物質為鋰 (Li) 及金 (Au)，則由表 15–2 可計算出其電動勢將可高達（＋3.00 伏特）−（−1.50 伏特）＝ 4.50 伏特。

15–4　實用電池

電池是利用化學反應以產生電能的裝置，主要分為兩類，一類叫原電池 (primary cell)，是指電池內的化學能耗盡後，無法再行充電使用。另一類叫蓄電池 (secondary cell)，可一再充電反覆使用。原電池又稱一次電池，多半是乾式；而蓄電池又稱二次電池，則多半是濕式。

電池的大小變化極廣，從電子錶裡小至 1 公克的電池，到潛水艇裡大至幾公噸的電池都有。不過，同一級電池，廠家常依照一定的規格尺寸製造，故不同廠牌的電池，多可換用。除前一節所提到的三種電池外，此處我們再詳細討論最常用的碳鋅乾電池 (carbon-zinc dry cell) 及鉛蓄電池組 (lead storage battery)。

15–4–1　碳鋅乾電池

乾電池 (dry cell) 是使紙、棉等多孔性物質吸收電解液，或使電解液混入澱粉糊中保持乾燥，以防止搬運或擦動導致液體流出。近年來另有各種的新型乾電池，如鹼性電池 (alkaline cell)、水銀電池 (mercury cell) 等。

碳鋅乾電池的結構如圖 15–10 所示，係以鋅片製成之圓筒襯以多孔性之紙板外覆一金屬底蓋為負極。碳棒置於中心，上裝銅頭為正極。在此兩者之間充填氯化銨、氯化鋅、二氧化錳及水混合而成的潮濕糊狀物。以蠟或瀝青封口，以免水分蒸發。以氯化銨為電解液，二氧化錳為去極劑。當電池放電時，金屬鋅板為負極，放出二價之鋅離子

$$Zn \rightarrow Zn^{2+} + 2e^-$$

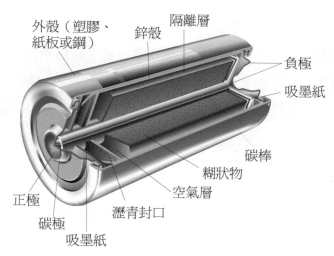

▲圖 15–10 碳鋅乾電池的剖視圖

鋅離子與氯化銨反應成為氯化鋅，使銨離子游向碳極

$$Zn^{2+} + 2NH_4Cl \rightarrow ZnCl_2 + 2NH_4^+$$

銨離子在碳極處獲得電子後，使氫氣集結於碳極。此集結之氫氣被二氧化錳氧化成水，以免產生極化現象

$$2NH_4^+ + 2e^- \rightarrow 2NH_3 + H_2$$

$$H_2 + MnO_2 \rightarrow MnO + H_2O$$

此電池之電動勢約為 1.5～1.6 伏特。當放電時，其兩極的電位差將視電流之大小及使用之時間的久暫而定。因去極劑的作用較慢，無法將產生的氫氣全部氧化，故內電阻必逐漸增加而使兩極的電位差降低，致乾電池無法使用。因此乾電池不宜作長時間且大電流的連續放電，僅適用短時間或弱電流的使用，例如廣用於電鈴、電話、手電筒、遙控器等。

鹼性電池與碳鋅乾電池的結構及原理大致相似，主要區別在於鹼性電池以氫氧化鉀為電解質，能產生較大的電流，且其使用壽命亦高出約 5～6 倍。水銀電池以鋅為陽極，氧化汞為陰極，氫氧化鉀為電解質；放電過程中，鋅成為鋅離子，氧化汞成為汞分子，氫氧化鉀保持不變。其最大特點為供應電壓非常穩定。精密的電子設備均使用水銀電池。

15-4-2　鉛蓄電池（組）

蓄電池的特點是其化學反應能逆轉進行，故可反覆充電使用。主要有鉛蓄電池組 (lead storage battery) 及鎳鎘電池組 (nickel-cadmium storage battery) 等。

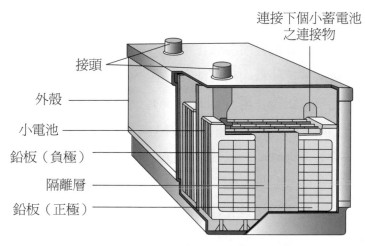

連接下個小蓄電池
之連接物

接頭

外殼

小電池

鉛板（負極）

隔離層

鉛板（正極）

▲圖 15–11　鉛蓄電池組的剖視圖

鉛蓄電池組如圖 15–11 所示，由外殼及 3～6 個小蓄電池 (secondary cell) 所組成，每個小蓄電池又包括數個負極隔板和正極隔板。隔板由鋁銻合金製成。正極隔板上塗有二氧化鉛，負極隔板上塗有海棉狀的純鉛，均浸於硫酸水溶液中。當電池充滿電時，正極為二氧化鉛，負極為純鉛，其時每一小蓄電池的電動勢約為 2.01 伏特，電解液的比重約為 1.30。放電時，負極之鉛板與硫酸反應亦生成硫酸鉛，正極之 PbO_2 與硫酸反應亦生成硫酸鉛及水，其反應式為

$$Pb + SO_4^{2-} \rightarrow PbSO_4 + 2e^-$$

$$PbO_2 + SO_4^{2-} + 4H^+ + 2e^- \rightarrow PbSO_4 + 2H_2O$$

因硫酸鉛的溶解性極差，故仍附著於極板上，所以當放電後兩極板均變為硫酸鉛。電解液因失去硫酸根離子而比重降低。在放電時若電解液之比重降到 1.16 或每一小蓄電池的電動勢降至 1.75 伏特，則認為放電終了而必需停止放電，以待充電。因放電過度將使活性物質老化，則雖經充電亦不能回復放電前之狀態。鉛

蓄電池（組）的放電容量視放電電流的大小而定。在以大電流放電時，其容量將降低甚多。蓄電池組的容量常以安培小時 (ampere hour) 表示，1 安培小時為 1 安培之電流放電 1 小時的電量。

　　鉛蓄電池充放電時的反應可綜合為

$$2PbSO_4 + 2H_2O \overset{充電}{\underset{放電}{\rightleftharpoons}} PbO_2 + Pb + 2H_2SO_4$$

充電時不可太快，因冒氣過甚將導致正極的二氧化鉛脫落，而使電池受損。充電後不能久置，因電解液或極板內均可能有其它不純物的存在，致使電池內部發生放電的現象——此稱為局部作用 (local action)，而使電池的能量逐漸耗盡。故鉛蓄電池擱置不用時，仍應定期經常充電。在 1970 年代中期，鉛蓄電池有一重要改革，係將鉛鈣錫合金作為隔板材料，以代替鉛銻合金，其優點是不使用時不會放電。其他常用的蓄電池如鎳鎘電池（組）係以氧化鎳為陽極，鎘為陰極，並以氫氧化鉀為電解質；其特點是不需排氣孔，容器可以密封，以防止電解質溢出。此外，新近發展的溶鹽電池（組）可產生高電壓，市場潛力很大。除了上述的化學電池外，還有利用陽光對半導體中的電荷作功而將光能轉換為電能的太陽電池組 (solar battery)，也是市場上常見實用的電池。

習　題

1. 在 5 分鐘內，有 30 庫侖的電子從金屬棒的一端進入金屬棒，並從另一端流出。試問金屬棒內平均電流的大小為何？

2. 一導線以 10 安培的電流通以 10 小時，問有多少庫侖的電荷通過導線？

3. 如圖 15–12 所示，有一束電子以速度 v 向右移動。假設電子的線密度為 10^{12} 電子／公尺，其速度為 $v = 10^2$ 公尺／秒，試問電流的大小為多少安培？電流的方向為何？

▲圖 15–12

4. 如圖 15–13 所示，有一圓盤半徑為 1 公尺，其外圍有電荷，其線密度為 10^{-5} 庫侖／公尺。假如此圓盤以每秒 30 轉的速度繞著中心軸旋轉，求其電流。

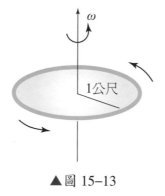

▲圖 15–13

5. 有一直徑為 10^{-3} 公尺的銅線在 2 分鐘內流過 20 庫侖的電量。求通過此銅線的電流密度。

6. 1 安培的電流通入 $AgNO_3$ 的電解池內，每小時可析出若干公斤的銀？（化學當量或電化當量，請參考表 15–1）

7. 在一兩價的金屬離子溶液中，通過 6 安培，40 分鐘的電流，可得沈澱的金屬

　　7.3×10^{-3} 公斤。(a)求此金屬的電化當量；(b)求此金屬的原子量。

8.何謂電極電位？何謂電溶電位？各與化學反應的氧化電位、還原電位有何關係？

9.一電池的兩極為鋰及銅。求此電池可能的電動勢。（可利用表 15–2 查鋰及銅的電溶電位後計算）

10.一電池的電動勢為 1.2 伏特，一帶兩價電荷的正離子經電池內部等速率由負極移至正極。求電池所作的功。

16

電阻與直流電路

本章學習目標

學完這章後，您應該能夠

1. 了解歐姆定律以及電阻的意義。

2. 由物質的電阻係數以及其溫度係數，計算
   各種長短粗細導體的電阻。或由電阻器上
   的色碼直接讀出電阻器的電阻。

3. 由物質電阻係數的大小，分辨物質為導體、
   非導體或絕緣體。

4. 認識焦耳定律並應用此定律來計算電阻器
   消耗的電功率。

5. 計算電阻器串聯、並聯及其各種混合連接
   時的等效電阻。

6. 計算基本直流電路上通過各元件的電流或
   跨過各元件的電位差。

7. 利用克希何夫定律，計算網路上各元件的
   電阻、通過的電流及跨過各元件的電位差。

8. 了解電容器的充電及放電的過程，並能夠
   計算電容器儲存的電量以及 RC 電路上通
   過的電流。

9. 認識檢流計、安培計、伏特計及歐姆計的
   構造，並能夠應用此些儀器來檢驗或量測
   各元件的電流、電位差或電阻。

10. 使用惠司同電橋精確量測待測電阻器的電
    阻。

在第 13、14 章中，我們主要討論靜電的各種現象。在上章中，我們已經知道將電池的正負兩端接上導體時，則在導體內部將建立電場，靜電平衡不再成立，導體內的自由電子開始移動。當自由電子移動，則形成電流。在本章的開頭我們將討論導體內的電流與電場的關係，亦即歐姆定律。由歐姆定律的討論，將導引出一些與導體有關的物理性質，例如電阻、電導等。接著我們將再討論與電流熱效應有關的焦耳定律、電阻的串聯與並聯、基本直流電路、克希何夫定律、RC 電路等。最後我們將討論電流、電位差以及電阻的量度。

16–1　歐姆定律與電阻

16–1–1　歐姆定律與電阻

德國物理學家歐姆 (G. S. Ohm, 1787～1854)，經由許多實驗結果，發現對於許多帶電流的導體，如圖 16–1 所示，其電流密度 $\mathbf{j}$ 與導體內的電場 $\mathbf{E}$，有成正比例的關係；此關係由歐姆所發現，故稱為歐姆定律 (Ohm's law)。以式子表示為

$$\mathbf{j} = \sigma\mathbf{E} = \frac{1}{\rho}\mathbf{E} \tag{16–1}$$

此比例常數 σ，表示該導體的導電性質，稱為導體的電導係數 (electrical conductivity)。而 $\rho = \frac{1}{\sigma}$ 則稱為導體的電阻係數 (electrical resistivity) 或電阻率。

如圖 16–1 所示的導體中，相隔為 L 的兩點，其電位分別為 V_a 與 V_b，則知其電場強度 E 為 $\frac{(V_a - V_b)}{L}$。因此式 (16–1) 可改寫成

$$\frac{i}{A} = \frac{V_a - V_b}{\rho L}$$

或

$$i = \frac{V_a - V_b}{\dfrac{\rho L}{A}} \tag{16–2}$$

上式中的分母 $\frac{\rho L}{A}$，稱為該段導體的電阻 (resistance)，以 R 表示為

$$R = \frac{\rho L}{A} \tag{16–3}$$

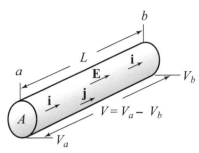

▲圖 16–1　歐姆定律的說明圖。電流密度 $\mathbf{j} = \dfrac{\mathbf{i}}{A}$ 與電場 $\mathbf{E}$ 成正比。

將式 (16–2) 以 R 表示，並將 $V_a - V_b$ 寫成 V，則得

$$i = \frac{V}{R} \text{ 或 } R = \frac{V}{i} \tag{16–4}$$

上式若 R 為定值則表示電流與電壓有正比例的關係。此亦為歐姆所發現，故亦稱為歐姆定律 (Ohm's law)。歐姆係先研究出式 (16–4) 電流 i 與電壓 V 的關係，再進而推演出式 (16–1) 電流密度 $\mathbf{j}$ 與電場 $\mathbf{E}$ 的關係。一導體若遵守歐姆定律，我們就稱它具有歐姆性 (ohmic)；否則就說它不具歐姆性 (nonohmic)。

一個具有歐姆性的元件，其 i–V 的關係圖應是一條直線，如圖 16–2 (a)所示。而不具歐姆性的元件，比如說接面二極體 (junction diode)，其 i–V 的關係圖就不是直線，如圖 16–2 (b)所示。$R = \dfrac{V}{i}$ 這個式子可以作為元件在 i–V 曲線上任一點之電阻的定義式，但這並不意味著此種元件就遵循歐姆定律。

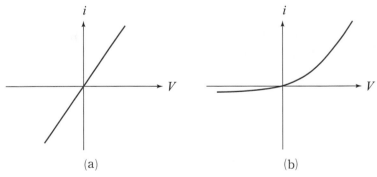

▲圖 16–2　i–V 關係：(a)歐姆性導體；(b)接面二極體（為非歐姆性元件）。

　　電阻的單位為伏特／安培，特稱為歐姆 (ohm)。若導體兩端的電位差為 1 伏特，而導體內的電流為 1 安培，則稱此導體具有 1 歐姆的電阻。大電阻常用千歐 (kilohm, 1 kΩ = 10^3 Ω) 或昧歐 (megaohm, 1 MΩ = 10^6 Ω)；小電阻常用毫歐 (milliohm, 1 mΩ = 10^{-3} Ω)，或微歐 (microhm, 1 $\mu\Omega$ = 10^{-6} Ω) 來表示。

　　構成電阻的元件，稱為電阻器 (resistors)，其符號以 —\\/\\/\\/— 來表示。可調整電阻值的電阻器，稱為變阻器 (rheostat)，其符號以 —\\/\\/\\/— 或 —\\/\\/\\/— 來表示。

　　電阻係數的單位是歐姆・公尺 ($\Omega \cdot$m)。常見物質的電阻係數列於表 16–1 中。由式 (16–3) 可知，一個物質的電阻係數值，就是此物質做成每邊為單位長度長的立方體，每兩相對面間的電阻值。

　　在表 16–1 中，值得注意的是：表中最好的導體或最差的導體（即最好的絕緣體）間，其電阻係數相差達 10^{24} 倍之多。電阻係數的倒數為電導係數；同樣地，電阻的倒數稱為電導 (conductance)，以 G 表示為

$$G = \frac{1}{R} \tag{16-5}$$

電導的單位為歐姆的倒數，稱為姆歐 (mho，符號為 Ω^{-1})；而電導係數的單位為姆歐／公尺。

表 16–1　常見物質在常溫（20°C）下的電阻係數及其溫度係數

類別	物　質	電阻係數 ρ（歐姆・公尺）	電阻係數的溫度係數 α (K^{-1})
導體	銀	1.62×10^{-8}	4.1×10^{-3}
	銅	1.69×10^{-8}	4.3×10^{-3}
	金	2.44×10^{-8}	3.4×10^{-3}
	鋁	2.83×10^{-8}	3.9×10^{-3}
	鎢	5.25×10^{-8}	4.5×10^{-3}
	鐵	9.68×10^{-8}	1.5×10^{-3}
	鉑	1.06×10^{-7}	3.92×10^{-3}
	鉛	2.2×10^{-7}	3.9×10^{-3}
	錳銅[a]	4.82×10^{-7}	$5.0 \times 10^{-7} \sim 2.0 \times 10^{-6}$
	康銅[b]	4.91×10^{-7}	2.0×10^{-6}
	水銀	9.8×10^{-7}	0.9×10^{-3}
	鎳鉻[c]	$1.0 \times 10^{-6} \sim 1.5 \times 10^{-6}$	0.4×10^{-3}

半導體	碳	3.5×10^{-5}	-0.5×10^{-3}
	鍺	0.45	-48×10^{-3}
	矽（純）	2.5×10^{3}	-70×10^{-3}
	矽（n 型）[d]	8.7×10^{-4}	
	矽（p 型）[e]	2.8×10^{-3}	
絕緣體	花崗岩	$10^{5} \sim 10^{7}$	
	木材	$10^{8} \sim 10^{14}$	
	玻璃	$10^{10} \sim 10^{14}$	
	硬橡膠	$10^{13} \sim 10^{16}$	
	雲母	9×10^{13}	
	石英	7.5×10^{17}	

[a] 錳銅含銅 84%、錳 12%、鎳 4%，通常用於製造電阻。
[b] 康銅含銅 60%、鎳 40%，通常用於製造電阻箱內的電阻。
[c] 鎳鉻合金，通常用於加熱元件。
[d] 矽（n 型）為在純矽中摻入磷之雜質，可增加半導體的導電性。
[e] 矽（p 型）為在純矽中摻入鋁之雜質，可增加半導體的導電性。

　　由表 16–1 中可看出，一般金屬材料及其合金的電阻係數均極小，故知為良好的導體 (conductor)；而木材、玻璃、雲母、石英等物質，具有極大的電阻係數，為良好的絕緣體 (insulator)；至於像碳、鍺、矽等，其電阻係數介於上述良好的導體與良好的絕緣體之間，我們稱之為半導體 (semiconductor)。

　　常見的電阻元件有兩種，一種為含碳的合成電阻元件，它是一種半導體，另一種為繞線的電阻元件，它包含一些電阻線圈。電阻元件通常以色碼來表示其電阻值，如圖 16–3 所示。表 16–2 可用來將色碼轉換成以歐姆為單位的電阻數值。

表 16–2　電阻元件之色碼

顏 色	數 字	倍 數	容 限	顏 色	數 字	倍 數	容 限
黑	0	10^{0}		靛	7	10^{7}	
棕	1	10^{1}		紫	8	10^{8}	
紅	2	10^{2}		白	9	10^{9}	
橙	3	10^{3}		金		10^{-1}	5%
黃	4	10^{4}		銀		10^{-2}	10%
綠	5	10^{5}		無色			20%
藍	6	10^{6}					

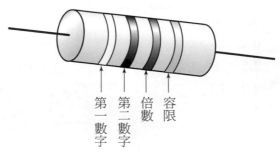

第
一
數
字　第
二
數
字　倍
數　容
限

▲圖 16–3　電阻元件上之色帶為表示元件之電阻的色碼。前面兩顏色表示電阻值的前面兩位數字，第三顏色表示科學記號中 10 的指數，最後一顏色表示電阻的容限。例如圖上四顏色為黃、黑、紅、金，則其電阻值為 $40 \times 10^2 \pm 5\%$ 歐姆，即電阻值在 4.2 千歐及 3.8 千歐間。

16–1–2　電阻係數與溫度的關係

　　通常物質的物理性質都會隨溫度改變，電阻係數亦不例外，溫度為 T 的導體其電阻係數 ρ 可以用某一參考溫度 T_0（一般取為 20°C）時之電阻係數 ρ_0 表示，即

$$\rho = \rho_0[1 + \alpha(T - T_0)] \tag{16–6}$$

式中 α 表電阻係數的溫度係數 (temperature coefficient of resistivity)，其單位為 K^{-1}。由式 (16–6)，我們亦可將電阻係數的溫度係數表示為

$$\alpha = \frac{1}{\rho_0} \frac{\rho - \rho_0}{T - T_0} = \frac{1}{\rho_0} \frac{\Delta\rho}{\Delta T} \tag{16–7}$$

　　各種物質之電阻係數的溫度係數，已列於表 16–1 中。由式 (16–3) 可知一般導體的電阻與電阻係數成正比，故知一般導體的電阻亦隨溫度改變，因此電阻的溫度變化，亦可表示為

$$R = R_0[1 + \alpha(T - T_0)] \tag{16–8}$$

式中 R_0 為參考溫度 T_0 時的電阻。電子在導體中移動時，會與導體中的離子相撞，當溫度升高時，離子在其平衡位置附近振動的振幅亦隨之變大，與電子碰撞的頻率因而增加，導致電子流所受的阻礙更多，因此導體的電阻係數或電阻隨溫度升高而增加。此關係，如圖 16–4 (a)所示。

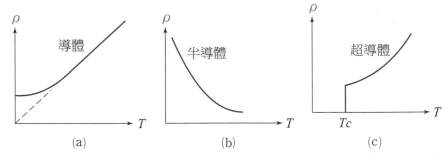

▲圖 16-4　電阻係數 ρ 與溫度 T 的關係曲線。(a)導體；(b)半導體；(c)超導體。

　　在表 16-1 所列的一些物質中，錳銅及康銅的 α 幾乎為零，表示其電阻係數或電阻幾乎與溫度無關，因此錳銅及康銅常用來作為製造精密電阻元件的材料。表 16-1 中之半導體，例如碳、鍺、矽等，其電阻係數乃是隨溫度的增加而減小，如圖 16-4 (b)所示。由於當溫度升高後，有更多的電子變成自由電子並參與了傳導過程。較重要的是我們可在純物質中摻入某些雜質，藉此來控制電阻係數，例如表 16-1 中之 n 型、p 型矽。正是半導體的這項特質，才引發了電晶體和積體電路的研製。某些物質，我們稱之為超導體 (superconductor)，其電阻係數會在某個臨界溫度 T_c 以下消失，如圖 16-4 (c)所示。如果這種低溫一直維持住，這種無電阻情況便會無限地延續下去。在後面的章節裡，我們會對半導體及超導體作進一步的討論。

例題 16-1

有一電阻器，為由長 15.0 公尺、截面積 1.00×10^{-6} 平方公尺、電阻係數 $\rho = 4.91 \times 10^{-7}$ 歐姆·公尺的康銅線所繞成。求此康銅線的電阻及電導。

解　將長度 $L = 15.0$ 公尺、截面積 $A = 1.00 \times 10^{-6}$ 平方公尺及電阻係數 $\rho = 4.91 \times 10^{-7}$ 歐姆·公尺代入式 (16-3)，可得電阻

$$R = \rho \frac{L}{A} = (4.91 \times 10^{-7}) \frac{(15.0)}{(1.00 \times 10^{-6})} = 7.37 \text{ 歐姆}$$

電導為電阻的倒數，所以該康銅線的電導為

$$G = \frac{1}{R} = \frac{1}{7.37} = 0.136 \text{ 姆歐}$$

例題 16-2

若量得例題 16-1 的電阻器的兩端電壓為 2.00 伏特，則流過該電阻器的電流為若干？電阻線上的電場為若干？

解 應用式 (16-4) 歐姆定律，可得電流

$$i = \frac{V}{R} = \frac{2.00}{7.37} = 0.271 \text{ 安培}$$

又因電場強度 $E = \frac{V}{L}$，所以

$$E = \frac{V}{L} = \frac{2.00}{15.0} = 0.133 \text{ 伏特 / 公尺}$$

例題 16-3

一鉑金屬之電阻溫度計，在 20°C 時之電阻為 50.0 歐姆，當將溫度計浸入熔融的某金屬內，其電阻變成 76.8 歐姆。求某金屬的熔點。（鉑的 $\alpha = 3.92 \times 10^{-3}$ $(C°)^{-1}$）

解 由式 (16-8)，可得

$$\Delta T = \frac{R - R_0}{\alpha R_0} = \frac{76.8 - 50.0}{(3.92 \times 10^{-3})(50.0)} = 137C°$$

因為 $\Delta T = T - T_0$，又 $T_0 = 20°C$，所以可得某金屬的熔點為

$$T = T_0 + \Delta T = 20 + 137 = 157°C$$

16-2　焦耳定律

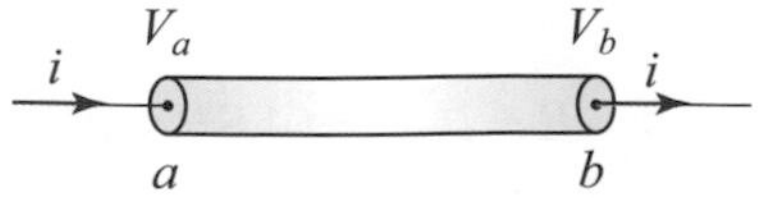

　　圖 16-5 中的長方形表示一電路中的一段，電流 i 自左而右通過其內，V_a 及 V_b 則分別表示在 a、b 兩點的電位。至於在 a、b 間的電路究竟為何種元件

▲圖 16-5　電荷在一段電路中的移動情形

所組成，則無關緊要（其可為導體、馬達、發電機、電池等或此諸物的組合）。今設在 t 時間內，有電荷量為 $q = it$ 自 a 端進入此段電路（或 $N = \dfrac{q}{e}$ 個電子自 b 端進入此段電路），同時也有相同的電量自 b 端移出（或 $N = \dfrac{q}{e}$ 個電子自 a 端移出），則在 t 時間內，有電荷 q 自電位為 V_a 之處移至電位為 V_b 之處（或 $-q$ 自 V_b 移至 V_a 處）。由第 14 章有關電位能的討論，可知此時間內，電場對電荷 q 所作的功等於電位能變化量的負值，所以

$$W = -q(V_b - V_a) = it(V_a - V_b) = itV \tag{16-9}$$

式中 $V = V_a - V_b$。在電阻電路中，此能量即變成電阻器的熱量而釋放出。電流在單位時間內於此段電路所釋放的能量，亦即輸入此段電路的功率為

$$P = \frac{W}{t} = iV \tag{16-10}$$

故得功率 P 為電流 i 與電位差 V 的乘積。若電流以安培為單位，電位差以伏特為單位，由 $P = iV$ 可知功率的單位為

$$\text{安培} \times \text{伏特} = \frac{\text{庫侖}}{\text{秒}} \times \frac{\text{焦耳}}{\text{庫侖}} = \frac{\text{焦耳}}{\text{秒}} = \text{瓦特}$$

在圖 16–5 中，不論 a、b 兩點間之組成物為何，關係式 $P = iV$ 均能適用。若 a、b 之間的導電物為一歐姆律電阻 (ohmic resistance)，其電阻為 R，則將歐姆定律 $V = iR$ 代入，即可得

$$P = iV = i^2 R \tag{16-11}$$

或

$$P = \frac{V^2}{R} \tag{16-12}$$

因為電流輸入電阻器的能量，皆轉變為電阻器的熱能，故符合歐姆定律之電阻材料中產生熱的速率，與電流的平方成正比，此稱為焦耳定律 (Joule's law)。能符合歐姆定律的材料，亦必能符合焦耳定律。

通常電流通過導體時，導體的溫度隨之升高。但由於其散熱的速率也隨溫度的增高而增加，故當溫度高到某一值時，散熱的速率將與電流輸入功率所產生熱的速率相等，此時溫度即趨於穩定而不再升高。一般的電燈泡中有電流通過時，燈絲之溫度即迅速增加，直至其散熱的速率（主要為熱輻射作用）與產生熱之速率 (i^2R) 相等時，燈絲才能保持一定之溫度。至於保險絲的構造，乃在使電流超過某一預定值時，保險絲會在達到最後之平衡溫度前，先行達到其熔點而熔化，因而將電路切斷，以免大電流將電器損壞，或造成災害。

一般家庭用的電器，多接於 110 伏特的電源上。一電燈泡上若標明為 60 瓦特 110 伏特，則當其接於 110 伏特之電源上時，其耗用電能的功率，亦即其散熱的功率為 60 瓦特。由焦耳定律可求出此電燈泡在正常使用之情況下，其燈絲電阻為

$$R = \frac{V^2}{P} = \frac{(110)^2}{60} = 201 \text{ 歐姆}$$

例題 16–4

若有一 6 伏特的電池內有 0.2 安培的電流流動，求此電池之功率輸出。

解 由式 (16–10) 可得 $P = iV = (0.2)(6) = 1.2$ 瓦特

例題 16–5

有一碳質電阻為 5000 歐姆，其額定功率為 2 瓦特。若不超過限額使用，則通過該電阻的最大容許電流是多少？

解 由式 (16–11) 可得

$$i = \left(\frac{P}{R}\right)^{\frac{1}{2}} = \left(\frac{2}{5000}\right)^{\frac{1}{2}} = 0.02 \text{ 安培}$$

16–3 電阻器的串聯與並聯

一般實用的電路中，常包含有許多個元件，相互連接成一相當複雜的電路，稱為網路 (network)。在本節中，我們將考慮幾種比較簡單的網路。

　　圖 16–6 所示，為在 a 與 b 點間的三個電阻器 R_1、R_2 與 R_3 的四種不同連接方式。在圖 16–6 (a)中，各電阻器為逐一串接，使得電流在 a、b 兩點間只有一條通路，此種接法，稱為電阻器的串聯 (series)。此種串聯的方式亦可推廣到任意數目的任意電路元件，諸如電池、電動機、電容等，只要彼此串接，在 a、b 兩點間僅構成單一的電流通路，均稱之為「串聯」。

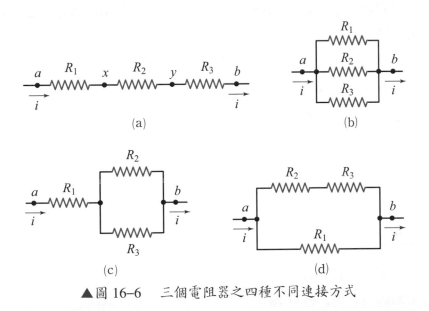

▲圖 16–6　三個電阻器之四種不同連接方式

　　在圖 16–6 (b)的三個電阻器，均各自提供一條電流的通路，我們稱此種接法為並聯 (parallel)。同樣地，並聯接法也可推廣到任意數目的任意元件，只要各元件其兩端分別接於同一共同點，各元件均個別提供電流的一條通路，則稱各元件間的連接方式為並聯。在圖 16–6 (c)中，為電阻器 R_2 與 R_3 相互並聯，再與電阻器 R_1 串聯。在圖 16–6 (d)中，R_2 與 R_3 串聯，再與 R_1 並聯。

　　我們經常可用一個單一的電阻器來取代電路中的一組電阻器，而不改變此組電阻器之端點的電位差，亦不改變此電路中其他各部分的電流。此單一電阻器的電阻，稱為該組電阻器的等效電阻 (equivalent resistance)。若圖 16–6 中之任一網路，可用一等效電阻 R_{eq} 代替，則此 R_{eq} 應能滿足下式

$$V_{ab} = R_{eq}i \quad 或 \quad R_{eq} = \frac{V_{ab}}{i} \tag{16–13}$$

在此，V_{ab} 為該網路兩端的電位差 $V_a - V_b$，而 i 為通過 a 點或 b 點處的電流。因此，我們要算出一網路的等效電阻，其方法為先假設此網路的端點電位差 V_{ab}，求出其對應的電流 i（或設 i，求 V_{ab}），再解出其比值 $\dfrac{V_{ab}}{i}$，此即為所求網路的等效電阻。

若各電阻器為串聯，如圖 16–6 (a)所示，則流過各電阻器的電流必相等，且等於在 a 或 b 點之電流 i。因此

$$V_{ab} = V_{ax} + V_{xy} + V_{yb} = iR_1 + iR_2 + iR_3$$
$$= i(R_1 + R_2 + R_3)$$

由式 (16–13) 得串聯電阻器之等效電阻為

$$R_{eq} = \frac{V_{ab}}{i} = R_1 + R_2 + R_3 \tag{16–14}$$

顯然，此式可推廣為任意數目電阻器的串聯，而其等效電阻為各電阻器的電阻的和，即

$$R_{eq} = \sum_i R_i \tag{16–15}$$

故各電阻器串聯後，其等效電阻必大於串聯之任一電阻器的電阻。

若各電阻器為並聯，如圖 16–6 (b)所示，則每一電阻器兩端的電位差必相等，且等於 V_{ab}。設各電阻器 R_1、R_2 及 R_3 流過的電流分別為 i_1、i_2 及 i_3，則

$$i_1 = \frac{V_{ab}}{R_1}, \, i_2 = \frac{V_{ab}}{R_2}, \, i_3 = \frac{V_{ab}}{R_3} \tag{16–16}$$

因電荷在 a 點處並無堆積現象，因此流進 a 點的電流，應等於各分路的電流的和，即

$$i = i_1 + i_2 + i_3$$

將式 (16–16) 的各分路電流代入上式，可得

$$i = \frac{V_{ab}}{R_1} + \frac{V_{ab}}{R_2} + \frac{V_{ab}}{R_3}$$

或

$$\frac{i}{V_{ab}} = \frac{1}{R_1} + \frac{1}{R_2} + \frac{1}{R_3}$$

由式 (16–13) 可知

$$\frac{i}{V_{ab}} = \frac{1}{R_{eq}}$$

故得

$$\frac{1}{R_{eq}} = \frac{1}{R_1} + \frac{1}{R_2} + \frac{1}{R_3} \tag{16-17}$$

顯然此式亦可推廣為任意數目電阻器的並聯，而其等效電阻的倒數，為各電阻倒數的和，即

$$\frac{1}{R_{eq}} = \sum_i \frac{1}{R_i} \tag{16-18}$$

故各電阻器並聯後，其等效電阻必小於並聯之任一電阻器的電阻。

　　由於各並聯電阻均具有相同的電位差，故當任兩電阻器並聯時，各電阻器所通過的電流，與各電阻值成反比，此可由式 (16-16) 看出。例如當 1 歐姆與 3 歐姆兩電阻器並聯時，則 1 歐姆電阻器上所流過的電流必為 3 歐姆電阻器上所流過電流的三倍，以符合兩者的電位差相等。

例題 16-6

試求圖 16-7 中 a、b 兩點間電阻器的等效電阻。

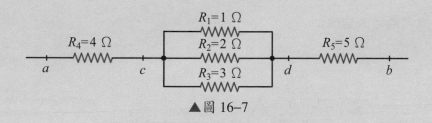

▲圖 16-7

解 c、d 間，三個並聯電阻器的等效電阻，依式 (16-17) 可得

$$R_{cd} = \left(\frac{1}{R_1} + \frac{1}{R_2} + \frac{1}{R_3}\right)^{-1} = \left(\frac{1}{1} + \frac{1}{2} + \frac{1}{3}\right)^{-1} = 0.545 \text{ 歐姆}$$

此 R_{cd} 再與 R_4 及 R_5 串聯，依式 (16-15)，a、b 間的等效電阻

$$R_{ab} = R_4 + R_{cd} + R_5 = 4 + 0.545 + 5 = 9.55 \text{ 歐姆}$$

例題 16–7

試求圖 16–8 所示網路的等效電阻。若已知通過 a 點的電流為 9 安培，並求其各電阻器上的電流。

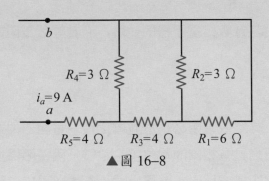

▲圖 16–8

解 為便於看出各電阻器間之並、串聯關係，我們將圖 16–8 的網路重繪成圖 16–9 (a) 網路圖，並標上各電阻器所流過的待求電流。圖 16–9 (b) 至 (e) 為將各電阻應用串、並聯之公式，逐次簡化的情形。在圖 (a) 中，R_1 與 R_2 的電阻並聯後，可由圖 (b) $R_6 = 2\ \Omega$ 的等效電阻取代。此 R_6 再與 R_3 串聯，如圖 (c) 中的 $R_7 = 6\ \Omega$ 的等效電阻。如此次第化簡，最後得如圖 (e) $R = 6\ \Omega$ 的單一電阻，此即為所求 a、b 兩點間的等效電阻。

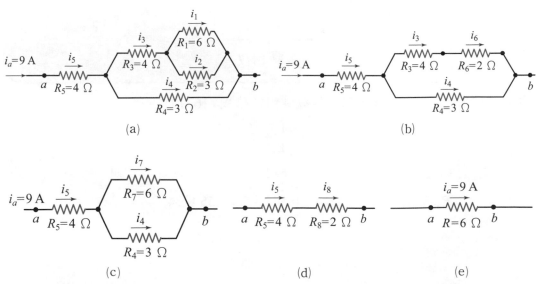

▲圖 16–9　將圖 16–8 的網路，逐級簡化而成為一個單一的等效電阻。

若要解電流，則由圖(e)依次往回至圖(a)，可次第解出各電阻器上的電流。由圖(e)之簡單電路，已知電流為 $i = 9$ 安培，此電流亦即圖(d)中 R_5 與 R_8 電阻器的電流，因此在圖(c)中，通過 R_5 電阻器上的電流 i_5 仍為 9 安培，而並聯的 R_7 與 R_4 電阻器上的電流 i_7 與 i_4 的和應等於 i_5，即

$$i_7 + i_4 = i_5 = 9 \text{ 安培}$$

又因由式 (16–16) 知並聯的電阻器其通過的電流與其電阻成反比，所以

$$\frac{i_7}{i_4} = \frac{R_4}{R_7} = \frac{3}{6}$$

由上兩式解得

$$i_4 = 6 \text{ 安培，} \quad i_7 = 3 \text{ 安培}$$

再由圖(c)到圖(b)，可知 R_3、R_6 上的電流 i_3、i_6 應等於 i_7，所以

$$i_3 = i_6 = 3 \text{ 安培}$$

再由圖(b)到圖(a)，知 R_6 為 R_1 與 R_2 的等效電阻，且 R_1 與 R_2 並聯，所以其上的電流有下列的關係

$$i_1 + i_2 = i_6 = 3 \text{ 安培}$$

$$\frac{i_1}{i_2} = \frac{R_2}{R_1} = \frac{3}{6}$$

由上兩式解得

$$i_1 = 1 \text{ 安培，} \quad i_2 = 2 \text{ 安培}$$

由上面的討論及計算，我們解得整個網路的等效電阻 $R = 6$ 歐姆，及各電阻器上流過的電流，如圖 16–9 (a)所示，$i_1 = 1$ 安培、$i_2 = 2$ 安培、$i_3 = 3$ 安培、$i_4 = 6$ 安培及 $i_5 = 9$ 安培。

16-4　基本直流電路

在前面的討論中，我們知道要使一個導體有電流通過，必須在導體上維持一個電場。同時我們也知道當導體中有電流時，會有能量的消耗，而以熱的形式散逸到此導體的周圍。因此，若要在一電路中獲得持續的電流，須在此電路中包含有一個能提供電位差（以建立導體中的電場）及能量（以供應熱量的散逸）的電源。電池就是最常見的一種電源。

電池是一種將化學能轉換為電能的裝置。它具有驅動電荷環繞電路以產生電流的能力。一般我們是以正電荷流動的方向當做電流流動的方向，雖然在一般的導體中，實際上是以帶負電荷的自由電子在傳遞電流。正電荷由電池的正極經由外電路流向負極，在電池內部藉化學作用，由負極反抗電位差而推向正極，以完成一個通路，而使電流持續不斷。

電池的此種具有驅使電荷反抗電位差，而環繞一電路流動的能力，我們曾在上章中定義為電池的電動勢 (electromotive force)。依定義，一個電源的電動勢為將單位正電荷由電源的負極經由電源內部移向正極所作的功。寫成式子為

$$\mathscr{E} = \frac{W}{q} \tag{16-19}$$

例如汽車用的蓄電池，其電動勢為 12 伏特，或 12 焦耳 / 庫侖，這表示每一庫侖的電量經由此電池內部時，有 12 焦耳的化學能轉換成電能（假使此電池係在放電的情況）。如果電池的電流為 i，則能量的轉換率為

$$P = \mathscr{E}i \tag{16-20}$$

將 $\mathscr{E} = 12$ 伏特、$i = 10$ 安培，將之代入，得

$$P = 12 \text{ 伏特} \times 10 \text{ 安培} = 120 \text{ 瓦特}$$

一般手電筒所用的乾電池，其電動勢為 1.5 伏特。若單一電池的電動勢不夠大時，可將數個電池在電路中串聯使用，而得所需的電動勢。

電池的符號為 ─┤├─ ，長線代表正電壓，即電位較高之端，粗短線代表負電壓，即電位較低之端，通常 +、−號均予以省略。

現在我們來考慮簡單的直流電路 (D. C. circuit)。如圖 16–10 所示，有一電阻器 R 跨接於一電池的兩端，此電池的電動勢為 $\mathscr{E}$。當開關未接通時，此電路中無電流流通，此時跨於電池兩端點 a、b 之電位差 V_{ab} 等於此電池的電動勢 $\mathscr{E}$。

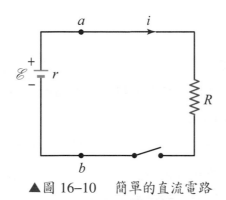

▲圖 16–10　　簡單的直流電路

當開關接通時，若此電路有電流 i 流通，由式 (16–20) 可知，此時由電池將其內部之化學能轉換為電能之電功率為 $\mathscr{E}i$。此電功率中有一部分係供給負載電阻 R 所需的電功率 $iV_{ab} = i^2R$，另一部分則為供應電池內部消耗為熱能所需的電功率。電池在使用中均或多或少會發燙，此為電池內部能量的消耗，表示電池內部有電阻存在，此電阻稱為電池的內電阻 (internal resistance)，或簡稱內阻，寫成 r；則消耗在電池內部使電池發燙之電功率為 i^2r。應用能量守恆定律於此電路，可得

$$\mathscr{E}i = i^2r + i^2R = i(ir + iR)$$

或

$$\mathscr{E} = i(r + R) \tag{16–21}$$

因此，通過此電路的電流為

$$i = \frac{\mathscr{E}}{r + R} \tag{16–22}$$

此式表示在一簡單電路中，電流、電動勢與電阻間的關係，稱為電路方程式 (circuit equation)。由此式可得跨於負載電阻兩端，亦即跨於電池兩端的電位差 V_{ab}——即所謂的路端電壓（terminal voltage，常簡稱為端電壓）為

$$V_{ab} = iR = \mathscr{E} - ir \tag{16–23}$$

因此，電池放電時（即正常作為電源使用時），電池之端電壓為電池之電動勢減去其內電阻的電位降。但當電流 i 為零時（即當開關為斷路，或 $R = \infty$），則端電壓 V_{ab} 即為電動勢 $\mathscr{E}$。當電池充電時，電流方向相反，V_a 仍高於 V_b，此時端電壓

$$V_{ab} = \mathscr{E} + ir \tag{16-24}$$

即電池充電時，電池的端電壓為電池的電動勢加上其內電阻的電壓降，此時電能輸入電池，轉變為化學能。

　　有時為了明白顯示電池的內電阻起見，可將電池的電動勢 ε 與內電阻 r 分開描繪，如圖 16-11 中之虛線方格內所示。

　　任一型式的電池，其電動勢係由構成該電池的組成化學成分所決定，它可保持一定值，不因使用日期之長短而改變。但電池的內電阻會因使用日久而增大，因而使電池的端電壓隨之下降，終致無法使用。

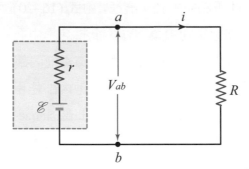

▲圖 16-11　實際電池可表為一電動勢源與一內電阻的串聯

　　凡是能將非電能轉換成電能的裝置，均有一電動勢。上述所討論的電池，它能將化學能轉換成電能，故能對外提供一電動勢。除電池之外，常見的可供應電動勢的裝置，尚有下列幾項：⑴熱電偶 (thermocouple)，可將熱能轉換成電能。⑵光電池類的裝置，可將光或輻射能，轉換成電能。⑶發電機能將力學能轉換成電能。⑷電磁感應的裝置，能藉磁通量的變化產生電動勢。（此將於電磁感應之章節中，再詳予討論）

例題 16–8

如圖 16–11 所示，電池的電動勢 $\mathscr{E}=3.00$ 伏特、內電阻 $r=0.20$ 歐姆、外電阻 $R=2.80$ 歐姆。求導線上的電流 i 及電池的端電壓 V_{ab}。

解 應用式 (16–22)，得電流

$$i = \frac{\mathscr{E}}{r+R} = \frac{3.00}{0.20+2.80} = 1.00 \text{ 安培}$$

應用式 (16–23)，得端電壓

$$V_{ab} = \mathscr{E} - ir = 3.00 - (1.00)(0.20) = 2.80 \text{ 伏特}$$

例題 16–9

如圖 16–12 (a)所示，電池的電動勢為 12.0 伏特。若不計電池的內電阻，求通過電池的電流。

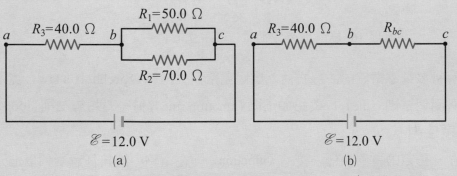

▲圖 16–12　(a)原電路圖；(b)表示圖(a)中 R_1 與 R_2 的等效電路 R_{bc}

解 首先我們求 R_1 與 R_2 並聯的等效電阻 R_{bc}

$$R_{bc} = \left(\frac{1}{R_1} + \frac{1}{R_2}\right)^{-1} = \left(\frac{1}{50.0} + \frac{1}{70.0}\right)^{-1} = 29.2 \text{ 歐姆}$$

在圖 16–12 (b)中，我們可看出 R_1 與 R_2 並聯的等效電阻 R_{bc} 與 R_3 串聯，因此整個電路的電阻 R_{ac} 為

$$R_{ac} = R_3 + R_{bc} = 40.0 + 29.2 = 69.2 \text{ 歐姆}$$

因此流過電池的電流為

$$i = \frac{V}{R_{ac}} = \frac{12.0}{69.2} = 0.173 \text{ 安培}$$

16–5   克希何夫定律

有時，一個網路 (network)，如圖 16–8 或圖 16–12 的電路，可由串聯、並聯等法則依次化簡。但有時我們卻無法應用前述的串、並聯等法則來化簡一個多迴線電路。如圖 16–13 的電路即為一例，此電路就無法簡化為由一個電池與一個電阻器所組成的等效電路。

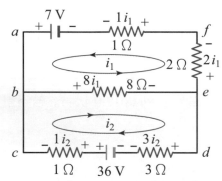

▲圖 16–13   電路中的電流可用克希何夫定律計算求得

解析多迴線電路的一般方法為應用克希何夫定律 (Kirchhoff's law)。克希何夫定律有兩個法則 (rule)，一為接頭法則 (junction rule)，另一為迴線法則 (loop rule)。

(一)接頭法則

在一穩定的電路中任一接頭 (junction，即在電路中連接任意兩個以上元件的接點，如圖 16–13 中的 b 點、e 點)，必無電荷的堆積，或謂流入此接頭的電流的代數和為零。亦即在某一瞬間，流入一接頭的電流必等於流出此接頭的電流。此亦稱為克希何夫第一定律 (Kirchhoff's first law)，以式子表示為

$$\sum i = 0 \tag{16–25}$$

(二)迴線法則

在一穩定的電路中，於任何時刻，沿任一封閉迴線所得電位差的代數和為零；亦即在一迴線中，升壓的伏特數等於降壓的伏特數。此亦稱為克希何夫第二定律 (Kirchhoff's second law)。寫成式子為

$$\sum \mathscr{E} - \sum iR = 0 \tag{16–26}$$

今欲求圖 16–13 (a)中，流過各電阻器的電流，則因為兩個電池既非串聯（流過二電池的電流不同），亦非並聯（二電池的端電壓不同），故無法以簡單的方法予以解出。此時我們可先將原電路分成上下兩迴線，並設在上方迴線的電流為 i_1，在下方迴線中之電流為 i_2（見圖 16–13）。對於 i_1、i_2 流動的方向，可任意選定之，如果我們選反了方向，則最後解出的電流，將會以一負值表示出來。

依照我們在圖 16–13 中所選定的方向，則由克希何夫第一定律得知，通過 8 歐姆電阻器的電流為 i_1 和 i_2 的代數和。接著，再依照所設的電流方向，在各電阻器上標以所降電壓的正負號。因為 i_1、i_2 同時通過 8 歐姆之電阻器，故在此處我們記上兩個電位降 $8i_1$、$8i_2$。

將克希何夫第二定律分別用於上下兩迴線，則得到一組聯立方程式：

迴線 $abefa$：$7 = 8i_1 + 8i_2 + 2i_1 + i_1$

迴線 $bedcb$：$36 = i_2 + 8i_2 + 8i_1 + 3i_2$

將此二式整理，即得

$$11i_1 + 8i_2 = 7$$
$$8i_1 + 12i_2 = 36$$

由此解出 $i_1 = -3$ 安培，$i_2 = 5$ 安培。i_1 為負值，乃表示 i_1 的正確流動方向，與原先假設者相反，而應為順時鐘的方向。今將 i_1、i_2 之值代入電路圖中，即得流過各電阻器的電流（見圖 16–14）。其中通過 8 歐姆電阻的電流為

$$i_1 + i_2 = -3 + 5 = +2 \text{ 安培}$$

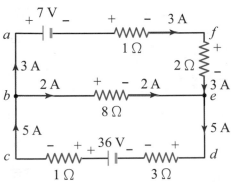

▲圖 16–14　驗證圖 16–13 多迴線電路所得的各電阻器上的電流

通過 8 歐姆之電流為正，表示電流通過此電阻器的方向與原先假設者相同。由圖 16–14，我們可以看出流入 b 點或 e 點的電流的代數和為零。同時，不論沿 $edcbe$ 迴線、$efabe$ 迴線或整個外迴線 $afedcba$，所解得的電位差的代數和都是零。這可驗證我們所求得的答案為正確。

例題 16–10

在圖 16–15 中，電池 A 之電動勢 $\mathscr{E}_A = 12$ 伏特，內電阻為 $r_A = 2$ 歐姆。電池 B 之電動勢 $\mathscr{E}_B = 6$ 伏特，內電阻 $r_B = 1$ 歐姆。(a)問電鍵 S 敞開時，如圖(a)所示，a、b 兩點之電位差為若干？ (b)當 S 接通時，如圖(b)所示，通過外電阻 R 之電流為 3 安培，方向為自 a 至 b。應用克希何夫定律求流經兩電池的電流，及外電阻 R 的電阻。

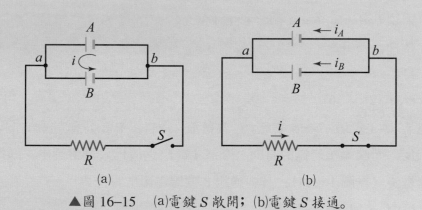

▲圖 16–15　(a)電鍵 S 敞開；(b)電鍵 S 接通。

解 (a)當 S 敞開時，在電池 A 與電池 B 間有環流通過，設以 i 表之，則

$$i = \frac{\mathscr{E}_A - \mathscr{E}_B}{r_A + r_B} = \frac{(12-6)}{(2+1)} = 2 \text{ 安培}$$

a、b 兩點之間之電位差 V_{ab} 為

$$V_{ab} = \mathscr{E}_A - ir_A \text{ 或 } V_{ab} = \mathscr{E}_B + ir_B$$

$$V_{ab} = 12 - 2 \times 2 = 8 \text{ 伏特}$$

或

$$V_{ab} = 6 + 2 \times 1 = 8 \text{ 伏特}$$

(b)當 S 接通時，設通過電池 A 的電流為 i_A，通過電池 B 的電流為 i_B，方向均為自右到左，如圖(b)所示。而通過電阻 R 之電流已知為 $i = 3$ 安培，方向自左到右，則依克希何夫第一定律，在 a 點得

$$i_A + i_B - i = 0 \cdots\cdots (1)$$

由克希何夫第二定律，此電路可分成兩個迴線，即 $aRbAa$ 及 $aRbBa$。

在迴線 $aRbAa$ 內

$$\mathscr{E}_A - i_A r_A - iR = 0 \cdots\cdots (2)$$

在迴線 $aRbBa$ 內

$$\mathscr{E}_B - i_B r_B - iR = 0 \cdots\cdots (3)$$

將已知值代入上面三個方程式得

$$i_A + i_B - 3 = 0 \cdots\cdots (4)$$

$$12 - 2i_A - 3R = 0 \cdots\cdots (5)$$

$$6 - i_B - 3R = 0 \cdots\cdots (6)$$

聯立(4)、(5)、(6)式，解得

$$i_A = 3 \text{ 安培}$$

$$i_B = 0 \text{ 安培}$$

及外電阻

$$R = 2 \text{ 歐姆}$$

例題 16–11

如圖 16–16 所示的電路中，$\mathscr{E}_1 = 12$ 伏特、$r_1 = 0.2$ 歐姆、$\mathscr{E}_2 = 6$ 伏特、$r_2 = 0.1$ 歐姆，又 R_1、R_2 及 R_3 均為 1 歐姆。試求通過 R_1 及 R_2 的電流。

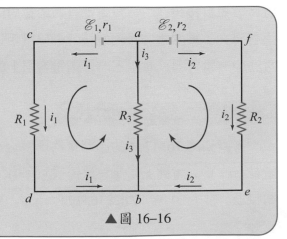

▲圖 16–16

解 設通過各元件的電流及其方向如圖 16–16 所示。則由克希何夫第一定律，在 a 點或 b 點均為

$$i_1 + i_2 + i_3 = 0 \cdots (1)$$

今考慮兩迴線 $acdba$ 及 $afeba$。在沿此兩迴線中，電池的電動勢均為正，R_1 及 R_2 的電位降均為正值（因順著電流之方向），但 R_3 的電位降則為負值（因逆著電流方向）。故由克希何夫第二定律，得

$$\mathscr{E}_1 = r_1 i_1 + R_1 i_1 - R_3 i_3$$

$$\mathscr{E}_2 = r_2 i_2 + R_2 i_2 - R_3 i_3$$

將已知值代入上面二式，得

$$12 = 0.2 i_1 + 1 \times i_1 - 1 \times i_3 \cdots (2)$$

$$6 = 0.1 i_2 + 1 \times i_2 - 1 \times i_3 \cdots (3)$$

由(1)、(2)、(3)式解得

$$i_1 = 5.31 \text{ 安培}$$

$$i_2 = 0.33 \text{ 安培}$$

16–6　RC 電路

到目前為止，我們所處理的電路都是固定電流的，稱為穩態電路 (steady-state circuits)。現在我們將討論含有電容的電路，在如此的電路中，電流會隨時間改變。將電容器直接接在一理想電池（假設無內阻）的兩端時，電容器會瞬間充電。反之若將充了電的電容器兩端接上一條電阻很小的導線，則電容器會瞬間放電。若電路中有電容器及電阻器時，則電容器上的電量及電路中的電流會隨時間變化。

16–6–1　電容器的充電

考慮如圖 16–17 (a)的串聯電路。開始 $(t < 0)$ 時，開關打開，電容器上無任何電荷 $(q = 0)$，電路上亦無電流流過 $(i = 0)$，如圖 16–17 (b)所示。當 $t = 0$ 時，將開關接上。當 $t > 0$ 時，如圖 16–17 (c)所示，導線上的電荷開始流動，電路上開始有

電流 i，電容器亦開始累積電荷（充電）q。注意在此充電過程中，電荷沒有跳過電容器的兩板，電容器兩板間的間隙表示一個開路。電荷是經由電阻器、開關和電池的另一通道到達電容器的另一端，一直到充電完成。最大的充電量 Q 由電池的電動勢決定。當電容器的充電量達到最大值 (Q) 時，電路中的電流為零。

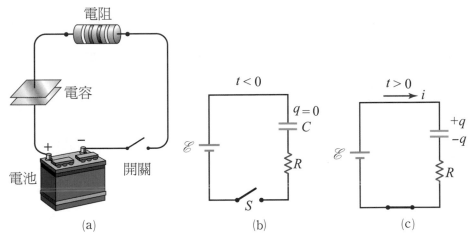

▲圖 16–17　(a)電容器與電阻器、電池和開關串聯；(b)表示系統在開關關上前 ($t < 0$) 的電路圖；(c)在開關關上後 ($t > 0$) 時的電路圖。

應用克希何夫第二定律到開關關閉後的電路，則上面的討論可用式子表示為

$$\mathscr{E} - iR - \frac{q}{C} = 0 \tag{16–27}$$

式中 iR 為電阻器的電位降，$\frac{q}{C}$ 為電容器的電位降。注意 i 和 q 為電流和電量的瞬時值，在電容器充電中，隨時間變化。

由式 (16–27)，我們可得電路中的初始電流 i_0 及電容器的最大充電量 Q 為

$$i_0 = \frac{\mathscr{E}}{R} \ (t = 0 \text{ 的電流}) \tag{16–28}$$

及

$$Q = C\mathscr{E} \ (\text{最大充電量}) \tag{16–29}$$

要決定電流 i 和電量 q 隨時間的變化關係，我們可微分式 (16–27)。因為 $\mathscr{E}$ 是一常數，$\frac{d\mathscr{E}}{dt} = 0$，因此我們可得

$$\frac{d}{dt}(\mathscr{E} - \frac{q}{C} - iR) = 0 - \frac{1}{C} \cdot \frac{dq}{dt} - R\frac{di}{dt} = 0$$

記得 $i = \dfrac{dq}{dt}$，所以上式可改寫成

$$R\frac{di}{dt} + \frac{i}{C} = 0$$

$$\frac{di}{i} = -\frac{1}{RC}dt \tag{16-30}$$

因為 R 和 C 為常數，且在 $t = 0$ 時，$i = i_0$。因此將上式積分可得

$$\int_{i_0}^{i} \frac{di}{i} = -\frac{1}{RC}\int_{0}^{t} dt$$

$$\ln(\frac{i}{i_0}) = -\frac{t}{RC}$$

$$i(t) = i_0 e^{-\frac{t}{RC}} = \frac{\mathscr{E}}{R} e^{-\frac{t}{RC}} \tag{16-31}$$

要求得電容器上的電量 q，可將 $i = \dfrac{dq}{dt}$ 代入上式，即

$$\frac{dq}{dt} = \frac{\mathscr{E}}{R} e^{-\frac{t}{RC}}$$

$$dq = \frac{\mathscr{E}}{R} e^{-\frac{t}{RC}} dt$$

將上式積分並加上在 $t = 0$ 時，$q = 0$ 的初始條件，則

$$\int_{0}^{q} dq = \frac{\mathscr{E}}{R}\int_{0}^{t} e^{-\frac{t}{RC}} dt$$

為計算上式右邊之積分，我們得使用下列的積分公式

$$\int e^{-ax} dx = -\frac{1}{a} e^{-ax}$$

積分結果可得

$$q(t) = C\mathscr{E}[1 - e^{-\frac{t}{RC}}] = Q[1 - e^{-\frac{t}{RC}}] \tag{16-32}$$

式中 $Q = C\mathscr{E}$ 為電容器的最大電荷。

式 (16-31) 及式 (16-32) 之圖形繪於圖 16-18 中。需注意的是圖 16-18 (a) 中，$t = 0$ 時電量為零，而當時間趨於無窮大時，電量為最大，其值等於 $Q = C\mathscr{E}$。更進

一步注意圖 16–18 (b)，可知 $t = 0$ 時電流有一最大值 ($i_0 = \dfrac{\mathscr{E}}{R}$)，而後電流便指數衰減，一直到時間趨於無窮大時，電流變為零。出現在式 (16–31) 及式 (16–32) 指數中的 RC，我們稱它為電路的時間常數 (time constant)，τ。時間常數 τ 表示電量從零增加到 $C\mathscr{E}(1 - e^{-1}) = 0.63C\mathscr{E}$，或電流從最大值 i_0 衰減到 $i = e^{-1}i_0 = 0.37i_0$ 的時間。

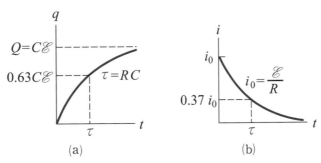

▲圖 16–18　充電時：(a)電容器上的電量函數；(b)電路上的電流函數。

16-6-2　電容器的放電

考慮圖 16–19 中的電路，此電路包含一個電容器、一個電阻器和一個開關。當開關打開時，如圖 16–19 (a)所示，電容器上的初始電量為 Q；跨過電容器的電位差為 $\dfrac{Q}{C}$，跨過電阻 R 的電位差為零。當 $t = 0$ 時關上開關，如圖 16–19 (b)所示，電容器便開始經由電阻放電，此時電路中的電流為 i，電容器上的電量為 q。依克希何夫第二定律，我們知道跨過電阻器的電位降了 iR，必需等於跨過電容器的電位差為 $\dfrac{q}{C}$，因此

$$iR = \frac{q}{C} \tag{16-33}$$

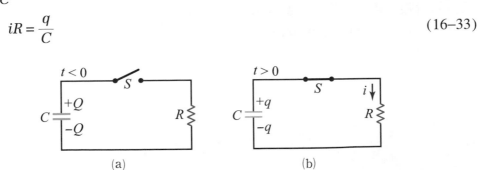

▲圖 16–19　放電的電路圖：(a)開關未關上；(b)開關關上後。

而因電路中的電流必需等於電容器上電量的降低率，即 $i = -\dfrac{dq}{dt}$，因此式 (16–33) 變成

$$-R\frac{dq}{dt} = \frac{q}{C}$$

$$\frac{dq}{q} = -\frac{1}{RC}dt \tag{16–34}$$

因 $t = 0$ 時 $q = Q$，所以積分上式可得

$$\int_Q^q \frac{dq}{q} = -\frac{1}{RC}\int_0^t dt$$

$$\ln(\frac{q}{Q}) = -\frac{t}{RC}$$

$$q(t) = Qe^{-\frac{t}{RC}} \tag{16–35}$$

微分上式可得電流函數為

$$i(t) = -\frac{dq}{dt} = \frac{Q}{RC}e^{-\frac{t}{RC}} = i_0 e^{-\frac{t}{RC}} \tag{16–36}$$

式中 $i_0 = \dfrac{Q}{RC}$ 為放電的初始電流，式 (16–35) 及式 (16–36) 的圖形繪於圖 16–20 中，兩者都是指數衰減函數。當時間等於一個時間常數，$\tau = RC$ 時，電容器上的電量和電路中的電流都減為原來的 0.37 倍。另外一個令人感到興趣的時間便是半衰期 (half-life) $T_{1/2}$，它表示的是電量或電流減至其初始值的 50% 時所需的時間。所以

$$\frac{1}{2}Q = Qe^{-\frac{T_{1/2}}{RC}} \text{ 或 } \frac{1}{2}i_0 = i_0 e^{-\frac{T_{1/2}}{RC}}$$

取自然對數並重新作排列，結果可得

$$T_{1/2} = RC \ln 2 = 0.693\tau \tag{16–37}$$

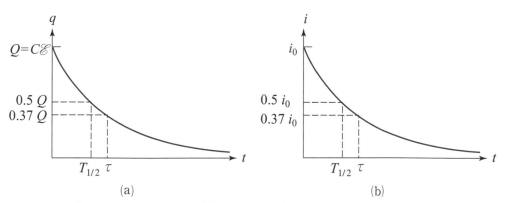

▲圖 16–20　$T_{1/2}$ 表半衰期，τ 為時間常數。(a)電容器上電量的指數衰減；(b)電路中電流的指數衰減。

例題 16–12

如圖 16–17 之充電電路，取 $\mathscr{E} = 12$ 伏特、$R = 8 \times 10^5$ 歐姆及 $C = 5.0$ 微法拉。求(a)電荷量增至其最終值的 90% 時，需多久的時間？ (b)在 $t = RC$ 時，電容器內所貯存的能量；(c) $t = RC$ 時，R 內之功率損耗；(d)電容器完全充電時 ($t = \infty$)，電池所作的總功；(e)貯存在電容器中之最終能量；(f)電阻器內所損失之總能量。

解 (a)我們要求的是 $q = 0.9Q$ 時的時間，其中 $Q = C\mathscr{E} = 60$ 微庫。時間常數 $\tau = RC = 4$ 秒。由式 (16–32) 可得

$$0.9Q = Q(1 - e^{-\frac{t}{4}})$$

此式可變成 $\exp(-\dfrac{t}{4}) = 0.1$，取自然對數，得到 $-\dfrac{t}{4} = -2.3$，所以需時 $t = 9.2$ 秒

(b)在一個時間常數內，$q = Q(1 - \dfrac{1}{e}) = 0.63Q$，貯存在電容器內的能量為

$$U_C = \frac{q^2}{2C} = \frac{(0.63 \times 60 \times 10^{-6})^2}{2 \times (5.0 \times 10^{-6})} = 1.43 \times 10^{-4} \text{ 焦耳}$$

(c) R 內之功率損耗為 $P_R = i^2 R$，在一個時間常數內，$i = 0.37 i_0$，其中

$$i_0 = \frac{\mathscr{E}}{R} = \frac{12}{8 \times 10^5} = 1.5 \times 10^{-5} \text{ 安培}$$

所以

$$P_R = i^2 R = (0.37 \times 1.5 \times 10^{-5})^2 (8 \times 10^5) = 2.46 \times 10^{-5} \text{ 瓦特}$$

(d)電池由電容器的某一板上轉移了 Q 之電荷量至另一板上，並須令這些電荷通過 $\mathcal{E}$ 之電位差。所以，電池所作的總功為

$$W = Q\mathcal{E} = C\mathcal{E}^2 = (5.0 \times 10^{-6})(12)^2 = 7.2 \times 10^{-4} \text{ 焦耳}$$

(e)貯存在電容器上之最終能量為

$$U_C = \frac{Q^2}{2C} = \frac{1}{2} C \mathcal{E}^2 = \frac{1}{2}(5.0 \times 10^{-6})(12)^2 = 3.6 \times 10^{-4} \text{ 焦耳}$$

(f) R 內之能量損耗率為 $P_R = \dfrac{dU_R}{dt} = i^2 R$，故 $dU_R = i^2 R dt$，其中 i 由式 (16–31) 給定。總損失能量即為

$$U_R = \int_0^\infty P_R dt = \int_0^\infty i_0^2 R e^{-\frac{2t}{RC}} dt = \frac{1}{2} C \mathcal{E}^2 = 3.6 \times 10^{-4} \text{ 焦耳}$$

這是一項令人驚訝的結果：貯存在電容器內的能量恰好等於電阻器所耗失的能量。當然，$U_C + U_R$ 會等於電池所供應的能量。

例題 16–13

考慮如圖 16–19 的放電電路。求經過多少時間常數的時間，(a)電容器上的電荷會變成原來的四分之一，(b)電容器上儲存的能量會變成原來的四分之一。

解 (a)電容器上的電量，依式 (16–35) 為

$$q(t) = Q e^{-\frac{t}{RC}}$$

將 $q = \dfrac{1}{4} Q$ 代入上式可得

$$\frac{1}{4} Q = Q e^{-\frac{t}{RC}}$$

或

$$\frac{1}{4} = e^{-\frac{t}{RC}}$$

解上式可得

$$t = RC \ln 4 = 1.39RC$$

(b)任何時刻電容器所儲存的能量為

$$U = \frac{q^2}{2C} = \frac{Q^2}{2C} e^{-\frac{2t}{RC}} = U_0 e^{-\frac{2t}{RC}}$$

其中 U_0 為電容器所儲存的初始能量，將 $U = \frac{1}{4} U_0$ 代入上式，可得

$$\frac{1}{4} U_0 = U_0 e^{-\frac{2t}{RC}}$$

$$\frac{1}{4} = e^{-\frac{2t}{RC}}$$

解上式可得

$$t = \frac{1}{2} RC \ln 4 = 0.693RC$$

16–7　電流、電位差與電阻的量度

16–7–1　電流、電位差與電阻的量度

　　量度或檢驗電流的儀器，稱為電流計 (galvanometer) 或檢流計。圈轉式電流計，如圖 16–21 (a)所示，係應用電流通過線圈時所產生的磁場，與由永久磁鐵(圖16–21 (a)中的 N 及 S) 產生的磁場相作用，使指針發生偏轉。一般的電流計，其指針的偏轉角度和電流大小成正比(電流計的詳細構造及使用原理將在第 17 章第7 節中說明)，不過因其線圈的電線極細僅能讓很小的電流通過，不能量度較大的電流。若在電流計上加一低電阻的分路 (shunt) R_A，如圖 16–22 (a)所示，使大電流可由分路 R_A 通過，而量度的電流以安培為刻度單位，則稱其為安培計 (ammeter)。若電流計以如圖 16–23 所示串聯一大電阻 R_V，而以伏特為刻度單位，量度電路中元件的電位差，則稱其為伏特計 (voltmeter)。

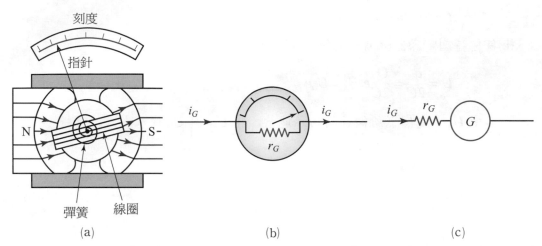

(a)　　　　　　　　　(b)　　　　　　　　(c)

▲圖 16–21　(a)圈轉式電流計，(b)、(c)為電流計在電路中的簡單表示圖，圖中 r_G 為電流計內線圈的電阻，i_G 為通過電流計的電流。

　　欲量度圖 16–24 (a)中通過 a、b 或 c 點的電流，則須先將各點的電路拆開，然後將安培計串接於該處，使得欲量度的電流通過安培計（見圖 16–24 (b)）。為了不使原電路之電流及電位降因為此測量儀器的介入而發生變化，跨於安培計的電位差須趨近於零。這說明了何以安培計的內電阻應該極低，係由一低電阻 R_A 與電流計 G 的內阻 r_G 並聯而成，如圖 16–22 (a)所示。其典型值為百分之一歐姆至千分之一歐姆。

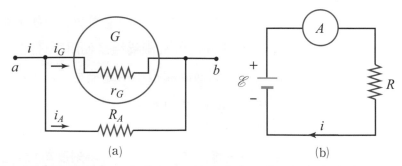

(a)　　　　　　　　　　　(b)

▲圖 16–22　(a)電流計 G 加一低電阻 R_A 的分路電阻器，即成安培計 A，可量度較大的電流；(b)安培計 A 在電路中與待測元件串聯。

　　電路中兩點間的電位差，可以用伏特計量度之。一般的伏特計係由一高電阻 R_V 與電流計串聯而成，如圖 16–23 (a)所示。因為通過此電阻 $(R_V + r_G \approx R_V)$ 的電流，與伏特計兩接頭間的電位差成正比，故將電流計上的刻度校準後，可由電流

計上的刻度直接讀出電位差的大小。欲量度兩點間的電位差，須將伏特計之兩接
頭並聯接於該兩點上，如圖 16–23 (b)所示。伏特計如此聯結的目的，乃在於量度
電池兩端的端電壓。

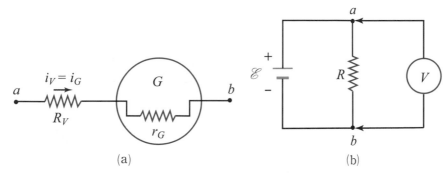

▲圖 16–23　(a)電流計串聯一大電阻 R_V 的電阻器，即成伏特計 V；(b)伏特計 V 在電路
中與待測元件並聯。

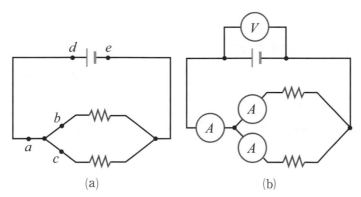

▲圖 16–24　安培計與伏特計在網路中的連接法

　　作為伏特計用的電流計，其所以用高電阻與其串聯的原因，是為了使流過伏
特計的電流，遠小於原有電路中的電流，因而不至於因接入此測量儀器，而影響
原有電路的狀況。一般可量至 100 伏特的伏特計，其串聯的電阻 R_V 的典型值約在
10^4 歐姆到 2×10^6 歐姆之間。

　　一電阻器的電阻值等於其兩端的電位差與通過其上的電流的比。故量度電阻
值的方法，可先量度其電壓與電流值，然後將兩者相除即得。圖 16–25 即表示利
用安培計與伏特計來量度電阻的方法。在圖 16–25 (a)的電路中，安培計指示流經

電阻器的電流，伏特計指示 a、c 兩點間（而非電阻器兩端）的電位差。在圖 16–25 (b) 的電路中，伏特計雖指示出電阻器兩端間的電位差，但安培計則指示流經電阻器與伏特計的電流的和。故無論使用那一種電路，均有一些許誤差存在。

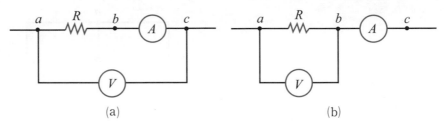

(a)　　　　　　　　　(b)

▲圖 16–25　　用安培計 A 及伏特計 V 量度元件的電阻 R

　　當 R 之電阻值大時，採用圖 16–25 (a) 的量度法。此時因安培計之內電阻 ($\approx R_A$) 遠小於 R，故伏特計的指示仍可相當精確。如果 R 的電阻值小時，則採用圖 16–25 (b) 的量度法。此時因 R 值遠小於伏特計的內電阻 ($\approx R_V$)，流經伏特計的電流可以忽略，故安培計的電流指示仍可極為精確。

　　如果將固定電動勢之電池串接安培計，如圖 16–26 所示。若安培計之內阻比待測的電阻 R 小很多，則因 $\mathscr{E} = iR$，電阻 R 與電流 i 成反比關係，因此將安培計的刻度表反向刻電阻的刻度，即可直接讀出待測電阻的歐姆數，如此的裝置我們稱為歐姆計 (*ohmmeter*)。要注意的是使用歐姆計量測電阻器的電阻時，該電阻器必需與原電路分開才可量測。

　　電阻器消耗電能的功率 P，為流經電阻器的電流 i 與電阻器兩端的電位差 V 之乘積。故上述使用安培計及伏特計量度電阻的方法，亦可以用來量度電阻器耗電的功率。

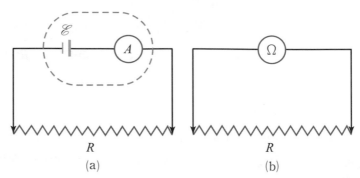

R　　　　　　　　　R
(a)　　　　　　　　　(b)

▲圖 16–26　　(a)將固定電動勢 $\mathscr{E}$ 的電池串接安培計即可當作歐姆計使用；(b)以歐姆計量測待測電阻器時，必需將電阻器與原電路分開，才可量測。

16-7-2　電阻的精確量度——惠司同電橋

要迅速並準確地量度一電阻器的電阻值，通常是採用英國科學家惠司同 (Charles Wheatstone) 所發明的惠司同電橋 (Wheatstone bridge)。

圖 16–27 是惠司同電橋的電路圖，圖中之電流計 G 可測定 X、Y 兩點間是否有電流通過。當 R_1、R_2、R_3、R_4 電阻器的電阻有某種關係時，電流計將指出 X、Y 兩點間沒有電流通過。此時通過 R_1 的電流 i_1 將繼續流至 R_2，而通過 R_3 之電流 i_2 將繼續通過 R_4。

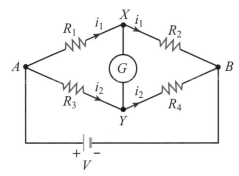

▲圖 16–27　惠司同電橋的電路圖（當電流計 G 沒有電流通過時）

當 X、Y 間無電流通過時，X、Y 兩點之電位必相等，故 AX 間之電位差與 AY 間之電位差相等。由歐姆定律知

$$i_1 R_1 = i_2 R_3$$

同理，XB 與 YB 的電位差也應相等，所以

$$i_1 R_2 = i_2 R_4$$

將上列二式相除，即得

$$\frac{R_1}{R_2} = \frac{R_3}{R_4} \tag{16–38}$$

此即惠司同電橋的平衡方程式。也就是當電流計 G 無電流流過時，各電阻間的關係式。

如圖 16–28 所示，一般使用的滑線電橋中，R_3 與 R_4 各為一均勻導線的一段。當導線之截面積不變時，導線的電阻與其長度成正比，故

$$\frac{R_3}{R_4} = \frac{L_3}{L_4} \tag{16-39}$$

圖中的 R_2 為一檢驗過的標準電阻，R_x 為一待測的未知電阻。將平衡方程式應用於圖 16-28，可得

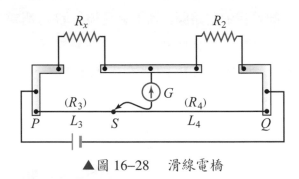

▲圖 16-28　滑線電橋

$$\frac{R_x}{R_2} = \frac{R_3}{R_4} = \frac{L_3}{L_4} \tag{16-40}$$

故調整 L_3、L_4 之長度，使通過電流計的電流為零時，R_x 的值即可由上式求出。

　　由於金屬的電阻會隨溫度而變，惠司同電橋亦可應用來測量溫度。此時 R_x 多為鎳或鉑等金屬線圈，當電阻 R_x 求出後，若已知零度時的電阻 R_0 及電阻的溫度係數 α，再利用電阻與溫度的關係式 $R_x = R_0(1 + \alpha T)$，即可將溫度 T 算出。惠司同電橋亦可用來測試蒸餾水的純度，其法係先抽取一些樣品置於標準容器中，再以惠司同電橋測出樣品的電阻；當電阻越大，則表示其純度越高。當惠司同電橋用來測量人類皮膚上的電阻時，即成為一測謊器。因為當人類心理緊張時，皮膚將較為潮濕，而使皮膚上的電阻降低，因而惠司同電橋中的電流計便會產生偏轉。

例題 16-14

利用如圖 16-28 所示的滑線電橋，來量度電阻器的未知電阻 R_x。今已知標準電阻 R_2 為 1.00 歐姆，而量得 $L_3 = 0.300$ 公尺、$L_4 = 0.700$ 公尺。求未知電阻器的電阻值。

解　應用式 (16-40) 可得，

$$R_x = R_2 \frac{L_3}{L_4} = (1.00)\frac{0.300}{0.700} = 0.429 \text{ 歐姆}$$

習　題

1. 計算一條長 100 公尺，直徑 2.54×10^{-4} 公尺的鐵線的兩端間的電阻。(如需要電阻係數，請參考表 16–1)

2. 銀線和銅線的長度相等，各加以相同的電位差，若兩導線電流相同，其半徑之比應為若干？(如需要電阻係數，請參考表 16–1)

3. 有一外圍以絕緣物質的未知長度銅線，今將此銅線纏繞於一線圈上。銅線的截面為圓形，直徑為 1.6×10^{-3} 公尺。如將銅線兩端加 2.0 伏特的電壓，則銅線即有 0.5 安培的電流通過。試問銅線的長度為何？(如需要電阻係數，請參考表 16–1)

4. 假如一導體的電阻在 20°C 時為 100 歐姆，在 60°C 時為 116 歐姆。求此導體的溫度係數。

5. 一使用中的馬達銅繞線的電阻，比 20°C 的電阻大百分之二十。求此馬達的操作溫度。(如需要電阻的溫度係數，請參考表 16–1)

6. 圖 16–29 為一電路的一部分。求各電阻器兩端的電位差。

7. 一電阻為 30 歐姆的電熱器，接於 110 伏特的電源上。設使用時，其電阻不變，求 (a)其通過的電流；(b)此電熱器消耗電能的電功率。

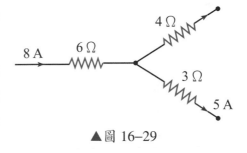

▲圖 16–29

8. 設有 100 瓦特、110 伏特及 60 瓦特、110 伏特之二燈泡，(a)求各燈泡中燈絲的電阻；(b)如兩燈泡並聯連接於電壓為 110 伏特的電源上，求各燈泡所耗用之電功率；(c)今將二燈泡串聯，以 110 伏特的電壓施於此串聯組合的兩端時，求各燈泡所耗用的電功率。(假設燈絲之電阻值不變)

9. 如圖 16–30 (a)為通過一電阻器之電流與其兩端電位差之關係曲線。圖 16–30 (b)為表示通過一二極管之電流與其兩端電位差之關係曲線。(a)如將此兩電器串聯，通過之電流為 5 毫安培，求電阻器兩端及二極管兩端之電位差。(b)如二極管與電阻器並聯，如圖 16–30 (c)所示，則當二極管兩端電壓為 100 伏特

時，求流過各元件之電流。(c)求此電阻器之電阻。

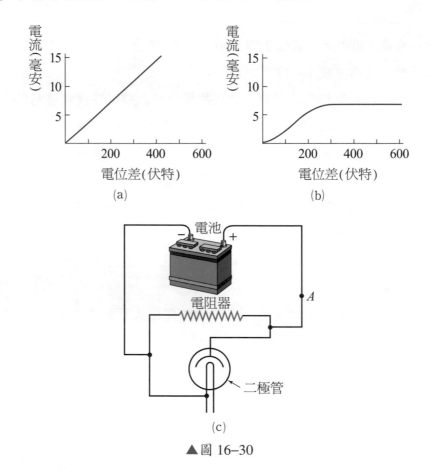

▲圖 16–30

10.三電阻器的電阻值各為 10 歐姆、15 歐姆及 20 歐姆。(a)求其串聯時的等效電阻；(b)並聯時的等效電阻。

11.求在圖 16–31 中，a、b 間的等效電阻。

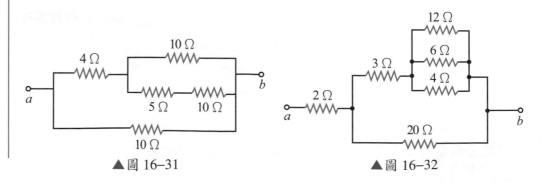

▲圖 16–31 ▲圖 16–32

12. 求在圖 16-32 中，a、b 兩點間的等效電阻。

13. 考慮圖 16-33 中電阻器的組合，它們所形成的組合不算串聯，而也不是並聯。
    求(a)當電壓 V 施於兩端時，各電阻器上的電位差；(b)此組合的等效電阻值。
    （註：可利用電路的對稱關係，將等電位的點疊合在一起以簡化電路。）

14. 有由 12 個電阻值 R 相同的電阻器構成的一立方體，如圖 16-34 所示。求 A、
    D 兩端間的等效電阻值。
    （註：利用此排列的對稱性，將那些等電位點取出，然後把它們疊在一起，
    再求等效電阻。）

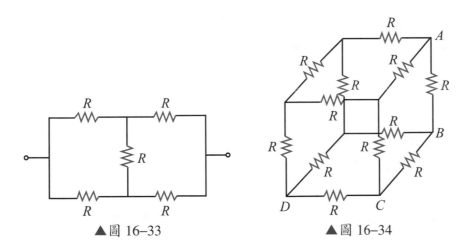

▲圖 16-33　　　　　　　▲圖 16-34

15. 圖 16-35 的各電阻器的電阻 R 都相等。若其連接形式為無限重覆，試證 a、
    b 兩端間的等效電阻值為 $(1 + \sqrt{3})R$。
    （註：因為是無限重覆，故 a' 和 b' 間的等效電阻應與 a、b 間的等效電阻
    相等。）

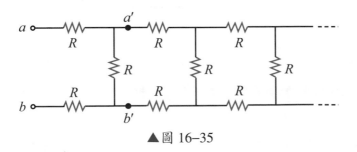

▲圖 16-35

16. 在圖 16–36 中，求(a)通過每個電阻器的電流；(b)電池輸出電能的功率；(c)每一個電阻器消耗的電功率。

17. 在圖 16–37 中，求(a) 5 歐姆的電阻器所消耗的電功率；(b)通過 6 歐姆的電阻器的電流及(c)每個電池的端電壓。

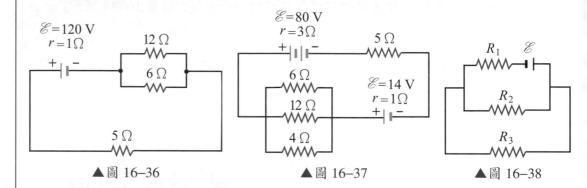

▲圖 16–36　　　　　▲圖 16–37　　　　　▲圖 16–38

18. 在圖 16–38 的電路中，$R_1 = 2$ 歐姆、$R_2 = 4$ 歐姆、$R_3 = 2$ 歐姆。若 R_3 的消耗電的功率為 6 瓦特，求(a)電池的電動勢；(b)其他電阻消耗電能的電功率。

19. 在圖 16–39 的電路中，求(a)各電池的電動勢；(b) a、b 兩點間的電位差 $V_a - V_b$。

20. 設各電池的內電阻為零，求圖 16–40 中，各電阻的電壓降。

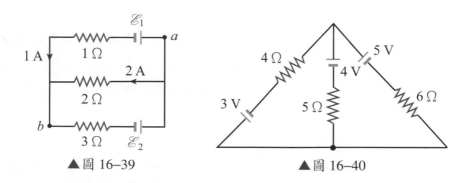

▲圖 16–39　　　　　　　　▲圖 16–40

21. 如圖 16–17 所示，一個未充電的電容器與電阻器及電池串聯。若電池的電動勢 $\mathscr{E} = 12$ 伏特，電容器的電容 $C = 5$ 微法拉，電阻器的電阻 $R = 4 \times 10^5$ 歐姆。求(a)電路的時間常數；(b)電容器所能儲存的最大電量；(c)電路上的最大電流。

22. 如圖 16–19 所示，0.5 微法拉之電容器，其初始電位差為 800 伏特，經由

2.5×10^4 歐姆之電阻器放電。當電容器完全放電後，求有多少焦耳熱能由電阻器釋出。

23. 如圖 16–41 所示的惠司同電橋內，若檢流計之電流值為零，求 R_1 的電阻值。

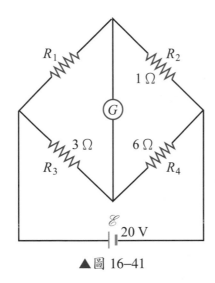

▲圖 16–41

24. 如圖 16–41 所示，若 $R_1 = 4$ 歐姆，電流計的內阻 $r_G = 20$ 歐姆，則惠司同電橋是否能平衡？若不能平衡，求通過電流計的電流。

17

磁場與電流的磁效應

在電學中我們已經討論過，一群靜止電荷間的作用力可以用一基本定律——庫侖定律來加以描述。但是當電荷在空間移動時，便產生了電流。我們發現此時作用於運動電荷的力不僅有庫侖力，而且還有一種我們尚未討論的力存在。那也就是說庫侖定律已不足以描述運動電荷間的作用力。要對空間運動的電荷所受作用力的情形加以完整的描述，我們必須再介紹一種新的力，那就是即將討論的磁力 (magnetic force)。

磁的現象首先發現於天然磁鐵（即磁鐵礦 Fe_3O_4），磁鐵的英文名 "magnet" 的由來，是因為一種吸引鐵的磁石在中亞細亞的瑪格尼西亞 (Magnesia) 首先被發現，因而以產地之名命名。中國早在西元一百餘年時，即知將一鐵棒經與天然磁鐵摩擦後，可使鐵棒獲得並保持天然磁鐵的性質；並且將此磁鐵自由支懸於一鉛直線上，可指示南北方向，由此而發明指南針。

在十九世紀以前，研究磁的現象一直僅限於磁鐵的相互吸引，例如庫侖對靜磁作用力的研究等。但在西元 1820 年丹麥物理學家厄司特 (Oersted) 首先偶然發現帶有電流的導線也具有和磁鐵相同的效應，會影響導線旁磁針的偏轉。在厄司特的發現後幾個星期，法國物理學家安培 (Ampere)、必歐 (Biot) 和沙伐 (Savart) 就發現在有電流通過的兩導線間，因有磁的效應而互相作用。同年必歐和沙伐建立了極小段的載流導線所產生的磁場的必歐—沙伐定律 (Biot-Savart law)。安培經過仔細及深入的研究，不久更建立了在空間兩電流間的相互作用力的安培定律 (Ampere's law)。

1831 年法拉第 (Faraday) 和亨利 (Henry) 同時發現電磁感應的現象。厄司特與安培等發現電荷流動可發生磁的效應；而法拉第與亨利則發現運動的磁鐵可產生電流。由庫侖定律 (Coulomb's law)、高斯定律 (Gauss' law)、安培定律以及法拉第定律 (Faraday's law) 的相繼發現，馬克士威 (J. Maxwell, 1831～1879) 最後在 1864 年將其綜合整理而完成了統一完整的電磁場理論。

17–1　磁場簡介

17–1–1　磁極與庫侖定律

　　像磁鐵礦 (magnetite) 一樣能對鐵釘等發生吸引力的性質稱為磁性 (magnetism)。凡具有磁性的物體稱為磁體 (magnet) 或磁鐵。如磁鐵礦等天然礦石，其本身即具有此種特性，稱為天然磁鐵 (natural magnet)。用人工方法使鋼、鐵等磁化（起磁），而具有磁性的磁鐵，稱為人造磁鐵 (artificial magnet)。

　　磁鐵靠近二端磁性極強的部分，稱為磁極 (magnetic poles)。磁極依其具有磁性的不同，可分為二極：將一條細長磁針於中點處水平懸掛於可自由轉動的鉛直線上，如圖 17–1 所示，靜止時一端指向地理南方，一端指向地理北方。指向地理南方的磁極，稱為磁針的指南極 (south-seeking pole，簡稱南極)，以 S 表之；指向地理北方的磁極，稱為磁針的指北極 (north-seeking pole，簡稱北極)，以 N 表之。連接南、北兩極的直線，稱為磁軸 (magnetic axis)。

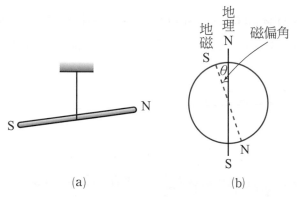

▲圖 17–1　(a)將磁針於中點處水平懸掛，當其靜止時一端指向南方，一端指向北方；
　　　　　 (b)地磁的磁偏角。

　　事實上地球上之地理南北極與磁針所指的南北極並不重合。磁針所指的方向與地球本身磁場方向平行，此地球磁場的南極在地理的北極附近，地球磁場的北極在地理的南極附近。地磁南北極連線與地理南北極連線間的夾角 θ，稱為磁偏

角 (magnetic declination)，如圖 17-1 (b)所示。今若將磁針拿到地磁之南北極處，則磁針會立起，此時磁針與水平面夾 90°。在其他地方磁針與水平面間亦會有傾斜，只是角度隨緯度的不同而異，此角稱為磁傾角 (magnetic inclination)。

如另拿一細長磁針，移近圖 17-1 (a)中的磁針，如圖 17-2 所示，則見兩 N 極互相排斥，兩 S 極亦互相排斥，而 N 與 S 極則互相吸引。兩磁極間的作用力與兩電荷間的作用力一樣，為庫侖 (Coulomb) 於 1785 年由實驗所確定。其實驗的方法係以水晶絲或硬度較大的金屬線懸一細長的磁針 A，以另一細長的磁針 B 的一極，移近 A 的一極，觀察 A 針的扭轉角，如圖 17-2 所示。如以磁量 m 表示磁極強度的大小，r 為 A 針的一極 m_1 與 B 針的一極 m_2 的距離，則兩個磁極間的作用力 $\mathbf{F_m}$ 與第 13 章第 5 節靜電學裡的庫侖定律相似為

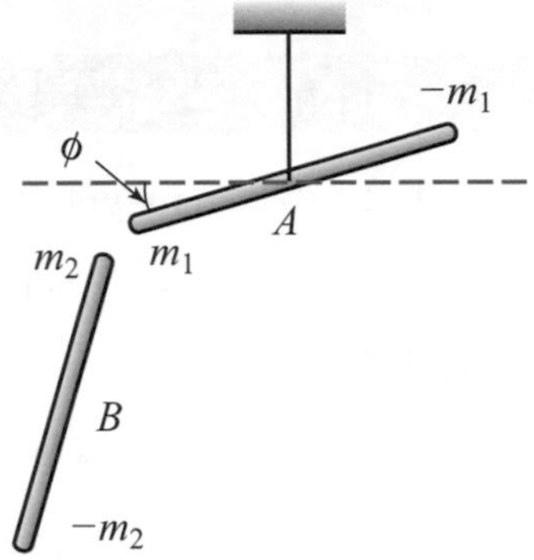

▲圖 17-2　庫侖實驗。磁針甚細長，故較遠端另一極的作用可忽略不計。

$$\mathbf{F_m} = k' \frac{m_1 m_2}{r_{12}^2} \hat{\mathbf{r}}_{12} \tag{17-1}$$

式 (17-1) 稱為靜磁學的庫侖定律 (Coulomb's law in magnetostatics)。k' 係一常數，它的值視磁極強度 (magnetic pole strength) m 的單位而定。如 m_1、m_2 為同極，則 $\mathbf{F_m}$ 係排斥力（正號）；如 m_1、m_2 為異極，則 $\mathbf{F_m}$ 係吸力（負號）。

17-1-2　磁場與磁力線

由式 (17-1) 與式 (13-6) 比較我們知道靜磁學的庫侖定律，與靜電學裡討論的庫侖定律極為相似，因此我們可與靜電學裡一樣想像在空間中的一點上，若有一磁極其磁量為 m，則便會在該磁極周圍建立一磁場 (magnetic field) $\mathbf{B}$（$\mathbf{B}$ 以前常稱為磁感應 (magnetic induction)，或磁通密度 (magnetic flux density)，但最近都直接稱為磁場），而磁場 $\mathbf{B}$ 便可比照電場 $\mathbf{E}$ 設為單位磁極 m' 在真空中所受的磁力 $\mathbf{F_m}$，即

$$\mathbf{B} = \frac{\mathbf{F_m}}{m'} \tag{17-2}$$

此式與式 (13-9) 的電場在數學形式上完全類似，因電場 $\mathbf{E}$ 可用電力線表示，則磁場 $\mathbf{B}$ 亦可用磁力線 (magnetic line of force) 表示。

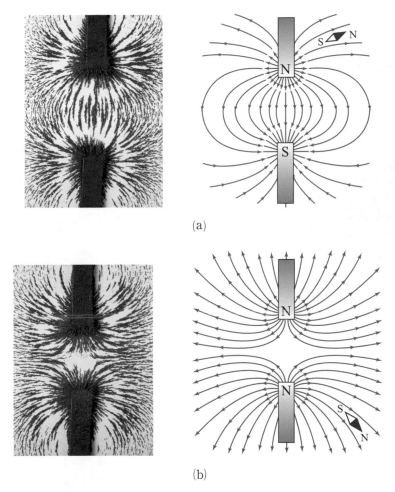

▲圖 17–3　兩磁極的磁力線分佈。(a) N–S 極；(b) N–N 極。(a)右及(b)右圖中的小磁針用以表示該地磁場的方向。

　　如圖 17–3 所示，係在兩根長磁鐵的各一極上置放一白紙板，而在白紙板上撒下鐵屑粉所得的磁力線圖樣及其描繪圖。磁力線由 N 極出發而進入 S 極，圖中所繪小磁針用來表示小磁針與磁力線相切，而其 N 極指出磁場 **B** 的方向，亦即所繪磁力線上的箭頭方向。磁力線愈密的地方，表示該處的磁場強度愈大。

　　圖 17–3 中，我們利用兩根長磁鐵的兩極，而如果我們將鐵屑撒在一磁棒的周圍時，便會形成如圖 17–4 (a)所示的圖樣。如果想將磁極分離出來而切斷磁鐵，便會有奇怪的事情發生：你會得到兩塊磁鐵，如圖 17–5 所示。不論你將磁鐵分割得有多小，每一塊磁片總是會有兩個磁極，即使薄至如原子般的大小，亦從未發現

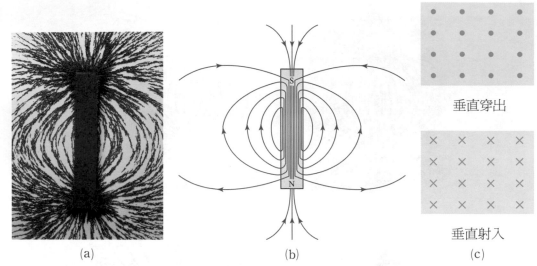

垂直穿出

垂直射入

(a)　　　　　　　　　　　(b)　　　　　　　　　　　(c)

▲圖 17–4　　(a)磁棒四周鐵屑的圖樣；(b)磁棒的磁力線，這些線均為封閉的迴線；(c)磁
力線垂直穿出或射入書頁的傳統表示法。

有孤立的磁極（稱之為磁單極 (magnetic monopole)）存在。基於這個理由，磁力
線所形成的乃是封閉迴線，如圖 17–4 (b)所示。磁鐵外部的磁力線是由北極出發，
進入南極；而在磁鐵內部則是由南極指向北極。一般習慣，磁力線垂直穿出或射
入書頁的表示法，常用黑點代表穿出箭頭的尖端；叉號則代表射入的箭尾，如圖
17–4 (c)所示。今歸納磁力線的性質如下：

　(1)磁力線由 N 極出發到 S 極，再經磁鐵的內部回到 N 極。

　(2)磁力線為封閉曲線。

　(3)磁力線互相排斥，永不相交。

　(4)磁力線上任一點的切線方向便是該點的磁場方向。

　(5)磁力線愈密集的地方，則該處磁場強度愈大。

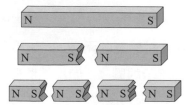

▲圖 17–5　　切斷一塊磁鐵，可得到兩塊磁鐵。北極或南極無法孤立地分離。

17-1-3　磁場的定義

在式 (17–2) 中，我們曾用磁極強度說明了磁場，但因實際上孤立的磁單極並不存在，因此磁場的定義便不能如電場一樣加以簡單的定義。

在自然界及實驗室中，我們發現磁力只能對移動的電荷有作用力。當我們將一檢驗電荷 q，置於一個磁場 **B** 中，若檢驗電荷 q 以 v 速度朝固定方向運動，將發現對此電荷 q 的作用磁力 F_m 的大小與 qv 乘積成正比；若將速率 v 保持不變，而改變電荷的運動方向，我們將發現磁力 F_m 的大小與電荷運動方向亦有關係。若以 θ 表示電荷運動的方向與磁場方向的夾角，如圖 17–6 所示，則由精密的實驗可發現，磁力的大小正比於 $qv \sin\theta$，即

$$F_m \propto qv \sin\theta \tag{17–3}$$

顯然磁力的大小又與磁場的強度有關，如將磁場強度 (magnetic field intensity) B 定義為上式的比例常數，則上式變成

$$F_m = Bqv \sin\theta \tag{17–4}$$

上式亦可寫成

$$B = \frac{F_m}{qv \sin\theta} \tag{17–5}$$

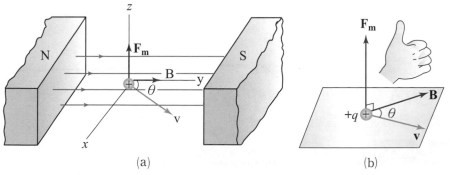

(a)　　　　　　　　　　(b)

▲圖 17–6　(a)磁場 **B** 內，作用在速度為 **v** 之電荷上的力 $\mathbf{F_m}$，具有 $\mathbf{F_m} = q\mathbf{v} \times \mathbf{B}$ 的關係；(b) $\mathbf{F_m} = q\mathbf{v} \times \mathbf{B}$ 合乎右手定則。

又由實驗得知 $\mathbf{F}_m$ 的方向垂直於 $\mathbf{v}$ 及 $\mathbf{B}$，如圖 17–6 所示。因此我們綜合上面的結果，可以簡潔地將 $\mathbf{F}_m$、$\mathbf{v}$、$\mathbf{B}$ 的關係用向量積表示為

$$\mathbf{F}_m = q\mathbf{v} \times \mathbf{B} \tag{17–6}$$

上式中，$\mathbf{v}$、$\mathbf{B}$ 與 $\mathbf{F}_m$ 的方向關係，可用右手決定，如圖 17–6 (b)所示，右手的四指（拇指除外）由 $\mathbf{v}$ 的方向順著較小的角度彎到 $\mathbf{B}$ 的方向，則拇指所指的方向，即為電荷受力的方向。

　　磁場的單位在 SI 制中為特士拉（tesla，符號為 T），其與其他單位的關係可由式 (17–5) 推導出，即

$$1 \text{ 特士拉} = 1 \text{ 牛頓} / （庫侖 \cdot 公尺 / 秒） = 1 \text{ 牛頓} / （安培 \cdot 公尺）$$

傳統的實驗用磁鐵最大只能產生約 1 特士拉的磁場，而超導磁鐵 (superconducting magnet) 則能產生超過 30 特士拉以上的磁場。因特士拉的單位相當大，所以我們常用的另一種單位為高斯（gauss，符號為 G）。其轉換關係為

$$1 \text{ 特士拉 (T)} = 10^4 \text{ 高斯 (G)}$$

地表附近的磁場大小約為 0.5 高斯；而一根磁棒的附近，其磁場大小則可達 50 高斯。

　　由式 (17–6) 知電荷所受的磁力 $\mathbf{F}_m$ 與電荷運動的速度 $\mathbf{v}$ 永遠垂直，所以磁力不會對電荷作功，也不會改變其動能，只能夠改變其運動的方向。若空間中帶電 q 的粒子同時受靜電力 $\mathbf{F}_e = q\mathbf{E}$ 與磁力 $\mathbf{F}_m = q\mathbf{v} \times \mathbf{B}$ 的作用，則其合力為

$$\mathbf{F} = \mathbf{F}_e + \mathbf{F}_m = q\mathbf{E} + q\mathbf{v} \times \mathbf{B} \tag{17–7}$$

此合力稱為勞侖茲力 (Lorentz force)，以紀念荷蘭物理學家勞侖茲 (H. A. Lorentz, 1853～1928) 在電磁理論的偉大貢獻。我們若知空間任一點的 $\mathbf{E}$ 及 $\mathbf{B}$，以及運動粒子的電量及初速度，則我們可由式 (17–7) 推知此帶電粒子的運動情形。

例題 17–1

假設一磁場，其大小為 10.0 特士拉，今有一電子以 2×10^6 公尺 / 秒的速度，垂直於磁場的方向射入。試計算此電子所受的磁力大小，並與電子所受的重力大小比較之。

解 由式 (17–4) 知磁力為

$$F_m = qvB \sin\theta = (1.6 \times 10^{-19}) \times (2 \times 10^6) \times (10.0) \times (1)$$

$$= 3.2 \times 10^{-12} \text{ 牛頓}$$

重力（即電子之重量）為

$$F_g = mg = (9 \times 10^{-31}) \times (9.8)$$

$$= 8.8 \times 10^{-30} \text{ 牛頓}$$

磁力與重力比較為

$$\frac{F_m}{F_g} = \frac{3.2 \times 10^{-12}}{8.8 \times 10^{-30}} = 3.6 \times 10^{17}$$

故重力與磁力比較之下，顯示重力甚小，常可忽略不計。

17–2 電流的磁效應與安培定律

17–2–1 電流的磁效應與必歐－沙伐定律

厄司特 (Oersted) 是第一位對電流所建立的磁場作觀察記錄的人。他發現如果將一支指南針懸掛於一載流導線的上面，如圖 17–7 所示，此磁針將會偏轉而與導線垂直，表示電流會產生磁場。後來經過必歐、沙伐及安培的實驗，得到一關係式，可以用來計算空間中任意點的磁場。

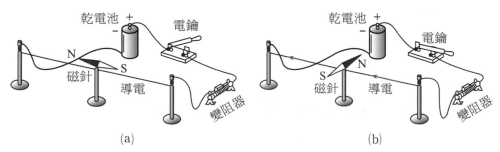

(a)　　　　　　　　(b)

▲圖 17–7 導線(a)通電前磁針指向地磁方向；(b)通電後磁針的偏向角度改變。

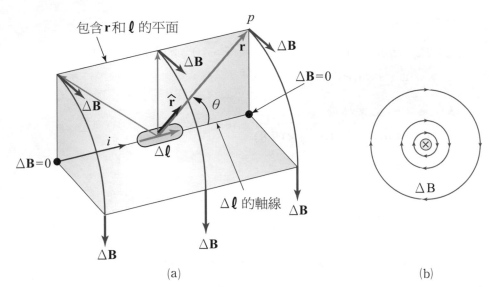

(a)　　　　　　　　　　　　　　(b)

▲圖 17–8　(a)短導線 $\Delta\ell$ 上的電流基素 $i\Delta\ell$ 所產生的磁場 $\Delta\mathbf{B}$；(b)包含 $\Delta\ell$ 且與其垂直
之平面上的磁力線。電流為進入紙面。

　　假想一載流導線被分割成許多長 $\Delta\ell$ 的小線段，如圖 17–8 (a)所示，每一條短
導線上的電流基素 (current element) $i\Delta\ell$ 將在空間中每一點建立磁場。在 P 點處，
由短導線 $\Delta\ell$ 之電流基素 $i\Delta\ell$ 所產生的微小磁場 $\Delta\mathbf{B}$ 的方向正好垂直於由 $\Delta\ell$ 的軸
線以及 $\Delta\ell$ 與 P 點的連線 $\mathbf{r}$ 所構成的平面，因此磁力線在通過 P 點而與 $\Delta\ell$ 軸線垂
直的平面上，可連成一條圓形路徑，如圖 17–8 (b)。這些磁力線的方向，可以用右
手螺旋定則 (right-hand screw rule) 來決定；簡單地來說，假如用右手握住此短導
線，以伸出之大拇指指向電流的方向，則磁力線的方向即為四指握繞此短導線的
方向。圖 17–9 即為右手定則的圖示。

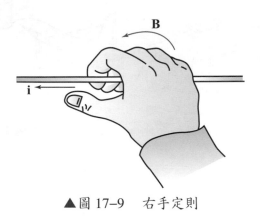

▲圖 17–9　右手定則

磁場 ΔB 之值由假設及實驗得知有如下的關係:

$$\Delta B = k' \frac{i\Delta\ell \sin\theta}{r^2} \tag{17-8}$$

上式中 r 表示 $\Delta\ell$ 和 P 點連線的距離, θ 為 $\mathbf{r}$ 和 $\Delta\ell$ 軸線的夾角, 如圖 17-8 (a)所示。此式由必歐及沙伐所發現, 故稱必歐—沙伐定律 (Biot-Savart law)。寫成向量形式則為

$$\Delta\mathbf{B} = k' \frac{i\Delta\boldsymbol{\ell}\times\hat{\mathbf{r}}}{r^2} \tag{17-9}$$

式中 $\Delta\boldsymbol{\ell}$ 為一向量, 其長為 $\Delta\ell$, 方向則為其上電流的方向。$\hat{\mathbf{r}}$ 為 $\Delta\ell$ 到 P 點之位移 $\mathbf{r}$ 的單位向量。

在式 (17-8) 及式 (17-9) 中的因數 k' 是比例常數, 其大小決定於所選的單位。如果磁場的單位是特士拉、長度的單位是公尺、電流的單位是安培, 則由實驗決定的 k' 值為 10^{-7} 特士拉·公尺 / 安培, 這是 SI 制的單位。事實上, 式 (17-8) 亦被用來定義電流的單位——安培。

一般我們常用 $\dfrac{\mu_0}{4\pi}$ 來代替式 (17-8) 及式 (17-9) 中的 k'。常數 μ_0 稱為真空中的磁導率 (permeability), 其值為

$$\mu_0 = 4\pi k' = 4\pi \times 10^{-7} \text{ 特士拉·公尺 / 安培}$$
$$= 12.57 \times 10^{-7} \text{ 特士拉·公尺 / 安培} \tag{17-10}$$

則必歐—沙伐定律變成為

$$\Delta B = \frac{\mu_0}{4\pi} \frac{i\Delta\ell \sin\theta}{r^2} \tag{17-11}$$

$$\Delta\mathbf{B} = \frac{\mu_0}{4\pi} \frac{i\Delta\boldsymbol{\ell}\times\hat{\mathbf{r}}}{r^2} \tag{17-12}$$

由式 (17-11) 及圖 17-8 (a)可知短導線 $\Delta\ell$ 之軸線上任何一點, 因其夾角 θ 為零, 這些點上由 $\Delta\ell$ 中電流所產生的磁場為零。至於距此載流的短導線有一定距離的地方, 則以通過 $\Delta\ell$ 短導線且與其垂直的平面上的點, 可獲得最大的磁場。因為此平面上之任意點其 $\theta = 90°$, 所以在此平面上與 $\Delta\ell$ 相距為 r 的位置上, 其磁場為

$$\Delta B = \frac{\mu_0}{4\pi} \frac{i\Delta\ell}{r^2} \tag{17-13}$$

空間上任一點，由整個載流導線所產生的總磁場，應該等於全部短導線之電流在該點上產生之 $\Delta\mathbf{B}$ 的向量總和。我們可將其表示為

$$\mathbf{B} = \lim \sum \Delta\mathbf{B} = \lim \sum \frac{\mu_0}{4\pi} \frac{i\Delta\boldsymbol{\ell} \times \hat{\mathbf{r}}}{r^2}$$

$$= \frac{\mu_0}{4\pi} \int \frac{id\boldsymbol{\ell} \times \hat{\mathbf{r}}}{r^2} \tag{17-14}$$

通常除了一些簡單或特殊形狀的電流導體之外，此合成磁場的推導為一複雜的數學運算。在此我們僅討論載流之長直導線附近任意點上的磁場強度，以及圓形迴線中心的磁場強度。

㈠載流長直導線的磁場

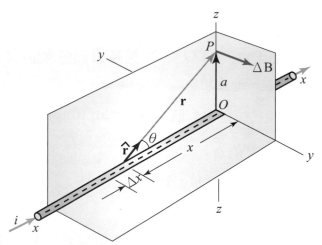

▲圖 17-10　由長直導線中一小段 Δx 的電流產生的磁場 $\Delta\mathbf{B}$

假想有一長直導體，通以電流 i，今有一距離長直導線垂直距離為 a 之 P 點，如圖 17-10 所示，如果長直導線的長度遠較 a 為大，則由式 (17-14) 經複雜微積分的運算（參看例題 17-3），可得如下之簡單式子

$$B = \frac{\mu_0}{2\pi} \frac{i}{a} \tag{17-15}$$

上式通常應用後面討論的安培定律，在例題 17-6 即可看出不需經由複雜的微積分計算而可輕易得到同樣的結果。

長直導線的磁力線是以導線為中心的同心圓，這些圓皆在垂直於導線的平面上，為一封閉之曲線。圖 17-11 (a)即為長直導線四周所繞磁力線的截面示意圖。至於 $\mathbf{B}$ 的方向，則由右手定則來決定，為同心圓的切線方向，如圖 17-11 (b)所示。

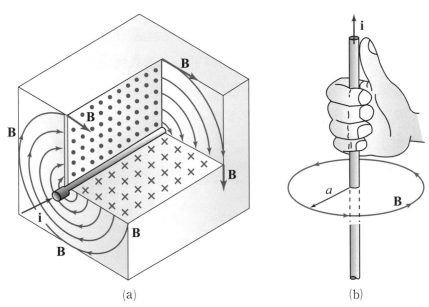

▲圖 17–11　(a)載流長直導線周圍的磁場；(b)用右手定則決定磁場的方向。

㈡載流圓形迴線的磁場

　　圖 17–12 繪出一圓形迴線，其半徑為 a，電流為 i。則在此圓形迴線中心軸上，距此迴線中心點 O 為 x 之 P 點處，其磁場為何？

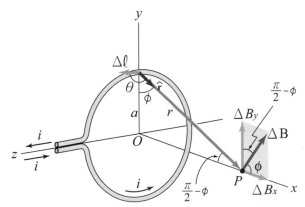

▲圖 17–12　圓形迴線中心軸上 P 點的磁場

　　首先我們假設圓形迴線被分割成許多長 $\Delta\ell$ 的短導線，分別為 $\Delta\ell_1$、$\Delta\ell_2$、…。在圖 17–12 中我們可以看出所有的短導線與 P 點連線的距離均為 $r = (a^2 + x^2)^{\frac{1}{2}}$，其與各短導線的夾角 θ 均為 $90°$，其與迴線平面間的夾角均為 ϕ，所以各短導線在 P 點所產生的磁場 ΔB_1、ΔB_2、…在垂直於 OP 軸（x 軸）上的各分量互相抵消，而平行於 OP 軸上的各分量 ΔB_x 則都等於 $\Delta B \cos\phi$。因此由式 (17–11)，可推得圓形導線中心軸上 P 點的磁場強度為

$$B = \frac{\mu_0}{4\pi} i \left[\frac{\Delta\ell_1 \sin 90°}{r^2} + \frac{\Delta\ell_2 \sin 90°}{r^2} + \cdots \right] \cos\phi$$

$$= \frac{\mu_0}{4\pi} \frac{i}{r^2} (\Delta\ell_1 + \Delta\ell_2 + \cdots) \cos\phi$$

上式中因 $\Delta\ell_1 + \Delta\ell_2 + \cdots$ 乃半徑為 a 的圓形迴線的圓周長度，故等於 $2\pi a$，而 $\cos\phi = \dfrac{a}{r}$，將之代入上式，則上式變成

$$B = \frac{\mu_0}{4\pi} \frac{i}{r^2} (2\pi a)\left(\frac{a}{r}\right)$$

$$= \frac{\mu_0}{2} \frac{ia^2}{(a^2 + x^2)^{\frac{3}{2}}} \tag{17–16}$$

上式中，若令 $x = 0$，即得圓形迴線中心 O 點的磁場為

$$B = \frac{\mu_0 i}{2a} \tag{17–17}$$

　　如果迴線不為圖 17–12 的單獨一迴線，而改為 N 匝密繞的線圈，每一匝線圈之半徑皆為 a，若線圈長度 L 比線圈半徑 a 小許多，每一匝線圈皆將供給相同的磁場於線圈的中心，因此式 (17–17) 變為

$$B = \frac{\mu_0}{2} \frac{Ni}{a} \tag{17–18}$$

　　圓形迴線電流所生的磁場，可用右手定則來決定其方向，如圖 17–13 (a)所示。將右手四指沿電流方向彎曲，此時拇指伸出的方向即是迴線中心的磁場方向。圖 17–13 (b)為載流圓形迴線附近的鐵屑分佈圖樣。

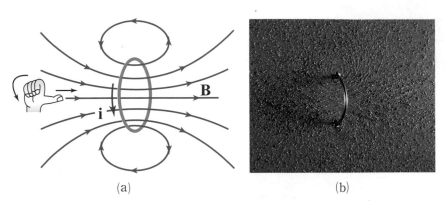

▲圖 17–13　(a)用右手定則判定圓形迴線電流所生磁場的方向；(b)載流圓形迴線附近的鐵屑分佈圖。

例題 17–2

一長直導線有一穩定之電流 12.0 安培。求此導線 1 毫米長之一小線在點 P_1 及點 P_2，如圖 17–14 所示，所產生的磁場 $\mathbf{B}_1$ 及 $\mathbf{B}_2$。

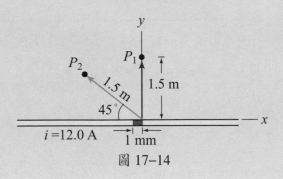

圖 17–14

解 由式 (17–9)，在 P_1 點之磁場

$$\mathbf{B}_1 = k'\frac{i\Delta\boldsymbol{\ell}\times\hat{\mathbf{r}}}{r^2} = (10^{-7})\frac{(12.0)(1.0\times10^{-3})(\mathbf{i})\times(\mathbf{j})}{(1.5)^2}$$

$$= 5.33\times10^{-10}(\mathbf{k})\ \text{特士拉，方向 }(\mathbf{k})\ \text{為穿出紙面}$$

在 P_2 點的磁場

$$\mathbf{B}_2 = (10^{-7})\frac{(12.0)(1.0\times10^{-3})\,(\mathbf{i})\times[\frac{1}{\sqrt{2}}(-\mathbf{i})+\frac{1}{\sqrt{2}}(\mathbf{j})]}{(1.5)^2}$$

$$= 3.77\times10^{-10}(\mathbf{k})\ \text{特士拉，方向 }(\mathbf{k})\ \text{為穿出紙面。}$$

例題 17-3

如圖 17-15 所示，求距離一通電流為 i 之長直導線 a 處的磁場強度。

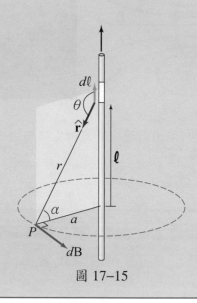

圖 17-15

解 如圖 17-15 所示，$d\mathbf{B}$ 為由任意一電流基素 $id\ell$ 所造成的小磁場。要算整個長直導線所產生的磁場，我們可用式 (17-14)

$$\mathbf{B} = \frac{\mu_0}{4\pi} \int \frac{id\boldsymbol{\ell} \times \hat{\mathbf{r}}}{r^2} \cdots\cdots (1)$$

由圖上可看出

$$\left| d\boldsymbol{\ell} \times \hat{\mathbf{r}} \right| = d\ell \sin\theta = d\ell \sin(\pi - \theta) = d\ell \cos\alpha \cdots\cdots (2)$$

將(2)式直接代入(1)式，積分太繁，不易計算，我們可先利用三角函數，將其化簡。因 $\ell = a \tan\alpha$，所以 $d\ell = a \sec^2\alpha \, d\alpha$，又 $r = a \sec\alpha$，將上述全部關係代入(1)式，可得

$$B = \frac{\mu_0 i}{4\pi} \int_{-\alpha_1}^{\alpha_2} \cos\alpha \, d\alpha = \frac{\mu_0 i}{4\pi} (\sin\alpha_2 + \sin\alpha_1)$$

無限長直導線，積分上限 $\alpha_2 = \dfrac{\pi}{2}$，下限 $-\alpha_1 = -\dfrac{\pi}{2}$，因此得

$$B = \frac{\mu_0 i}{2\pi a}$$

此即為式 (17-15)。

例題 17-4

有兩無限長之細導線，平行排列並相距 1 公尺。當一導線上通過 1 安培的電流時，求在另一導線處所產生之磁場強度。

解　當此兩無限長的導線平行排列時，其中之一導線在另一導線處所產生之磁場，由式 (17-15) 得知為

$$B = \frac{\mu_0}{2\pi}\frac{i}{a} = (2 \times 10^{-7}) \times (\frac{1}{1}) = 2 \times 10^{-7} \text{ 特士拉}$$

此磁場的方向與在該處之導線相垂直。

例題 17-5

有一載流圓形迴線，半徑為 0.2 公尺，電流為 1 安培。試問圓形導線中心處的磁場強度為若干？

解　由式 (17-17) 可得

$$B = \frac{\mu_0 i}{2a}$$

$$= \frac{(12.57 \times 10^{-7})(1)}{2 \times 0.2}$$

$$= 3.14 \times 10^{-6} \text{ 特士拉}$$

例題 17-6

10 匝密繞線圈，每一匝線圈半徑為 0.05 公尺，而電流為 2 安培，則圓心的磁場強度為若干？

解　由式 (17-18) 可得

$$B = \frac{\mu_0}{2}\frac{Ni}{a} = (\frac{12.57 \times 10^{-7}}{2}) \times \frac{10 \times 2}{0.05}$$

$$= 2.51 \times 10^{-4} \text{ 特士拉}$$

17-2-2　安培定律

安培認為實際上的電流根本沒有一小段一小段存在的，一穩定的電流必是封閉的，就像磁單極並不存在，磁力線必定是封閉的一樣。對於將載流導線切成一小段一小段的電流基素 (current element) 的必歐一沙伐定律的假設方法不太認同。因此他以自己的實驗及理論研究，對電流和磁場提出一個不同的說法，我們稱為安培定律 (Ampere's law)。

由例題 17-3 中，我們知道長直導線的磁力線是同心圓，由式 (17-15)，我們可將其改為

$$B(2\pi a) = \mu_0 i$$

此式可解釋為：$2\pi a$ 為距離導線 a 處的點繞導線一圈的圓周長，B 為磁場沿此圓周路線的切線分量，而 i 為通過由此路徑所圍起之面積的電流。安培將此陳述推廣到任意電流分佈及封閉路線的形狀。

安培認為在空間中若有穩定的電流建立的磁場 $\mathbf{B}$，如圖 17-16 所示，則此磁場 $\mathbf{B}$ 對任一閉合迴線中任一小位移 $\Delta\mathbf{S}$ 的內積 $\mathbf{B}\cdot\Delta\mathbf{S}$ 的總和等於穿過此閉合迴線所圍住曲面的淨電流 $\sum i$ 乘以該空間的磁導率。寫成式子即為

$$\sum(\mathbf{B}\cdot\Delta\mathbf{S}) = \sum B_t\Delta S = \mu_0\sum i \tag{17-19}$$

式中 B_t 為沿位移 $\Delta\mathbf{S}$ 方向的磁場大小。將上式寫成積分形式則為

$$\oint \mathbf{B}\cdot d\mathbf{S} = \mu_0\sum i = \mu_0 I \tag{17-20}$$

此式即為安培定律 (Ampere's law) 式中積分符號上的小圓圈表示積分路線為一封閉路線；i 為穿過此閉合迴線所圍位曲面的淨電流。

式 (17-19) 或式 (17-20) 只有在穩流及非磁性物質（如銅）時才正確。被圍住的電流不僅是流經導線的才算；帶電粒子束也算是電流。安培定律中的 $\mathbf{B}$ 是由所有在附近的電流，而不僅是被迴線圍住的電流所造成。

要用安培定律來求磁場，電流分佈要有相當的對稱性，其產生的磁場才會跟著具有對稱性，如此在做計算時才好算，場的分佈情形或方向也要能先知道，如此才能選定出適當的計算迴線。

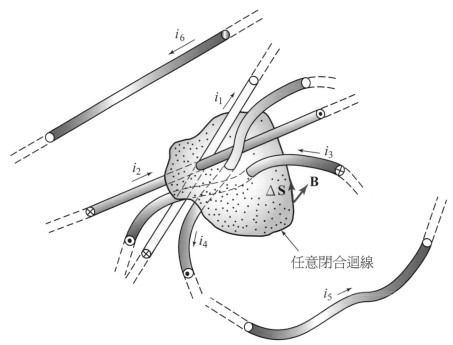

▲圖 17–16　安培定律的說明圖

例題 17-7

若有一載流 i 的直導線，如圖 17–11 (b)所示，試利用安培定律，求距離此導線 a 處的磁場強度。

解　我們取封閉路線為距離直導線為 a 的圓周，則載流導線在該迴線上各點所建立的磁場 $\mathbf{B}$ 都大小相等且平行於迴線上每一點的位移 $d\mathbf{S}$，所以依式 (17–20)

$$\oint \mathbf{B} \cdot d\mathbf{S} = \oint B dS = B \oint dS = B(2\pi a) = \mu_0 i$$

因此得

$$B = \frac{\mu_0 i}{2\pi a}$$

此式與式 (17–15) 完全相同。

例題 17-8

有一長直導線其半徑為 R，載有穩定電流 I。若電流平均分佈於整個導線的截面上。當(a) $r > R$、(b) $r < R$ 時，求距導線中心 r 處的磁場強度。

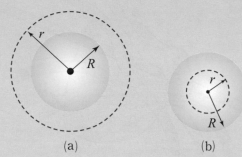

(a)　　　　　　　　(b)

▲圖 17-17　(a)適合的迴線為以導線為中心半徑為 r 的圓形迴線；(b) $r < R$ 時，只有部分電流被圓形迴線圍住。

解 (a) $r > R$ 時，由對稱性可知在距導線中心 r 處的各點，磁場強度均相同。同時也知道磁力線是圓形的。因此我們選以導線為中心，半徑為 r 的圓形迴線為閉合迴線，如圖 17-17 (a)。在路徑上任一點，$\mathbf{B}$ 平行 $d\mathbf{S}$，即是 $\mathbf{B} \cdot d\mathbf{S} = BdS$。由式 (17-20)

$$\oint \mathbf{B} \cdot d\mathbf{S} = B \oint dS = \mu_0 I \cdots\cdots \text{(1)}$$

移動的迴線為一圓周，等於 $2\pi r$，迴線內的電流為 I，故

$$B(2\pi r) = \mu_0 I$$

得

$$B = \frac{\mu_0 I}{2\pi r} \cdots\cdots \text{(2)}$$

(b) $r < R$ 時，即在導線內部時，對稱性仍然相同。故(1)式仍適用，只是閉合的圓形迴線現在在導線內部。只有總電流 I 的一部分流經圖 17-17 (b)的迴線內。這部分電流可由迴線內的面積，比上導線的面積而得，即 $(\frac{\pi r^2}{\pi R^2})I$。因此(1)式變成為

$$B(2\pi r) = \mu_0 \frac{r^2}{R^2} I$$

因此得導線內 $(r < R)$ 的磁場強度為

$$B = \frac{\mu_0 Ir}{2\pi R^2} \cdots\cdots (3)$$

注意 $r = R$ 時，(2)、(3)式所得的結果相同。因此，磁場大小在導線邊界時為連續。

17–3　螺線管與螺線環的磁場

17–3–1　螺線管的磁場

圖 17–18 為一長度為 ℓ，N 匝線圈密繞的螺線管 (solenoid) 的磁力線分佈圖。假設此螺線管的長度要比管的半徑長得很多，則在此管軸上或軸附近各點的磁場，可利用式 (17–19) 求得。在圖 17–18 上，我們選擇一用虛線表示的長方形 $abcda$；ab 邊處在螺線管內，長度為 x，與螺線管之管軸平行；而 bc 和 da 兩邊選得非常長，使得 cd 邊遠離螺線管，因而 cd 邊上的磁場強度相當小，可以忽略不予計算。由圖 17–18 我們可以看出來，因為 bc 和 da 兩邊垂直於磁場方向，所以沿 bc 和 da 方向的磁場極小而可略去不計。根據上面的討論，式 (17–19) 中之 $\sum \mathbf{B} \cdot \Delta \mathbf{S}$ 即成為 $B \cdot x$。若在封閉路線 $abcda$ 的平面中有 n 匝導線通過，則式 (17–19) 變為

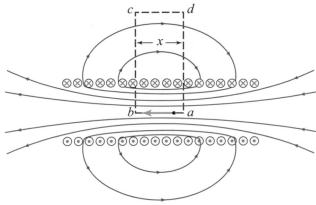

▲圖 17–18　螺線管周圍的磁力線，虛線長方形 $abcda$ 是應用安培定律所選用的閉合迴線。

$$\sum \mathbf{B} \cdot \Delta \mathbf{S} = \sum B \Delta S = Bx = \mu_0 ni$$

所以

$$B = \mu_0 \frac{ni}{x}$$

式中之 $\frac{n}{x}$ 表示螺線管單位長度之匝數。若各導線為均勻繞製，則

$$\frac{n}{x} = \frac{N}{\ell}$$

在此 N 為螺線管的總匝數，ℓ 為螺線管的總長度。因此我們可以得到螺線管內的磁場強度的計算公式為

$$B = \mu_0 \frac{Ni}{\ell} \tag{17-21}$$

由上面的推導可知，只要 ab 邊與螺線管的管軸平行，不論 ab 邊處在螺線管內的任何位置，式 (17-21) 均可適用。因此在長螺線管內，磁場強度是均勻的。

17-3-2　螺線環的磁場

圖 17-19 的環式繞組稱為環式線圈 (toroidal coil) 或螺線環 (toroid)，我們可以應用安培定律計算環中任何點的磁場強度。圖 17-20 為螺線環的橫剖面，迴線 1 為一半徑 r 而圓心為 O 之圓形迴線。

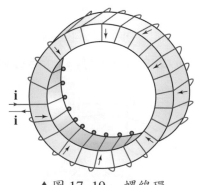

▲圖 17-19　螺線環

因為對稱的緣故，迴線 1 上每一點的磁場強度 B 的大小必相同，方向為圓上在此諸點的切線方向。

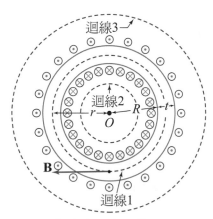

▲圖 17–20　閉合迴線 1、2、3 各虛線是用來計算環式線圈的電流造成的磁場強度。除環內之外，磁場強度為零。

　　現在我們考慮圖 17–20 中三條虛線迴線，分別表示為迴線 1、2、3。令 ℓ 表示迴線之長度（即圓周長），因沿這些迴線上每一點的磁場強度皆相同，即 $B_t = B$ 為一常數，則

$$\sum B_t \cdot \Delta S = B\ell$$

迴線 1 的面積內包含 N 匝線圈，總計有 Ni 電流流過，由安培定律式 (17–19)，得

$$B\ell = \mu_0 Ni$$

即

$$B = \mu_0 \frac{N}{\ell} i$$

此式和式 (17–21) 相同，但是 $\ell = 2\pi r$，則此式變為

$$B = \mu_0 \frac{N}{2\pi r} i \qquad\qquad\qquad (17\text{–}22)$$

　　當螺線環的截面寬度 t 遠小於環內半徑 R 時，則 $r \approx R$，環心各點的磁場強度僅有些微的改變，可視為相同。即

$$B = \mu_0 \frac{N}{2\pi R} i \qquad\qquad\qquad (17\text{–}23)$$

迴線 2 所圍的平面中沒有電流流過，所以在此迴線諸點而言

$$B\ell = \mu_0 \sum i = 0$$

故迴線 2 上各點的磁場強度為零。

　　迴線 3 中，每一匝線的電流穿過兩次，兩次的電流大小相同，但方向相反，所以穿過整個平面的淨電流為零，遂得環外的磁場亦為零。

　　由上述的討論可知，除了環心中各點之外，所有其他點上的磁場強度皆為零，即環式線圈外不產生磁場。當然，這是指一理想的環式線圈而言，實際的螺線環，總會有部分磁力線洩漏達到環外的。

　　在上面所討論的螺線管和環式線圈中各點的磁場強度方程式，僅考慮到螺線管和環的中間為真空。但在實際應用上，線圈中心常以磁性材料代替，以增強其磁效應。這些問題我們將在下節中討論。

例題 17-9

有一螺線管長度為 1.5 公尺，直徑為 0.20 公尺，所通過的電流為 10 安培，總匝數為 15000 圈，求管內的磁場強度。

解 由式 (17-21) 得知管內各點的磁場強度為

$$B = \mu_0 \frac{Ni}{\ell}$$

$$= (12.57 \times 10^{-7}) \times (\frac{15000 \times 10}{1.5})$$

$$= 12.57 \times 10^{-2} \text{ 特士拉}$$

例題 17-10

有一螺線環，其半徑為 0.50 公尺，其上繞有 10000 圈的線圈，線圈上通過的電流為 1 安培。求螺線環內的磁場強度。

解 由式 (17-23) 得知環內各點的磁場強度為

$$B = \mu_0 \frac{Ni}{2\pi R}$$

$$= (12.57 \times 10^{-7}) \times (\frac{10000 \times 1}{2 \times 3.14 \times 0.50})$$

$$= 4.00 \times 10^{-3} \text{ 特士拉}$$

17-4　物質的磁性與電磁鐵

17-4-1　物質的磁性

　　前面幾節中，我們已經討論過導電體放在空氣中的情況（嚴格地說應該置於真空中），並且應用必歐－沙伐定律及安培定律來計算載流導體在空間中所建立的磁場。事實上，應用電流產生磁場的一些實用設備，例如變壓器、馬達和發電機等，常用鐵心或鐵合金等物質配件，以增加磁場強度，並將磁力線限定於一定的區域之內。甚至在一些設備中，我們不用電流來產生磁場，而改以永久磁鐵來代替，這種情形可以在電流計與揚聲器（俗稱喇叭）中看到。

　　除了鐵金屬具有磁性外，還有一些金屬如鈷、鎳等其磁性具有與鐵相近的物質，這些物質稱為鐵磁材料 (ferromagnetic materials) 或鐵磁物質 (ferromagnetic substance)。有一事實不為人所熟知的，就是無論任何物質均受磁場的影響，只是一般非鐵磁物質所受磁場的影響遠比鐵磁物質小得很多。這一類非鐵磁物質又分為兩類：第一類物質稱為順磁（物）質 (paramagnetic substance)，如鋁、鉑、氧、硫酸銅、氯化鐵等，如將其製成小球懸掛在磁場內，則像鐵一樣會被吸引到磁場較強的區域。另一類物質則稱為反磁性物質 (diamagnetic substance)，如鉍、鉛、金、銅、銻、水銀及氯化鈉等，將此類材料製成的小球懸掛在磁場內，則此類小球會被迫移到強度較弱的區域。

　　前面我們根據必歐－沙伐定律導出的磁場公式中，都包含了一個常數 μ_0，稱之為自由空間的磁導率 (permeability)。如果將不同的介質插入螺線管或螺線環的線圈中，則線圈的磁場將跟著改變。尤以插入的介質為鐵磁物質時為然。

　　如果 B 代表環中有介質時的磁場強度，而 B_0 代表真空環的磁場強度，這時我們可以定義一常數 K_m，稱之為相對磁導率 (relative permeability)，而寫成下式

$$K_m = \frac{B}{B_0} \tag{17-24}$$

由式 (17–22) 及式 (17–24)，可得

$$B = K_m B_0 = K_m \mu_0 \frac{Ni}{\ell} \tag{17–25}$$

$K_m \mu_0$ 稱為磁性物質的磁導率，以 μ 表示之。即

$$\mu = K_m \mu_0 \tag{17–26}$$

則式 (17–25) 可寫為

$$B = \frac{\mu Ni}{\ell} \tag{17–27}$$

μ 之值在 $\begin{cases} \text{真空中等於 } \mu_0 \text{。} \\ \text{鐵磁物質中遠大於 } \mu_0 \text{，最大可達數千倍。} \\ \text{順磁物質中略大於 } \mu_0 \text{。} \\ \text{反磁性物質中略小於 } \mu_0 \text{。} \end{cases}$

故一物質是屬於鐵磁、順磁、或反磁性，端視其磁導率的大小而定。

17-4-2　電磁鐵

在第 3 節中，我們曾討論載流螺線管線圈的磁場。如果螺線管內為空氣，則產生的磁場，其強度不會很大。但如果我們將軟鐵棒放在管內，則軟鐵棒被磁化，管內磁場將大為增加，而軟鐵棒的磁性亦必大為增強，成為一磁鐵棒。這種將軟鐵棒磁化而成的裝置，我們稱為電磁鐵 (electromagnet)。

電磁鐵與永久磁鐵最大的不同是電磁鐵可由通過線圈的電流大小來控制軟鐵棒所產生的磁性大小，而永久磁鐵的磁性則不能隨意控制其大小。因此電磁鐵是實驗室及應用上相當重要的裝置，例如，電動機、發電機、錄音機、起重機及物理研究用的各種巨大磁場等均利用到電磁鐵。

實驗上發現，如電磁鐵經過電流磁化後把電流截斷，則並不能使軟鐵棒磁性完全消失，這種電流停止時，軟鐵棒仍保持部分磁性的現象稱為剩磁 (residual magnetism)。要消除剩磁，我們可以將電流方向反轉若干次，而每次反向時，將其電流值逐漸減少至零即可；或直接使用交流電，將其電流逐漸減少到零即可。軟鐵的剩磁現象很小，所以常用作電磁鐵的鐵心。

例題 17-11

有一鐵製的螺線環，平均周長為 0.50 公尺，繞有 500 匝的線圈。當環中的電流為 0.40 安培時，其磁場強度為 2.50 特士拉。試求此環中材料的(a)磁導率，(b)相對磁導率。

解 (a)由式 (17-27)，我們可計算出鐵的磁導率為

$$\mu = \frac{B\ell}{Ni} = \frac{(2.50)(0.5)}{(500)(0.4)}$$

$$= 6.25 \times 10^{-3} \text{ 特士拉·公尺／安培}$$

(b)依式 (17-26)，我們可得相對磁導率為

$$K_m = \frac{\mu}{\mu_0} = \frac{(6.25 \times 10^{-3})}{(12.57 \times 10^{-7})}$$

$$= 4.97 \times 10^{3}$$

17-5　帶電粒子在磁場中的運動

根據式 (17-5) 磁場強度 B 的定義，一個帶有電荷 q 的質點，在磁場 B 中以速度 v 運動時，所受磁力的大小為 $F_m = qvB \sin\theta$，而其方向恰好均與 B 及 v 二者垂直。三者的方向可簡單的由右手定則來表示，其法是將右手拇指直立，其餘四指指著電荷運動的方向，經一小角（小於 180°）轉至磁場的方向，則大拇指所指的方向即為帶電粒子的受力方向，如圖 17-21 (a)所示。此定則只適用於正電荷，若電荷為負，則 F 方向正好與正電荷受力的方向相反，如圖 17-21 (b)所示。

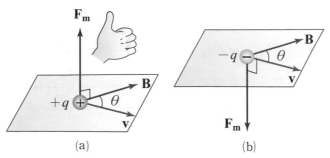

(a)　　　　　　　　　　　(b)

▲ 圖 17-21　(a)用右手定則決定帶正電粒子在磁場內運動時的受力方向；(b)應用於負電荷時，力的方向正好相反。

由於磁力永遠垂直於質點速度的方向，因此磁力不能對帶電粒子作功。故磁場僅能改變帶電粒子運動的方向，而不能改變其運轉速度的大小。所以只要磁場均勻，則磁力為一大小不變的偏向力，若速度 v 與磁場 B 垂直，則質點應作等速圓周運動。如圖 17–22 所示，設帶電粒子之電量為 q，質量為 m，以速度 v 射入一均勻磁場 B，因其繞沿半徑為 r 的圓周運動，依牛頓第二運動定律得知

$$F_m = qvB = m\frac{v^2}{r} \tag{17–28}$$

由式 (17–28) 可得

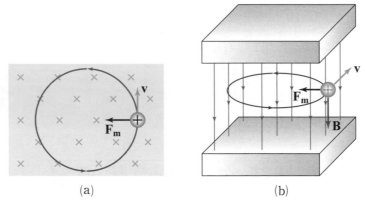

(a)   (b)

▲圖 17–22   帶電粒子在垂直於其速度方向的均勻磁場內運動，所形成的軌跡為圓。

$$r = \frac{mv}{qB} \tag{17–29}$$

軌道的半徑正比於粒子的線動量 mv，而反比於磁場強度 B。此圓周運動的週期為

$$T = \frac{2\pi r}{v} = \frac{2\pi m}{qB} \tag{17–30}$$

頻率 $f = \frac{1}{T}$ 為

$$f = \frac{qB}{2\pi m} \tag{17–31}$$

此頻率對在迴旋加速器 (cyclotron) 中加速的粒子相當重要，稱為迴旋頻率 (cyclotron frequency)。此迴旋頻率與粒子的速率 v 無關，若有荷質比 ($\frac{q}{m}$) 相同的粒子在相同的磁場中，其迴旋頻率都相同。

如果帶電粒子進入磁場的速度 v 並不與 B 垂直，則它的運動路徑將是如何呢？令 $v_\parallel$ 表與 B 平行的分量大小，而 $v_\perp$ 表與 B 垂直的分量大小，如圖 17–23 所示，則垂直分量 $v_\perp$ 會引起一大小為 $qv_\perp B$ 的力，且此力會導致粒子作圓周運動，如圖 17–23 的虛線所示。然而，平行分量 $v_\parallel$ 並未因此而受到影響，因此，此帶電粒子的運動路徑，變成為如圖 17–23 所示的一螺線 (spiral)，其對稱軸平行磁場的方向。

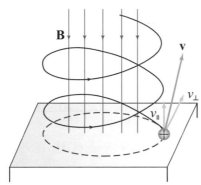

▲圖 17–23　當一帶電粒子進入磁場的速度方向不與磁場垂直，則其運動路徑為一螺線。

例題 17–12

一質子由靜止經過 100 伏特之電位差加速後，垂直射入一均勻磁場內。該磁場的強度 $B = 1.0 \times 10^{-3}$ 特士拉。求此質子所作圓周運動的半徑。

解 質子的電量 $q = 1.60 \times 10^{-19}$ 庫侖，質量 $m = 1.67 \times 10^{-27}$ 公斤，在力學中我們知道動能 $K = \dfrac{1}{2}mv^2$，又質子經過 V 伏特電位差的加速後具有動能 $K = qV$。所以質子加速後速度為

$$v = \sqrt{\frac{2K}{m}} = \sqrt{\frac{2qV}{m}} = \sqrt{\frac{2 \times (1.6 \times 10^{-19})(100)}{(1.67 \times 10^{-27})}}$$

$$= 1.4 \times 10^5 \text{ 公尺／秒}$$

因質子係垂直入射於磁場，故由式 (17–29) 可解得圓周運動之半徑 r 為

$$r = \frac{mv}{qB} = \frac{(1.7 \times 10^{-27}) \times (1.4 \times 10^5)}{(1.6 \times 10^{-19}) \times (1.0 \times 10^{-3})}$$

$$= 1.5 \text{ 公尺}$$

例題 17–13

試求電子在 0.50 特士拉磁場中的迴旋頻率。

解 電子的電量 $q = 1.60 \times 10^{-19}$ 庫侖，質量 $m = 9.11 \times 10^{-31}$ 公斤，由式 (17–31)，可得迴旋頻率

$$f = \frac{qB}{2\pi m} = \frac{(1.6 \times 10^{-19})(0.50)}{(2\pi)(9.11 \times 10^{-31})} = 1.40 \times 10^{10} \text{ 赫}$$

故得迴旋頻率為 1.40×10^{10} 赫 = 14 吉赫 (GHz)，此頻率已進入微波的範圍內。

例題 17–14

一質子在與均勻磁場 B 垂直的平面內做等速圓周運動，半徑為 1.5 公尺，磁場 B 為 0.30 特士拉。試求質子的(a)動量及(b)動能。

解 (a)由式 (17–29)，質子的動量

$$P = mv = qrB = (1.6 \times 10^{-19}) \times (1.5) \times (0.30)$$

$$= 7.20 \times 10^{-20} \text{ 公斤·公尺／秒}$$

(b)質子的動能

$$K = \frac{1}{2}mv^2 = \frac{P^2}{2m} = \frac{(7.20 \times 10^{-20})^2}{2 \times (1.67 \times 10^{-27})}$$

$$= 1.55 \times 10^{-12} \text{ 焦耳}$$

17–6　載流導線在磁場中所受的力及力矩

17-6-1　載流導線在磁場中所受的力

　　將一條導線放在磁場內時，它並不會感受到任何作用力。因為導體上載體的熱運動速度其指向為無規的，故作用在它們身上的淨力會等於零。然而，當有電流流動時，載體全部會獲得一緩慢的漂移速率 v_d，並因而感受到一磁力作用，這項作用力會轉移到整條導線上去。如圖 17–24 所示，考慮一長度為 L、截面積為 A 的長直導線，其所攜載的電流 i 垂直於一均勻磁場。若 n 表每單位體積之載體數，則這段長度內所包含的總載體數為 nAL。每個載體若帶有電量為 q，則其所受的力 ΔF_m，由第 1 節的討論知道為

$$\Delta \mathbf{F_m} = q\mathbf{v_d} \times \mathbf{B}$$

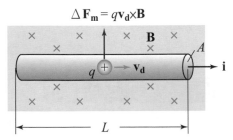

▲圖 17–24　載流導線在磁場 $\mathbf{B}$ 中，其上一個載體（帶正電荷 $+q$）以速度 $\mathbf{v_d}$ 運動時所受的力 $\Delta \mathbf{F_m}$。

　　因此作用於此段導體內載體的總作用力為

$$\mathbf{F_m} = (nAL)q\mathbf{v_d} \times \mathbf{B}$$

由式 (15–3) 知電流 $\mathbf{i} = nqA\mathbf{v_d}$，所以上式變成為

$$\mathbf{F_m} = \mathbf{i}L \times \mathbf{B}$$

上式中，因載體沿著導線移動，若以 L 的方向表示電流的方向，則上式可表示為

$$\mathbf{F_m} = i\mathbf{L} \times \mathbf{B} \tag{17–32}$$

此關係式亦稱為安培定律。如圖 17–25 所示，這力必定垂直於導線及磁場，而其大小為

$$F_m = iLB\sin\theta \qquad\qquad (17\text{–}33)$$

式中 θ 為向量 **L** 與磁場 **B** 間的夾角。如果導線本身不是直的，或者磁場不是均勻的，則作用在此小段導線 $\Delta\mathbf{L}$ 上的力為

$$\Delta\mathbf{F_m} = i\Delta\mathbf{L}\times\mathbf{B} \qquad\qquad (17\text{–}34)$$

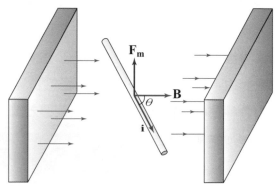

▲圖 17–25　均勻磁場 **B** 內，作用在一長直載流導線上 L 的磁力為 $\mathbf{F_m} = i\mathbf{L}\times\mathbf{B}$，其中 **L** 的方向即電流方向。

17–6–2　兩平行載流導線間的作用力

有兩條導線，如圖 17–26 (a)所示，各通以電流。當兩條導線上的電流方向相同時，我們發現這兩條導線互相吸引。如果改變其中一條導線上電流的方向，如圖 17–26 (b)所示，則我們發現此兩導線互相排斥。又將一片金屬板插入上述兩平行導線間作實驗，如圖 17–27 所示，我們發現兩導線間的作用力並沒有因金屬板的屏蔽作用而受到影響。由上述的實驗我們知道兩載流導線間的作用力不是靜電的庫侖力，而是磁力。

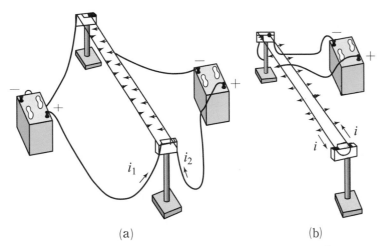

(a)　　　　　　　　　　(b)

▲圖 17–26　兩平行載流導線間的作用力。(a)電流同方向時，兩導線相吸；(b)電流反方向時，兩導線相斥。

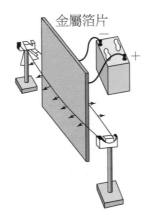

金屬箔片

▲圖 17–27　兩載流導線間置一金屬板，兩導線間的作用力不受影響。

　　上述兩載流導線間的磁力有多大呢？今若有兩平行載流導線其長度皆為 L，其間距離為 d，各載同方向的電流為 i_1 及 i_2，如圖 17–28 所示，則載流 i_1 的導線在 i_2 所建的磁場 B_1，其大小依式 (17–15) 為

$$B_1 = \frac{\mu_0 i_1}{2\pi d}$$

將上式代入式 (17–33)，則載流 i_2 的導線所受 $\mathbf{B}_1$ 的磁力 $\mathbf{F}_{21}$，其方向可由右手定則得知，其大小為

$$F_{21} = i_2 L B_1 = i_2 L (\frac{\mu_0 i_1}{2\pi d}) = \frac{\mu_0}{2\pi} \frac{i_1 i_2 L}{d}$$

同理可求得載流 i_1 的導線上所受由載流導線 i_2 所建磁場 $\mathbf{B}_2$ 的磁力 $\mathbf{F}_{12}$，其方向亦可由右手定則得知，而其大小為

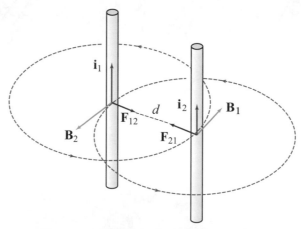

▲圖 17–28　　兩平行載流導線上的作用力

$$F_{12} = i_1 L B_2 = i_1 L (\frac{\mu_0 i_2}{2\pi d}) = \frac{\mu_0}{2\pi} \frac{i_1 i_2 L}{d}$$

故知兩導線間的磁力為大小相等、方向相反的吸力。若假設 i_1 與 i_2 方向相反，則同理亦可推得兩導線間的作用力為方向相反的斥力，其大小仍為

$$F_m = \frac{\mu_0}{2\pi} (\frac{i_1 i_2 L}{d}) \tag{17-35}$$

此一關係亦稱安培定律，可用來定義電流的單位安培。如兩帶相同電流的無窮長細直導線，互相平行排列，其在真空中相距一公尺，而其上的單位長度（1 公尺）所受的作用力為 2×10^{-7} 牛頓，則導線上的電流大小稱為一安培 (ampere)。

17-6-3　載流線圈在磁場中所受的力及力矩

一條電流導線與磁場垂直會受磁力作用，而其磁力與所流過的電流及導線長度的關係在式 (17–33) 中已敘述得很清楚。現在我們將討論電流迴線在磁場中所受磁力的力矩。下面就兩種簡單的迴線分析之：

㈠矩形迴線

圖 17-29 (a)顯示一矩形迴線，其邊長分別為 a 與 b，置於一均勻磁場 **B** 中，繞 xx' 軸轉動。圖 17-29 (b)為圖 17-29 (a)由磁場 N 極向 S 極的側視平面圖，圖 17-29 (c)為圖 17-29 (a)由 x' 向 x 的側視平面圖。由圖 17-29 (c)所示可以看出第 1 邊及第 3 邊永遠與磁場方向垂直，而迴線平面的垂直線 nn' 與磁場方向夾一角度 θ。

　　作用在迴線上的淨力相當於磁力作用於迴線上四邊的合力。應用式 (17-32) 及右手定則，可得第 2 邊與第 4 邊所受的力 F_2 與 F_4 必大小相同，方向相反，且其轉矩亦為零。

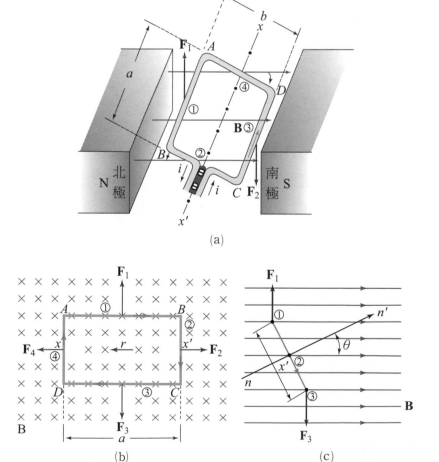

(a)

(b)　　　　　　　　(c)

▲圖 17-29　　一矩形迴線 $ABCD$，載有電流 i 置於均勻磁場 **B** 中所受之力矩 τ。

第 1 邊及第 3 邊因為永遠和磁場垂直，F_1 和 F_3 兩力的大小同為 iaB，此二力的方向亦相反。但如圖 17–29 (c)所示，二力作用方向不在同一條直線上，故會產生力矩，使迴線繞 xx' 軸轉動。因為 F_1 及 F_2 分別對 xx' 軸所產生的力矩，大小相同而且方向也相同，故此迴線的力矩為

$$\tau' = 2(iaB)(\frac{b}{2})(\sin\theta) = iabB\sin\theta \tag{17–36}$$

這是作用於每一匝矩形迴線的力矩。若在均勻磁場中有 N 匝密繞矩形線圈，則作用於整個線圈的力矩為

$$\tau = N\tau' = NiabB\sin\theta \tag{17–37}$$

當 $\theta = 90°$ 時，即當矩形迴線的平面平行於磁場時，力矩為最大；而當 $\theta = 0°$ 時，磁場的方向垂直於迴線的平面時，力矩為零，迴線成穩定平衡的狀態。

因為 ab 等於線圈的面積 A，可以用 A 來代替 ab 的乘積，此時式 (17–37) 變為

$$\tau = NiAB\sin\theta \tag{17–38}$$

(二)圓形迴線

如果我們將一圓形迴線以很多小長方形迴路來代替，這時我們可以使這許多長方形迴線的總面積極接近此圓形迴線的面積。在這一切的長方形迴線中，內緣電流所產生的力矩互相抵消，因此僅有迴線邊緣上的電流產生力矩的效應。因此，我們可以推論出任何形狀的迴線，當其面積為 A，有電流 i 通過並置於一磁場強度為 B 的均勻磁場中時，作用在迴線上的力矩皆為

$$\tau = iAB\sin\theta$$

在此 A 為迴線的面積，θ 為迴線平面的法線和磁場的夾角。此式實與長方形迴線中的式 (17–36) 相同。

如果螺線管圈繞甚密時，則可視為許多圓形迴線在同一轉軸上，則螺線管在一磁場中，作用於其上的總力矩為作用於各圓形迴線的力矩和。所以 N 匝密繞的螺線管置於一磁場強度為 B 的均勻磁場中時，力矩為

$$\tau = NiAB\sin\theta$$

式中 θ 為螺線管軸線和磁場方向的夾角。此式與長方形迴線之式 (17–38) 完全相同。

例題 17-15

有一長度為 0.1 公尺的長直導線，載有 10 安培的電流，在一大小為 1.00×10^{-2} 特士拉的均勻磁場中，且與磁場垂直。求其所受的磁力。

解 由式 (17-33)，得知所受磁力為

$$F_m = iLB \sin\theta = (10)(0.1)(1.00 \times 10^{-2})(1)$$

$$= 1.00 \times 10^{-2} \text{ 牛頓}$$

例題 17-16

有二無窮長的平行細導線，其距離為 0.5 公尺。如兩導線上均有 2 安培的電流時，求此兩導線間每單位長度的作用力。

解 由式 (17-35)，及 $\mu_0 = 4\pi \times 10^{-7}$ 特士拉·公尺 / 安培，可得

$$\frac{F_m}{L} = \frac{\mu_0}{2\pi}(\frac{i_1 i_2}{d})$$

$$= (2 \times 10^{-7})(\frac{2 \times 2}{0.5})$$

$$= 1.6 \times 10^{-6} \text{ 牛頓 / 公尺}$$

若兩導線中電流方向相同，則此作用力為吸引力；若電流的方向相反，則作用力為推斥力。

例題 17-17

一長方形迴線長 0.20 公尺，寬 0.10 公尺，置於一強度為 0.5 特士拉的均勻磁場中。如迴線的平面與磁場方向平行，而通過迴線的電流為 10 安培，求迴線所受的轉矩。

解 由式 (17-38)，如迴線面與磁場平行，則 $\theta = 90°$，轉矩為

$$\tau = iAB \sin\theta$$

$$= (10) \times (0.2 \times 0.1) \times (0.5) \times (1)$$

$$= 0.10 \text{ 牛頓·公尺}$$

例題 17–18

如圖 17–30 所示，一無限長的直導線，其上電流 I 為 20 安培。一長方形導迴線置於其鄰近，圖中所示的 $a = 0.01$ 公尺、$b = 0.09$ 公尺、$c = 0.30$ 公尺。如長方形迴線的電流 i 為 10 安培，試求此迴線所受之力。

解 由式 (17–15)，可得距離長導線 a 處的磁場為

$$B = \frac{\mu_0}{2\pi} \cdot \frac{I}{a}$$

再由式 (17–33) 及右手定則，長方形迴線各部分所受的力如圖 17–30 中所示，大小各為

$$F_1 = icB_1 = ic(\frac{\mu_0 I}{2\pi a})$$

$$F_2 = icB_2 = ic(\frac{\mu_0 I}{2\pi(a+b)})$$

而 F_3 與 F_4 大小相等但方向相反，互相抵消，因此迴線所受合力為

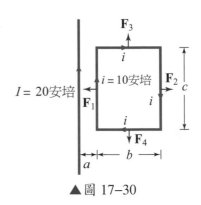

▲ 圖 17–30

$$|\Sigma F| = F_1 - F_2 = (\frac{\mu_0}{2\pi})iIc(\frac{1}{a} - \frac{1}{a+b})$$

$$= (2 \times 10^{-7})(10)(20)(0.30)(\frac{1}{0.01} - \frac{1}{0.10})$$

$$= 1.08 \times 10^{-3} \text{ 牛頓}$$

因 $F_1 > F_2$，所以知道此迴線被吸引。

17–7　電流計、安培計與伏特計

17–7–1　電流計的構造原理

　　電流計 (galvanometer) 是用來檢驗或量度電路中流過的電流的儀器。大多數電流計量度的原理都是利用載流線圈在永久磁鐵的磁場中所受轉矩的大小以表示電流強度的大小。最原始的電流計，為厄司特所作的儀器。他將一磁針置於載流導線的下方，以量度通過導線的電流。磁針與導線放置成南北方向，當導線有電流通過時，磁針即偏轉一角度，此角度的大小可表示電流的大小。

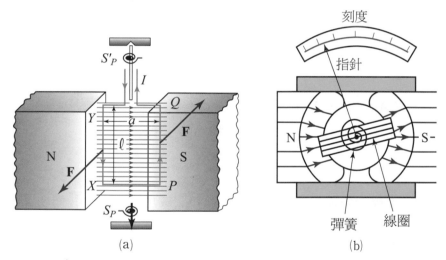

(a)　　　　　　　　　　　　(b)

▲圖 17–31　(a)未改良的電流計內部結構的示意圖；(b)將圖(a)的永久磁鐵改變成圓弧型的電流計的內部結構示意圖。

　　圖 17–31 (a)為電流計的構造簡圖，將長方形迴線的兩端支持於兩螺線彈簧 S_p 及 S'_p 上，並且放置在一永久磁鐵的兩極 N、S 之間，然後再於長方形迴線上安裝上一指針，便構成一電流計。當電流在迴線內流動時，便有磁力作用在迴線上。由此磁力所造成的力矩 τ，便會反抗螺簧所產生的回復力矩 τ'，直到作用於長方形迴線的兩轉矩達到平衡為止。

若迴線面積為 A 且為 N 匝密繞型式，此時長方形迴線所受的力矩由式 (17–38)，得

$$\tau = NiAB \sin\theta = NiAB \sin(90° - \alpha)$$

$$= NiAB \cos\alpha \qquad (17–39)$$

此處 α 代表迴線平面與磁場方向的夾角。由於這力矩的作用，迴線開始轉動，其兩端彈簧會產生反方向之力矩 τ'，以反抗磁力矩 τ 的作用。而又因彈簧的反抗力矩 τ' 和其轉動的角度成正比，即

$$\tau' = k\alpha \qquad (17–40)$$

故當迴線扭動平衡時，由式 (17–39) 及式 (17–40)，可得

$$NiAB \cos\alpha = k\alpha \qquad (17–41)$$

在此情況下，彈簧的扭轉角度 α 並不與通過迴線的電流 i 成正比，而與 $i \cos\alpha$ 成正比。但如果我們改變永久磁鐵的形狀，如圖 17–31 (b)所示，使其產生的磁力線集中於中央，即使迴線平面隨時與磁場方向的夾角保持為零度，此時式 (17–39) 變成

$$\tau = NiAB \cos\alpha = NiAB$$

因此當磁場作用的力矩與彈簧的反抗力矩平衡時，則

$$\alpha = \frac{NiAB}{k} \qquad (17–42)$$

即迴線或指針偏轉的角度 α 與迴線通過的電流 i 成正比。因此我們便可很容易地由迴線的偏轉角度 α，得知通過迴線電流 i 的大小。

17-7-2　安培計與伏特計

在前一章第 7 節電流、電位差與電阻的量度裡，我們已知將電流計並聯一分路電阻 R_A 即可當作安培計使用，而串聯一高電阻 R_V 即可當作伏特計使用，如圖 17–32 (a)、(b)所示。但各需聯接的電阻應多少才恰當呢？下面我們將分別討論安培計及伏特計所需聯接的電阻值。

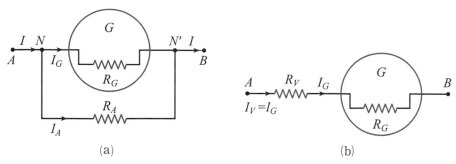

▲圖 17–32　(a)電流計 G 並聯一低電阻 R_A 所成的安培計；(b)電流計 G 串接一高電阻 R_V 所成的伏特計。

㈠安培計

　　若我們希望安培計能夠量度的總電流 I 為原來電流計所能量度的電流 I_G 的 n 倍，則需要並聯的分路電阻 R_A，其與電流計的內阻 R_G 應有什麼關係呢？由圖 17–32 (a)所示，因為 R_A 及 R_G 並聯。假設分路電阻所流過的電流為 I_A，其電壓降為 V，則 $I_A = I - I_G$，由歐姆定律可得

$$R_A = \frac{V}{I_A} = \frac{V}{I - I_G} \tag{17–43}$$

以 $V = I_G R_G$ 代入上式，則

$$R_A = \frac{I_G R_G}{I - I_G} \tag{17–44}$$

由上式可以得到線圈流過的電流 I_G 和電路總電流 I 的關係，為

$$I_G = \frac{R_A}{R_G + R_A} I$$

如令 $I = n I_G$ 代入上式，則得

$$R_A = \frac{1}{n - 1} R_G \tag{17–45}$$

因此，欲使電流計的量度範圍，增加為不加分路電阻時的 n 倍，則所加分流電阻須為線圈電阻的 $\dfrac{1}{n-1}$ 倍。

　　一般的安培計係藉由改變分路電阻的大小來改變計量的範圍。如圖 17–33 中，R_{A1}、R_{A2} 及 R_{A3} 分別代表三個並排的不同電阻，可以用旋轉式開關來變換不同的分路電阻。如果分路電阻用 R_{Ai} 代表，$i = 1$、2、3，線圈內阻為 R_G，此時實際

電流值應該為流經電流計的電流的 n 倍，則 $n = \dfrac{R_G + R_{Ai}}{R_{Ai}}$。一般電流計在選不同分路電阻時已經將此倍數計算在內。

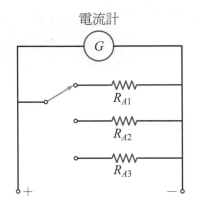

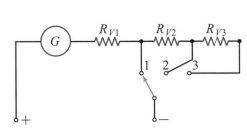

▲圖 17–33　分路電阻可以互換接連的安培計　　　▲圖 17–34　擴大伏特計的計量範圍

㈡伏特計

　　若我們希望伏特計能夠量度的電壓範圍 V 為原來電流計所能量度的電壓 V_G ($= I_G R_G$) 的 n 倍，則需串聯的電阻 R_V，其與電流計的內阻 R_G 應有什麼關係呢？由圖 17–32 ⒝所示，因為 R_V 與 R_G 串聯，所以通過伏特計的電流即為通過電流計的電流 I_G。因此依歐姆定律我們可得

$$\frac{V}{R_G + R_V} = \frac{V_G}{R_G} \tag{17–46}$$

將 $V = nV_G$ 代入上式，則上式變成

$$\frac{V}{V_G} = \frac{R_G + R_V}{R_G} = n$$

由此式可得

$$R_V = (n - 1)R_G \tag{17–47}$$

因此，欲使伏特計量度電壓的範圍，增為不串聯電阻器的 n 倍，則所串聯的電阻器的電阻必須為線圈電阻的 $(n - 1)$ 倍。

　　一般複式伏特計有幾個計量的範圍，必須加一連串的電阻 R_{V1}、R_{V2}、R_{V3} 等，並且用旋轉式開關來變換計量範圍，如圖 17–34 所示。

例題 17-19

一電流計具有 10.0 歐姆的內電阻，能量度的最大範圍為 1 毫安。如果需要量度 5 毫安的較大電流，此時分路電阻的大小為何？

解　當電路的電流為 5 毫安時，電流計所能流過的電流只能流過 1 毫安。將 $I_G = 1$ 毫安，$I = 5$ 毫安及 $R_G = 10.0$ 歐姆代入式 (17–44)，得

$$R_A = \frac{I_G R_G}{I - I_G} = \frac{1 \times 10.0}{5 - 1}$$

$$= 2.5 \text{ 歐姆}$$

分路電阻為 2.5 歐姆，由式 (17–45) 以 $n = 5$, $R_G = 10.0$ 歐姆亦可求得相同之結果。

例題 17-20

有一電流計，其可動線圈之內電阻為 20 歐姆，其指針偏轉為最大時之電流為 0.01 安培。如欲改為最大偏轉為 200 伏特之伏特計，所需串聯之電阻器的電阻值應該為多少？

解　當滿刻度最大偏轉時，電流 I_G 為 0.01 安培，則線圈上的電壓降 V_G 為

$$V_G = 0.01 \times 20 = 0.2 \text{ 伏特}$$

此時伏特計兩端的電壓計為 $V = 200$ 伏特，故

$$n = \frac{V}{V_G} = \frac{200}{0.2} = 1000$$

由式 (17–47) 可得

$$R_V = (n - 1)R_G = (1000 - 1) \times 20$$

$$= 19980 \text{ 歐姆}$$

所需串聯的電阻器的電阻為 19980 歐姆。

17-8　電動機原理

　　直流電動機 (D.C. motor) 又稱直流馬達，在構造原理上和動圈式的電流計大致相同。所不同者在於電動機能繼續運轉，而電流計轉至某一角度就會因彈簧所施的轉矩而停止轉動。

　　圖 17-35 為一直流電動機的簡圖，有一組線圈繞在鐵心上的可動線圈，構成電動機的可以轉動的部分，我們叫做電樞 (armature)，因其能轉動又稱為轉體 (rotator)。此線圈置放於磁鐵兩極的中央，磁鐵的作用在於轉動電樞。此磁鐵可以為永久磁鐵亦可為電磁鐵，一般我們稱之為固定體或固定片 (stator)。

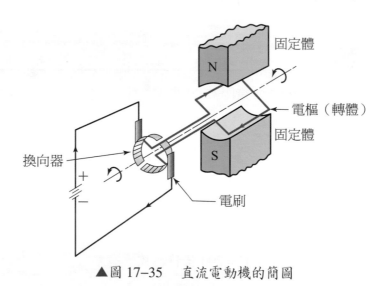

▲圖 17-35　直流電動機的簡圖

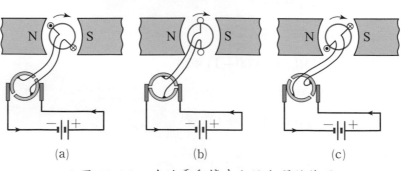

▲圖 17-36　直流電動機中之換向器的作用

　　當電流在電樞線圈中流動時，受到固定體的外磁場的作用力而使電樞轉動。在圖 17–36 (a)中，從電流和磁場的方向，我們可以由右手定則推知電樞將作順時針轉動。當電樞轉到圖 17–36 (c)的位置時，如果維持電流的方向不變，則磁力的作用將會使電樞反時針方向轉動，如此則電樞將在磁鐵的中央往復運動。要使電樞能繼續作順時針的轉動，就要使其轉至圖 17–36 (b)的位置時改變電流的方向。要完成這種作用，通常將線圈的兩端接到兩片稱做換向器 (commutator) 的環狀金屬導體。如圖 17–36 所示，適當地調整換向器的位置，則線圈將在適當的時間改換電流的方向，如此電樞將連續不斷地往同一方向繼續旋轉。

　　直流電動機如果將固定體磁場的電流方向改變，或者改變電樞電流的方向，則可改變轉動力矩的方向，使得直流電動機的轉動方向改變。一般直流電動機由改變電樞電流的方向來變換轉向。

習 題

1. 氫原子中之電子，以 2.2×10^6 公尺／秒的速度，繞質子做等速圓周運動。其軌道半徑為 5.3×10^{-11} 公尺。如果此氫原子置於一磁場中，而此磁場之方向垂直於此電子運動的平面，磁場強度等於 0.1 特士拉，計算電子與質子間的庫侖力與電子所受磁力之比。

2. 有一電場，其強度為 3×10^4 伏特／公尺，與一磁場強度為 2×10^{-3} 特士拉的磁場相互垂直。若欲使通過於其間之電子不發生偏向。求(a)電子流注入的速度；(b)繪圖表示向量 **v**、**E** 及 **B** 的相對方向。

3. 有一長直導線，載的電流 200 安培，穿過一每邊長 1 公尺的立方體木盒，導線穿進穿出的地方為木盒兩相對平面中心處，如圖 17–37 所示。假想在此導線中有一短導線長 0.01 公尺，在盒的中心處，求此短導線電流在圖中所示 a、b、c、d 處所產生的磁場強度 B。

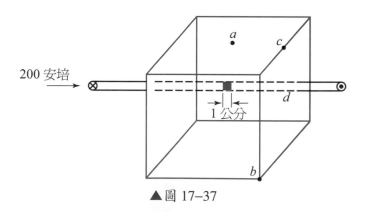

▲圖 17–37

4. 有一無限長直導線，其所載的電流為 10 安培。試問在距離導線 10 公尺的地方，所產生的磁場強度為若干？

5. 有一圓形迴線，其所載的電流為 10 安培。如果其半徑等於 0.20 公尺，試問圓心處的磁場強度為若干？

6. 有兩個圓形迴線互相垂直，其半徑 r 相等，而且圓心重合，如圖 17–38 所示。若 $I_1 = 10$ 安培，$I_2 = 5$ 安培，$r = 0.20$ 公尺，試問圓心處的磁場強度為若干？（提示：先求出 I_1 產生的 B_1，再求 I_2 所產生的 B_2，則 $B = \sqrt{B_1^2 + B_2^2}$。）

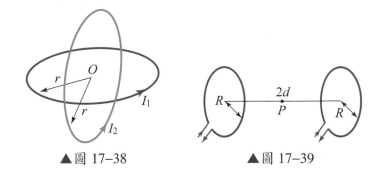

▲圖 17–38　　　　　　　▲圖 17–39

7. 兩半徑均為 R 的圓形迴線，面對面平行置放，如圖 17–39 所示，兩圓心的距離為 $2d$。今如兩線圈中各通以電流 i，試求當(a)兩電流的流向均相同；(b)兩電流的流向相反時，在連心線的中心點 P 處的磁場強度的大小及方向。

8. 有一螺線管，長 1 公尺，半徑 0.02 公尺，其匝數為 1200 匝，而電流為 2 安培，試問管內的磁場強度為若干？

9. 有一螺線環，平均半徑為 0.10 公尺，密繞 100 匝，如果繞組內電流為 0.5 安培，試問此環內磁場強度為若干？

10. 有一螺線環，繞線匝數為 300 匝，平均半徑為 0.15 公尺，通過 0.1 安培的電流，其環心材料之相對導磁率為 400。求環內的磁場強度 B。

11. 有一直導線，其電流為 8 安培，假想距離此導線 0.2 公尺處有一電子以速度 v 沿著電流方向（與導線平行）移動。如果 $v = 5 \times 10^3$ 公尺／秒，試問此電子所受磁力的大小若干？

12. 一質子速率為 7.32×10^7 公尺／秒，在一均勻磁場的垂直面內，做等速圓周運動，半徑為 0.60 公尺。試求(a)磁場的強度；(b)此質子的迴旋頻率。

13. 一質子以垂直於一均勻磁場的方向射入磁場中，磁場強度為 0.5 特士拉。質子做等速圓周運動的半徑為 1 公尺。試求(a)質子的速度；(b)質子的動能及(c)質子轉動的迴旋頻率。

14. 有一長直導線，帶電流為 10 安培，在與其距離 0.1 公尺處有一長 1 公尺的導線，載電流為 1 安培。求此 1 公尺導線所受長直導線的磁力。

15. 一長為 1.0 公尺的載流導線，所載電流為 10 安培，並且與 2.5 特士拉的均勻磁場 B 的夾角為 30°。試求磁場施於載流導線的力。

16. 一長度為 0.6 公尺的載流導體，質量為 0.010 公斤，用一對彈簧將其懸掛於一 0.2 特士拉的均勻磁場中，如圖 17–40 所示。當彈簧的長度與沒有懸掛導線時的長度一樣，也就是說導線上所受的磁力與重力互相抵消，其所受的淨力為零。求此時電流的大小和方向。

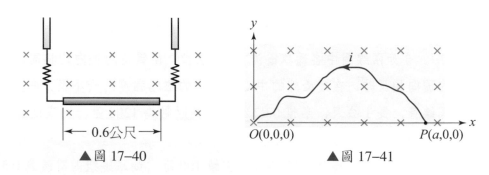

▲圖 17–40　　　　　　　　▲圖 17–41

17. 一任意形狀的導線 OP，如圖 17–41 所示，在 xy 平面上，其 O 點的坐標為 $(0, 0, 0)$，P 點的坐標為 $(a, 0, 0)$，載有電流 i。如將其置於一均勻磁場 $\mathbf{B} = -B\mathbf{k}$ 中，求此導線所受的力。

18. 一長方形迴線為 0.05 公尺 × 0.10 公尺，置於磁場強度為 0.5 特士拉的磁場中。如果此迴線中載電流為 5 安培，問作用於其上的最大轉矩為若干？

19. 有一 20 匝密繞圓形線圈組，直徑為 0.1 公尺。若此線圈組載有電流 5 安培，置於一磁場強度為 0.01 特士拉的磁場中，(a)作用於此線圈之最大轉矩為若干？(b)線圈平面的垂直方向與磁場方向之夾角 60° 時，轉矩為若干？

20. 有一 100 匝的矩形密繞線圈組，每一線圈的大小皆為 0.20 公尺 × 0.40 公尺。當其所載的電流為 0.01 安培，如果將此繞組置於一磁場強度為 0.1 特士拉的磁場中時，其所受的最大轉矩為何？

21. 一電流計其內阻為 20 歐姆，能量度的最大範圍為 1 毫安。今欲改裝成量度範圍為 1 安培的電流計，則應加電阻器的電阻值若干？如何接法？

22.圖 17–42 中，有一 0.01 安培之電流計（即電流計的最大量度範圍為 0.01 安培），其內阻為 10 歐姆。今欲使電流計可量度 0.1 安培、1 安培及 5 安培時，則 R_{A1}、R_{A2}、R_{A3} 之值各應若干？

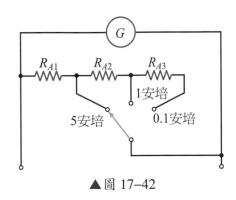

▲圖 17–42

23.有一安培計跨接於未知電動勢的電池上，得到 1 安培的電流讀數。如今安培計與一電阻為 10 歐姆之電阻器串聯再接在此電池上，如圖 17–43 所示，此時電流降為 0.6 安培。假設電池的內阻為零，求(a)此安培計的內阻；(b)此電池的電動勢。

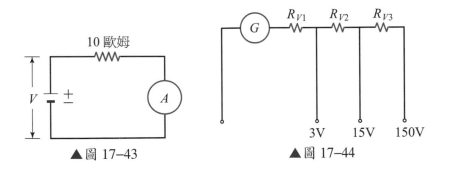

▲圖 17–43　　　　　　　　　▲圖 17–44

24.圖 17–44 為一伏特計之內部電路，其電流計的內阻為 15 歐姆，其最大量度為 1 毫安，外面旋鈕分別標為 3 伏特、15 伏特及 150 伏特。求串聯的電阻器 R_{V1}、R_{V2}、R_{V3} 的電阻值。

25.試述直流電動機的工作原理。其構造與電流計有何相同之處？

26.電動機是否可當發電機使用？

18

電磁感應、電磁振盪與馬克士威方程式

■ 本章學習目標

學完這章後，您應該能夠

1. 對一迴線在磁場下運動時，決定其應電流的方向。
2. 知道磁通量的定義，並了解磁學的高斯定律。
3. 明瞭法拉第的感應定律，並能計算導體在磁場中運動時所感生的應電動勢及應電流等。
4. 了解冷次定律，並應用此定律決定應電動勢及應電流的方向。
5. 明瞭磁通量的變化可以感生電場，並知道其間的關係。
6. 知道電通量變化時，會感生位移電流，並進而感生應磁場的事實。並知道馬克士威的感應定律。
7. 知道電感器的自感及互感的意義，並計算各種螺線管、螺線環的電感。
8. 計算 *RL* 電路充放電時，其電流的變化關係。而且能更進一步計算各元件所儲存或釋放的能量及功率。
9. 明瞭 *LC* 電路振盪時，其電能與磁能的變化情況，並要能計算電容器上所儲存的電量、流經電感器的電流以及振盪的角頻率及週期。
10. 明瞭 *RLC* 電路的振盪情況，並能夠計算阻尼振盪消耗能量的功率、儲存在電容器上之電荷以及振盪的角頻率。
11. 認識馬克士威的四個基本電磁學方程式。
12. 認識電磁波及其產生的原理。

　　就歷史的演進而言，早期電學與磁學的發展，根本是分道揚鑣的。由於磁力最初只被發現於磁性的物質，而且電與磁這兩種現象在表面上有顯著的不同，最初的物理學家並不知道兩者之間的關連性。自厄司特在 1820 年發現電流的磁效應後，人們才陸續地發現在電與磁之間，存在著相互轉換的關係，知道磁場可以由電流產生。由電流產生磁的現象，使許多科學家企圖尋找相反的由磁產生電的效應。1821 年法拉第就已立志要將磁性變為電流。1830 年亨利在休假中，偶然發現改變電磁鐵電流的瞬間，磁場發生變化會使線圈產生應電流 (induced current)，或稱感生電流，可惜當時未繼續下工夫研究。一年後，法拉第也獨自發現了基本上相同的由磁生電的現象，即所謂的電磁感應 (electromagnetic induction)。這個發現和高斯定律、安培定律等才構成了一完整的馬克士威電磁理論。本章我們開始將詳細說明法拉第的重要貢獻，亦即電磁感應的現象及運用，接著討論 LC 及 RLC 等振盪電路，最後總結馬克士威的四個方程式並介紹其所預測的電磁波。

18–1　電磁感應的實驗

A：改變在固定磁場下的迴線面積的實驗

　　在上一章中，我們曾討論過載流導線或線圈在磁場下會受力而運動，因此很自然地想到在磁場下運動的導線或線圈是否會感應出應電流。如圖 18–1 (a)所示，在一固定磁場下，等速拉出一串接電流計 G 的矩形迴線。結果由電流計指針的偏轉我們發現迴線上有應電流產生。將迴線反向推進，則發現應電流亦以反方向流動。迴線不動，則應電流亦告停止。

　　但是假使如圖 18–1 (b)所示，磁體與迴線皆以相同的速度向左運動，則在迴線內沒有應電流。在圖 18–1 (c)中，迴線保持靜止，磁體向右運動，結果發現此時電流計的讀數與圖(a)的情形完全相同。而在圖 18–1 (d)中的迴線截面較小。當迴線上下或水平運動，都整個在均勻磁場內，則迴線與磁體雖有相對運動，但仍然沒有感應電流產生。

B：改變磁場強度的實驗

　　利用圖 18–2 (a)所示的電磁鐵，不移動磁體或迴線，而代之以改變線圈上的電

流來改變磁場的強度。當我們閉合開關，線圈上的電流開始流通之瞬間，在迴線內有顯著的應電流產生；當敞開開關，停止線圈上電流之瞬間，亦有應電流產生，只是方向與前述的方向相反罷了。

　　將圖 18–2 (a)稍微修改成圖 18–2 (b)，在此我們使用一較大的迴線，以至整個磁場都在迴線所圍的面積內，而沒有導線位於磁場下，即所有迴線皆在磁場為零的區域。若將開關閉合或敞開，則應電流產生的情形與圖 18–2 (a)相同。

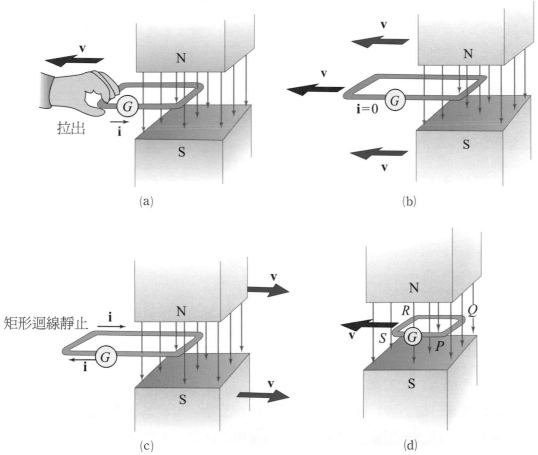

(a)　　　　　　　　　　　　　　　(b)

(c)　　　　　　　　　　　　　　　(d)

▲圖 18–1　(a)一閉合矩形迴線，在固定磁場內以等速向左拉出，迴線上產生應電流；(b)磁體與迴線以相同速度向左運動，迴線內無應電流；(c)磁體以速度 **v** 向右運動而迴線靜止不動，其應電流與(a)的情況相同；(d)整個迴線在均勻磁場中運動時，無應電流產生。

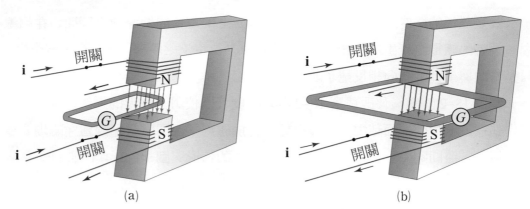

▲圖 18-2　當電磁鐵的磁場有變化時，則迴線不動亦會產生應電流。(a)磁場部分在迴線所圍面積內；或(b)磁場整個在迴線所圍面積內。

C：迴線在固定磁場下轉動的實驗

　　如圖 18-3 所示，一固定截面的圓形迴線，在固定磁場下轉動，結果亦會感生應電流。

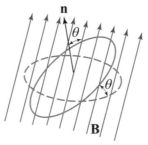

▲圖 18-3　當迴線在固定磁場下轉動，亦會產生應電流。

　　由上面的 A、B、C 實驗，我們發現要使迴線上感生應電流，則必需磁場通過迴線截面的量（磁力線）要有改變才可。而要改變磁場穿過迴線截面的量，則可藉由實驗 A，由改變迴線在磁場下的面積達成；或藉由實驗 B，改變磁場的強度達成；或藉由實驗 C，改變迴線在磁場下的方向達成。

18-2　磁通量與磁學的高斯定律

18-2-1　磁通量

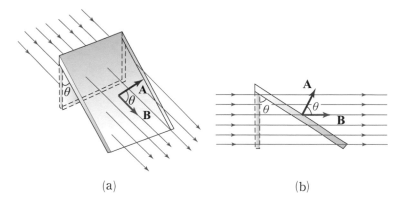

(a)　　　　　　　　　　　(b)

▲圖 18-4　均勻磁場通過截面的磁通量 ϕ_B 定義為 $\mathbf{B} \cdot \mathbf{A}$ 或 $BA \cos\theta$

　　要說明前節磁場通過迴線截面的量，我們比照第 13 章的電通量在此介紹一個新的名詞──磁通量 (magnetic flux) ϕ_B。對於一均勻磁場 $\mathbf{B}$ 及迴線所圍的面積向量 $\mathbf{A}$（方向垂直平面），如圖 18-4 所示，我們定義磁通量為

$$\phi_B = \mathbf{B} \cdot \mathbf{A} = BA \cos\theta \tag{18-1}$$

式中 θ 為 $\mathbf{B}$ 與 $\mathbf{A}$ 向量的夾角。若磁場不均勻或通過的曲面不是平面時，如圖 18-5 所示，我們定義通過一小面積 $\Delta\mathbf{A}$ 的磁通量 $\Delta\phi_B$ 為

$$\Delta\phi_B = \mathbf{B} \cdot \Delta\mathbf{A} = B(\Delta A) \cos\theta \tag{18-2}$$

寫成微分形式則為

$$d\phi_B = \mathbf{B} \cdot d\mathbf{A} = B(dA) \cos\theta \tag{18-3}$$

而通過整個曲面的磁通量 ϕ_B，則為

$$\phi_B = \Sigma \mathbf{B} \cdot \Delta\mathbf{A} \tag{18-4}$$

寫成積分形式則為

$$\phi_B = \int \mathbf{B} \cdot d\mathbf{A} \tag{18-5}$$

通過一迴線的磁通量，就磁力線的觀點而言，與通過此迴線的磁力線的總數成正比。而由式 (18–2) 可知磁場 B 的大小等於垂直面積穿過的磁通量，因此磁場又稱為磁通密度 (magnetic flux density)。

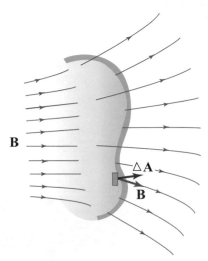

▲圖 18–5　非均勻磁場在曲面 $\Delta\mathbf{A}$ 所通過的
磁通量 $\Delta\phi_B = \mathbf{B} \cdot \Delta\mathbf{A}$

18-2-2　磁學的高斯定律

在第 13 章中，我們說過通過一封閉曲面的全部淨電通量等於被該曲面包圍之淨電荷除以 ε_0。只有當封閉曲面所包圍住的淨電荷等於零時，通過該封閉曲面的淨電通量才會是零。對於磁場我們發現一個非常不同的情況。磁學中的高斯定律 (Gauss's law for magnetism) 聲明說通過一封閉曲面的淨磁通量永遠等於零，用式子表示則為

$$\oint \mathbf{B} \cdot d\mathbf{A} = 0 \tag{18–6}$$

此式與式 (13–26) 都是馬克士威方程式 (Maxwell's equations) 中的一個。在上一章中我們曾說從未發現過磁單極 (magnetic monopole) 的存在；磁力線為一封閉的迴線，不像電力線由正電荷開始或終止於負電荷。因此由實驗觀察我們可推論出此定律。

由上一章的討論，我們知道電流為磁場的來源。圖 18–6 所示，為一電流環的磁力線圖，S_1 及 S_2 各表示一任意形狀的封閉曲面。在圖 18–6 中，我們可發現 S_1、S_2 這些封閉曲面或其他任意想像的封閉曲面，其所進入的磁力線數都與穿出的磁力線數相同。這點與經過一封閉曲面的電通量顯然不同。當封閉曲面內有淨電荷則經過封閉曲面的電通量就不是零。但如圖 18–6 中的 S_2 封閉曲面，即使有電流通過（電流由一邊進入，而由另一邊流出），可是流經此封閉曲面的淨磁通量仍然為零。

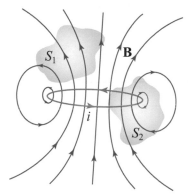

▲圖 18–6　電流環所形成之磁場的磁力線通過兩個封閉曲面 S_1 及 S_2。通過兩者的淨磁通量都等於零，即使是 S_2 有電流通過亦是一樣。

磁通量在 SI 的單位可由式 (18–1) 推知為特士拉・公尺^2 (T·m^2)，我們特稱為韋伯（weber，符號為 wb），因此

　　　1 韋伯 = 1 特士拉・公尺^2

或

　　　1 特士拉 = 1 韋伯／公尺^2

例題 18–1

如圖 18–4 中，假設磁場 $B = 0.2$ 特士拉，而迴線所圍的面積為 1.00 公尺^2，兩向量 **B** 與 **A** 間的夾角 θ 為 $60°$，試求通過此迴線的磁通量。

解　　　　$\phi_B = BA\cos 60° = \dfrac{1}{2}BA = \dfrac{1}{2}(0.2)(1.00) = 0.1$ 韋伯

18-3 　法拉第感應定律

我們在第 16 章的簡單電路裡已經知道要使電路上的導線產生電流，必需要電路上有一能使電荷運動的電源，即電動勢源。而由前面的實驗，我們知道通過一封閉迴線的磁通量若有改變，則會產生應電流。這種經由磁場的作用產生應電流的電動勢，我們稱為感生電動勢或應電動勢 (induced electromotive force, induced emf)。下面我們即將討論應電動勢與磁通量變化的關係，即所謂的法拉第感應定律 (Faraday's law of induction)。

圖 18-7 (a)代表一長為 L 之導體，置於一均勻磁場中，此磁場垂直於圖面，其方向為進入書內。由右手定則可知導體內任一電荷 q 皆感受一磁力 $F_B = qvB$，其方向為沿著導體的長邊，對負電荷而言其受力方向由 a 至 b；對正電荷而言其受力方向則由 b 至 a。如前述導體中的自由電子遂順其作用力的方向運動，直至導體兩端集結的額外電荷所感生的電場 $\mathbf{E}$，使其內電荷所受的靜電力 $q\mathbf{E}$ 與磁力 $q\mathbf{v} \times \mathbf{B}$ 相抵時 $(q\mathbf{E} + q\mathbf{v} \times \mathbf{B} = 0)$，此種運動才停止。最後在導體上端堆積了額外的正電荷，而在導體下端堆積了額外的負電荷。此正、負電荷所產生的靜電場，如圖 18-7 (b)中的曲線 （電力線） 所示。此時導體兩端有應電動勢 (induced emf) $\mathscr{E} = V_a - V_b$ 存在，如有適當通路，如圖 18-8 所示，即可感生應電流。

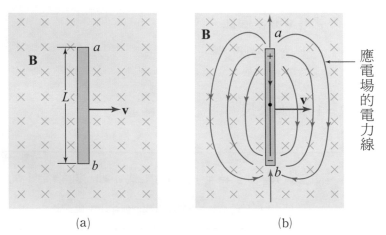

(a)　　　　　　　　　　(b)

▲圖 18-7　　(a)在均勻磁場中運動的導體；(b)導體兩端堆積電荷感生應電場，此時導體兩端會有應電動勢 $\mathscr{E} = V_a - V_b = EL$。

今想像此 ab 導體沿一靜止的 U 形導體上滑動，如圖 18-8 所示。在 U 形靜止導體中的電荷雖然不受磁力的作用，但因為它與導體 ab 接觸在一起，所以仍會在其上感生應電流，方向是沿反時針方向。由於此一應電流的結果，運動導體 ab 的兩端堆積的電荷逐漸減少，進而引起運動導體中靜電場的衰減。只要維持此 ab 導體的運動，即會在線路中形成一反時針方向的應電流。當 ab 導體上有應電流 i 時，則此 ab 導體受有一磁力 $\mathbf{F}_B = i\mathbf{L} \times \mathbf{B}$，其方向為向左，若要維持 ab 導體以等速度 $\mathbf{v}$ 運動，則須施一外力 $\mathbf{F}_{ext}$ 以平衡磁力 $\mathbf{F}_B$。若在 Δt 時間內，ab 導體移動了一位移 $\Delta \mathbf{x}$，則施力所作的功為

$$W_{ext} = \mathbf{F}_{ext} \cdot \Delta\mathbf{x} = -\mathbf{F}_B \cdot \Delta\mathbf{x} = -(i\mathbf{L} \times \mathbf{B}) \cdot \Delta\mathbf{x} = -i(\mathbf{L} \times \mathbf{B}) \cdot (\mathbf{v}\Delta t)$$

但在 Δt 時間內，流過的電量 $q = i\Delta t$，所以施力所作的功為

$$W_{ext} = -q\mathbf{L} \times \mathbf{B} \cdot \mathbf{v}$$

而因電動勢 $\mathscr{E}$ 定義為對單位電荷所作的功，因此

$$\mathscr{E} = \frac{W_{ext}}{q} = -\mathbf{L} \times \mathbf{B} \cdot \mathbf{v} = -\mathbf{B} \cdot \mathbf{v} \times \mathbf{L} = \mathbf{L} \cdot (\mathbf{v} \times \mathbf{B}) \tag{18-7}$$

如圖 18-8 所示，若 $\mathbf{L}$、$\mathbf{v}$、$\mathbf{B}$ 互相垂直，則由式 (18-6) 可得應電動勢的大小為

$$\mathscr{E} = LvB \tag{18-8}$$

而其正負值，則可由式 (18-7) 決定。上式中之 v 為向量 $\mathbf{v}$ 的大小。

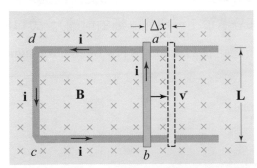

▲圖 18-8　在磁場中運動的導體所感生的應電流

　　上述的應電動勢，亦可從其它觀點考慮，如圖 18-8 所示，當導體向右運動一小位移 $\Delta \mathbf{x}$，閉合線路 $abcda$ 的截面積增加 $\Delta \mathbf{A}$，其方向規定為垂直向外，所以增加的面積

$$\Delta \mathbf{A} = \Delta \mathbf{x} \times \mathbf{L}$$

則經過此線路所圍面積的磁通改變量為

$$\Delta \phi_B = \mathbf{B} \cdot \Delta \mathbf{A} = \mathbf{B} \cdot (\Delta \mathbf{x} \times \mathbf{L})$$

當上式兩邊皆除以 Δt，我們得到

$$\frac{\Delta \phi_B}{\Delta t} = \frac{\mathbf{B} \cdot \Delta \mathbf{x} \times \mathbf{L}}{\Delta t} = \mathbf{B} \cdot \mathbf{v} \times \mathbf{L} \tag{18-9}$$

由式 (18-7) 及式 (18-9)，可得

$$\mathscr{E} = -\frac{\Delta \phi_B}{\Delta t} \tag{18-10}$$

上式即表示在一迴線中的應電動勢，其大小等於通過此迴線之磁通量的時間變化率。其正負號可由下法決定：若我們面對一線路，假使其產生的電流為逆時針方向，則此一應電動勢被認為是正值；假使穿出曲面（平面）的磁通量有增加，則 $\frac{\Delta \phi_B}{\Delta t}$ 被認為是正值。在圖 18-8 中，因為電流是逆時鐘方向，所以應電動勢是正值；但是進入曲面（平面）的磁通量在增加，所以 $\frac{\Delta \phi_B}{\Delta t}$ 是負值。上式中的負號係表示應電動勢的方向，乃係用來產生一應電流（因此而產生一感應磁場），以阻止迴線中磁通量的改變（此部分將於下一段作詳細的討論）。式 (18-10) 所表示的關係，我們稱為法拉第電磁感應定律 (Faraday's law of electromagnetic induction)，寫成微分形式則為

$$\mathscr{E} = -\frac{d \phi_B}{dt} \tag{18-11}$$

例題 18-2

一電磁鐵，其磁極間的磁場 $B = 0.5$ 特士拉。一長度為 0.40 公尺的長導體，如圖 18-8 所示之導體 ab。以 10 公尺／秒的速度始終保持垂直磁場的方向運動。求此長導體上的應電動勢。

解 由式 (18−8)，得

$$\mathscr{E} = LvB$$

將 $L = 0.40$ 公尺，$v = 10$ 公尺 / 秒，$B = 0.5$ 特士拉代入上式，得

$$\mathscr{E} = (0.4) \times (10) \times (0.5) = 2 \text{ 伏特}$$

例題 18−3

如圖 18−9 所示，迴線 1 為一電路以電池維持一電流，使得迴線 2 的磁通量有 5×10^{-4} 韋伯。當迴線 1 斷路時，迴線 2 之磁通量在 0.001 秒內降至零，試求迴線 2 內的平均應電動勢。

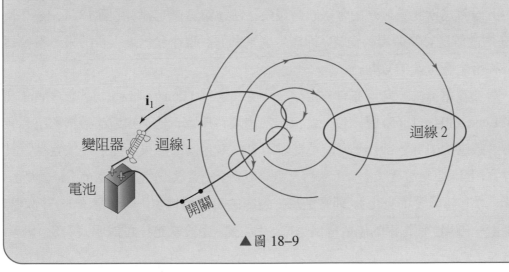

▲圖 18−9

解 迴線 2 磁通量減少的平均速率為

$$\frac{\Delta \phi_B}{\Delta t} = \frac{5 \times 10^{-4}}{0.001} = 0.5 \text{ 韋伯 / 秒} = 0.5 \text{ 伏特}$$

由式 (18−10) 可知迴線 2 的平均感應電動勢為 0.5 伏特。

例題 18−4

假設一迴線的電阻為 6 歐姆，而通過此迴線的磁通量每秒減少 6×10^{-2} 韋伯，試問此迴線的應電動勢為若干？應電流的大小為何？

解 由式 (18–10)

$$\mathscr{E} = \left| -\frac{\Delta \phi_B}{\Delta t} \right| = \frac{6 \times 10^{-2}}{1} = 6 \times 10^{-2} \text{ 伏特}$$

由歐姆定律，可得應電流為

$$i = \frac{\mathscr{E}}{R} = \frac{6 \times 10^{-2}}{6} = 10^{-2} \text{ 安培}$$

18–4   冷次定律

上面敘述法拉第發現的電磁感應現象及法拉第感應定律。在圖 18–1、18–2 及 18–3 中的線圈，當磁場改變時，即產生應電動勢。現在我們進一步的來看看應電動勢和所生應電流的方向。

關於應電流的方向，亦有一定律——冷次定律 (Lenz's law)。冷次 (Heinrich Emil Lenz 1804～1865) 是一位十九世紀的德國科學家，他不知道法拉第和亨利有關電磁感應的研究，卻幾乎同時重覆發現了許多相同的結果。關於冷次定律，其內容為：因「磁通量變化」而產生的應電流方向，是要使應電流產生的「新磁場」，反抗「原有磁通量的變化」。即當通過一迴線的磁通量增加，則應電流的方向，將會產生一磁場，使迴線的磁通量減小；反之亦然。由冷次定律可說明式 (18–10) 中的負號。

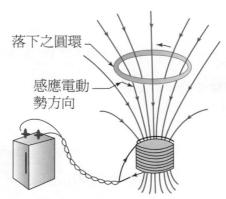

▲ 圖 18–10   應電動勢的方向是要反抗磁通量的變化

如圖 18−10 所示，由電流通過線圈而產生一磁場，其方向朝下。在此線圈上方的磁場強度，隨著高度的增加而減少。當一圓環由上往下降，則通過圓環的向下磁通量會增加。由冷次定律知應電流的方向是要反抗磁通量的變化，於是應電流將會產生一向上的磁場。由右手定則我們可知此時環內的應電流為反時針方向，如圖 18−10 中箭頭所示。

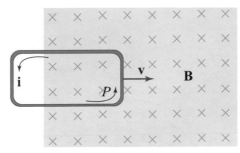

▲圖 18−11　當矩形迴線向右移動時，磁通量增加。
於是應電流的方向是要產生一向上的
磁場，以「反抗」迴線內磁通量的增加。

如圖 18−11 所示，"×" 號是表一垂直進入書頁的磁場。當矩形迴線向右移動時，磁通量逐漸增加。於是應電流將產生一穿出書頁的磁場，反抗磁通量的增加。由右手定則，我們知道，應電流方向為反時針方向。假使矩形迴線往左拉動，則磁通量減少，此時應電流為順時針方向，以反抗磁通量的減少。

18−5　　應電場與法拉第感應定律的重述

在第 3 節中，我們曾應用圖 18−7 及圖 18−8 之直線導體在固定磁場中的運動，而導出法拉第感應定律 $\mathscr{E} = -\dfrac{d\phi_B}{dt}$ 的關係。若再依圖 18−8 之迴路，並應用第 16 章的克希何夫第二定律（迴線法則）及歐姆定律，我們便可得

$$\mathscr{E} = \oint i dR = \oint (A\sigma\mathbf{E}) \cdot (\rho\frac{d\mathbf{S}}{A}) = \oint \mathbf{E} \cdot d\mathbf{S} = -\frac{d\phi_B}{dt} \tag{18−12}$$

上式的推導，我們全部在固定磁場及運動的迴線中完成。如果迴線不動，而由磁場改變是否亦可得相同的應電場呢？由第 1 節的實驗 B，我們知道當磁場強度改變時也會有應電流產生。現在我們更進一步應用圖 18−12 來加以說明。

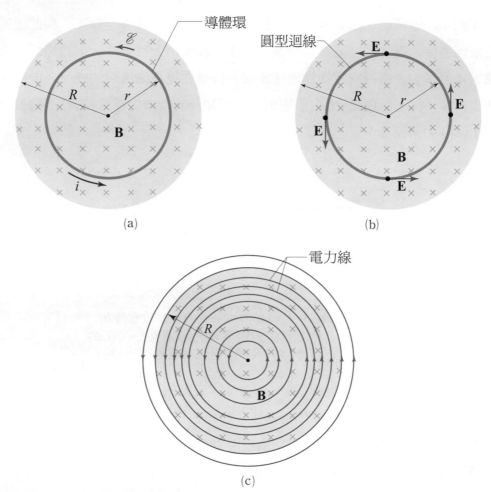

▲圖 18–12   (a)如果磁場穩定增加，則導體環上會有固定的應電流產生；(b)即使導線環
移去，應電場仍然出現在各個點上；(c)用電力線表示的一組同心應電場的
圖形。

　　如圖 18–12 (a)所示，我們在一由電磁鐵所控制的均勻磁場中，放置一半徑為
r 的銅環，磁場的有效半徑為 R。如果我們藉控制電磁鐵的電流而使磁場 B 穩定
增加，則依法拉第定律，可知通過導體環的磁通量亦將穩定增加，而依冷次定律，
我們知道應電流流動的方向應為如圖 18–12 (a)所示的逆時針方向。導線環上既有
電流則依歐姆定律必定在導線環的各處都應有相同的應電場強度。應電場就像由
靜電荷所產生的電場一樣真實而不管它的來源如何。因此我們可以將法拉第感應
定律重新陳述為

　　　不論在物質或真空中，只要有磁通量的變化就會有應電場的感生

　　由此觀念，我們可考慮圖 18–12 (b)的情形，除了導線環被一假想的圓形路線取代外，其餘皆與圖 18–12 (a)一樣，圓形路線上各點的應電場都應與路線對稱且相切。因此由改變磁場所感生的應電場的電力線將如圖 18–12 (c)所示形成一組同心圓。

　　假設有一檢驗電荷 q 沿著如圖 18–12 (b)之圓形路線運動。若繞一圈，則電場對檢驗電荷所作的功為 $\mathscr{E}q$，此處 $\mathscr{E}$ 為應電動勢，即運動單位檢驗電荷所需的功。又由另一觀點，可知檢驗電荷受力 $\mathbf{F} = q\mathbf{E}$，且繞了一圈，則電場對其所作的功為

$$W = \oint \mathbf{F} \cdot d\mathbf{S} = \oint q\mathbf{E} \cdot d\mathbf{S} = q \oint \mathbf{E} \cdot d\mathbf{S}$$

因此可得

$$\mathscr{E} = \frac{W}{q} = \oint \mathbf{E} \cdot d\mathbf{S} \tag{18–13}$$

又由式 (18–11)，我們可將法拉第感應定律重寫成

$$\mathscr{E} = \oint \mathbf{E} \cdot d\mathbf{S} = -\frac{d\phi_B}{dt} \tag{18–14}$$

此式為電磁學之馬克士威方程式之一。主要告訴我們磁通量的變化會產生電場。

例題 18–5

如圖 18 – 12 (b)所示，$R = 9.0$ 公分，$\dfrac{dB}{dt} = 0.12$ 特士拉 / 秒。求(a)在 $r = 5.0$ 公分處，應電場的大小；(b)在 $r = 12$ 公分處，應電場的大小。

解 (a)由式 (18–14)，可得

$$\oint \mathbf{E} \cdot d\mathbf{S} = E(2\pi r) = -\frac{d\phi_B}{dt} \quad \cdots\cdots (1)$$

此處 $r < R$，所以通過半徑為 r 之封閉圓形路線所圍住之面積的磁通量為

$$\phi_B = B(\pi r^2) \quad \cdots\cdots (2)$$

由(1)、(2)式可得

$$E(2\pi r) = -(\pi r^2)\frac{dB}{dt}$$

因此去掉負號後，可得

$$E = \frac{1}{2}(\frac{dB}{dt})r \qquad\qquad (18\text{--}15)$$

將已知值代入上式，可得

$$E = \frac{1}{2}(0.12)(5.0 \times 10^{-2}) = 3.0 \times 10^{-3} \text{ 伏特 / 公尺} = 3.0 \text{ 微伏 / 公尺}$$

(b)因 $r > R$，所以通過圓形路線所圍面積的磁通量

$$\phi_B = B(\pi R^2)$$

由式 (18–14)，我們可得

$$(E)(2\pi r) = -\frac{d\phi_B}{dt} = -(\pi R^2)\frac{dB}{dt}$$

因此去掉負號後，可得

$$E = \frac{1}{2}(\frac{dB}{dt})R^2\frac{1}{r} \qquad\qquad (18\text{--}16)$$

將已知值代入上式，可得

$$E = \frac{1}{2}(0.12)(9.0 \times 10^{-2})^2(12 \times 10^{-2})^{-1} = 4.05 \times 10^{-3} \text{ 伏特 / 公尺}$$

$$= 4.05 \text{ 微伏 / 公尺}$$

式 (18–15) 及式 (18–16) 在 $r = R$ 處可得相同的電場大小。圖 18–13 為該兩方程式之 $E(r)$ 圖。

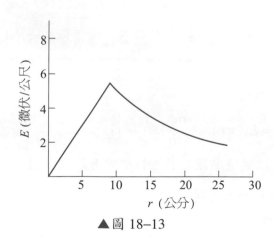

▲圖 18–13

18-6 位移電流、應磁場與馬克士威感應定律

在第 16 章電容器充電時，我們知道電容器上的電量 q 會隨時間變化，因此電容器兩板間的電場亦跟著隨時間變化。由式 (13-31) 可得

$$E = \frac{\sigma}{\varepsilon_0} = \frac{q}{\varepsilon_0 A}$$

式中 q 為電容器正電板上的電量，A 為電板的面積。微分上式可得

$$\frac{dE}{dt} = \frac{1}{\varepsilon_0 A}\frac{dq}{dt} = \frac{i}{\varepsilon_0 A}$$

因此我們可將傳導電流 (conduction current) 寫成

$$i = \varepsilon_0 A\frac{dE}{dt} = \varepsilon_0 \frac{d\phi_E}{dt} \tag{18-17}$$

現在我們假想電容器兩板間若有電通量的變化，則假想有一編造的電流 i_d，如圖 18-14 所示，則

$$i_d = \varepsilon_0 \frac{d\phi_E}{dt} \tag{18-18}$$

此即我們知道電容器內並無真實電流通過，但假想通過電容器時電流仍然保持不變。此虛擬的電流在 1865 年由馬克士威所創造，稱為位移電流 (displacement current)。因此式 (17-20) 的安培定律，若在有電場變化的情況下，應修改為

$$\oint \mathbf{B}\cdot d\mathbf{S} = \mu_0(i + i_d) = \mu_0 i + \mu_0\varepsilon_0 \frac{d\phi_E}{dt} \tag{18-19}$$

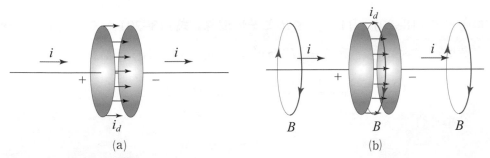

▲圖 18-14　(a)電容器被傳導電流 i 充電時，其兩板間的位移電流為 i_d；(b)傳導電流 i 及位移電流 i_d 所產生的磁場方向。

上式稱為安培─馬克士威定律 (Ampere-Maxwell law)，為馬克士威方程式之一。

式 (18–19) 若在僅有電場變化，如真空中或電容器電板間時，無真實的傳導電流則式 (18–19) 可改寫成

$$\oint \mathbf{B} \cdot d\mathbf{S} = \mu_0 \varepsilon_0 \frac{d\phi_E}{dt} \qquad (18\text{–}20)$$

此式稱為馬克士威感應定律 (Maxwell's law of induction)，表示電通量的變化會感生出應磁場 (induced magnetic field)。正好與式 (18–14) 的法拉第感應定律對應。

例題 18–6

如圖 18–15 所示，為一被充電中的圓板電容器，其圓板半徑為 R。(a)試推導當 $r \leq R$ 時，r 處的應磁場的大小。(b)試推導當 $r \geq R$ 時，r 處的應磁場的大小。(c)若 $r = R = 5.00$ 公分、$\frac{dE}{dt} = 1.00 \times 10^{12}$ 伏特 / 公尺・秒，試計算該處的磁場大小。

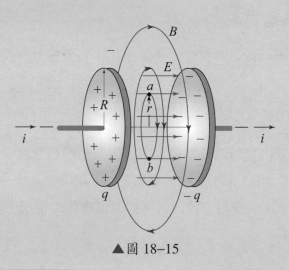

▲圖 18–15

解 (a)應用式 (18–20)，對任意 $r \leq R$ 之安培迴線，式 (18–20) 之左邊為 $(B)(2\pi r)$。

安培迴線內之電通量 $\phi_E = (E)(\pi r^2)$，因此式 (18–20) 可簡化為

$$(B)(2\pi r) = \mu_0 \varepsilon_0 \frac{d}{dt}[(E)(\pi r^2)] = \mu_0 \varepsilon_0 \pi r^2 \frac{dE}{dt}$$

因此可得

$$B = \frac{1}{2}\mu_0\varepsilon_0 r \frac{dE}{dt} \quad (\text{適用於 } r \leq R) \quad \cdots\cdots \ (1)$$

(b)在 $r \geq R$ 處，其電場 $E = 0$，因此式 (18–20) 變成

$$B(2\pi r) = \mu_0\varepsilon_0 \frac{d}{dt}[(E)(\pi R^2)] = \mu_0\varepsilon_0 \pi R^2 \frac{dE}{dt}$$

化簡上式可得

$$B = \frac{\mu_0\varepsilon_0 R^2}{2r} \frac{dE}{dt} \quad (\text{適用於 } r \geq R) \quad \cdots\cdots \ (2)$$

(c)在 $r = R$ 處時，(1)與(2)式兩者相同，B 有最大值。將已知值 $r = R = 5.00$ 公分

及 $\dfrac{dE}{dt} = 1.00 \times 10^{12}$ 伏特 / 公尺・秒代入(1)式可得

$$B = (\frac{1}{2})(4\pi \times 10^{-7})(8.85 \times 10^{-12})(5.00 \times 10^{-2})(100 \times 10^{12})$$

$$= 2.78 \times 10^{-7} \text{ 特士拉}$$

18–7　自感與互感

18–7–1　自感 (self inductance)

　　在前一章電流的磁效應的討論中，我們知道當線圈有電流通過時，便會產生磁場通過線圈，而其強度與所通過的電流成正比。因此當一可變的電流加於線圈時，則磁場跟著變化，而通過線圈的磁通量亦跟著改變。又依法拉第感應定律，我們知道當磁通量有變化就會在本身線圈中感生應電動勢，此種效應稱為自感應 (self induction)。

　　由上面的討論，我們知道自感電動勢與穿過線圈的磁通量的時變率成正比，而穿過線圈的磁通量又與通過線圈的電流成正比。設一線圈有 N 圈，而通過每一線圈的磁通量為 ϕ_B，則穿過 N 圈線圈的磁通量 $N\phi_B$ 與產生此磁場的電流成正比。寫成式子，即為

$$N\phi_B = Li \tag{18–21}$$

式中，L 為一比例常數，稱為自感係數 (coefficient of self-induction)。將式 (18–21)

代入式 (18–11) 的法拉第感應定律，我們可得

$$\mathscr{E}_L = -\frac{d(N\phi)}{dt} = -L\frac{di}{dt} \qquad (18\text{–}22)$$

上式中之 L 類似牛頓運動定律 $F = m\frac{dv}{dt}$ 中之 m，為電路的慣性。我們可寫成

$$L = -\frac{\mathscr{E}_L}{\dfrac{di}{dt}} \qquad (18\text{–}23)$$

由式 (18–22)，我們發現線圈上的應電動勢，與線圈內電流的變化率成正比。而由式 (18–23)，可推得自感係數 L 的單位為伏特·秒 / 安培，稱為亨利 (henry，符號為 H)。即當一變化率為 1 安培 / 秒的電流，在線圈上感應 1 伏特的電動勢時，則稱此線圈具有 1 亨利的電感 (inductance)。

凡能產生自感應的物體稱為感應器 (inductor) 或稱為電感器，以 —⟋⟋⟋⟋⟋— 符號表示。自感電動勢的方向亦可由冷次定律決定，如圖 18–16 (a)所示，電流 i 係在增加狀態，故自感電動勢 $\mathscr{E}$ 與 i 反向；圖 18–16 (b)中電流減小，故 $\mathscr{E}$ 與 i 同向，上述二種情形，自感電動勢之效應皆為阻止其電流 i 的改變。

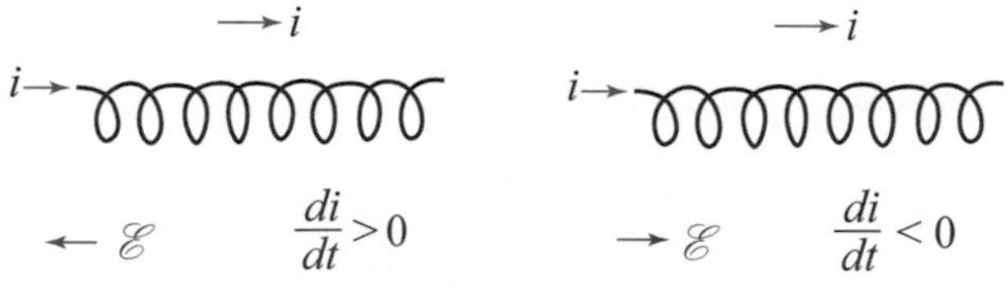

▲圖 18–16　決定感應器自感電動勢的方向。(a)當電流增大時，自感電動勢與電流方向相反；(b)當電流變小時，自感電動勢與電流方向相同。

「電感」、「自感應」與「自感係數」這三個名詞均連繫到同一現象，所以初學者很容易混淆；但是這樣的基本概念是不應該混淆的。

一電路的電感 (inductance) 是電路的一種性質，這性質反抗電流的任何變化，以亨利為單位。

自感應是一種過程，乃是由電路中電流的增加或降低，使磁通量隨之增加或降低，因此在電路中感應一電動勢。

一個空心的線圈，不論是否接於電路上，它總有一定數量的電感，但只有在這線圈中的電流有變動時，才有自感應存在。

自感係數很簡單，就是以亨利為單位的電感的值而已。以下諸節若言及感應器 L 或電感 L，即意指其自感係數為 L 亨利。

例題 18-7

有一線圈其電感為 0.1 亨利。假設其電流變化率為 2 安培／秒，試問其兩端的應電動勢大小為何？

解 由式 (18–22) 只考慮大小可得

$$\mathscr{E}_L = \left| L\frac{di}{dt} \right| = 0.1 \times (2) = 0.2 \text{ 伏特}$$

故得應電動勢的大小為 0.2 伏特。

例題 18-8

有一螺線管置於空氣中，其長為 ℓ 公尺，截面積為 A 平方公尺，其單位長度的圈數為 n，單位為匝／公尺。求此螺線管的電感。

解 當電流 i 流過此螺線管時，其內部的磁場強度由式 (17–21) 可知為 $B = \mu_0 ni$，而通過螺線管一圈的磁通量為

$$\phi_B = BA = \mu_0 niA = \frac{\mu_0 NiA}{\ell}$$

式中之 N 為總圈數。若電流變更 di，即產生一應電動勢，應用上式可得

$$\mathscr{E}_L = -N\frac{d\phi_B}{dt} = -\frac{\mu_0 N^2 A}{\ell}\frac{di}{dt}$$

則依式 (18–23) 電感的定義可得

$$L = -\frac{\mathscr{E}_L}{\frac{di}{dt}} = \frac{\mu_0 N^2 A}{\ell} = \mu_0 n^2 A\ell \tag{18–24}$$

其中 L 的單位為亨利。

例題 18-9

設有一螺線管，其長 $\ell = 1$ 公尺，線圈的截面積 A 為 10^{-3} 平方公尺，$n = 1000$ 匝／公尺，則其電感為若干？

解 由式 (18-24) 知

$$L = \mu_0 n^2 A\ell = (4\pi \times 10^{-7}) \times (10^3)^2 \times (10^{-3}) \times 1 = 1.26 \times 10^{-3} \text{ 亨利}$$

18-7-2 互感 (mutual inductance)

上面所討論的是單一線圈自我感應的情形，此單一線圈之應電動勢，乃因其電流所造成之磁場隨時間變化感應而來。但磁場可由一線圈延伸到另一線圈，因此應可由一線圈來感應另一線圈。如圖 18-17 所示，1 號線圈之電流 i_1，在 2 號線圈所造成之磁通量與 i_1 成正比，我們寫成

$$N_2\phi_{21} = M_{21}i_1 \tag{18-25}$$

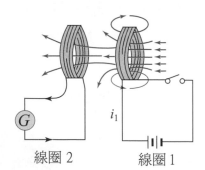

線圈 2　　　線圈 1

▲圖 18-17　鄰近兩線圈的互感應

ϕ_{21} 為 1 號線圈在 2 號線圈所產生的磁通量，M_{21} 為比例常數。此比例常數和二線圈之形狀、相對位置有關。此現象稱為磁通匝連數 (flux linkage) 或磁鏈 (magnetic link)。同理，由 i_2 在 1 號線圈所造成之磁通量為

$$N_1\phi_{12} = M_{12}i_2 \tag{18-26}$$

以上 M_{12}、M_{21} 二常數稱為兩線圈的互感係數 (coefficient of mutual-induction)，其單位和自感係數相同，同為亨利，但其值可為正亦可為負，視二線圈之

相對位置而定。由於磁通匣連數所感應的電動勢為

$$\mathscr{E}_2 = -N_2 \frac{d\phi_{21}}{dt} \qquad (18\text{--}27)$$

$$\mathscr{E}_1 = -N_1 \frac{d\phi_{12}}{dt} \qquad (18\text{--}28)$$

以上之效應稱為互感應 (mutual induction)，此效應乃是變壓器之工作原理。

將式 (18–25) 及式 (18–26) 分別代入式 (18–27) 及式 (18–28)，可得

$$\mathscr{E}_2 = -M_{21} \frac{di_1}{dt} \qquad (18\text{--}29)$$

$$\mathscr{E}_1 = -M_{12} \frac{di_2}{dt} \qquad (18\text{--}30)$$

我們由實驗可確定 M_{12}、M_{21} 二互感係數相等，所以可令

$$M_{12} = M_{21} = M$$

則式 (18–29) 及式 (18–30) 可改寫為

$$\mathscr{E}_1 = -M \frac{di_2}{dt} \qquad (18\text{--}31)$$

$$\mathscr{E}_2 = -M \frac{di_1}{dt} \qquad (18\text{--}32)$$

若我們同時考慮自感應和互感應二效應時，則在 1 號線圈所感應的電動勢為

$$\mathscr{E}_1 = -L_1 \frac{di_1}{dt} - M \frac{di_2}{dt} \qquad (18\text{--}33)$$

2 號線圈所感應的電動勢則為

$$\mathscr{E}_2 = -L_2 \frac{di_2}{dt} - M \frac{di_1}{dt} \qquad (18\text{--}34)$$

例題 18–10

兩相鄰之線圈，其互感係數為 1.5 亨利，如在第一線圈內之電流自零增至 20 安培係歷時 0.05 秒。求第二線圈的(a)平均應電動勢；(b)磁通量的變化量。

解 (a)由式 (18–32)，只考慮大小，可得平均應電動勢為

$$\mathscr{E}_2 = M\frac{di_1}{dt} = 1.5 \times \frac{20}{0.05} = 600 \text{ 伏特}$$

(b)由式 (18–27)，只考慮大小，可得通過的總磁通變化量為

$$N_2 d\phi = \mathscr{E}_2 dt = 600 \times 0.05 = 30 \text{ 韋伯}$$

18–8　RL 電路

在第 16 章第 6 節中，曾討論過 RC 電路，當 RC 電路突然加上電動勢為 $\mathscr{E}$ 的電池時，電容器上的電荷並不立刻達到最高值，而是依循式 (16–32) 的指數關係變化，即依循

$$q = C\mathscr{E}(1 - e^{-\frac{t}{RC}}) = C\mathscr{E}(1 - e^{-\frac{t}{\tau_C}}) \tag{18–35}$$

電荷增加的遲滯可用電容時間常數 $\tau_C = RC$ 來表示。而在充電後的 RC 電路中若突然移開電池，則電容器的電荷也不會馬上變回零，而是依循式 (16–35) 的指數關係變化，即依循

$$q = C\mathscr{E}e^{-\frac{t}{RC}} = C\mathscr{E}e^{-\frac{t}{\tau_c}} \tag{18–36}$$

同一時間常數 τ_C，在此亦用來表示電荷的變化關係。

在 R 和 L 所構成的電路中，電流的增加或減少亦有類似的遲滯現象。例如當如圖 18–18 中的開關接到 a 點時，電阻中的電流便逐漸增加，若電路中沒有電感器 L，則電流會很快地達到穩定值 $\frac{\mathscr{E}}{R}$。但若 L 存在，則將產生一自感電動勢 $\mathscr{E}_L$，以阻止電流的增加。只要自感電動勢 $\mathscr{E}_L$ 存在，則電阻器的電流將小於 $\frac{\mathscr{E}}{R}$。

18–8–1　電感器的充電

當圖 18–18 中的開關 S 接到 a 時，則電路可簡化為圖 18–19 (a)。在 $t = 0$ 時，電流開始如所示的方向流動，電流流過電阻器時會有 $-iR$ 的電壓降，而流過電感器時，則會有 $\mathscr{E}_L = -L\frac{di}{dt}$ 的電位降。依克希何夫的迴線法則可得

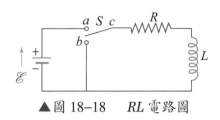

▲圖 18–18　　RL 電路圖

$$L\frac{di}{dt} + iR = \mathscr{E} \tag{18-37}$$

式 (18–37) 為一微分方程式，包含變數 i 及其一階微分 $\frac{di}{dt}$。要解此微分方程，我們可假設其解為

$$i = \frac{\mathscr{E}}{R}(1 - e^{-\frac{Rt}{L}}) \tag{18-38}$$

則將上式微分可得

$$\frac{di}{dt} = \frac{\mathscr{E}}{L}e^{-\frac{Rt}{L}} \tag{18-39}$$

將式 (18–38) 及式 (18–39) 代入式 (18–37) 驗證，可證得式 (18–37) 之兩邊恰好相等，故知式 (18–38) 恰為式 (18–37) 之一解。我們可重寫式 (18–38) 為

$$i = i_m(1 - e^{-\frac{t}{\tau_L}}) \tag{18-40}$$

式中 $i_m = \frac{\mathscr{E}}{R}$ 為 $t = \infty$ 時的最終 i 值，τ_L 稱為電感時間常數 (inductive time constant)，其值為

$$\tau_L = \frac{L}{R} \tag{18-41}$$

經過一電感時間常數的時間，電流可增加到 $0.63i_m$，如圖 18–19 (b)所示。（此圖可與電容器充電的圖 16–18 (b)比較。）

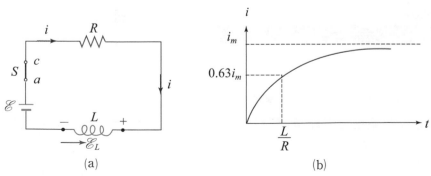

(a) (b)

▲圖 18–19　　(a) RL 電路的充電；(b)充電時，電流 i 的變化圖。

18-8-2　電感器的放電

在圖 18–18 中之開關 S 接通甚久後，電流已趨近最大值 $i_0 = \dfrac{\mathscr{E}}{L}$ 後，再將開關接到 b 點，則電池被移離電路，RL 電路被化簡成如圖 18–20 (a)所示的放電電路圖。此時式 (18–37) 就變成

$$L\frac{di}{dt} + iR = 0 \tag{18–42}$$

將上式整理並代入 $t = 0$、$i = i_m$ 之初始值後積分可得

$$\int_{i_m}^{i} \frac{di}{i} = -\frac{R}{L}\int_{m}^{t} dt$$

即得

$$i = i_m e^{-\frac{Rt}{L}} = i_m e^{-\frac{t}{\tau_L}} \tag{18–43}$$

電流的變化如圖 18–20 (b)所示。在放電時，電流由初始值 i_m 降到 $0.37i_m$ 所需的時間為一電感時間常數。（圖 18–20 (b)可與電容器放電的圖 16–20 (b)比較。）

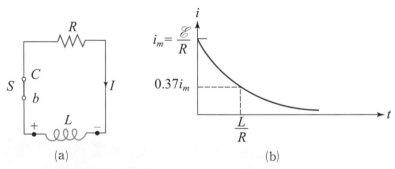

▲圖 18–20　(a) RL 電路的放電；(b)放電時，電流 i 的變化圖。

18-8-3　儲存在電感器的能量

如圖 18–19 (a)的 RL 充電電路中，當電池接通後，則在該電路內的電流便會增加而使電感器產生反抗電池電動勢 $\mathscr{E}$ 的自感電動勢 $\mathscr{E}_L$，為克服電感器的感應電動勢，必需由電池提供能量儲存到電感器。要求出儲存在電感器的能量 U_L，我

們可將式 (18–37) 的各項乘以電流 i 並整理一下，可得

$$i\mathscr{E} = i^2R + Li\frac{di}{dt} \qquad (18\text{–}44)$$

$i\mathscr{E}$ 乘積為電池所提供的功率，而 i^2R 為電阻器所耗去的功率。最後一項即是提供給電感器的功率；即

$$P_L = \frac{dU_L}{dt} = Li\frac{di}{dt}$$

當電流由 0 升至 i 時，所儲存的總能量可用積分求得，即

$$U_L = \int_0^i Li\,di = \frac{1}{2}Li^2 \qquad (18\text{–}45)$$

此式可與儲存在電容裡的能量 $U_C = \frac{1}{2}\frac{Q^2}{C}$ 比較。

例題 18–11

如圖 18–19 (a)所示，若電感 $L = 0.10$ 亨利，電阻 $R = 10.0$ 歐姆，電池電動勢 $\mathscr{E} = 24.0$ 伏特。當 $t = 0$ 時開關接通。求(a)此電路的時間常數；(b)電流增加到最大值 $i_m = \frac{\mathscr{E}}{R}$ 的 80% 時，所需的時間；(c)當 $i = 0.8i_m$ 時電感器所儲存的能量。

解 (a)時間常數

$$\tau_L = \frac{L}{R} = \frac{(0.10)}{10.0} = 1.0 \times 10^{-2} \text{ 秒}$$

(b)由式 (18–40) 代入 $i = 0.8i_m$ 可得

$$0.8i_m = i_m(1 - e^{-\frac{t}{\tau_L}})$$

整理可得

$$0.2i_m = i_m e^{-\frac{t}{\tau_L}}$$

除以 i_m，可化簡為

$$t = -\tau_L \ln(0.2) = -(1.0 \times 10^{-2})(-1.61) = 1.61 \times 10^{-2} \text{ 秒}$$

(c)電感器所儲存的能量，可用式 (18–45) 求得為

$$U_L = \frac{1}{2}Li^2 = \frac{1}{2}L(0.8i_m)^2 = \frac{1}{2}L(0.8\frac{\mathscr{E}}{R})^2 = \frac{1}{2}(0.10)(0.8\frac{24.0}{10.0})^2$$
$$= 1.84 \times 10^{-1} \text{ 焦耳}$$

例題 18-12

一螺線管其電感為 $L = 0.200$ 亨利、電阻為 $R = 50.0$ 歐姆與一有電動勢 $\mathscr{E} = 12.0$ 伏特的電池相連接。(a)求此電路的電感時間常數；(b)求當螺線管與電池連接後 1.00×10^{-3} 秒時，通過螺線管的電流。

解 (a)電感的時間常數為

$$\tau_L = \frac{L}{R} = \frac{0.200}{50.0} = 4.00 \times 10^{-3} \text{ 秒}$$

(b)由式 (18–38) 可得 $t = 1.00 \times 10^{-3}$ 秒的電流為

$$i = \frac{\mathscr{E}}{R}(1 - e^{-\frac{t}{\tau_L}}) = \frac{12.0}{50.0}(1 - e^{\frac{-1.00\times10^{-3}}{4.00\times10^{-3}}}) = 0.053 \text{ 安培}$$

18–9　LC 振盪電路

　　現在我們開始討論一種與力學中簡諧運動相類似的電磁現象——電磁振盪 (electromagnetic oscillation)。電磁振盪的現象可由 LC 振盪電路 (oscillation circuit) 產生。如圖 18–21 所示，將一電感為 L 的感應器與電容為 C 的電容器串聯，則構成一振盪電路。如圖 18–21 (a)所示，我們先將開關打開，然後將電容器充上電荷 q_m，此時之電路因無法構成一通路，感應器沒有電流通過，所以全部的能量 U_C 都以電能 U_E 的狀態儲存於電容器中，由第 14 章式 (14–36) 可知

$$U_E = U_C = \frac{1}{2}\frac{q_m^2}{C} \tag{18–46}$$

　　當開關關閉後，如圖 18–21 (b)所示，此振盪電路將構成一通路。此時由於電容器上正、負電荷間的電位差，電容器下端的電子會經由感應器漸漸移至電容器的上端，在感應器內移動的電子所產生的電流 i 便開始在空間建立起一磁場，其磁能 U_B 的大小即為儲存於電感的能量 U_L，由式 (18–45) 知為

$$U_B = U_L = \frac{1}{2}Li^2 \tag{18–47}$$

　　由冷次定律我們知道，這隨時間增加的磁場，會使感應器產生一感應電動勢與感應電流，以抵抗感應器內磁通量的增加。所以線圈內的電流將由零值逐漸加大（如果沒有感應器的存在，電容器會很快的放電，產生很大的瞬間電流），此時整個系統的能量部分為存於電容器的電能，部分為存於感應器的磁能。當電子繼續移動，存在電容器的電荷逐漸減少，而通過感應器的電流逐漸增加，最後達到圖 18–21 (c)的狀態，此時電容器已不復有電荷存在，所以電能等於零，而全部的能量都以磁能的狀態貯存於感應器中。此時電容器的電荷都已耗盡，此後電流遂逐漸減少。由冷次定律得知此線圈必產生一感應電流以抵抗電流的減小，使電流不至於立刻消失，因而電容器上端開始堆積電子而帶負電，如圖 18–21 (d)所示，而使系統的能量，部分為磁能，部分為電能。最後電流為零，磁能消失，所有的能量都轉換為電能，如圖 18–21 (e)所示。此時電容器上端帶負電，下端帶正電。此後電子又以相反的方向移動，如此周而復始循環不已。而能量則以電能與磁能的形式交替變換，此現象稱為電磁振盪。

　　由上述的討論，我們知道電路中電容器的電場與感應器的磁場係來回交換，亦即儲存於電容器的電位能 $U_E = \frac{1}{2}\frac{q^2}{C}$ 與感應器中之磁能 $U_B = \frac{1}{2}Li^2$ 交互循環變換，此種振盪現象與力學中之物體彈簧系統的簡諧振動極為相似，我們將在後面加以證明。

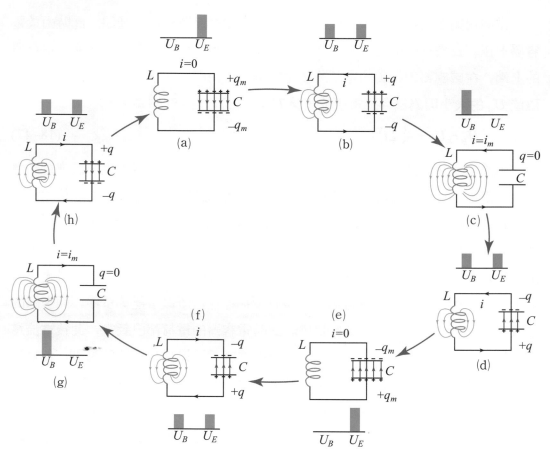

▲圖 18–21　LC 振盪電路的電磁振盪。圖中所示為 LC 電路中儲存在感應器（磁場內）的磁能 U_B 與電容器（電場內）的電能 U_E 的變化情形。

如圖 18–22 所示為一電容器充電中，電量正增加中的電路圖，電感的感應電動勢如圖所示。依克希何夫迴線法則 $V_C = \mathscr{E}_L$，可得

$$\frac{q}{C} + L\frac{di}{dt} = 0$$

因為電流 i 為使得電容器上的電荷增加，所以 $i = +\dfrac{dq}{dt}$。因此上式變成

$$\frac{d^2q}{dt^2} + \frac{1}{LC}q = 0 \tag{18–48}$$

此式與第 9 章第 1 節中之物體彈簧系統 (block-spring system) 的簡諧振盪式 (9–5)

$$\frac{d^2x}{dt^2} + \frac{k}{m}x = 0 \tag{18–49}$$

形式相同。而我們知道物體彈簧系統的自然角頻率及頻率為

$$\omega = \sqrt{\frac{k}{m}}$$

$$f = \frac{1}{2\pi}\sqrt{\frac{k}{m}}$$

因此我們可得 LC 電路振盪的自然角頻率及頻率為

$$\omega = \sqrt{\frac{1}{LC}} \tag{18–50}$$

$$f = \frac{1}{2\pi}\sqrt{\frac{1}{LC}} \tag{18–51}$$

由式 (18–49)，我們又知道其解為式 (9–1)，即

$$x = x_m \cos(\omega t + \phi)$$

式中 x_m 為 x 的最大值，而速度 $v = \dfrac{dx}{dt}$，所以

$$v = \frac{dx}{dt} = -\omega x_m \sin(\omega t + \phi)$$

因此我們可得式 (18–48) 的解為

$$q = q_m \cos(\omega t + \phi) \tag{18–52}$$

及

$$i = +\frac{dq}{dt} = -(\omega q_m)\sin(\omega t + \phi) \tag{18–53}$$

其中 q_m 為 q 的最大值，ϕ 為相常數。因 $t = 0$ 時 $q = q_m$ 所以 $\phi = 0$，因此變成

$$q = q_m \cos(\omega t) = q_m \sin(\omega t + \frac{\pi}{2}) \tag{18–54}$$

$$i = -\omega q_m \sin(\omega t) = -i_m \sin(\omega t) \tag{18–55}$$

◀圖 18–22　　LC 電路，當開關剛接上時，電流為負（與圖上標示相反）。

其中 $i_m = \omega q_m$。上面兩函數如圖 18–23 所示。要了解為何 i 及 q 相差 90°，要注意迴線法則的要求，跨在 C 及 L 上的電位差要隨時相同，即 $\dfrac{q}{C} = -L\dfrac{di}{dt}$。若 $q = 0$，則 $\dfrac{di}{dt} = 0$，即 i 不是極大便是極小，這也就證明了電容及電感間能量的可交換性。

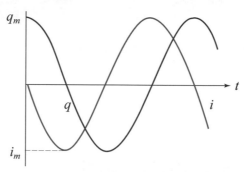

▲圖 18–23　電感中的電流及電容中的電荷均是以正弦形式變化。其間相差了四分之一週期。

儲存在電容的電能 $U_E = U_C = \dfrac{q^2}{2C}$，而儲存在電感的磁能 $U_B = U_L = \dfrac{1}{2}Li^2$。在與力學的類似中，彈簧的位能 U_P 相當於 U_E，而物體的動能 K 相當於 U_B，其間的類比關係列於表 18–1 中。由式 (18–54) 及式 (18–55)，總能為

$$U = U_E + U_B = \frac{q_m^2}{2C}\cos^2(\omega t) + \frac{Li_m^2}{2}\sin^2(\omega t) \tag{18–56}$$

因 $i_m = \omega q_m$ 且 $\omega = \dfrac{1}{\sqrt{LC}}$，代入上式可得

$$U = \frac{q_m^2}{2C} = \frac{1}{2}Li_m^2 = 常數 \tag{18–57}$$

U_E、U_B 及 U 的變化，如圖 18–24 所示。

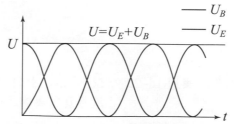

▲圖 18–24　電容及電感內的能量變化

表 18–1　電磁振盪與物體彈簧系統之力學振盪的類比關係

力學振盪	電磁振盪
彈簧的位能 $U_p = \dfrac{1}{2}kx^2$	電容器的電位能 $U_E = \dfrac{1}{2}\dfrac{q^2}{C}$
物體的動能 $K = \dfrac{1}{2}mv^2$	感應器的磁能 $U_B = \dfrac{1}{2}Li^2$
位移 $x = x_m\cos(\omega t + \phi)$	電容器的電量 $q = q_m\cos(\omega t + \phi)$
物體的速度 $v = \dfrac{dx}{dt}$	電流 $i = \dfrac{dq}{dt}$
自然角頻率 $\omega = \sqrt{\dfrac{k}{m}}$	自然角頻率 $\omega = \sqrt{\dfrac{1}{LC}}$

例題 18–13

如圖 18–21 的 LC 電路中，$L = 30$ 毫亨利、$C = 20$ 微法拉且電容器的最大電位差 $V_m = \dfrac{q_m}{C} = 100$ 伏特。求(a)電容器的最大電荷 q_m，(b)振盪的角頻率、頻率，(c)最大的電流 i_m 及(d)總電磁能。

解　(a) $q_m = CV_m = (20 \times 10^{-6})(100) = 2.00 \times 10^{-3}$ 庫侖

(b)角頻率

$$\omega = \frac{1}{\sqrt{LC}} = [(30 \times 10^{-3})(20 \times 10^{-6})]^{-\frac{1}{2}} = (60.0 \times 10^{-8})^{-\frac{1}{2}}$$

$$= 1.29 \times 10^3 \text{ 弧度 / 秒}$$

頻率

$$f = \frac{\omega}{2\pi} = \frac{(1.29 \times 10^3)}{2\pi} = 205 \text{ 赫}$$

(c)最大電流

$$i_m = \omega q_m = (1.29 \times 10^3)(2.00 \times 10^{-3}) = 2.58 \text{ 安培}$$

(d)總電磁能

$$U = \frac{q_m^2}{2C} = \frac{(2.00 \times 10^{-3})^2}{(2)(20 \times 10^{-6})} = 0.1 \text{ 焦耳}$$

※ 18–10　RLC 電路的阻尼振盪

如果電阻 R 出現在 LC 電路中，則整個電磁能 U 就不再是固定的，而是隨著時間減少，轉變成電阻器的熱能。隨後您將知道，它與第 9 章第 5 節的物體彈簧系統的阻尼振盪類似。

由式 (18–57)，我們知道全部的電磁能為

$$U = U_B + U_E = \frac{1}{2}Li^2 + \frac{q^2}{2C} \tag{18–58}$$

但 U 不再是常數，而是

$$\frac{dU}{dt} = -i^2 R \tag{18–59}$$

式中負號表示能量隨時間遞減，以 $i^2 R$ 的速率轉變成熱能。微分式 (18–58) 並結合式 (18–59)，我們可得

$$\frac{dU}{dt} = Li\frac{di}{dt} + \frac{q}{C}\frac{dq}{dt} = -i^2 R$$

將 $i = \frac{dq}{dt}$ 代入上式再除以 $\frac{dq}{dt}$，可得

$$L\frac{d^2 q}{dt^2} + R\frac{dq}{dt} + \frac{1}{C}q = 0 \tag{18–60}$$

此式為描述 RLC 電路之阻尼振盪的微分方程式。如果我們令 $R = 0$，則此式簡化成描述 LC 振盪的微分方程式，即式 (18–48)。式 (18–60) 與第 9 章描述物體彈簧系統的阻尼振盪方程式，即式 (9–23)

$$m\frac{d^2 x}{dt} + b\frac{dx}{dt} + kx = 0 \tag{18–61}$$

形式相同。由第 9 章的式 (9–24) 及式 (9–25)，我們可知式 (18–60) 的解應為

$$q = q_m e^{-\frac{Rt}{2L}}\cos(\omega' t + \phi) \tag{18–62}$$

式中

$$\omega' = \sqrt{(\frac{1}{LC}) - (\frac{R}{2L})^2} = \sqrt{\omega^2 - (\frac{R}{2L})^2} \qquad (18\text{–}63)$$

與式 (9–25) 類似。式中之 $\omega = \sqrt{\dfrac{1}{LC}}$ 為式 (18–50) 的自然角頻率。

式 (18–62) 之振幅會隨時間愈變愈小，作指數衰減，如圖 18–25 (a)所示。此 RLC 電路的振盪情形與 ω 及 $\dfrac{R}{2L}$ 的相對值有關。當 $R < 2\omega L$ 時，系統為在次阻尼 (underdamped) 狀況，電容器上的電荷 q 會隨式 (18–62) 變化。當 $R = 2\omega L$ 時，$\omega' = 0$，系統處於臨界阻尼 (critical damping)，不會振盪，電荷以最短時間降到零，如圖 18–25 (b)所示。當 $R > 2\omega L$ 時，ω' 為虛數，在此情況下不會振盪，稱為過阻尼 (overdamped)，如圖 18–25 (b)所示。

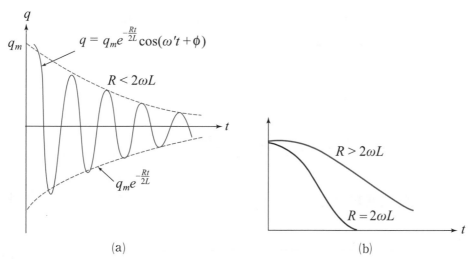

(a)　　　　　　　　　(b)

▲圖 18–25　(a)當 $R < 2\omega L$，系統為阻尼不足，其振盪振幅呈指數衰減；(b)當 $R = 2\omega L$，系統為臨界阻尼；當 $R > 2\omega L$，系統為過阻尼。

例題 18–14

一 RLC 電路，其 $R = 2.0$ 歐姆，$L = 1.2 \times 10^{-2}$ 亨利及 $C = 3.0 \times 10^{-6}$ 法拉。(a) 在多少時間後，其振盪振幅為初始振幅的一半？(b)在(a)之時間內，作幾次完整的振盪？

解 (a)由式 (18–62)，我們知道它將發生在 $q_m e^{-\frac{Rt}{2L}}$ 等於 $\frac{q}{2}$ 的時候，因此

$$e^{-\frac{Rt}{2L}} = \frac{1}{2}$$

兩邊用自然對數運算，可得

$$-\frac{Rt}{2L} = \ln\frac{1}{2}$$

因此可得經歷的時間

$$t = \frac{2L}{R}\ln 2 = \frac{2(1.2\times 10^{-2})\ln 2}{2.0} = 8.32\times 10^{-3} \text{ 秒}$$

(b)由式 (18–63)，可得 $\omega' \approx \omega = \sqrt{\dfrac{1}{LC}}$，因此振盪週期

$$T = \frac{2\pi}{\omega} = 2\pi\sqrt{LC} = 2\pi[(1.2\times 10^{-2})(3.0\times 10^{-6})]^{\frac{1}{2}} = 1.19\times 10^{-3} \text{ 秒}$$

經歷的時間除以週期可得完全振盪次數為

$$n = \frac{t}{T} = \frac{8.32\times 10^{-3}}{1.19\times 10^{-3}} \approx 7$$

18–11　馬克士威方程式

　　馬克士威的四個方程式，我們已經在前面的章節分別討論過，現在我們將其總結列於下面：

電學的高斯定律　　　　$\oint \mathbf{E}\cdot d\mathbf{A} = \dfrac{q_{\text{in}}}{\varepsilon_0}$　　　　　　　(18–64)

磁學的高斯定律　　　　$\oint \mathbf{B}\cdot d\mathbf{A} = 0$　　　　　　　　(18–65)

法拉第的感應定律　　　$\oint \mathbf{E}\cdot d\mathbf{S} = -\dfrac{d\phi_B}{dt}$　　　　　(18–66)

安培—馬克士威定律　　$\oint \mathbf{B}\cdot d\mathbf{S} = \mu_0(i + \varepsilon_0\dfrac{d\phi_E}{dt})$

　　　　　　　　　　　　　$= \mu_0(i + i_d)$　　　　　(18–67)

　　電學的高斯定律，式 (18–64)，說明了電場 **E** 與包含在任意封閉曲面內之淨電荷 q_{in} 的關係。此定律可由庫侖定律之靜電力的平方反比關係推導出，和庫侖定律相當。但式 (18–64) 的適用範圍更廣，也適用於感應電場。此因感應電場的電力線都是封閉的迴線，所以感應電場穿過任一封閉曲面的電通量都等於零，而正好感應電場的來源也是沒有淨靜電荷，所以式 (18–64) 之電場是靜電場，但也可包含感應電場。

　　磁學的高斯定律，式 (18–65)，告訴我們因為沒有磁單極的存在，磁力線總是形成封閉的迴線，所以通過任意封閉曲面的磁通量永遠等於零。

　　法拉第感應定律，式 (18–66)，告訴我們磁通量的變化會感生應電場。式中負號表示所感生的應電場的環場方向與磁通量變化的方向正好相反。如圖 18–26 (a) 所示，當右手拇指指向磁通量增加的方向時，四指環繞的方向與電場的環場方向相反。

　　安培－馬克士威定律，式 (18–67)，告訴我們傳導電流以及由電通量變化所虛擬的位移電流都會感生應磁場。如圖 18–26 (b) 所示，真實電流及位移電流（變化的電通量）的流動方向與應磁場的環場方向相同。

　　由馬克士威四個基本電磁學方程式加上勞侖茲力的方程式，即式 (17–7) 的 $\mathbf{F} = q(\mathbf{E} + \mathbf{v} \times \mathbf{B})$，以及電荷守恆定律，便可完全描述所有的電磁現象。

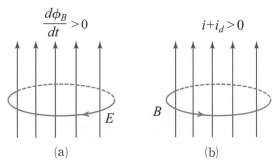

▲ 圖 18–26　(a)磁通量增加的方向與電場的環場方向相反，即反右手定則；(b)真實電流或位移電流（電場變化）的流動方向與磁場的環場方向相同，即適用右手定則。

18-12　電磁波淺說

十九世紀在科學上偉大的成就之一就是對於電磁波 (electromagnetic waves) 的瞭解。在 1864 年，馬克士威 (J. C. Maxwell) 基於電場與磁場的理論，及其間的交互作用的關係，預測電磁波存在的可能性。從馬克士威的推論，電磁波在真空中的傳播速度為

$$v = \frac{1}{\sqrt{\mu_0 \varepsilon_0}}$$

在真空中，$\mu_0 = 4\pi \times 10^{-7}$ 牛頓·秒^2/庫侖^2，而 $\varepsilon_0 = \frac{1}{(4\pi k)}$，且 $k = 9 \times 10^9$ 牛頓·公尺^2/庫侖^2，代入上式得

$$v = \sqrt{\frac{1}{\mu_0 \varepsilon_0}} = \sqrt{\frac{4\pi \times 9 \times 10^9}{4\pi \times 10^{-7}}} = 3 \times 10^8 \text{ 公尺 / 秒} \tag{18-68}$$

此正好就是真空中的光速！於是便有人提出電磁波與光 (light) 可能是同一現象的不同表現。這種假設已經為科學家所證實，只是頻率與波長不同而已。

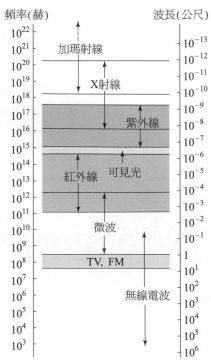

▲圖 18-27　電磁波譜表（圖中所示之頻率與波長皆取對數值）

圖 18–27 所示為電磁波譜 (electromagnetic spectrum) 表，即各種電磁波之波長與頻率的關係圖。其頻率由小而大分別為無線電波 (radio wave)，微波 (microwaves)，紅外線 (infrared)，可見光 (visible light)，紫外線 (ultraviolet)，X 射線 (X-rays)，及加瑪射線 (gamma ray)。電磁波的頻率 f 與波長 λ 雖然各有不同，但其傳播速度皆等於光速 c，其關係為

$$v = f\lambda = c \tag{18–69}$$

人類由視網膜所能感覺到的電磁波，稱為可見光，俗稱為光。可見光的波長範圍並無確定的界限，約為 4.3×10^{-7} 公尺至 7×10^{-7} 公尺，在整個電磁波譜中，是一極為窄狹的波段。可見光中波長最長的是紅色光，最短的是紫色光。

我們知道電場和磁場都是由電荷及其運動所產生，但是如何才能使電磁場由帶電體向外傳播呢？從庫侖定律我們知道靜止的電荷只能產生靜電場，且此靜電場無法傳播。假如帶電體以等速度行進，那麼我們除了發現有一靜電場存在外，另有一靜磁場在其周圍。可是如果我們與此帶電體並肩行進，則此帶電體對我們而言就成靜止電荷，故此時我們只能看到靜電場存在而已。因此要產生電磁輻射，必須將帶電體加速，而不能由靜止或等速度的帶電體來達成。

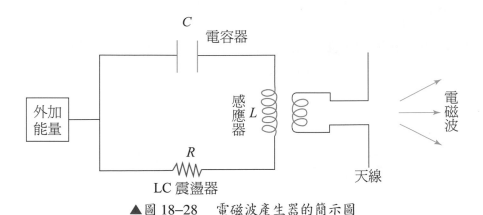

▲圖 18–28　電磁波產生器的簡示圖

如圖 18–28 所示，為一簡單之電磁波產生器 (electromagnetic wave generator)，其天線 (antenna) 是由兩金屬棒聯接於電磁振盪器而製成。由電磁振盪器的作用將天線內的電子加速，於是便有電磁波產生。在圖 18–29 (a)中，電子被推至上端之

金屬棒，經 $\dfrac{1}{4}$ 週期後電子與正電荷結合而消失，如圖 18–29 (b)所示；再經 $\dfrac{1}{4}$ 週期後電子又被推至下端之金屬棒。如此電荷的分佈隨時間而變化，使其所產生的電場亦隨時間而變化。且來回振盪的電子在天線所產生的電流，也隨時間而改變，使得空間電場與磁場的分佈隨時間的轉移而不斷的變化。由法拉第感應定律我們知道隨時間變化的磁場會在空間產生一應電動勢，而應電動勢會形成一應電場，此應電場的大小與磁場的變化率成正比。而由安培－馬克士威定律我們知道真實電流及隨時間變化的電場（位移電流）也會產生感應磁場，其大小與電場（電流）的變化率成正比。如此電場與磁場相互感應交變，循環不已，於是電磁波也隨之由天線間向外發射。圖 18–30 為電磁波之電場及磁場振動的方向與進行方向的關係圖。用式子表示則為

$$\mathbf{S} = \frac{\mathbf{E} \times \mathbf{B}}{\mu_0} \tag{18–70}$$

式中 $\mathbf{S}$ 稱為玻印廷向量 (Poynting vector)，其方向表示電磁波行進的方向，而其強度（大小）則表示通過一垂直於電磁波行進方向之表面之單位面積的瞬時功率。玻印廷向量的平均強度（大小）

$$S_{av} = \frac{平均功率}{單位垂直面積} = \frac{E_m B_m}{2\mu_0} = \frac{E_m^2}{2\mu_0 c} = \frac{c B_m^2}{2\mu_0} \tag{18–71}$$

表示通過垂直於電磁波行進方向之單位面積的平均功率，單位為瓦特 $/$公尺^2，式中 E_m, B_m 為電磁波電場及磁場的振幅。

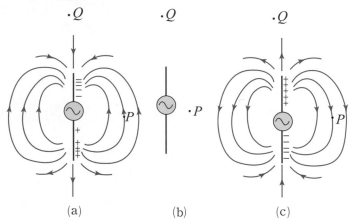

▲圖 18–29　天線附近的電場分佈（磁場分佈沒有繪出）

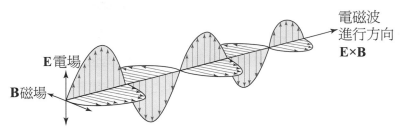

▲圖 18–30　電磁波電場及磁場振動方向與進行方向的關係圖

例題 18–15

一發射臺以 1000 瓦特的功率發射電磁波，若假設該發射源為一點。求距離該發射臺 50 公尺處之電場及磁場的強度。

解　點波源所發射出的功率平均分佈在距離點波源 r 處的球面上所以由式 (18–71)

$$S_{av} = \frac{P_{av}}{4\pi r^2} = \frac{1000}{4\pi \times (50)^2} = 3.18 \times 10^{-2} \text{ 瓦特 / 公尺}^2$$

又由式 (18–71) 可得

$$E_m = (2\mu_0 c S_{av})^{\frac{1}{2}} = [2 \times (4\pi \times 10^{-7})(3 \times 10^8)(3.18 \times 10^{-2})]^{\frac{1}{2}}$$

$$= 4.90 \text{伏特/ 公尺}$$

$$B_m = \frac{E_m}{c} = \frac{4.90}{3 \times 10^8} = 1.63 \times 10^{-8} \text{ 特士拉}$$

習　題

1. (a)圖 18–1 (d)中，若由作用於迴線上電荷之力的觀念出發，試解釋當其通過均勻磁場時，為何沒有感應電流？(b)依上述之論點，說明當迴線的一邊運動至磁體邊緣磁場較弱的區域時，卻會有感應電流。

2. 如圖 18–3 所示，磁場強度為 2 特士拉，圓形迴線的截面積為 0.20 平方公尺。求當 $\theta = 45°$ 時，通過迴線所圍面積的磁通量。

3. 一長 0.10 公尺的長直導線，以每秒 0.10 公尺的速度垂直橫割一強度為 0.02 特士拉均勻磁場。試問其上之應電動勢為若干？

4. 圖 18–1 (a)中，若磁場強度為 0.5 特士拉，$L = 0.10$ 公尺，且此迴線之電阻值為 0.5 歐姆，$|\mathbf{v}| = v = 2$ 公尺／秒。試問此迴線之(a)應電動勢為若干？(b)應電流為若干？(c)作用於此迴線之磁力為若干？

5. 一迴線如圖 18–2 (a)所示，置於一電磁鐵的兩極間。迴線面與磁場垂直，且迴線的截面積為 1.5 平方公尺。如電磁鐵於 10 秒內，其磁場由零增為 1.2 特士拉。試求迴線中的平均應電動勢。

6. 矩形迴線，如圖 18–31 所示，在一均勻磁場中，磁場的方向為向右，(a)當迴線以 P_1 (ad 邊) 為軸轉動，bc 邊進入紙面時，應電流為何方向（順時針或逆時針）？以 P_2 為軸時又如何？(b)當迴線以相同的轉速繞 P_1 軸與 P_2 軸轉動時，其應電流之比為若干？(c)對已知轉速而言，應電動勢與迴線之面積，有何關係？(d)設磁場強度為 1.5 特士拉，$AB = 0.15$ 公尺，$BC = 0.05$ 公尺。當迴線繞 P_1 軸以每秒 20 周之速度轉動時，最大應電動勢為若干？

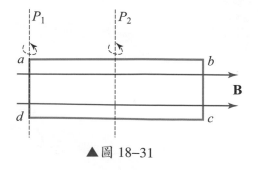

▲圖 18–31

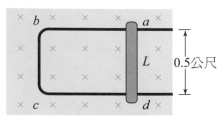

▲圖 18–32

7. 如圖 18–32 中的磁場為 $B = 0.50$ 特士拉，直導線的長 $L = 0.50$ 公尺，以 4.0 公尺／秒的速度向右移動。(a)求線圈 $abcda$ 中之感應電動勢的大小及方向；(b)如線圈的電阻為 0.20 歐姆，則欲保持滑動導線之運動，需外力若干（摩擦力不計）？(c)試比較(b)中外力所作功的功率與線圈所消耗的電功率之比。

8. 一 U 形迴線，示如圖 18–33，其上有可移動之導線 AB 相連結，置於垂直並進入書頁之方向的均勻磁場中。(a)如磁場強度為 4.0 特士拉，當 AB 導線在圖中所示的位置以 0.20 公尺／秒運動時，應電動勢為若干？先由磁通量之變化率計算，然後由作用於其上電荷之磁力計算之；(b)當 AB 導線以 0.20 公尺／秒運動，而應電流為 2.0 安培時，則每秒輸入此導線之能量為若干？(c)如應電流為 2.0 安培，使 AB 導線以 0.20 公尺／秒運動，問需要之力為若干？

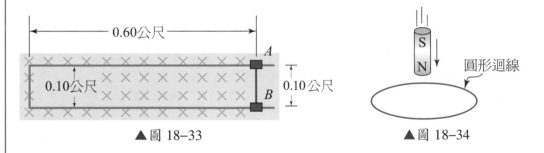

▲圖 18–33　　　　　　　　　　▲圖 18–34

9. 一條形磁鐵垂直自上端落入一圓形迴線的中心，如圖 18–34 所示。(a)敘述當磁鐵落下時，環中應電流之方向與大小的變化；(b)設空氣阻力不計，說明此磁鐵落下的加速度是否為定值？

10. 試說明圖 18–35 中，當開關 S 閉合之瞬間，圓形迴線中之感應電流的方向。

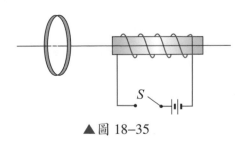

▲圖 18–35

11. 如圖 18–15 所示，一被充電中的圓板電容器，其圓板半徑 $R = 5.00$ 公分。若充電時，電容器內電場的變化率 $\dfrac{dE}{dt} = 2.00 \times 10^{12}$ 伏特／(公尺·秒)。試計算(a)位移電流；(b)在 $r = 3.00$ 公分處之應磁場的大小。

12. 有一線圈，其電感為 10 亨利。當電流變化率為 10 安培／秒時，其兩端的應電動勢大小為若干？

13. 設有一線圈，其自感係數為 0.005 亨利，其電流在 0.001 秒鐘內，由零增加到 2 安培之最大值。問因此而感生的應電動勢為若干伏特？

14. 一螺線環，繞於相對磁導率 $K_m = 3000$ 的鐵心上。若此線圈的平均周長 $\ell = 0.20$ 公尺，截面積 $A = 10^{-4}$ 公尺^2，單位長度的線圈數 $n = 1000$ 匝／公尺，則其電感為若干？試與其置於空氣中之電感比較。

15. RL 電路中之電流達到最大值的三分之一時，需時 5.0 秒，則此電路之時間常數為若干？

16. 將 50 伏特之無內阻電池加到 $L = 50$ 毫亨利、$R = 180$ 歐姆的線圈上，則在 0.001 秒後電流的增加率為何？

17. 一電感為 2.0 亨利、電阻為 10 歐姆之線圈與 $\mathscr{E} = 100$ 伏特之無內阻電池連接，則 10 秒後，(a)能量儲存在線圈磁場的速率；(b)產生焦耳熱的速率；(c)電池供給能量的速率為何？

18. 一 RL 電路中，若電池的電動勢 $\mathscr{E} = 50$ 伏特、$R = 1.00 \times 10^4$ 歐姆、電流在 5.0 毫秒內可達到 2.0 毫安。試求(a)電感器的電感；(b)在此時間內，電感器所儲存的能量。

19. 一振盪電路的電感為 5.0×10^{-6} 亨利、電容為 4.0×10^{-7} 法拉。試問其振盪的角頻率及頻率。

20. 一 LC 振盪電路的電感為 $L = 20$ 毫亨、電容為 $C = 35$ 微法，且電路的最大電流為 2.0 安培。求(a)振盪的角頻率；(b)電容器上的最大電量；(c)電容器的最大電壓及(d)此系統的總儲存電磁能。

21. 一 RLC 振盪電路，當其振盪頻率為沒有阻尼的自然振盪頻率的一半時，R 應為若干？（用 L 及 C 表示）

22. 證明在 RLC 之阻尼振盪中，其平均功率損失為 $P_{av} = \dfrac{\omega^2 q_m^2 R}{2} e^{-\frac{Rt}{L}}$。

23. 有某一廣播電臺發射的電波，其頻率為 780 千赫。試問其波長為若干。

24. 有某一廣播電臺以 10^4 瓦特發射訊號，假設發射源為一點波源。求距離電臺 1 公里處的電場及磁場強度。

19

交流電路

■ 本章學習目標

學完這章後，您應該能夠

1. 了解交流發電機的發電原理及其產生的電動勢。

2. 寫出並應用方程式，以計算交流電路中的瞬時電流、瞬時電壓。

3. 知道僅串有純電阻或純電感或純電容時之電流與電壓間的相差。

4. 利用相量圖計算 RLC 串聯電路的電流、電壓以及阻抗等。

5. 利用相量圖計算 RLC 並聯電路的電流電壓以及阻抗等。

6. 知道交流電路產生共振的時機。

7. 知道在計算非純電阻之交流電路的功率時，要乘上功率因數。

8. 知道變壓器有升降電壓、調節電流以及匹配電阻的功能。

　　到目前為止，我們只討論過單方向流動的電流，我們稱此電流為直流電 (direct current, dc)，直流電源通常即為應用化學能轉換為電能的電池，其所能供給的能量有限。自法拉第等發現磁通量的改變可以感生應電場或應電動勢後，方向可週期變化的交流電 (alternating current) 便大量的用於各種儀器、機械。在本章中，我們將先介紹交流發電機，接著再分別討論在加上交流電動勢源時，電阻、電感以及電容的反應，然後再討論將各元件 R、L、C 串聯及並聯的電路，最後再討論變壓器。

19-1　交流發電機

　　電磁感應的重要應用之一為發電機。發電機係由 N 圈迴路所形成的線圈在一均勻的外加固定磁場 $\mathbf{B}$ 中轉動。圖 19-1 (a)為只用一圈迴路表示的說明圖。若迴路轉動的角頻率為 ω，且假設 $t=0$ 時，迴路的面積 $\mathbf{A}$ 與磁場 $\mathbf{B}$ 的夾角等於零，則 $\theta = \omega t$，而通過 N 圈迴路的線圈的磁通量為

$$\phi_B = N\mathbf{A}\cdot\mathbf{B} = NAB\cos\theta = NAB\cos(\omega t)$$

因此 N 圈線圈的感應電動勢為

$$\mathscr{E} = -N\frac{d\phi_B}{dt} = NAB\omega\sin(\omega t) \tag{19-1}$$

可寫成

$$\mathscr{E} = \mathscr{E}_m\sin\omega t \tag{19-2}$$

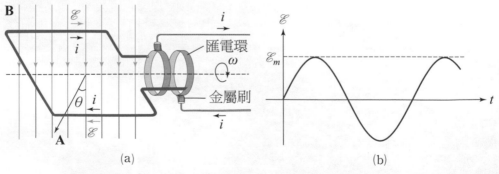

▲圖 19-1　(a)以一迴路表示的交流發電機原理說明圖；(b)在均勻磁場中轉動的線圈所輸出的電動勢為一正弦函數。

當線圈以 ω 之角頻率轉動時，其感應電動勢以振幅或峰值

$$\mathscr{E}_m = NAB\omega \tag{19-3}$$

之正弦形式不斷交互變換，如圖 19-1 (b)所示。當將
此交流感應電動勢應用到如圖 19-2 所示的 RLC 串
聯電路時，將有如下列之交流電

$$i = I\sin(\omega t - \phi) \tag{19-4}$$

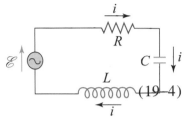

反應在電路上。如同直流電一樣，在圖 19-2 的交流
電，在任意時刻，所有在同一迴路的各部分的大小都
相同。而且交流電的角頻率與發電機轉動的角頻率相
同。式 (19-4) 中的振幅 I 及相常數 (phase constant) ϕ

▲圖 19-2 　一包含電阻、電
容、電感及一交
流電動勢源的
單迴線電路

隨電路中之元件的不同而有不同的值，在本章後面幾節中，我們將找出 R、L、C
各元件相對應的 I 及 ϕ。對於圖 19-2 之同時含 R、L、C 的電路，我們寧願使用
幾何的相量法 (method of phasors) 而不願使用解微分方程式的方法。在本章中，我
們將使用小寫字母，例如 i、v，表示瞬時，時變的量，而用大寫字母，例如 I、
V，表示其相對量的振幅。

19-2 　電阻的交流電路

圖 19-3 (a)所示為一個電阻元件與一個具有式 (19-1) 之交流電動勢的發電機
的電路。依迴線法則可得跨過電阻器的瞬時電壓為

$$v_R = \mathscr{E} = \mathscr{E}_m \sin\omega t \tag{19-5}$$

因為跨過電阻的交流電位差 (potential difference) 或電壓 (voltage) 的振幅 V_R 等於
交流電動勢的振幅，我們可將式 (19-5) 寫成

$$v_R = V_R \sin\omega t \tag{19-6}$$

由電阻的定義，我們可得通過電阻器的瞬時電流為

$$i_R = \frac{v_R}{R} = \frac{V_R}{R}\sin\omega t = I_R\sin\omega t \tag{19-7}$$

對照式 (19-4) 我們可知僅有電阻的負載時，其相常數 $\phi = 0$。由式 (19-7)，我們

可得電壓振幅與電流振幅的關係為

$$V_R = I_R R \tag{19-8}$$

雖然上式是由圖 19-3 (a)的特殊電路所推導出來，但是此關係卻可應用到任意一交流電路的個別電阻器上而不論電路有多複雜。

對照式 (19-6) 及式 (19-7) 可看出時變的 v_R 及 i_R 為同相 (in phase)。此即意謂在相同的時刻，它們都有符合的最大值。圖 19-3 (b)為 $v_R(t)$ 及 $i_R(t)$ 的圖示。

圖 19-3 (c)為一有用的幾何相量法 (method of phasors)。相量為一旋轉的向量，以角頻率 ω 逆時針轉動來表示，相量的長度表示該相量的振幅，其在垂直軸上的分量即代表該相量的瞬時值。圖 19-3 (c)所示 v_R 或 i_R 為一已知相為 ωt 之時變量的瞬時值。圖 19-3 (c)上兩相量 V_R 及 I_R 在同一線上，表示 v_R 和 i_R 為同相。跟隨相量在圖上的轉動，可確信相量可以完整及正確地描述式 (19-6) 及式 (19-7)。

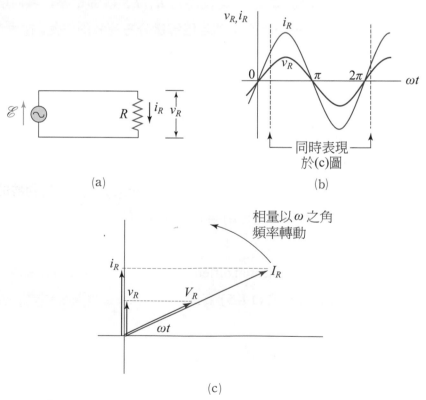

▲圖 19-3　(a)電阻器連接交流發電機的電路；(b)跨過電阻器的電壓與電流同相；(c)表示與(b)同樣事件的相量圖。

在交流電路中，電流與電壓常以一有效值來表示。一個交流電流的有效值 I_{eff}，係定義為能在相同的時間內，於相同的電阻產生相同熱量的穩定電流。

設交流電流為 $i_R = I_R \sin\omega t$，則其於電阻 R 所產生熱量的瞬時功率 p 為

$$p = i_R^2 R = I_R^2 (\sin^2\omega t)R \qquad\qquad (19\text{--}9)$$

將此式兩端取一週期的平均值，因 $\sin^2\omega t$ 的平均值為 $\dfrac{1}{2}$，故得平均電壓 P_{av}

$$P_{av} = (i_R^2 R)_{av} = \frac{1}{2}I_R^2 R$$

由有效電流 I_{eff} 的定義，可得

$$I_{eff}^2 R = (i_R^2 R)_{av} = \frac{1}{2}I_R^2 R$$

或

$$I_{eff} = \frac{I_R}{\sqrt{2}} \qquad\qquad (19\text{--}10)$$

因此，對於正弦波變化的交流電，其有效值為其極大值的 $\dfrac{1}{\sqrt{2}} = 0.707$ 倍。同理可得，一個正弦波變化的交流電壓，其有效值亦為

$$V_{eff} = \frac{V_R}{\sqrt{2}} \qquad\qquad (19\text{--}11)$$

通常我們稱一交流電壓為 110 伏特，係指其有效電壓為 110 伏特而言。至於其最大電壓則為 $110 \times \sqrt{2} = 155$ 伏特。

由上面的討論，可知有效值的定義為一變數的平「方」的平「均」值，再開平方的「根」。故有效值又稱為方均根 (root-mean-square) 值，而簡稱為 rms 值。因此，也有用 I_{rms} 及 V_{rms} 來表示有效電流 I_{eff} 及有效電壓 V_{eff}。

例題 19–1

一電燈使用家用電源 $V_{eff} = 220$ 伏特時，其功率 $P_{av} = 100$ 瓦特。求(a)燈泡的電阻，(b)電源電壓的峰值 V_R，及(c)流過燈泡的有效值 I_{eff}。

解 (a)已知 $P_{av} = 100$ 瓦特，且 $V_{eff} = 220$ 伏特，故電阻為

$$R = \frac{V_{eff}^2}{P_{av}} = \frac{(220)^2}{100} = 484 \text{ 歐姆}$$

(b)電壓的峰值

$$V_R = \sqrt{2}V_{eff} = \sqrt{2}(220) = 311 \text{ 伏特}$$

(c)有效電流

$$I_{eff} = \frac{P_{av}}{V_{eff}} = \frac{100}{220} = 0.455 \text{ 安培}$$

19–3   電感的交流電路

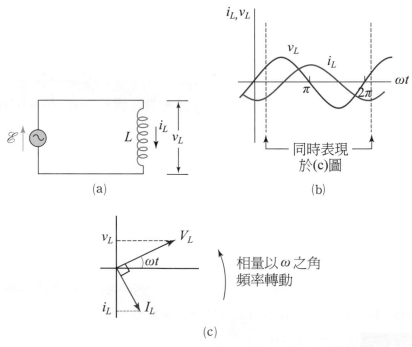

▲圖 19–4   (a)電感器連接交流發電機的電路;(b)跨過電感器的電壓超前電流 $\frac{\pi}{2}$ 弧度;(c)表示與(b)同樣事件的相量圖。

圖 19–4 (a)所示為一電感器與一個具有式 (19–1) 之交流電動勢的發電機的電路,依迴線法則,可得跨過電感器的瞬時電壓為

$$v_L = V_L \sin\omega t \tag{19–12}$$

式中 V_L 為跨過電感器的電壓振幅。由電感的定義我們亦可得

$$v_L = L \frac{di_L}{dt} \tag{19-13}$$

結合上面兩式，我們可得

$$\frac{di_L}{dt} = \frac{V_L}{L} \sin\omega t \tag{19-14}$$

我們將上式積分可得通過電感器的瞬時電流為

$$i_L = \int di_L = \frac{V_L}{L} \int \sin\omega t \, dt = -\frac{V_L}{\omega L} \cos\omega t \tag{19-15}$$

　　要使式 (19-15) 與式 (19-4) 的瞬時電流形式一致。我們首先介紹一個物理量 X_L，稱為電感電抗（inductive reactance，簡稱感抗），其定義為

$$X_L = \omega L \tag{19-16}$$

X_L 的數值與操作的角頻率 ω 有關，其單位與電阻 R 的單位相同為歐姆。然後我們再將下列關係

$$-\cos\omega t = \sin(\omega t - \frac{\pi}{2})$$

同時代入式 (19-15)，可得

$$i_L = (\frac{V_L}{X_L}) \sin(\omega t - \frac{\pi}{2}) = I_L \sin(\omega t - \frac{\pi}{2}) \tag{19-17}$$

對照式 (19-4)，我們可知僅有電感的負載時，其相常數 $\phi = \frac{\pi}{2}$。

同時由式 (19-17)，我們可得電壓振幅與電流振幅的關係為

$$V_L = I_L X_L \tag{19-18}$$

雖然上式是由圖 19-4 (a) 的特殊電路所推導出來，但是此關係卻可應用到任意交流電路的個別電感器上，而不論電路有多複雜。

　　比較式 (19-12) 及式 (19-17)，可看出時變的 v_L 和 i_L 的相，相差 $\frac{\pi}{2}$ 弧度。由圖 19-4 (b) 所示，可看出 i_L 比 v_L 達到極大值的時間落後四分之一週期。

　　由圖 19-4 (c) 的相量圖，可獲得一些資訊。當相量在圖中以 ω 之角頻率轉動時，可看出標示 I_L 的相量落後標示為 V_L 的相量 $\frac{\pi}{2}$ 弧度。也就是當 V_L 的相量轉到垂直軸後，需再繞四分之一圈，I_L 的相量才可轉到垂直軸。由此可確信圖 19-4 (c) 可用來表示式 (19-17) 之 i_L 的相落後 v_L 的相 $\frac{\pi}{2}$ 弧度。

例題 19-2

如圖 19-4 所示，若 $L = 240$ 毫亨利，$f = 60.0$ 赫，以及 $\mathscr{E}_m = V_L = 40.0$ 伏特。求(a)電感電抗 X_L，(b)電路中的電流振幅 I_L。

解 (a)由式 (19-16) 可得

$$X_L = \omega L = 2\pi f L = (2\pi)(60.0)(240 \times 10^{-3}) = 90.4 \text{ 歐姆}$$

(b)由式 (19-18) 可得

$$I_L = \frac{V_L}{X_L} = \frac{36.0}{90.4} = 0.398 \text{ 安培。}$$

19-4   電容的交流電路

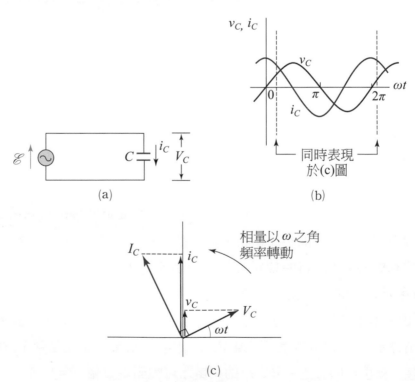

▲圖 19-5   (a)電容器連接交流發電機的電路；(b)跨過電容器的電壓落後電流 $\frac{\pi}{2}$ 弧度；(c)表示與(b)同樣事件的相量圖。

圖 19–5 (a)所示為一電容器與一個具有式 (19–1) 之交流電動勢的發電機的電路。依迴線法則，可得跨過電容器的瞬時電壓為

$$v_C = V_C \sin\omega t \tag{19–19}$$

式中 V_C 為跨過電容器的電壓振幅。由電容的定義我們亦可得

$$q_C = Cv_C = CV_C \sin\omega t \tag{19–20}$$

結合上面兩式，我們可得

$$i_C = \frac{dq_C}{dt} = \omega CV_C \cos\omega t \tag{19–21}$$

要使式 (19–21) 與式 (19–4) 的瞬時電流形式一致。我們再介紹一個物理量 X_C，稱為電容電抗（capacitive reactance，簡稱容抗），其定義為

$$X_C = \frac{1}{\omega C} \tag{19–22}$$

X_C 的數值亦與操作的角頻率 ω 有關，而其單位仍然與電阻 R 的單位相同為歐姆。然後我們再將下列關係

$$\cos\omega t = \sin(\omega t + \frac{\pi}{2}),$$

同時代入式 (19–21)，可得

$$i_C = (\frac{V_C}{X_C}) \sin(\omega t + \frac{\pi}{2}) = I_C \sin(\omega t + \frac{\pi}{2}) \tag{19–23}$$

對照式 (19–4)，我們可知僅有電容的負載時，其相常數 $\phi = -\frac{\pi}{2}$。同時由式 (19–23)，我們可得電壓振幅與電流振幅的關係為

$$V_C = I_C X_C \tag{19–24}$$

雖然上式是由圖 19–5 (a) 的特殊電路所推導出來，但是此關係卻可應用到任意交流電路的個別電容器上，而不論電路有多複雜。

比較式 (19–19) 及式 (19–23)，可看出時變的 v_C 與 i_C 的相，相差 $\frac{\pi}{2}$ 弧度。由圖 19–5 (b)所示，可看出 i_C 與 v_C 達到最大值的時間超前四分之一週期。

由圖 19–5 (c)的相量圖，可很清楚地觀察到 i_C 與 v_C 的關係。當標示為 I_C 及 V_C 的兩個相量以 ω 之角頻率作逆時針轉動時，我們可觀察到 I_C 相量超前 V_C 相量 $\frac{\pi}{2}$ 弧度，由此可確信圖 19–5 (c)可用來表示式 (19–23) 之 i_C 的相超前 v_C 的相 $\frac{\pi}{2}$ 弧度。

　　總合交流電路中之各元件之瞬時電流與瞬時電壓的相及振幅的關係列於表 19-1。

表 19-1　交流電流和交流電壓之相和振幅的關係

元件	符號	阻抗*	電流 i 的相	相常數 ϕ	振幅的關係
電阻	R	R	與 v_R 同相	$0°$	$V_R = I_R R$
電感	L	$X_L = \omega L$	落後 v_L（$\frac{\pi}{2}$ 弧度）	$90°$	$V_L = I_L X_L$
電容	C	$X_C = \dfrac{1}{\omega C}$	超前 v_C（$\frac{\pi}{2}$ 弧度）	$-90°$	$V_C = I_C X_C$

*阻抗 (impedance) 包含電阻 (resistance) 和電抗 (reactance)，電抗包含感抗和容抗。
註 1：$v = V \sin\omega t, i = I \sin(\omega t - \phi)$。
註 2：當電路為串聯時，整個電路的電流都一樣，即 $I_R = I_L = I_C = I$。
註 3：當電路為並聯時，整個電路的電壓都一樣，即 $V_R = V_L = V_C = V = \mathscr{E}_m$。

例題 19-3

在圖 19-5 (a)中，若 $C = 25$ 微法拉，$f = 600$ 赫以及 $\mathscr{E}_m = V_C = 48.0$ 伏特。求 (a)電容電抗 X_C 及(b)電路中的電流振幅 I_C。

解 (a)由式 (19-22) 可得

$$X_C = \frac{1}{\omega C} = \frac{1}{2\pi f C} = \frac{1}{(2\pi)(60.0)(25 \times 10^{-6})} = 106 \text{ 歐姆}$$

(b)由式 (19-24) 可得

$$I_C = \frac{V_C}{X_C} = \frac{48.0}{106} = 0.453 \text{ 安培}$$

19-5　RLC 串聯電路

　　現在我們考慮如圖 19-2 的串聯電路，交流發電機所供應的瞬時交流電動勢為

$$\mathscr{E} = \mathscr{E}_m \sin\omega t \tag{19-25}$$

而合瞬時交流電流為

$$i = I \sin(\omega t - \phi) \tag{19-26}$$

現在我們的工作，即是要求電流的振幅 I 及相常數 ϕ。開始我們應用迴線法則到圖 16–2 的電路，可得

$$\mathscr{E} = v_R + v_L + v_C \tag{19–27}$$

式中四個時變量必需在任意時刻都適合上式。

　　現在考慮圖 19–6 (a)中的電流相量，該相量到目前為止仍為未知的電流。但其最大值 I，相 $(\omega t - \phi)$ 及其瞬時值 i 都已在圖上表示出來。雖然我們知道圖 19–2 中之各元件的電位差都隨其相改變，但其電流卻都相同。

　　由表 19–1 所取得的相量資料，我們可再畫出圖 19–6 (b)中的三個電壓相量 V_R、V_L 及 V_C，此三相量在同一瞬間，其電流的瞬時值 i_R、i_L 及 i_C 具有相同的相，$(\omega t - \phi)$。

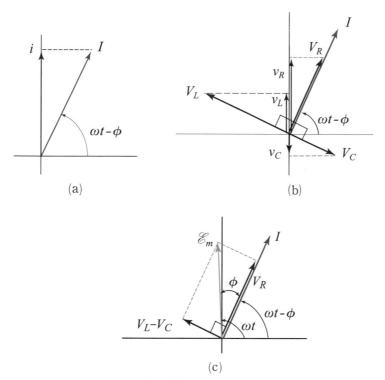

▲圖 19–6　(a)圖 19–2 之 *RLC* 串聯電路的電流相量，其振幅為 I，瞬時值為 i，而其相為 $(\omega t - \phi)$；(b)(a)的電流相量以及分別跨過 R、L 及 C 的電壓向量 V_R、V_L 及 V_C，注意其間的相差；(c)(b)中的四個相量，以及表示交流電動勢的相量。

由圖 19–6 (c)，我們可看出 $V_L - V_C$ 的相量差垂直於 V_R，所以由畢氏定理可得

$$\mathscr{E}_m^2 = V_R^2 + (V_L - V_C)^2$$

由表 19–1 之註 2：串聯時，整個電路的電流都相同，即 $I_R = I_L = I_C = I$，所以我們可得 $V_R = IR$，$V_L = IX_L$ 及 $V_C = IX_C$，將之代入上式，可得

$$\mathscr{E}_m^2 = (IR)^2 + (IX_L - IX_C)^2$$

將上式整理可得 RLC 串聯電路之電流振幅為

$$I = \frac{\mathscr{E}_m}{\sqrt{R^2 + (X_L - X_C)^2}} \tag{19–28}$$

上式中之分母稱為該串聯電路的阻抗 (impedance)，用 Z 表示則

$$Z = \sqrt{R^2 + (X_L - X_C)^2} \tag{19–29}$$

將式 (19–29) 代入式 (19–28)，則可得

$$I = \frac{\mathscr{E}_m}{Z} \tag{19–30}$$

如果我們再將式 (19–16) 及式 (19–22) 代入式 (19–28)，則可得

$$I = \frac{\mathscr{E}_m}{\sqrt{R^2 + (\omega L - \frac{1}{\omega C})^2}} \tag{19–31}$$

再由圖 19–6 (c)，我們可得

$$\tan\phi = \frac{V_L - V_C}{V_R} = \frac{X_L - X_C}{R} \tag{19–32}$$

若 ϕ 為正表示發電機之電動勢領先電路電流 ϕ 弧度。

由式 (19–31) 可知當分母為最小時，即當

$$\frac{1}{\omega C} = \omega L \quad 或 \quad \omega = \frac{1}{\sqrt{LC}} \tag{19–33}$$

時，可得一極大的電流，此現象稱為共振 (resonance)。注意此時發電機（或交流電源）的操作角頻率正好與式 (18–50) 的自然角頻率相同。

例題 19–4

如圖 19–2，若 $R = 160$ 歐姆，$C = 15.0$ 微法拉，$L = 230$ 毫亨，$f = 60.0$ 赫，以及 $\mathscr{E}_m = 36.0$ 伏特。求 (a) 此電路的阻抗 Z，(b) 電流的振幅 I，(c) 相常數 ϕ。

解 (a)由式 (19–16) 及式 (19–22) 可得

$$X_L - X_C = \omega L - \frac{1}{\omega C} = 2\pi f L - \frac{1}{2\pi f C} = (2\pi)(60.0)(230 \times 10^{-3}) -$$

$$\frac{1}{(2\pi)(60.0)(15.0 \times 10^{-6})} = -90.3 \text{ 歐姆}$$

再由式 (19–29) 可得

$$Z = \sqrt{R^2 + (X_L - X_C)^2} = \sqrt{(160)^2 + (-90.3)^2} = 184 \text{ 歐姆}$$

(b)由式 (19–30) 可得

$$I = \frac{\mathscr{E}_m}{Z} = \frac{36.0}{184} = 0.196 \text{ 安培}$$

(c)由式 (19–32) 可得

$$\tan\phi = \frac{X_L - X_C}{R} = \frac{-90.3}{160} = -0.564$$

因此可得

$$\phi = \tan^{-1}(-0.564) = -0.514 \text{ 弧度}$$

19–6　RLC 並聯電路

圖 19–7 (a)為一 *RLC* 的並聯電路，所以跨過電阻、電感及電容的電壓降都相同，因此若電動勢源之電動勢為 $\mathscr{E}$，則

$$\mathscr{E}_m = V = V_R = V_L = V_C \tag{19–34}$$

圖 19-7 (b)為一相量圖：相量 V 表示跨過所有元件的共同電壓。每一元件有一電流相量。相量 I_R，其大小為 $\frac{V}{R}$，與相量 V 同相，表示通過電阻器的電流振幅。相量 I_L，其大小為 $\frac{V}{X_L} = \frac{V}{\omega L}$，落後相量 V 為 $\frac{\pi}{2}$ 弧度，表示通過電感器的電流振幅。相量 I_C，其大小為 $\frac{V}{X_C} = V\omega C$，超前相量 V 為 $\frac{\pi}{2}$ 弧度，表示通過電容器的電流振幅。

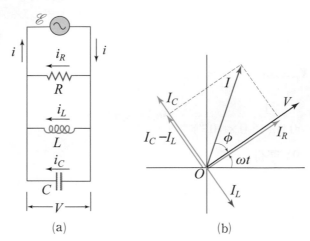

▲圖 19–7　　(a) RLC 並聯電路；(b)三個支路電流的相量及電壓相量。

　　由克希荷夫支點法則，可知經過電源的瞬時電流正好等於通過各元件之瞬時電流 i_R、i_L 及 i_C 的代數和，用式子表示，則

$$i = i_R + i_L + i_C \tag{19–35}$$

用相量表示，則通過電源之電流相量 I 為通過各元件之相量 I_R、I_L 與 I_C 的向量和。由圖 19–7 (b)電流相量 I 的大小為

$$I = \sqrt{I_R^2 + (I_C - I_L)^2} = \sqrt{(\frac{V}{R})^2 + (\frac{V}{X_C} - \frac{V}{X_L})^2}$$

$$= V\sqrt{\frac{1}{R^2} + (\omega C - \frac{1}{\omega L})^2} \tag{19–36}$$

電流振幅 I 與電源的角頻率有關，當電容電抗與電感電抗相等時，電流 I 有一極小值，此時共振角頻率與式 (19–33) 相同。

　　比較式 (19–36) 與式 (19–30)，$V = IZ$，我們可得並聯電路的阻抗

$$\frac{1}{Z} = \sqrt{\frac{1}{R^2} + (\omega C - \frac{1}{\omega L})^2} = \sqrt{(\frac{1}{R})^2 + (\frac{1}{X_C} - \frac{1}{X_L})^2} \tag{19–37}$$

共振時 $X_C = X_L$，電源的角頻率 $\omega = \dfrac{1}{\sqrt{LC}}$ 與電路的自然角頻率相同。此時 $Z = R$，$I = \dfrac{V}{R}$。

　　由圖 19–7 (b)，我們可得

$$\tan\phi = \frac{I_C - I_L}{I_R} = \frac{\dfrac{1}{X_C} - \dfrac{1}{X_L}}{\dfrac{1}{R}} = \frac{R(X_L - X_C)}{X_C X_L} \tag{19–38}$$

例題 19–5

如圖 19–7 (a)的並聯電路，若 $R = 300$ 歐姆，$C = 10.0$ 微法拉，$L = 0.4$ 亨利，$f = 60.0$ 赫，$V = \mathscr{E}_m = 48$ 伏特。求(a)並聯阻抗 Z，(b)每一元件的電流振幅，(c)通過電源的電流振幅。

解 (a)由式 (19–16) 及式 (19–22) 可得

$$X_L = \omega L = 2\pi f L = (2\pi)(60.0)(0.4) = 15 \text{ 歐姆}$$

$$X_C = \frac{1}{\omega C} = \frac{1}{2\pi f C} = \frac{1}{(2\pi)(60.0)(10.0 \times 10^{-6})} = 26.5 \text{ 歐姆}$$

將上二式代入式 (19–37) 可得

$$\frac{1}{Z} = \sqrt{(\frac{1}{R})^2 + (\frac{1}{X_C} - \frac{1}{X_L})^2} = \sqrt{(\frac{1}{300})^2 + (\frac{1}{26.5} - \frac{1}{151})^2} = 0.0313$$

$$\therefore Z = 32.0 \text{ 歐姆}$$

(b)電阻的電流振幅

$$I_R = \frac{V}{R} = \frac{48}{300} = 0.16 \text{ 安培}$$

電感的電流振幅

$$I_L = \frac{V}{X_L} = \frac{48}{151} = 0.32 \text{ 安培}$$

電容的電流振幅

$$I_C = \frac{V}{X_C} = \frac{48}{26.5} = 1.81 \text{ 安培}$$

(c)電源的電流振幅

$$I = \frac{V}{Z} = \frac{48}{32} = 1.50 \text{ 安培}$$

19–7 交流電路中的功率

在純電阻的交流電路的功率，我們在第 2 節已討論過，其瞬時功率 p 及平均功率 P_{av} 分別為式 (19–9) 及式 (19–10)，即

$$p = i_R^2 R = [I_R \sin(\omega t)]^2 R$$

$$P_{av} = \frac{1}{2} I_R^2 R = I_{eff}^2 R \tag{19–39}$$

若交流電路不是純電阻時，則其瞬時功率應為瞬時電流 i 乘以瞬時電壓，即

$$p = iv = [I \sin(\omega t - \phi)][V \sin(\omega t)]$$

$$= IV[\sin(\omega t) \cos\phi - \cos(\omega t) \sin\phi] \sin(\omega t)$$

$$= IV[\sin^2(\omega t) \cos\phi - \cos(\omega t) \sin(\omega t) \sin\phi]$$

因為 $\sin^2(\omega t)$ 經過一週期的平均值為 $\frac{1}{2}$，而 $\cos(\omega t) \sin(\omega t)$ 經過一週期的平均值為零，所以在計算平均功率時，只有第一項有效，即平均功率為

$$P_{av} = \frac{1}{2} IV \cos\phi$$

若電流振幅 I 及電壓振幅 V 用有效電流 I_{eff} 及有效電壓 V_{eff} 或方均根電流 I_{rms} 及方均根電壓表示，則上式變成

$$P_{av} = I_{eff} V_{eff} \cos\phi = I_{rms} V_{rms} \cos\phi \tag{19–40}$$

式中 $\cos\phi$ 稱為功率因數 (power factor)；$I_{eff} = I_{rms} = \dfrac{I}{\sqrt{2}}$, $V_{eff} = V_{rms} = \dfrac{V}{\sqrt{2}}$ 皆表示電源供應的有效值或方均根值。但如圖 19–2 的 RLC 串聯電路中 $I = I_R$，所以 $I_{eff} = I_{R, eff}$，又由圖 19–6 之相量圖中可看出 $V_R = \mathscr{E}_m \cos\phi$ $(= V \cos\phi)$，因此 $V_{R, eff} = \mathscr{E}_{m, eff} \cos\phi = V_{eff} \cos\phi$，所以式 (19–40) 可改寫成

$$P_{av} = I_{R, eff} V_{R, eff} = I_{R, eff}^2 R = I_{R, rms}^2 R \tag{19–41}$$

上式告訴我們平均功率，其實就只有電阻在消耗功率，電容和電感的平均消耗功率都是等於零。又如圖 19–7 的 RLC 並聯電路中，$\mathscr{E}_m = V = V_R$ 所以 $V_{eff} = V_{R, eff}$，而又 $I \cos\phi = I_R$，所以 $I_{eff} \cos\phi = I_{R, eff}$，因此式 (19–40) 不論在 RLC 串聯或並聯電路中都可寫成式 (19–41)，都看成是電阻消耗的有效功率或方均根功率。

例題 19-6

如圖 19-2 所示，$R = 120$ 歐姆，$C = 10.0$ 微法拉，$L = 200$ 毫亨利，$f = 60.0$ 赫 及 $\mathscr{E}_m = 30.0$ 伏特。求(a)方均根電動勢 $\mathscr{E}_{rms}$，(b)方均根電流 I_{rms}，(c)功率因數 $\cos\phi$，(d)平均功率 P_{av}。

解 (a)方均根電動勢

$$\mathscr{E}_{rms} = \frac{\mathscr{E}_m}{\sqrt{2}} = \frac{30.0}{\sqrt{2}} = 21.2 \text{ 伏特}$$

(b)

$$\omega = 2\pi f = 2(3.14)(60.0) = 377 \text{ 弧度 / 秒}$$

$$X_L = \omega L = (377)(200 \times 10^{-3}) = 75.4 \text{ 歐姆}$$

$$X_C = \frac{1}{\omega C} = \frac{1}{(377)(10.0 \times 10^{-6})} = 265.3 \text{ 歐姆}$$

$$X_L - X_C = -190 \text{ 歐姆}$$

$$I = \frac{\mathscr{E}_m}{\sqrt{R^2 + (X_L - X_C)^2}} = \frac{30.0}{\sqrt{(120)^2 + (-190)^2}} = 0.133 \text{ 安培}$$

所以方均根電流為

$$I_{rms} = \frac{I}{\sqrt{2}} = \frac{0.133}{\sqrt{2}} = 0.094 \text{ 安培}$$

(c)功率因數為

$$\cos\phi = \frac{R}{\sqrt{R^2 + (X_L - X_C)^2}} = \frac{120}{\sqrt{(120)^2 + (-190)^2}} = 0.532$$

(d)由式 (19–41) 平均功率為 $P_{av} = I_{rms}^2 R = (0.094)^2(120) = 1.06$ 瓦特

或由式 (19–40) $P_{av} = \mathscr{E}_{rms} I_{rms} \cos\phi = (21.2)(0.094)(0.532) = 1.06$ 瓦特

兩者正好一致。

19–8　變壓器

變壓器 (transformer) 是一種能將交流電的電壓提升或降低，而仍約略保持原有功率的電器裝置，其用途極廣。

　　變壓器主要由兩組線圈繞於鐵心上製成。一組線圈接收能量，稱為原線圈或初級線圈 (primary coil)；另一組線圈傳送能量，稱為副線圈或次級線圈 (secondary coil)。如圖 19–8 所示，將圈數 n_1 之線圈繞於一方形鐵心的左端構成原線圈，另一圈數為 n_2 之線圈繞於右端構成副線圈。原線圈與副線圈可以對調使用，而使升壓變成降壓，降壓變成升壓。鐵心通常由方形鐵片重疊而成，以防止渦流 (eddy current) 或渦電流。

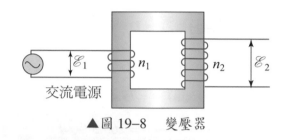

▲圖 19–8　變壓器

　　將原線圈兩端接至一交流電源，則線圈內的電流將隨時間做週期性的變化，此電流所產生的磁場亦隨之而變化。由於鐵片是鐵磁性的物質，所以磁通量大部分集中於方形鐵片內，此磁通量經由方形鐵片從原線圈耦合到副線圈。此相交連磁通量的變化，在副線圈產生一應電動勢。應電動勢的大小與磁通量變化的大小成正比，所以副線圈將得到一交流電壓。

　　一個理想變壓器 (ideal transformer) 能夠將原線圈產生的磁通量完全耦合到副線圈，即原線圈與副線圈的磁通量相等。

$$\phi_1 = \phi_2$$

但由法拉第感應定律知

$$\mathscr{E}_1 = -n_1 \frac{d\phi_1}{dt}$$

$$\mathscr{E}_2 = -n_2 \frac{d\phi_2}{dt}$$

因此

$$\frac{\mathscr{E}_1}{\mathscr{E}_2} = \frac{n_1}{n_2} \qquad （電壓轉換） \qquad (19–42)$$

故兩端的電壓與圈數成正比。因而改變線圈的圈數比，可以把原線圈的電動勢升高或降低。

將副線圈加上負載以後，便有電流產生。由於一理想變壓器能夠將能量從原線圈完全耦合至副線圈，即

$$P_1 = P_2$$

但是 $P_1 = \mathscr{E}_1 I_1$，及 $P_2 = \mathscr{E}_2 I_2$，所以

$$\frac{I_1}{I_2} = \frac{\mathscr{E}_2}{\mathscr{E}_1} = \frac{n_2}{n_1} \qquad \text{（電流轉換）} \tag{19–43}$$

故變壓器兩邊的電流亦可藉改變線圈的比數來達到，雖然經過變壓器的結果對於功率沒有增益，但在由發電廠輸送到用戶的過程中，輸送線的熱損與電流的平方成正比，也就是說電流小時，電功率能輸送到很遠的地方而不會有太大的熱損失，當電輸送到目的地時，再利用降壓器提供低電壓所需的電流。

最後我們將 $\mathscr{E}_1 = V_1 = I_1 Z_1$ 及 $\mathscr{E}_2 = V_2 = I_2 Z_2$ 代入式 (19–43)，可得

$$\frac{Z_1}{Z_2} = (\frac{n_1}{n_2})^2 \qquad \text{（阻抗轉換）} \tag{19–44}$$

上式從原線圈的觀點來看，告訴我們負載的阻抗不再是 Z_2 而是

$$Z_1 = (\frac{n_1}{n_2})^2 Z_2 \tag{19–45}$$

要使電源電動勢的功率轉移最大時，此特性非常重要。

我們知道要從一電源將能量傳送到負載時，要有最大的能量的傳送，就必需要電源的阻抗與負載的阻抗相同，而變壓器就可藉著線圈比數的調整來達到。又例如將放大器接上喇叭時，放大器是高阻抗而喇叭是低阻抗，我們亦可藉著調整線圈的比數來完成阻抗匹配 (impedance matching)。

例題 19–7

有一理想變壓器，其原線圈為 200 圈，副線圈為 800 圈。假設原電壓為家庭用之 110 伏特交流電，試問副線圈之電壓為何值？如果在副線圈加一 800 歐姆的負載，試問其將消耗多少電功率？

解 由式 (19–42) 得知

$$\mathscr{E}_2 = \frac{\mathscr{E}_1 n_2}{n_1} = \frac{110 \times 800}{200} = 440 \text{ 伏特}$$

其所消耗之功率為

$$P = \frac{\mathscr{E}_2^2}{R} = \frac{(440)^2}{800} = 242 \text{ 瓦特}$$

在此，電壓之值均指其有效值而言。

例題 19–8

一 10.0 歐姆的喇叭以平均功率 $P_{av} = 15.0$ 瓦特播音，喇叭接到阻抗為 1000 歐姆的放大器。求變壓器的(a)圈數比，(b)副線圈的電流和電位差，(c)原線圈的電流及電位差。

解 (a)由式 (19–44)，我們需要一個降壓變壓器，圈數比為

$$\frac{n_2}{n_1} = \sqrt{\frac{Z_2}{Z_1}} = \sqrt{\frac{10.0}{1000}} \approx 0.10$$

(b)副線圈的功率 $P_2 = I_2^2 R_2$，故

$$\text{副線圈電流 } I_2 = \sqrt{\frac{P_2}{R_2}} = \sqrt{\frac{15.0}{10.0}} = 1.22 \text{ 安培}$$

$$\text{副線圈電壓 } V_2 = I_2 R_2 = (1.22)(10.0) = 12.2 \text{ 伏特}$$

(c)原線圈電流，由式 (19–43)

$$I_1 = \frac{n_2}{n_1} I_2 = (0.10)(1.22) = 0.122 \text{ 安培}$$

$$\text{原線圈電壓 } V_1 = \frac{n_1}{n_2} V_2 = (\frac{1}{0.1})(12.2) = 122 \text{ 伏特}$$

習　題

1. 圖 19–9 所示一長方形迴線，長 0.25 公尺，寬 0.12 公尺，在強度為 2.0 特士拉的磁場中轉動。如迴線面的垂直線原與磁場成 30° 角，在 0.10 秒內轉成垂直於磁場，(a)求迴線感應的平均應電動勢；(b)若此迴線上述的轉動為等角速率轉動，求最大應電動勢。

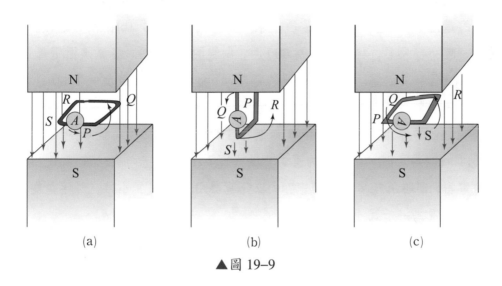

　(a)　　　　　　　　(b)　　　　　　　　(c)

▲圖 19–9

2. 有一 50 匝之圓形線圈，半徑為 0.20 公尺，以 60 赫的頻率在均勻磁場中轉動，所感生的最大電動勢為 150 伏特。(a)問磁場強度為多大？(b)若此線圈的內阻為 2.5 歐姆，並連接一 20 歐姆的電阻器，則其最大電流為何？

3. 一交流電源其輸出電壓為 $v = 200 \sin\omega t$ 伏特，接在 $R = 50$ 歐姆的電阻器上。求此電路的方均根電流。

4. 一收音機接收器上的電感器，當接收頻率 $f = 1.60 \times 10^6$ 赫的調幅波時，其電壓振幅 $V_L = 3.60$ 伏特，電流振幅 $I_L = 2.50 \times 10^{-6}$ 安培。求(a)電感器的阻抗，(b)電感器的電感。

5. 一電容器 $C = 8.0$ 微法拉，接到頻率 $f = 60$ 赫，方均根電壓 $V_{rms} = 150$ 伏特的交流電源上。求(a)電容電抗 X_C；(b)此電路的方均根電流 I_{rms}。

6. 一 *RLC* 串聯電路，電容器之電容 $C = 3.0$ 微法拉，電阻器之電阻 $R = 200$ 歐姆，電感器之電感 $L = 0.6$ 亨利，電源之頻率 $f = 60$ 赫，$\mathscr{E}_m = V = 150$ 伏特。求(a)此電路的電抗；(b)此電路的阻抗；(c)此電路的電流振幅；(d)電路的相常數。

7. 一 *RLC* 並聯電路，$R = 100$ 歐姆，$C = 3.0$ 微法拉，$L = 0.6$ 亨利，電源頻率 $f = 60$ 赫，電壓振幅 $V = 110$ 伏特。求(a)此電路的阻抗；(b)此電路的相常數；(c)此電路通過電源的電流。

8. 一升壓變壓器連接於 110 伏特的交流電源，副線圈有 8000 匝，輸出 11000 伏特的電壓及 22 毫安培的電流。試求(a)原線圈的匝數；(b)輸入的電流。

9. 有一理想變壓器，其原線圈為 600 圈，副線圈為 60 圈。設原線圈電壓為家用之 110 伏特交流電。(a)求副線圈的電壓；(b)如果在副線圈加一 1000 歐姆的負載，試問其將消耗多少電功率？（電壓指有效值）

10. 一變壓器的原線圈為 1200 匝。如欲將 3300 伏特的交流電變壓成為家庭用電（110 伏特），則(a)副線圈的匝數應為若干？(b)若在室內有一電阻為 110 歐姆的電器，則將消耗多少電功率？(c)以此電器用品使用 3 小時，則耗費幾度電？（一度電為一千瓦小時）

20

電子學概論

■ 本章學習目標

學完這章後，您應該能夠

1. 了解電子學和電磁學的發展歷程，並知道它們研究的異同點。

2. 知道真空管的構造以及明瞭其作為整流器與放大器的工作原理。

3. 明瞭陰極射線管及示波器的構造及其工作原理。

4. 了解半導體如何導電。

5. 利用滲入雜質的方法，改變半導體的導電性。

6. 分辨 n 型與 p 型半導體。

7. 明瞭二極體的特性，並知道其具有整流的功能。

8. 知道電晶體的構造及其工作原理。

電子學 (electronics) 是科學和工程中的一部門，它和電磁學的關係非常密切，都是在處理電流的問題，但處理的角度不同。電磁學主要處理在能量方面的電流問題，例如電流流過導體時所產生光、熱或磁的問題。但電子學處理的主要電流問題是在它的脈衝，或者說訊號方面。這訊號可以代表聲音、圖像、數字或其他的資訊等。

在前面七章中，我們都在討論十八、十九世紀所發展的電磁學。而電磁學最後由馬克士威 (James Clerk Maxwell, 1831～1879) 整合成四個基本電磁學方程式，並於 1864 年預言電磁波的存在。此預言在 1887 年由赫茲 (Heinrich Hertz, 1857～1894) 予以證實。十九世紀中末期，許多物理學家在含有稀薄氣體的管子裡通上電流來作實驗，這便是氣體放電管 (gas discharge tube)，他們發現當管子裡的氣體幾乎被抽到真空時，就可在幾乎真空的管子裡見到淡綠色的光。在 1895 年羅侖茲提出了電子論，而電子的存在，則由湯木生 (Joseph John Thomson, 1856～1940) 於 1897 年予以證實。同年布朗 (K. F. Braun, 1850～1918) 發明了陰極射線管 (cathode ray tube，簡寫為 CRT)。1904 年佛萊明發明了二極真空管 (vacuum tube diode)，又 1906 年弗勒斯特 (D. Forest) 發明了三極真空管 (vacuum tube triode)。就這樣電子學開始三個階段的發展。

第一階段從 1920 年代開始到 1950 年代間，工廠大量製造真空管 (vacuum tube)，真空管支配了整個電子世界。在電子學的領域裡，其進步真是一日千里。在短短三十餘年之時間，從體積龐大，需要高電壓才能工作的真空管演進到體積小、低電壓、低電流操作的電晶體 (transistor)。第二階段從 1950 年代開始到 1960 年代，半導體作成的固態元件已經大量取代了真空管。1960 年代，積體電路（integrated circuit，簡寫為 IC）的出現又把電子學帶向第三階段。而超大型積體電路 (LSI)，能把十萬個以上之元件做在一個晶片上，使得人類的生活領域，也從地面進入太空。此章我們將介紹一些基礎材料，作為日後學習電子學的基礎。

首先我們先介紹最常見的電子儀器——示波器 (oscilloscope)。所謂示波器就是使我們的眼睛可以直接看到電壓隨時間變化的儀表。一部完整的示波器包含一陰極射線管 (cathode ray tube) 及其控制電路。要了解示波器的動作原理，必須先知道靜電偏向陰極射線管的原理。而要了解陰極射線管的原理，就必需先從早期的真空管開始說起。

20-1　真空管

金屬有一個很重要的性質，就是它帶有自由電子。當金屬受熱時，這些自由電子由於熱能而脫離出金屬表面，這種效應稱為熱離子發射 (thermionic emission)。對這種由熱發射出來的電子加以各種不同方式的處理，就可造成各種型態與效能的真空管。

20-1-1　二極真空管

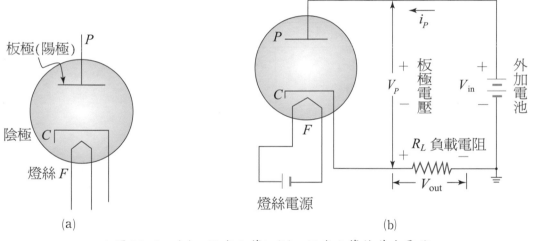

▲ 圖 20-1　(a)二極真空管；(b)二極真空管的基本電路

一典型的真空管為如圖 20-1 (a)所示的二極真空管 (vacuum tube diode)，這種真空管常被用來當作整流器 (rectifier) 使用。二極真空管的主要構造為一個陰極 (cathode) 和一個包圍著陰極的陽極 (anode) 或稱板極 (plate)。陰極內有一個燈絲 (filament) 用來燒熱陰極使其發射電子，而陽極的主要功用就是收集陰極所發射出的電子。整個系統用一管子（通常為玻璃）罩住，內抽真空以防燈絲燒毀並利電子運動。

如果我們如圖 20-1 (b)所示，將二極真空管接上一個外加電池，則其單向導電的功能就可很容易地被看出來，當我們把陰極接在電池負端，板極接在電池正端

時，則板極電壓 V_P 大於零，此時電子可由陰極發射出去，板極電流 $i_P > 0$，正的輸出電壓 V_{out} 可由負載 R_L 輸出。若外接電池反接，則板極電壓 $V_P < 0$，板極的負電壓將阻止電子到達板極，不能形成通路，因此板極電流 $i_P = 0$，輸出電壓 V_{out} 也同時為零，而達到整流 (rectify) 的作用。

20-1-2　三極真空管

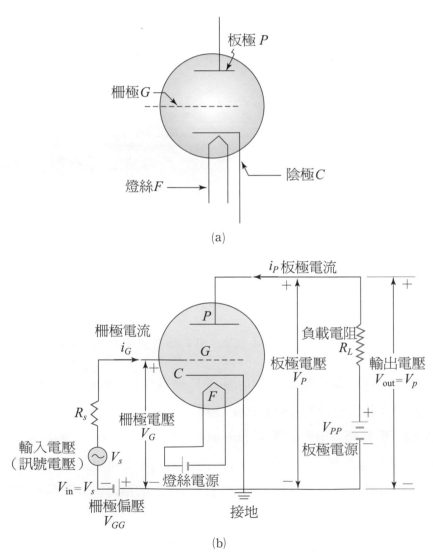

▲圖 20-2　(a)三極真空管；(b)三極真空管的放大電路

現在我們討論三極真空管 (vacuum tube triode)，所謂三極管只是在二極管的板極及陰極間加入一個柵極 (grid)，如圖 20-2 ⒜所示，柵極為一薄導線所構成的柵狀結構，讓電子可以穿過，但因它比板極更接近陰極，加到板極的電壓 V_G，如圖 20-2 ⒝所示，更能影響流向板極的電子流（與板極電流 i_p 反向），三極管的作用就是利用此一特點，能使小小的柵極電壓 V_G 的輸入變化，V_{in}，來大大地控制板極電流 i_p 的變化，也就是說使本來輸入的小小交變訊號電壓 V_{in} 可被有效地放大成為板極電壓 V_P 或輸出電壓 V_{out} 的變化。三極管的主要用途即是利用此放大功能，被當作放大器 (amplifier) 使用。

這些和其它相似的真空管，使收音機、電視機、電腦和其它多種現代裝備得以發展。今日，利用半導體 (semiconductors) 的固態 (solid-state) 技術的發展和普及，使真空管在實際應用上已近乎絕跡了。然而，有一種真空管仍普遍地使用，即陰極射線管 (cathode ray tube)，我們將在下節討論。

20-2　陰極射線管

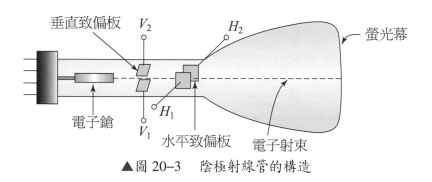

▲圖 20-3　陰極射線管的構造

陰極射線管英文叫 cathode ray tube，故簡稱為 CRT，圖 20-3 為 CRT 的外型和內部構造的簡單圖形。

我們從圖中作一簡單的介紹，電子鎗 (electron gun) 能發射高速的電子射束 (electron beam)，V_1、V_2 是一對垂直致偏板 (vertical deflection plates)，使電子射束通過 V_1、V_2 時，隨 V_1、V_2 所加的電壓產生上下偏向的運動。H_1、H_2 為一對水平致偏板 (horizontal deflection plates)，電子射束通過時，隨 H_1、H_2 電壓變化而產生

水平方向的偏向運動。圖中虛線部分表示急速射過 CRT 聚集的電子射束。右邊部分為螢光幕，電子射束撞擊螢光幕時，會產生光點。

由於電子鎗所發射的電子是帶負電，如果致偏板 (deflecting plates) 上加上電壓，則電子射束便會向帶正電的致偏板偏移。

圖 20–4 (a) 的 CRT，若水平致偏板的 H_1 加直流正電壓，H_2 加直流負電壓時，則螢光幕會出現如圖 20–4 (b)，在左半面上出現一亮點，這是因為左邊 H_1 帶正電，電子射束偏向左邊之故。

為了方便起見，圖 20–3 的 CRT 我們用圖 20–5 的符號來表示。若如圖中，水平致偏板 H_1 加 DC 正電壓，H_2 加 DC 負電壓，V_1、V_2 不加電壓，則光點便會出現如圖 20–4 (b) 所示。

假設 H_1 和 H_2，V_1 和 V_2 所加的電壓各為如圖 20–6 (a) 所示，由於 V_2 和 H_2 帶正電壓，電子射束偏向為水平、垂直兩方向偏向之和，所以光點會出現在上角。如圖 20–6 (b) 之光點。

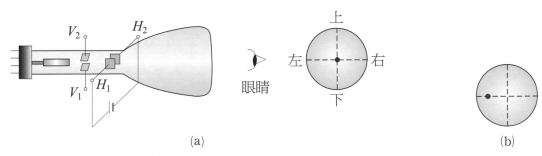

(a)　　　　　　　　　　　　　　　　　　(b)

▲圖 20–4　水平致偏板加直流電壓的情形

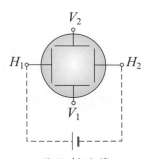

▲圖 20–5　陰極射線管 CRT 的符號

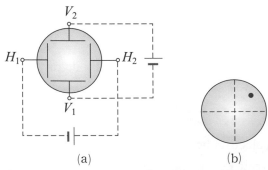

(a)　　　　(b)

▲圖 20–6　兩致偏板同時加定電壓

20-3　示波器簡介

　　前面所說明的例子都是在致偏板上加直流電壓，若現在以如圖 20-7 (a)的鋸齒形波交流電壓加在 H_1 和 H_2 之間，則螢光幕會出現如圖20-7 (b)之圖形。

　　由於 H_1 和 H_2 之間所加的電壓是交變的，負到正之間為一線性的變化，故光點從左向右以均勻的速度移動。又因光點左右移動一次只須百分之一秒，而因人類眼睛視覺暫留作用的關係，所以在螢光幕的水平方向產生一線。

　　假設我們在 V_1、V_2 間加直流負電壓，H_1、H_2 間加鋸齒形波電壓時（如圖20-8 (a)），螢光幕上的水平線將被上引，如圖 20-8 (b)所示。

　　假設在垂直軸（V_1、V_2 間）加入週期 $\frac{1}{100}$ 秒的正弦波電壓，水平軸（H_1、H_2 間）加入同週期的鋸齒形波電壓，如圖 20-9 (b)所示，則螢光幕上將產生如圖 20-9 (c)之單一週期的正弦波形。

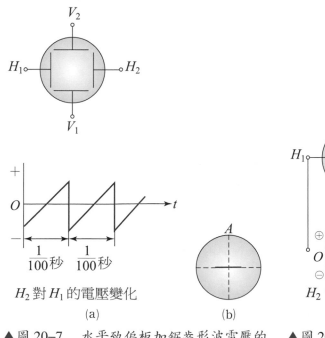

H_2 對 H_1 的電壓變化

(a) 　　　　　　　　(b)

▲圖 20-7　水平致偏板加鋸齒形波電壓的情形

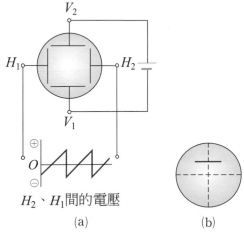

H_2、H_1 間的電壓

(a) 　　　　　　　　(b)

▲圖 20-8　水平致偏板加鋸齒形波電壓，垂直致偏板加直流電壓的情形。

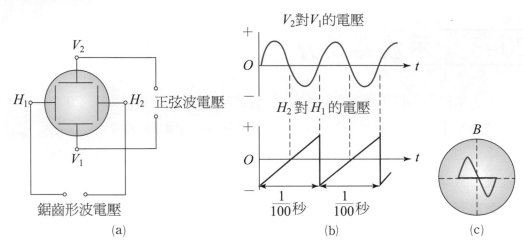

▲圖 20–9　水平軸加入鋸齒形波電壓，垂直軸加入正弦波電壓的情形。

　　上面所說明垂直軸和水平軸各加入電壓情形，如果水平軸所加的鋸齒形波和垂直軸所加的正弦波，其頻率相同的時候，在螢光幕上才可以看到穩定的正弦波形。

　　如圖 20–10 所示，若垂直軸加入的電壓，其頻率為水平軸的鋸齒形波頻率的 2 倍時，則按照前面之分析，在螢光幕上將出現兩個週期的波形，如圖 20–10 (c) 所示。

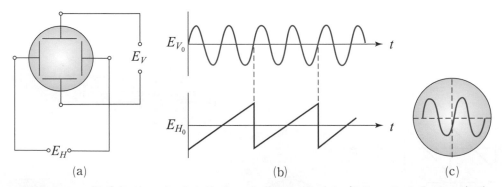

▲圖 20–10　水平軸加鋸齒形波電壓，垂直軸加兩倍頻率的正弦波電壓的情形。

　　我們將垂直軸所加被觀測波形的週期 T_1，頻率 $f_1 (= \dfrac{1}{T_1})$ 與掃描用的鋸齒形波的週期 T_2，頻率 $f_2 (= \dfrac{1}{T_2})$ 兩相比較，若 f_2 為 f_1 的整數分之一，即

$$f_2 = \frac{f_1}{n}$$

或者

$$T_2 = nT_1, \ \text{其中 } n = 1, 2, 3, \cdots$$

則被觀測信號在 CRT 上將會出現 n 個週期的波形。例如我們要觀測一頻率為 1000 Hz 的信號波形（即 $f_1 = 1000$ Hz），想在螢光幕上出現 4 個週期（$n = 4$），那麼，掃描用鋸齒形波的頻率 f_2 為

$$f_2 = \frac{f_1}{n} = \frac{1000}{4} = 250 \text{ Hz}$$

假設觀測一 500 Hz 的正弦波，而 CRT 上要出現 5 個波形的週期，則鋸齒形波的頻率為

$$f_2 = \frac{1}{n} f_1 = \frac{1}{5}(500) = 100 \text{ Hz}$$

如果 f_1 和 f_2 不相等，且不是整數倍（即 $f_2 \neq \frac{f_1}{n}$）時，CRT 將呈現怎麼樣的波形呢？

圖 20-11 所示掃描用鋸齒形波的頻率 f_2 比被觀測波頻率 f_1 稍高（即 $T_2 < T_1$）的情形，圖中顯示，CRT 上正弦波每次起始出現的位置都不同，波形由左邊慢慢的移向右邊。這時，我們便無法觀測到一靜止而穩定的波形。

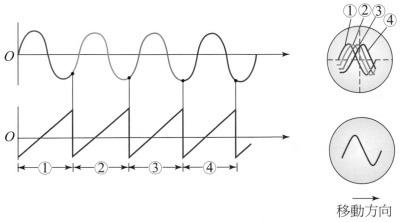

▲圖 20-11　f_2 比 f_1 稍高的波形

　　同樣的，若掃描鋸齒形波之 f_2 比被觀測波之 f_1 稍低時（即 $T_2 > T_1$），如圖 20–12 所示，CRT 上波形由右向左慢慢移動。因此，我們也無法看到靜止的波形。

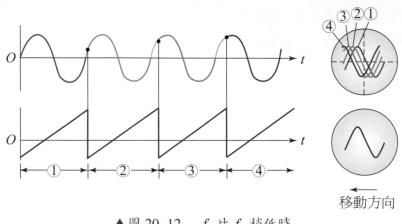

▲圖 20–12　f_2 比 f_1 稍低時

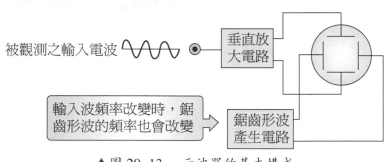

▲圖 20–13　示波器的基本構成

　　圖 20–13 為示波器的基本構成圖，垂直放大電路是用來放大垂直信號，使能觀看較微弱的信號；而鋸齒形波產生電路則用來產生鋸齒形波，其最重要的功能是要能在螢光幕產生穩定的波形，前面所舉 $f_2 = \dfrac{1}{n}f_1$ 只是其中一例子。若螢光幕上能出現穩定之波形時，則我們稱鋸齒形波和輸入之波形為具有同步性 (synchronism) 了。為了要適應不同之輸入波形，取得同步的方式不只一種，目前最常用的是觸發同步方式 (trigger synchronizing form)，即是利用輸入波形控制鋸齒形波產生電路，當輸入波形之頻率改變時，鋸齒形波的頻率也隨之改變，以取得同步之方式。

此外，為了要適應各種不同需要，尚有多種示波器。例如可同時出現二個輸入波形之雙軌跡示波器，此種示波器可很方便比較二個波形之差異；可儲存波形之儲存式示波器，此種示波器可將一很短之波形儲存記錄下來。

※ 20–4　半導體之導電性

矽為最常見的半導體材料，其晶體結構如圖 20–14 所示，為一鑽石晶體結構 (diamond crystal structure)，其每個原子均在一正四面體的中央，其緊鄰有四個相同之原子，每個原子與其相鄰原子間形成共價鍵。圖中連接各球之棒，即表示價電子在空間中的位置。每個原子各出一電子形成一個共價鍵，所以每個共價鍵有兩個電子。

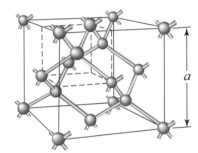

▲圖 20–14　矽之晶體結構。每個原子均在一正四面體的中央，其緊鄰有四個相同之原子。

為便於說明起見，我們可以用二度空間的圖形，如圖 20–15 所示，來表示三度空間的圖形。由此二度空間之圖形中可以看出：

(a)每個原子有四個相鄰的原子。

(b)每個原子與其近鄰共享鍵電子，故每個共價鍵有兩個價電子。

假如所有的價電子都被限制於其價鍵上，半導體中便沒有可供自由移動的電子，此半導體便無法導電（如圖 20–15 (a)所示），而與一絕緣體相似。事實上，在絕對零度以上的溫度，有些共價鍵並不完整，換言之，有些價電子能離開共價鍵而在晶體中自由移動，如圖 20–15 (b)所示。此價鍵之破壞乃由於價電子受熱振盪所引起。在常溫下，此受熱振盪破壞的共價鍵，其數目相對地非常微小。以矽半導體為例，每立方公分大約有 10^{10} 個被破壞的價鍵，相當於每 10^{13} 個價鍵中，只有一個價鍵被破壞。雖然此數目是如此微小，但是對於半導體的導電性質卻有很大的影響。

由於價鍵的破壞，產生了兩種不同的導電質點，其中一種便是價電子離開價鍵後所形成的自由電子，此電子的作用與金屬中的自由電子相同；另外一種導電

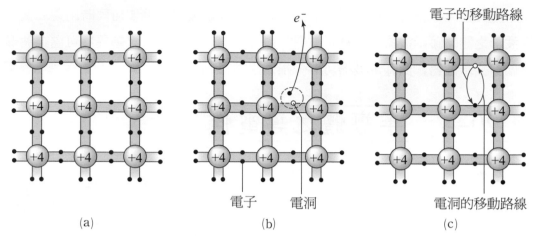

▲圖 20–15　(a)共價鍵皆無被破壞之情形；(b)共價鍵被破壞的結果；(c)由於電子移動形成電洞的移動。

質點的產生，是由於下面的原因所引起：當共價鍵中的一個價電子（帶負電荷 $-e$）離開價鍵後，便在此共價鍵附近留下一可接納電子的空洞，此稱為電洞 (hole)，如圖 20–15(b)所示。

　　電洞和自由電子一樣，也能在半導體中傳導電流。電洞的移動，乃是由於其附近共價鍵的價電子（而非自由電子）移動所致。此價電子移至電洞之位置，使原先被破壞的共價鍵成為一完整的共價鍵，於是電洞便朝著與價電子的移動相反的方向，而移至此價電子原先的位置附近，如圖 20–15(c)所示。因此，隨著電洞的轉移，也有電流產生。由價電子的轉移所產生的電流，可視同為由帶正電荷的電洞沿價電子相反方向移動所產生的。

※ 20–5　半導體中的雜質

　　上述導電質點的產生，既是源於共價鍵的被破壞，而每當產生一個自由電子時，也同時產生一個電洞，所以在不含雜質的半導體中，電子與電洞的數目完全相等。但是通常我們希望半導體內電子與電洞能有不同的數目，使半導體材料的導電性質得以控制，以推展其用途。要改變電洞與電子的數目，最有效的辦法，乃是當生長半導體晶體之時，滲入少量的雜質 (impurity)。

　　半導體材料所使用的雜質，有下列兩大類：

1. 施主雜質或施者雜質 (donor impurity)：

　　如磷、砷、銻等五價的元素，通常被用為半導體中的施主雜質。這些施主雜質的原子體積大致與半導體的原子相若，故能嵌合於半導體之晶體結構內。但是施主雜質的原子外圍有五個價電子，所以當其與鄰近之四個半導體的原子形成四個共價鍵後，尚餘一個電子。此一電子因不形成共價鍵，不受半導體的原子之束縛，故能移動於半導體之內而成自由電子，而施主雜質之原子即被游離，如圖 20–16 (a)所示。此被游離之原子雖帶一正電荷，但因其不能自由移動，故不能導電。上述之情形有一點必須注意，施主雜質的游離，產生了一個電子和一個不能移動的正電荷（施者離子），而沒有價鍵的破壞產生。此種雜質能提供（施與）導電的電子，而同時並無電洞伴隨產生，故稱為施者 (donor)。

2. 受體雜質或受主雜質 (acceptor impurity)：

　　是一種三價的元素，例如硼、銦、鋁等即是。同樣地，這些原子亦能嵌合於半導體之晶體結構內。但是它們僅有三個價電子，尚缺少一個價電子以完成其共價鍵。因此，每個受體原子之價鍵有一空隙存在，能接受價電子之轉移（此為「受」名稱之由來）；換言之，每個受體原子皆能形成一個電洞。此電洞並不為半導體的原子所束縛，能自由移動而導電，如圖 20–16 (b)所示。同樣地，一個受體原子只能產生一個能移動的電洞和一個不能移動的負電荷（受體離子），而並未破壞共價鍵，故無導電的電子伴隨產生。

　　總而言之，半導體不同於金屬，其導電的原因是由於滲入之雜質所產生的兩種不同的導電質點（即電子或電洞）所引起。倘若半導體內的施主雜質與受體雜質可以忽略不計，則電子與電洞的數目相等，此半導體便稱為內稟半導體或本質半導體 (intrinsic semiconductor)，因其導電性係由本身的性質所決定。如果半導體含有數目可觀的施主雜質（或施主雜質遠多於受體雜質），則可導電的電子數目遠大於電洞的數目，此半導體稱為負型（或 n 型）半導體。如果受體雜質遠多於施主雜質，則電洞遠多於電子，此半導體稱為正型（或 p 型）半導體。負型半導體與正型半導體皆稱為外稟半導體或外質半導體 (extrinsic semiconductor)，因其導電性主要係由外加雜質所決定。半導體中數目較多的導電質點稱為多數載流子，

簡稱多數載子 (majority carrier)，數目較少的導電質點稱為少數載流子，簡稱少數載子 (minority carrier)。負 (n) 型半導體的多數載子為電子，少數載子為電洞；正 (p) 型半導體則相反。

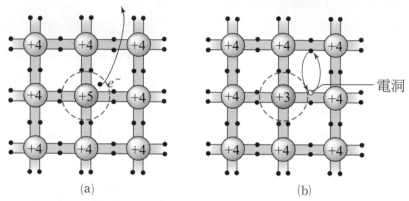

▲圖 20–16　(a)施主雜質之原子的最外層有五個價電子，所以它在半導體之晶體內每個原子可供應一自由電子；(b)受體雜質之原子的最外層有三個價電子，所以它在半導體之晶體內能供應一個電洞。

20-6　二極體的特性

　　如圖 20–17 (a)所示，在半導體晶體的一端摻入施主雜質，另一端摻入受體雜質，便形成所謂的 p–n 接面 (p–n junction) 或正負接面。圖中施者離子以正號表示，因為當它供應一個電子後，成為帶正電的施者離子。受體離子以負號表示，因為它接受一個電子後，成為帶負電的受體離子。在接面附近，電洞由左邊密度高的正型區往右邊擴散，進入電洞較少密度低的負型區，右邊的電子密度高亦往左邊擴散，進入電子較少密度低的正型區。當電子與電洞經此擴散之後，在接面附近，左邊便有多餘的負電荷 (此為受體離子)，右邊便有多餘的正電荷 (此為施者離子)，如圖 20–17 (a)、(b)所示。此帶電區域稱為空乏區 (depletion region)，因電子或電洞之量極微，可視為零。(註：事實上，在空乏區內之載子數並不為零，但比起擴散前之值甚小。例如在此區之載子密度本為 $10^{22}/m^3$，擴散後降為 $10^{17}/m^3$，則兩者相比，後者之值可視為零。) 此兩區之正負電荷 (稱為空間電荷) 便在

其間建立起一電場，如圖 20–17 ⒞所示，電場的方向是由負型區指向正型區，故能驅使電子與電洞向其擴散之相反方向漂移，最後終達穩定狀況。由於電場的存在，空乏區的兩端會產生一電位差（此電位差稱位壘 (potential barrier)，因其能阻止電流產生）。電洞的位壘如圖 20–17 ⒟所示；電子的位壘與電洞者相同，但符號相反（如圖 20–17 ⒠所示）。

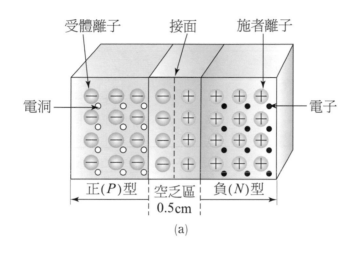

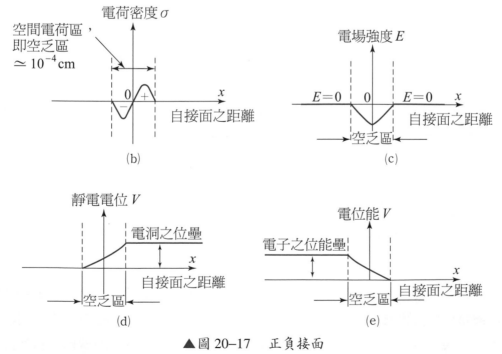

▲圖 20–17　正負接面

正負接面最主要的特性，在於其能構成二極體 (diode)。如圖 20–18 所示，為在沒有外加電壓時，正負接面二極體之內部情形。此時每單位時間往右擴散的電洞數目，等於因電場作用而往左漂移的電洞數目，擴散電流與漂移電流互相抵消，故無電流產生。圖中所示，為便於說明起見，我們將空乏區繪得很大，實際上空乏區的寬度一般約為 10^{-6} 公尺左右。

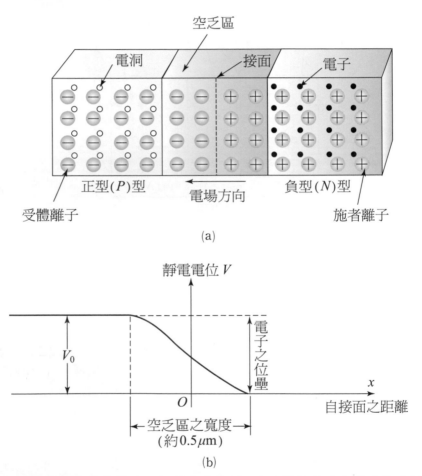

(a)

(b)

▲圖 20–18　無偏壓時正負接面二極體之特性圖，此時擴散電流與漂移電流抵消，故電流等於零。

如果二極體的兩端，施一外加電壓時，則將會有何種情形發生？如圖 20–19 所示，將電池的正端接至二極體的負型端，而電池的負端接至二極體的正型端，此種接法稱為反（向）偏壓 (reverse bias)。此時外加電壓所產生的電場，迫使負型區域的某些電子移向電池的正極，而使正型區域的電洞移向電池的負極，所以空

乏區的寬度增加，且空乏區單位面積的電荷密度及其所產生的電場也隨之增加，引起正負接面之位壘增高。當接面之位壘增高，則右端負型區內的多數載子（電子）極難移往左端的正型區，同樣地左端正型區內的多數載子（電洞）極難移往右端的負型區。雖然各型區內的少數載子可構成電流，但因其量甚微，故反向偏壓時的電流值 I_0 極其微小，且幾與外加反向偏壓的大小無關，稱為二極體之反向飽和電流 (reverse saturation current)，通常可以忽略不計。故此時二極體的作用好像斷路一般。反向電流 I_0 的大小，即由少數載子的密度而定，而載子密度隨溫度而增加，故反向電流亦隨溫度而增加。

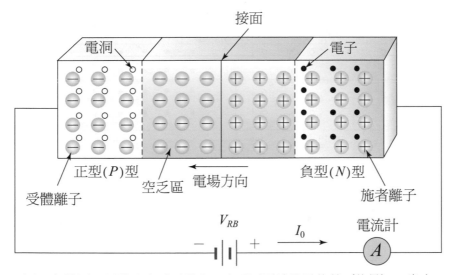

(a)正負接面二極體之空乏區增大，空乏區兩端的電位差（位壘）V 變大

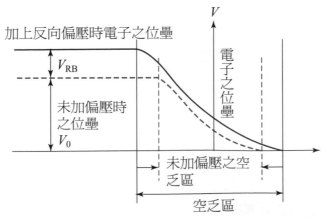

(b)電子之位壘增高。此時只有非常微少的電子和電洞能通過位壘

▲ 圖 20–19　加上反向偏壓 V_{RB} 時，正負接面二極體之特性圖

　　上面所討論乃是正負接面二極體在反向偏壓時的工作情形。如果我們將電池的正極與二極體的正型端相接，負極與二極體的負型端相接，則得正向偏壓 (forward bias) V_{FB}。如圖 20–20 所示，由於此正向偏壓的作用，使得正型與負型半導體內的多數載子移向正負接面，因而減小空乏區的寬度，其位壘也隨之減小。所以接面右端負型區的多數載子（電子）極易移至左端的正型區，左端正型區的多數載子（電洞）亦極易移至右端的負型區，於是電流便大量通過，此時二極體的作用好像導體一般。

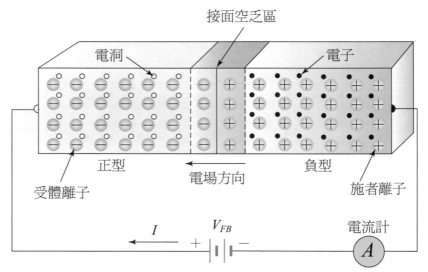

(a)空乏區變窄，空乏區兩端的電位差（位壘）V 變小

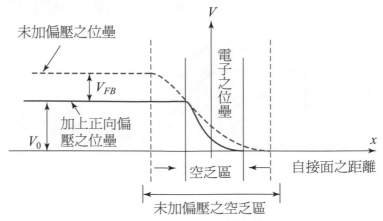

(b)電場與位壘降低所以通過電流大增

▲圖 20–20　加正向偏壓 V_{FB} 時，正負接面二極體之特性圖。

綜觀上論，我們發現正負接面二極體當施以正向偏壓約 0.6 伏特時，便有明顯的電流通過。若增加正向偏壓，電流將急遽增加；而當其施以反向偏壓時，則幾無電流（僅約 1 μA）通過，如圖 20–21 所示。正負接面二極體可用作電路中的整流器，而以符號 "⊶▶⊦" 表示，其箭頭的方向表示電流能通過的方向，亦即從正型端指向負型端。

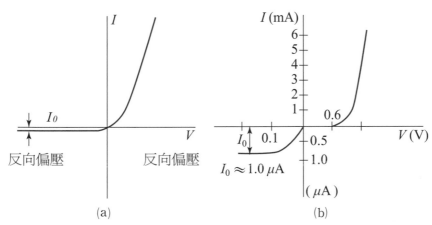

▲ 圖 20–21　(a)正負接面二極體之電流與電壓關係圖；(b)與(a)圖同，但反向電流之刻度比例不同於正向電流者。

20–7　電晶體原理及其應用

接面電晶體 (junction transistor) 分為雙極電晶體 (bipolar transistor) 與單極電晶體 (unipolar transistor) 兩類。所謂雙極電晶體，是因其導電者為電子與電洞兩種載子而得名。單極電晶體，則僅由電子或電洞的單一載子來導電。本節所討論者僅限於雙極電晶體。

如圖 20–22 所示，一個負正負 (npn) 接面電晶體，由兩負型半導體中央夾著一層極薄的正型半導體所構成。共同部分的正型半導體稱為基極 (base)，其他兩層半導體分別稱為射極 (emitter) 與集極 (collector)。雖然射極與集極同為負型半導體，但由於形狀、雜質、密度與偏壓的不同，其導電性質也就大不相同了。

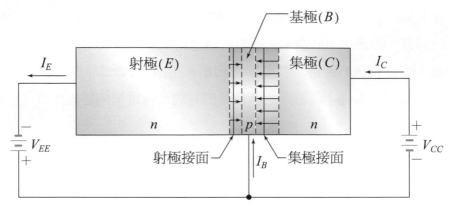

▲圖 20–22　電晶體之簡圖。為清楚起見，圖中之基極寬度及空乏區寬度，比實際比例為寬。在空乏區內之箭頭表示電場的方向。

　　由射極與基極構成的接面稱為射極接面 (emitter junction)，基極與集極之間則構成集極接面 (collector junction)。在正常情況下射極接面為正向偏壓，集極接面為反向偏壓。電晶體的作用好像一個控制活門，由基極電流之微小變化，能控制集極電流之大量變化。

　　如圖 20–23，一負正負 (npn) 電晶體之射極接面為正向偏壓時，大量的電子由射極射向基極 (此為射極之名稱由來)，其中有一部分的電子與從基極射入的電洞產生復合 (recombination) 而消失，另一部分的電子以多數載子的形態，從射極射入基極而成少數載子。由於基極區域非常狹窄 (小於 10^{-6} m)，射入基極的電子僅有極小部分與基極的多數載子電洞產生復合，於是大部分的電子能經過基極進入集極接面空乏區。再因集極接面的反向偏壓，其電場恰能將電子從基極推向集極，因此電子一到集極接面空乏區後，立刻被掃入集極內。所以由射極射入基極的電子，大部分能進入集極而構成集極電流 I_C。

　　變化射極偏壓可以改變射極電流 I_E 的大小，故電晶體的作用好像一控制活門。且射極偏壓及基極電流分別比集極偏壓及集極電流為小，故電晶體可以用做功率放大。一個電晶體的性能可以從 I_C 與 I_E 的比值看出。如 I_C 值愈接近於 I_E，則 I_B 愈小，故電流的放大率 $\dfrac{I_C}{I_B}$ 愈高。

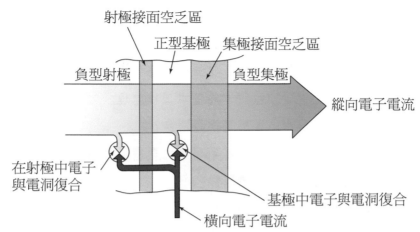

▲圖 20-23　射極接面正向偏壓、集極接面反向偏壓之下，電晶體之載子電流。

　　除負正負 (npn) 接面電晶體外，尚有正負正 (pnp) 接面電晶體，其工作原理與負正負 (npn) 接面電晶體大致相同，僅是將電子與電洞之作用對調而已。電晶體由於其獨特之性質，故常被用作電路中之調制器（modulator，又稱調變器）及功率放大器等，亦廣用為數位電路中的邏輯閘。

　　本章之目的僅在介紹半導體之基本性質，及二極體與電晶體之基本工作原理。目前的超大型積體電路 (LSI) 可將數以十萬計的二極體、電晶體，連同電阻、電容等組件製作在一個很小的矽晶片上，並構成一個具備有完整功能的電路系統。

習　題

1. 試繪出二極及三極真空管之構造，並簡述其基本工作原理。
2. 試繪出陰極射線管之構造，並簡述其基本工作原理。
3. 何謂示波器？在示波器中，什麼是取得同步？
4. 本質半導體之導電過程為何？外質半導體之導電過程為何？
5. 何謂正型半導體？何謂負型半導體？
6. 半導體與金屬之導電過程有何不同？
7. 何謂順向偏壓？何謂反向偏壓？何以二極體有整流作用？
8. 電晶體之構造如何？有何用途？
9. 電晶體為何可以當作功率放大器使用？

21

波　動

■ 本章學習目標

學完這章後，您應該能夠

1. 知道能量隨波傳播，但介質質點只隨波振動，不隨波作長距離的運動。
2. 分辨橫波與縱波。
3. 明瞭並定義有關波動的波長、振幅、波數、角波數以及週期、頻率、角頻率、相等名詞。
4. 分辨波的傳播速度與質點的振動速度。
5. 知道波的重疊原理並應用來計算波的干涉結果。
6. 知道脈波在弦上的反射、透射、並知道其橫向位移與弦線密度的關係。
7. 知道弦波的傳播速度與弦線的密度及所受張力的關係。
8. 知道弦產生駐波的條件，並知道產生共振的特性頻率。
9. 解決聲波在固體、液體及氣體中傳播速度的問題。
10. 應用邊界條件，導出聲波在開管與閉管的特性頻率。
11. 計算聲波干涉時，產生拍音的頻率。
12. 明瞭都卜勒效應；並應用此效應計算聲源、聽者或傳播介質間有相對運動時，聽者所聽到聲音頻率的改變量。
13. 計算進行波所傳遞的功率。
14. 計算聲波的強度及強度級。

　　波動 (wave motion) 在物理學上是一非常重要的部門, 幾乎在物理學的每一部分, 都有波動的現象發生。在日常生活中, 我們隨時可以遇到波動的現象, 例如: 水波 (water wave)、聲波 (sound wave)、彈簧或弦上的波動、地震波 (earthquake wave)、震波 (shock wave)、光波 (light wave)、微波 (microwave)、X 射線 (X ray) 及其他電磁波 (electromagnetic wave) 等。事實上, 在古典物理學中, 只要不是有關物質系中的質點或質點系統的運動, 都可歸類為波動學的範圍。我們可以認為波動 (wave motion) 就是任何的一種擾動的運動 (the motion of a disturbance), 而有別於前面所討論的有關質點的運動 (the motion of the particles)。

　　波在古典物理中, 大致可分成力學波 (mechanical waves) 及電磁波兩種。在本章中, 我們將討論在彈性介質 (elastic medium) 裡的力學波, 例如水波、弦波及聲波等。要產生力學波, 必須有一產生偏離平衡狀態的某種擾動, 且需有一彈性介質讓此種位移或擾動在其間傳送。彈性介質有如連續串接的質點, 其中若有一質點被移離其平衡位置, 則此質點因相鄰質點的作用立刻受到一回復力 (restoring force), 同時, 它亦給相鄰質點一作用力, 使它產生位移。如此繼續下去, 則最初起始於某點的擾動, 即變成一位移波 (displacement wave) 運行於介質裡。能量便靠此波來傳遞, 而不是利用介質本身作長距離的運動來傳遞的。我們可以觀察到一個簡單的波動現象: 若我們在水面上放置一些保麗龍的小浮物, 然後給予水面一擾動, 使其發生水波, 當水波運行到最近的保麗龍時, 水波便給予保麗龍能量, 使其作輕微的上下前後浮動; 當水波過去後, 保麗龍並不跟著運動, 而是漸趨於靜止。水波進行到下一保麗龍時, 亦使其發生浮動。由此可見, 能量可以隨波傳播, 而介質本身只是作有限路徑的振盪, 並不作長距離的運動。

　　力學波必須靠具有彈性及慣性的介質來傳送。但是電磁波則不需要其他物質作媒介, 僅藉其電場 (electric field)、磁場 (magnetic field) 的變化, 即可將能量由外太空的星球經真空的路徑傳遞到地球上。

　　波, 有很多分類的方法, 首先就力學波而言, 我們以介質質點的運動方向與波的傳遞方向的關係加以區分。假想一水平弦線, 如圖 21-1 (a)所示。有一端固定在牆上, 另一端以手握住。將手很快地上下抖動一次, 則有一脈波 (pulse) 沿著弦線運動, 我們在弦線上取一點 P 如圖 21-1 (b)所示, 以便觀察其運動狀況。我們發

現脈波雖然沿水平方向運動；但 P 點卻在垂直方向作有限路徑的上下振盪，像這種波，其介質質點的運動方向垂直於波的傳遞方向，我們稱之為橫波 (transverse wave)。水波即為一種橫波。光波不需靠介質傳播，但它的電磁場振動方向與波的傳遞方向互相垂直，故亦為橫波。

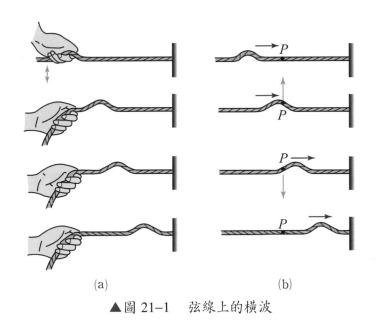

(a)　　　　　　　　(b)

▲圖 21–1　　弦線上的橫波

在一水平彈簧圈上，若用手沿水平方向作前後的振動，如圖 21–2 所示，則彈簧雖仍保持一直線，但有一壓縮與伸長的擾動沿彈簧前進，在水平方向作簡諧運動。介質的質點，其運動方向與波的傳遞方向平行的，我們稱之為縱波 (longitudinal wave)。聲波即為一種縱波。

▲圖 21–2　彈簧上的縱波　　　　▲圖 21–3　水表面波

　　波，亦可依照其傳送能量的空間度而加以區分。如沿直線進行的弦波，稱為一度空間波 (one dimensional waves)，如圖 21–1 所示；表面波或水波是為二度空間波 (two dimensional waves)，如圖 21–3 所示；在空曠空間發出的聲波與光波則為三度空間波 (three dimensional waves) 或稱球面波 (spherical waves)。

21–1　波的特性：波長、週期及波的傳播

　　如同圖 21–1 (a)所示，若我們連續地在弦的一端作上、下的振動，則我們可以得到沿弦前進的一波列 (wave train)。假如我們所作的振動是週期性的，則我們就可產生一週期性的波列，弦上的每一質點都作週期性的運動，如圖 21–4 所示。最常見的週期性波為簡諧波 (simple harmonic wave)，例如正弦波 (sinusoidal wave)。

　　要描述弦上進行波 (travelling wave) 的波形，我們需要一個位置 x 和時間 t 兩個變數的函數 $y = f(x, t)$，其中 y 代表在 x 處 t 時刻弦上一點的橫向位移 (transverse displacement)。假設弦上進行的波為一正弦波，則我們可以用下式表示

$$y(x, t) = y_m \sin(kx - \omega t) \tag{21–1}$$

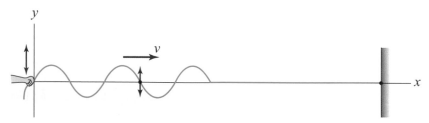

▲圖 21–4　弦上週期性振動形成的週期波

其中 y_m 為最大的橫向振動位移，稱為波的振幅 (amplitude)。而 k、ω 在此時我們可以把它們看成常數，其物理意義將可在下面敘述中顯示。

21–1–1　波長及波數

　　圖 21–5 表示式 (21–1) 在一固定時刻 $t = 0$ 時，橫向位移 y 對位置 x 的關係圖，該圖可視為在 $t = 0$ 時的正弦曲線的快照 (snapshot)。圖上 A、C、E、G 各點稱為波峰 (wave crest)，B、D、F 各點稱為波谷 (wave trough)。此時式 (21–1) 變成

$$y(x, 0) = y_m \sin kx \tag{21–2}$$

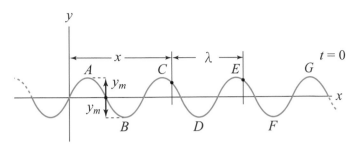

▲圖 21–5　正弦進行波在 $t = 0$ 時的橫向位移 y 對位置 x 的關係圖

　　我們定義波長 (wave length) λ，為在時間保持固定的狀況下，完全回復同一波形的最短距離，例如連續兩波峰，或連續兩波谷間的距離。其一般具代表性的波長區間，表示在圖 21–5 上。應用式 (21–2)，在每一波長區間的兩端，我們可得

$$y = y_m \sin kx = y_m \sin k(x + \lambda) \tag{21–3}$$

因正弦函數回復同一數值的最小角度為 2π 弧度，所以由式 (21–3) 可得

$$k = \frac{2\pi}{\lambda} \tag{21–4}$$

我們稱 k 為該波的角波數 (angular wave number)，其單位為弧度 / 公尺。而定義該波每單位長度的波長數為波數 (wave number)，以 $\varkappa$ 表示，則

$$\varkappa = \frac{1}{\lambda} = \frac{k}{2\pi} \tag{21–5}$$

其單位為公尺的倒數。

21-1-2　週期與頻率

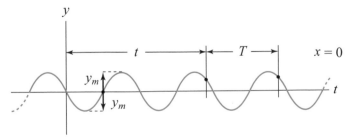

▲圖 21–6　正弦進行波在 $x = 0$ 處的橫向位移 y 對時間 t 的關係圖

　　圖 21–6 表示式 (21–1) 在一固定位置 $x = 0$ 處，橫向位移 y 對時間 t 的關係圖。圖 21–6 為在 $x = 0$ 處，經歷一段時間 t，所記下的弦上一點的橫向位移記錄。此時式 (21–1) 變成

$$y(0, t) = y_m \sin(-\omega t) = -y_m \sin\omega t \tag{21–6}$$

　　我們定義週期 (period) T，為在一固定位置上，完全回復同一波形所需的最短時距。其代表性的週期區間表示在圖 21–6 上。應用式 (21–6) 在每一週期區間的兩端，我們可得

$$y = -y_m \sin\omega t = -y_m \sin\omega(t + T) \tag{21–7}$$

與式 (21–4) 相同的理由，我們可得

$$\omega = \frac{2\pi}{T} \tag{21–8}$$

我們稱 ω 為該波的角頻率 (angular frequency)，其單位為弧度 / 秒。而定義該波每單位時間的振動次數為頻率 (frequency)，以 f 表示，則

$$f = \frac{1}{T} = \frac{\omega}{2\pi} \tag{21–9}$$

其單位為次 / 秒，通常以赫（赫茲 hertz 的簡稱，符號為 Hz）表示。

21-1-3　進行波的傳播

　　圖 21–7 為式 (21–1) 相距 Δt 時距的兩次閃光快照，該波向 x 增加方向進行，在 Δt 時距內整個波形移動了 Δx 距離。我們將 Δx 與 Δt 的比值定義為該波的進行速度 v，即

$$v = \frac{\Delta x}{\Delta t} \tag{21–10}$$

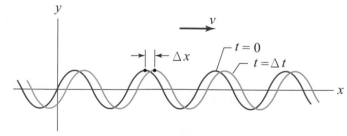

▲圖 21–7　式 (21–1) 的進行波在 $t = 0$ 及 $t = \Delta t$ 的兩次快照

　　現在我們注意波形上的一特殊部分，例如圖 21-7 中橫向位移最大的一點。依式 (21-1)，我們知道任何一已知的位移 y，可由其在括號內的 $kx - \omega t$ 的值決定，我們稱此值為波的相 (phase)，或相角 (phase angle)。因此如果令

$$kx - \omega t = 定值 \tag{21-11}$$

則等於確定了一個固定的橫向位移 y。微分式 (21-11)，我們可得

$$k\,dx - \omega\,dt = 0$$

或

$$\frac{dx}{dt} = + \frac{\omega}{k} = v_p \tag{21-12}$$

上式中的速度 $\dfrac{dx}{dt}$ 為波形上固定一個相角的點的速度，因此稱為相速 (phase velocity)，v_p 其值與整個波形的進行速度 v 相同。或若再將式 (21-4)、式 (21-8) 及式 (21-9) 代入上式我們可得

$$v_p = v = \frac{\omega}{k} = \frac{\lambda}{T} = \lambda f \tag{21-13}$$

　　式 (21-1) 表示一個向 x 增加方向的進行波，如果我們將其中的 t 用 $-t$ 代替，則可表示一個以相反方向移動的進行波。此時式 (21-11) 變成

$$kx + \omega t = 定值 \tag{21-14}$$

也就是當時間 t 增加時，位置 x 減小，而式 (21-1) 及式 (21-12) 則可寫成

$$y(x, t) = y_m \sin(kx + \omega t) \tag{21-15}$$

及

$$v = \frac{dx}{dt} = -\frac{\omega}{k} \tag{21-16}$$

例題 21-1

一正弦波在弦上沿正 x 方向進行。振幅為 0.010 公尺，頻率為 10.0 次 / 秒，波長為 0.200 公尺。試求此波的(a)波速，(b)波函數。

解 (a)波速

$$v = \lambda f = (0.200)(10.0) = 2.00 \ 公尺 / 秒$$

(b)角波數

$$k = \frac{2\pi}{\lambda} = \frac{(2)(3.14)}{(0.200)} = 31.4 \text{ 弧度 / 公尺}$$

角頻率

$$\omega = 2\pi f = (2)(3.14)(10.0) = 62.8 \text{ 弧度 / 秒}$$

又知振幅 y_m 為 0.010 公尺

所以此波的波函數為

$$y = (0.010) \sin(31.4x - 62.8t) \text{ 公尺} \tag{21-17}$$

例題 21-2

承上例，求在 $t = 0.30$ 秒，$x = 1.12$ 公尺處的橫向位移 y。

解 從式 (21-17)，我們可得

$$y = (0.010) \sin(31.4 \times 1.12 - 62.8 \times 0.30)$$
$$= (0.010) \sin(16.3) = (0.010)(-0.558)$$
$$= 5.58 \times 10^{-3} \text{ 公尺}$$

例題 21-3

由上例，我們知道在 $t = 0.30$ 秒，$x = 1.12$ 公尺處弦線的橫向位移 $y = 5.58 \times 10^{-3}$ 公尺，求此時此位置弦的橫向速度。

（註：求弦的橫向振動速度，不是求波的進行速度。）

解 依式 (21-1)，我們知道一般正弦波的橫向位移函數為

$$y = y_m \sin(kx - \omega t)$$

因此其一般性的橫向振動速度為

$$u = (\frac{\Delta y}{\Delta t})_x = \frac{\partial y}{\partial t} = -\omega y_m \cos(kx - \omega t) \tag{21-18}$$

式中第二項表示當 y 隨 t 變化時，x 保持不變。第三項導函數使用 "∂" 符號而不使用 "d" 符號，係表示為偏導函數 (partial derivative)。偏導函數 $\dfrac{\partial y}{\partial t}$ 告訴我們當 y 隨 t 改變時，其他變數視為常數保持不變。將已知值代入，得

$$u = -(62.8)(0.010)\cos(16.3) = -(62.8)(0.010)(-0.830)$$
$$= 0.521 \text{ 公尺 / 秒}$$

21-2　波的重疊與干涉現象

21-2-1　弦波（一度空間波）的重疊與干涉

　　若有一脈波由左向右運動，另有一脈波由右向左運動，當兩脈波相遇時，其情況如何呢？我們可做如圖 21-8 的實驗。圖(a)表示脈波各自獨立進行的情形，和其各自單獨佔有一條弦線時的情形相同。當兩脈波會合時波形變得較為複雜，如圖(b)、(c)、(d)及(e)，但是交錯以後，它們又恢復了原來各自的波形沿著弦線繼續前進，就好像沒有發生過交會一樣，如圖(f)所示。若再以各種不同波形的脈波作實驗，其所得的結果仍然相同。由此我們可以知道波動的一種基本性質：在同一介質中兩個或多個脈動彼此交錯通過後，其波形及波速均不改變。當兩波相會在一起的過程稱為波的重疊 (superposition)，波重疊時引起相互干擾的現象稱為波的干涉 (interference)。

　　欲描述合成波 (resultant wave) 在某時刻的形狀，可先設想兩波各自獨立進行時，此時刻之各別位置，然後將兩波重合部分的位移相加即可。若設 $y_1(x, t)$ 和 $y_2(x, t)$ 分別代表一波在弦上的橫向位移，則其合成波的橫向位移為

$$y(x, t) = y_1(x, t) + y_2(x, t) \tag{21-19}$$

多於兩個以上的波的合成也可用此種方法。這種求出介質中波重疊時，介質各點橫向位移的簡單加法，稱之為重疊原理 (superposition principle)。

　　當兩波重疊時，如圖 21-9 所示，若兩波的波峰同時抵達同一位置，或兩波的波谷同時抵達同一位置，稱為同相 (in phase)。若一波的波峰與另一波的波谷恰好

同時抵達同一位置，稱為反相 (antiphase)。凡是波峰不同時抵達同一位置的兩個波，則稱它們為異相 (out of phase)，即它們之間有相差 (phase difference) ϕ。

當兩波重疊產生干涉時，如合成波的振幅大於每個波的振幅，稱為相長干涉 (constructive interference)，如圖 21–9 (a)、(b)所示，否則稱為相消干涉 (destructive interference)，如圖 21–9 (c)、(d)所示。如合成波的振幅恰等於兩波的原振幅和，稱為完全相長（性）干涉 (complete constructive interference)，如圖 21–9 (a)所示。如合成波的振幅恰為兩波原振幅的差，則稱為完全相消（性）干涉 (complete destructive interference)，如圖 21–9 (d)所示。

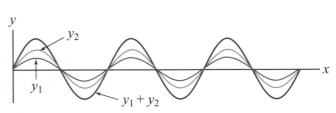
(a)兩波同相干涉，合成波振幅為原兩波的振幅的和

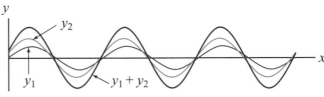
(b)兩波未恰好同相，重疊時合成波的振幅較原兩波的振幅之和略小

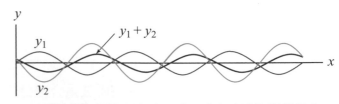
(c)兩波相角相差更大時，重疊時合成波的振幅變小

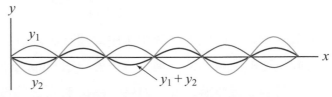
(d)兩波反相干涉，合成波的振幅最小

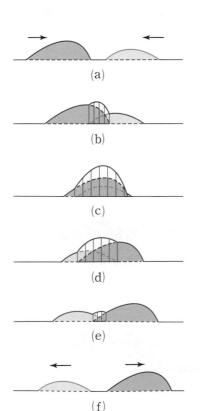
(a)

(b)

(c)

(d)

(e)

(f)

▲圖 21–8　兩脈波之交會。合成之脈波，其位移為兩脈波各自獨立時位移之和。

▲圖 21–9　兩波重疊干涉，合成波的振幅依兩波之間相角的關係而定。圖上紅色線為合成波。

例題 21-4

兩波分別為 $y_1(x, t) = y_m \sin(kx - \omega t)$ 及 $y_2 = y_m \sin(kx - \omega t + \phi)$，同時同位置開始作用在同一弦線上，則(a)其合成波的波函數為何? (b)若相差 $\phi = 120°$，則合成波的振幅為若干? (c)若相差介於 $120°$ 與 $180°$ 間，則合成波振幅與原來的振幅關係如何?

解 (a)依重疊原理，其合成波為

$$y(x, t) = y_1(x, t) + y_2(x, t)$$
$$= y_m[\sin(kx - \omega t) + \sin(kx - \omega t + \phi)]$$
$$= [2y_m \cos\frac{1}{2}\phi] \sin(kx - \omega t + \frac{\phi}{2}) \qquad (21-20)$$

(b)當相差 $\phi = 120°$ 時，則合成波的振幅為

$$y_m' = 2y_m \cos\frac{1}{2}\phi = 2y_m \cos 60° = y_m$$

與原振幅相等。

(c)當相差 ϕ，介於 $120°$ 與 $180°$ 間，則合成波的振幅 y_m' 為

$$0 = 2y_m \cos 90° \le y_m' = 2y_m \cos\frac{1}{2}\phi < 2y_m \cos 60° = y_m$$

介於零與原振幅間，如圖 21-9 (c)所示。

21-2-2　水波（二度空間波）的重疊與干涉

　　我們利用點波源產生圓形波 (circular waves)，以探討水面上波動的干涉現象。圓形波的產生是利用圖 21-10 的裝置。以兩探針 S_1 與 S_2 作為點波源，固定在 NM 的柄上，M 為其中點。當振動柄 NM 規則地上下振動時，S_1 與 S_2 可同時離開或觸及水面，而產生兩組向外擴張的同相圓形波，此兩組波彼此重疊而引起干涉，當兩波峰互相重疊時，則其合成波為原來波峰的兩倍高；當兩波谷互相重合時，則其合成波為原來波谷的兩倍深。但若自一波源來的波峰與另一波源來的波谷相重疊時，則彼此互相抵消，水面並不升高或是降低。

我們若自圖 21–10 之右邊緣斜一個角度向 M 看過去,則可看到一束束明暗相間的線好像自兩波源的中點 M 發射出來。自 M 點到波槽邊緣 B_i 點之線,波峰與波峰、波谷與波谷相重疊。故 MB_i 線表示波幅被增大的區域。自 M 點到 D_i 點之線,位在相鄰兩 MB_i 線之中間,沿此些線,波峰與波谷相抵消。故 MD_i 連線表示波幅被抵消的區域,稱為節線 (nodal line)。

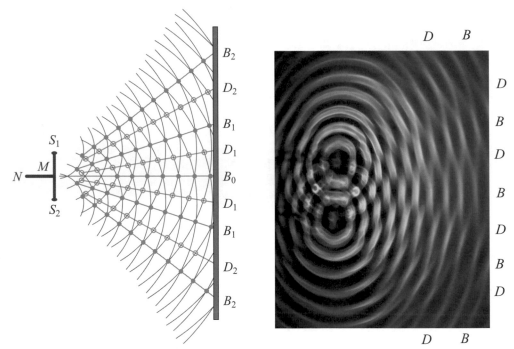

▲圖 21–10 水波槽中的干涉現象(外圍僅係表明圖示範圍,而非波槽邊界;右圖為實際照片)

我們若改變水波之波長或兩波源間之距離,干涉條紋之基本形式並不改變。

在以上的探討過程中,我們僅應用重疊原理而不利用水之任何特有性質,故上述之結果亦可應用於任何波動,而不局限於水波。

兩同相之點波源,發生干涉所形成之節線均為偶數,且對稱於中央線 (center line)——兩波源連線 S_1S_2 之中垂線(見圖 21–11)。距中央線最近之節線,稱為第一節線,其次為第二節線,依此類推。因為對稱的關係,所以只稱「第 n 節線」,而不分左右。

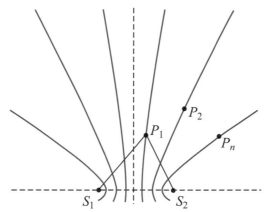

▲圖 21–11　　兩同相點波源 S_1、S_2，發生干涉所形成之節線。第一節線上任一點 P_1 至
兩波源之路程差為半波長。P_n 為第 n 節線上之任意點。

　　於圖 21–11 中，在第一節線上任取一點 P_1，與兩波源相連接，其連線分別為
P_1S_1 與 P_1S_2，觀察此兩線上波峰之個數，可知二者路程之差為

$$P_1S_1 - P_1S_2 = \frac{1}{2}\lambda = (1 - \frac{1}{2})\lambda$$

　　從圖 21–11 中，可看出在第一節線上之任何一點，其至兩波源的路程差均為
半波長。換言之，第一節線為對兩波源之路程差等於 $\frac{\lambda}{2}$ 之點所組成的軌跡。依幾
何學原理，與兩定點之距離差為定值之點所構成之軌跡為雙曲線，可知節線呈雙
曲線形狀。

　　第二節線之情況相類似，若在其上任取一點 P_2，如圖 21–11 所示，則路程差為

$$P_2S_1 - P_2S_2 = \frac{3}{2}\lambda = (2 - \frac{1}{2})\lambda$$

依此類推，第 n 節線上任意點 P_n 對兩波源之路程差為

$$P_nS_1 - P_nS_2 = (n - \frac{1}{2})\lambda \tag{21–21}$$

由此可知，當路程差為半波長的奇數倍時，則有相消性的干涉，而產生節點。

　　同理，我們可以推測，當路程差為波長的整數倍時，則有相長性的干涉，產
生「合成波峰」或「合成波谷」。

例題 21-5

設有兩同相點波源，發出波動產生干涉。今有 A、B 兩點，其對兩波源之路程差分別為 $\dfrac{5}{2}\lambda$ 及 2λ，則何點為節點? 位在第幾節線上? 何點為合成波峰或合成波谷? 位在那兩節線之間?

解 A 點對兩波源之路程差為 $\dfrac{5}{2}\lambda$，此為半波長的奇數倍，故知其為節點。由式 (21-21)

$$(n-\frac{1}{2})\lambda = \frac{5}{2}\lambda \qquad\qquad (21\text{-}21)$$

可得 $n=3$。故 A 點在第 3 節線上。

B 點對兩波源之路程差為 2λ，此為波長的整數倍，故知其為合成波峰或合成波谷。B 點必位在路程差為 $\dfrac{3}{2}\lambda$ 與 $\dfrac{5}{2}\lambda$ 之間，則在第 2 節線與第 3 節線之間。

21-3　波的反射與透射

在圖 21-12 (a)中，有一脈波沿著一繩子由左向右運行，繩子的右端固定，當脈波進行到繩子固定端時，就被反射回來，向左進行，此稱為脈波的反射 (reflection of pulse)，其波形位移與原來入射脈波 (incident pulse) 的波形位移正好顛倒。

我們再看看圖 21-12 (b)中，此時繩之右端改繫以一極輕的小環稱為自由端，入射脈波之位移向上，當其進行至端點時，亦被反射，但反射脈波之位移仍然向上並不顛倒。

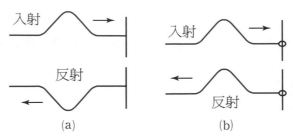

(a)　　　　　　　　　(b)

▲圖 21-12　脈波的反射(a)固定端; (b)自由端。

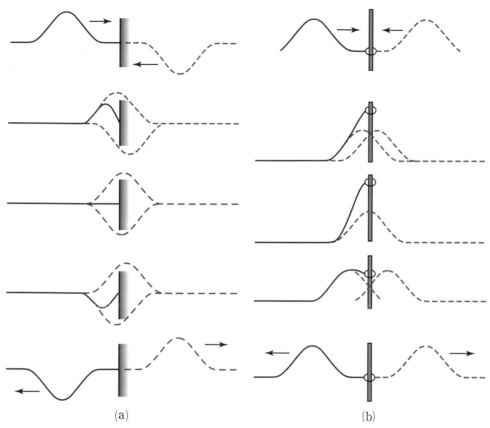

(a) (b)

▲圖 21–13　反射過程的詳細說明圖。實線表示真實脈波，虛線表示假想脈波。(a)固定端的反射；(b)自由端的反射。

　　我們如何來解釋這兩種有趣的現象呢？如圖 21–13 所示，我們可以假想繩子為無窮長，真正的脈波可進入假想繩子（繪成虛線）內，而假想脈波（以虛線表示）亦可進入真實繩子內。

　　依據重疊原理，繩上任何點的橫向位移即為入射與反射脈波所生成之橫向位移的總和，對於固定端的反射，因端點為固定，所以反射脈波必與入射脈波在固定端的合成橫向位移為零。因此，我們可如圖 21–13 (a)所示，令其假想脈波對稱入射脈波於固定點，兩脈波相向而行，則它們在固定端交會通過後，我們就可在實際繩上得一與入射脈波之橫向位移顛倒的反射脈波。

　　對於自由端的反射，從圖 21–13 (b)中我們可以看出，在自由端的橫向位移為入射波振幅的兩倍。由此可知，此時假想脈波必與入射脈波對稱於通過自由端且垂直於脈波行進方向的平面，如圖 21–13 (b)所示。當此假想脈波與入射脈波相向運行，在自由端交會後，我們便可在實際繩上得一位移與入射脈波同方向的反射脈波。

　　倘若繩子的一端不固定，也不是自由的，而是銜接另一密度不同的繩子，則脈波通過此接點時，會有什麼現象發生呢？

　　我們將兩密度不同的繩子相銜接，如圖 21–14 所示，右邊的繩子較重（線密度較大），左邊的較輕。如圖 21–14 所示，如果入射脈波由輕的一端進入，當其進行至接點時被部分反射，從圖中可看出反射脈波的橫向位移與入射脈波的橫向位移顛倒，且其振幅較入射脈波為小；而在較重的繩子上亦有一與入射脈波同向之脈波產生，稱為透射脈波 (transmitted pulse)，其振幅亦較入射脈波為小。右邊的繩子越重，則透射脈波越小，反射脈波越大。若右邊的繩子遠較左邊的繩子為重時，則透射脈波幾乎為零，而反射脈波之位移大小約與入射脈波相等。圖 21–12 (a)的固定端，可視為接上一無限重的繩子。

　　如圖 21–15 所示，如果入射脈波由較重繩子的一端進入，當其進行至接點時，部分被反射，部分被透射，反射脈波之振幅較入射脈波小；而透射脈波的振幅則較入射脈波為大。右邊的繩子越輕，則透射與反射脈波之振幅越大；若右邊的繩子遠比左邊的為輕時，則反射脈波振幅的大小約與入射脈波相等。圖 21–12 (b)之自由端，可視為接上一無限輕的繩子。

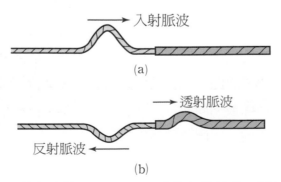

(a)

(b)

▲圖 21–14　脈波的反射與透射。(a)脈波由左邊較輕的繩子入射；(b)脈波入射後，部分反射部分透射。反射脈波的橫向位移與入射脈波的橫向位移相反（顛倒）。

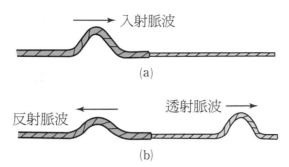

▲圖 21–15　脈波的反射與透射。(a)脈波由左邊較重的繩子入射；(b)脈波入射後，部分反射部分透射。但反射脈波的橫向位移沒有倒轉。

21–4　弦波的波速

　　橫波經由像琴弦等彈性介質傳播的速度，在第 1 節裡，已加以敘述，其值等於波長與頻率的乘積；但弦波的傳播速度又與什麼有關呢？弦波傳播的速度，其實與弦被擾動而變形的部分將此擾動的因素傳到鄰近部分的快慢有關，而此快慢與弦所受的張力及慣性有關。現在讓我們利用力學的方法來導出其關係。今考慮一線密度為 μ，在一均勻張力 F 下被水平拉緊的弦線，此弦線在一脈衝擾動下，產生一由左向右速率為 v 的橫向脈波，整個進行脈波都以相同的速率進行，如圖 21–4 所示。如果我們站在隨脈波運動的坐標上看，則可看到脈波是靜止的，而弦線的每一小段 Δs 是連續以 v 的速率等速由右向左爬過最高點，如圖 21–16 (a)所示，此時切於此小段弦線 Δs 兩端的拉力，其大小與張力 F 相同，而其水平分量互相抵消，如圖 21–16 (b)所示，所以兩拉力的合力 F_r 垂直向下，大小為 $2F\sin\theta$。因 θ 很小，所以 $\sin\theta$ 可用 θ 代替，因此作用於 Δs 之小段弦線的合力為

$$F_r = 2F\sin\theta \approx 2F\theta \qquad\qquad (21\text{–}22)$$

此合力供給 Δs 一個向心力，假設其以半徑為 R 的圓周作運動，則由第 3 章的等速率圓周運動及第 4 章的牛頓第二運動定律可得

$$F_r = 2F\theta = F\frac{\Delta s}{R} = (\mu\Delta s)\frac{v^2}{R}$$

即

$$v = \sqrt{\frac{F}{\mu}} \tag{21-23}$$

由式 (21-23) 可知，波速由介質所受的張力及線密度決定，而與波形無關，也與波的波長、頻率無關。在弦樂器中，一線密度固定的弦，依式 (21-23) 其波速可由弦的張力來調整。

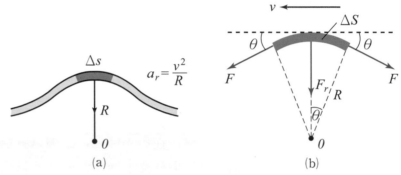

▲圖 21-16　(a)由與脈波相對靜止的參考坐標看，張緊弦上的一小段 Δs，以 v 的速率向左運動；(b)作用於 Δs 一段弦上的作用淨力，垂直向下。

例題 21-6

一均勻細繩長 2.00 公尺時其質量為 0.100 公斤，今將此繩一端固定在牆上，一端跨過滑輪並綁上 2.00 公斤的砝碼，若將此繩擾動，則此繩上的脈動波速為若干？

解 此繩的線密度 $\mu = \dfrac{0.100}{2.00} = 0.050$ 公斤／公尺，又所受張力 $F = 2.00$ 公斤重 = 19.6 牛頓，由式 (21-23) 可知波速為

$$v = \sqrt{\frac{F}{\mu}} = \sqrt{\frac{19.6}{0.050}} = 19.8 \text{ 公尺／秒}$$

21-5　駐波與共振

在第 2 節的例題 21-4 中，我們曾經討論相同頻率及振幅，且同方向進行兩正弦波的重疊干涉。而在第 3 節中，我們為了方便，都用一個脈波來討論波的反射

與透射的情形。但如果所發生的不是一個脈波而是連續且具有週期性的正弦波，其情形又會是如何呢?

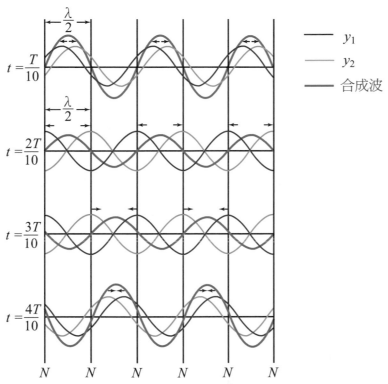

▲圖 21-17 一 y_1 波列由右向左進行與一同頻率同振幅由左向右進行的 y_2 波列重疊產生駐波。每半波長有一節點 N。

現在我們再考慮相同頻率、相同振幅，但進行方向相反的二個正弦波的重疊干涉情形。假設兩波的波函數分別為 y_1 及 y_2，我們假設 y_1 為由右向左進行的波，如圖 21-17 所示，當達到一固定端 $x = 0$ 時，該波被反射回去，而與原來的 y_1 波重疊干涉。此反射波用 y_2 表示。

由式 (21-15) 及式 (21-1) 的形式，我們設此兩波為

$$y_1 = y_m \sin(kx + \omega t)$$

及

$$y_2 = y_m \sin(kx - \omega t)$$

由上節的討論我們知道此波在固定端 $x = 0$ 處反射時，其反射波的橫向位移顛倒了，依重疊原理我們可得合成波的函數為

$$y = y_1 + y_2$$
$$= y_m[\sin(kx + \omega t) + \sin(kx - \omega t)]$$
$$= [2y_m \sin kx] \cos \omega t \qquad\qquad (21\text{--}24)$$

此合成波不具有 $kx \pm wt$ 的形式，而如圖 21–17 之粗線所示。在不同的時刻觀察可發現合成波的振幅會隨時間改變，不像圖 21–7 只是整個波形的移動，所以顯然不是進行波。而如對某一固定位置觀察其運動情形，則可發現此波在該位置點作簡諧運動，其振幅 $2y_m \sin kx$ 會隨位置改變。在 $kx = 0$，π，2π，$\cdots$ 等的位置上，其振幅為零，也就是說在那些位置上，弦線一直保持不動。弦上一直保持不動的位置，如圖 21–17 上用 N 表示的位置，我們稱為波節 (nodes)，其相對位置大小可由式 (21–4) $k = \dfrac{2\pi}{\lambda}$ 導出如下

$$x = \frac{n\pi}{k} = \frac{n}{2}\lambda \qquad n = 0 \text{、} 1 \text{、} 2 \text{、} 3 \text{、} \cdots \qquad\qquad (21\text{--}25)$$

而在 $kx = \dfrac{\pi}{2}$、$\dfrac{3\pi}{2}$、$\dfrac{5\pi}{2}$、$\cdots$ 等的位置，其振幅等於 $2y_m$ 為最大，我們稱為波腹（antinode 或 loop），其相對位置大小亦可由式 (21–4) 導出如下

$$x = \frac{(2n+1)\pi}{2k} = (2n+1)(\frac{\lambda}{4}) \qquad n = 0 \text{、} 1 \text{、} 2 \text{、} 3 \text{、} \cdots \qquad\qquad (21\text{--}26)$$

　　因弦上有些點其振幅永遠為零，即波節處，因此在相鄰波節一邊的振動動能，無法經由波節傳播到另一邊。因這種波的能量被限制在某一特定區，故稱為駐波 (standing wave)。駐波與進行波最大的不同是，進行波可把能量從一處傳播到另一處，但駐波則只在兩波節間，動能與位能來回互換，而不能傳遞到別區去。

　　由上面的討論，若將一彈性弦兩端固定，並擾動弦上任一點，弦上各點均會作來回的運動。如以一快速照相機用多次曝光法來拍攝此弦線的振動情形，適當條件下，可以得到如圖 21–18 所示的圖案。圖中顯出在某一瞬時，弦的形狀均為正弦函數形式。但不論所得圖案如何，弦上有些點永遠靜止不動，這些點即為振動弦的波節。兩相鄰波節的中點，振動的幅度最大，即為振動弦的波腹。像這種振動波，並不從一點行進到另一點，而只在同一個位置上改變振動位移的大小值的，即稱為駐波。

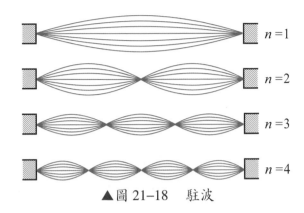

▲圖 21-18　駐波

由上面的討論及圖 21-18 可知，如兩固定端點間的弦長為 L，要在弦上產生駐波的條件是

$$L = n\frac{\lambda}{2} \qquad n = 1、2、3、\cdots \tag{21-27}$$

相對弦產生駐波的振動頻率可由式 (21-13) 得知為

$$f_n = \frac{v}{\lambda} = n\frac{v}{2L} \qquad n = 1、2、3、\cdots \tag{21-28}$$

上式中的 v 為振動波在弦上的傳播速率。在弦樂器中，弦的最低頻率 f_1，稱為基音頻率 (fundamental frequency)，又稱為第一諧音 (first harmonic)。其餘諸頻率皆稱為泛音 (overtones)。因此，$f_2 = 2f_1$ 可稱為第二諧音 (second harmonic)，亦可稱為第一泛音 (first overtone)，其餘的頻率，可依此類推。從上面的討論，我們知道：一振動的弦，通常包含很多諧音。至於各諧音之相對振幅，則視弦之硬度、開始振動點及如何產生振動而決定。這些諧音重疊而成的音波，即為弦樂器之特性。像這種振動波，並不從一點行進到另一點，而只在同一位置上改變其振動位移的大小而已。

若更進一步，將式 (21-23) 代入式 (21-28)，可得

$$f_n = \frac{n}{2L}\sqrt{\frac{F}{\mu}} \tag{21-29}$$

由上式可知固定兩端（L 固定）且粗細固定（線密度固定）的弦，可藉弦上張力的調整而得不同的各組頻率 f_n。

　　如果弦被擾動的頻率不在式 (21–29) 的特性頻率 (characteristic frequency) 內，則弦將不能有效率地從外在的振動源接受到能量。在某些時距，外在的振動源，例如振盪器，將對弦作功，但在另外的時距，弦將反向對振盪器作功。但如果頻率符合式 (21–29) 的特性頻率，則能量能完全由振盪器流向弦上，如圖 21–19 所示，使弦上的振動振幅愈來愈大，直到弦線振動損失的功率，例如熱功率，等於振盪器傳輸到的功率時才會停止變大。此種現象稱為共振 (resonance)。共振現象普遍發生在各種振盪系統上，例如力學的彈簧物體系統，電學的 RLC 振盪系統等。

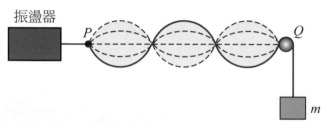

▲圖 21–19　振盪器之頻率正好與弦振動的特性頻率相符時，產生共振現象形成駐波。

例題 21–7

一長 1.00 公尺的弦線兩端固定，如在一端產生一脈波，發現此脈波需時 0.01 秒才能由此端至他端來回反射一次，問此振動弦的可能頻率為何？

解　因波來回 L 長弦線需時 0.010 秒，所以波的速度為

$$v = \frac{2L}{t} = \frac{2 \times 1}{0.010} = 200 \text{ 公尺 / 秒}$$

所產生駐波的頻率，由式 (21–28)，得

$$f_n = \frac{nv}{2L} = n \times \frac{200}{2 \times 1.00} = 100n \text{ 赫 , } n = 1 、 2 、 3 、 \cdots$$

例題 21–8

有一弦其線密度 $\mu = 0.001$ 公斤 / 公尺，其兩端相距 $L = 0.500$ 公尺。今欲得基音頻率為 440 赫的聲音，則弦上張力應為若干？

解 由式 (21–29)，並令 $n = 1$ 可得

$$F = \mu(2Lf_1)^2 = (0.001)(2 \times 0.500 \times 440)^2$$

$$= 194 \text{ 牛頓}$$

例題 21–9

如圖 21–19 所示，為一產生共振駐波的裝置。弦的一端掛有質量為 m 的物體，繞過滑輪 Q，作為一個振波不能透射的固定點。弦的另一端 P，連接一振盪器，因振盪器的振幅很小，P 點亦可視為一節點。若弦線長為 1.50 公尺，弦的線密度為每公尺 1.60 公克，物體的質量為 2.35 公斤。(a)欲在弦上有第三諧駐波，則振盪器的頻率應為若干赫？ (b)若振盪器的頻率固定為 60 赫，而欲同樣有第三諧的駐波，則物體質量應為若干？

解 (a)弦所受的張力等於物體所受的重力，即 $F = mg$，將此代入式 (21–29)，可得

$$f_n = \frac{n}{2L}\sqrt{\frac{mg}{\mu}} \tag{21–30}$$

$$= \frac{3}{2(1.50)}\sqrt{\frac{(2.35)(9.8)}{(1.60 \times 10^{-3})}} = 120 \text{ 赫}$$

(b)將上式整理可得物體的質量 m 為

$$m = \frac{4L^2f^2\mu}{n^2g} \tag{21–31}$$

$$= \frac{(4)(1.50)^2(60)^2(1.60 \times 10^{-3})}{(3^2)(9.8)} = 0.587 \text{ 公斤}$$

21–6　彈性波與聲波

　　上節討論的弦波，只是物體彈性波 (elastic wave) 的一種。彈性物體尚可產生及傳播另一種彈性波，即物體振動的方向與波的傳播方向平行的縱波 (longitudinal wave)。

　　最熟知的縱波，是在具有彈性介質中傳播的聲波，聲波是由具有彈性的介質受壓縮產生的。如圖 21-20 (a)所示，茲取一內裝有具彈性流體的長管子，管的左端有一可沿管軸來回振動的活塞，管內的小點代表流體質點。今如使活塞做簡諧運動，則鄰近活塞部分的流體將因活塞右移而受壓，因此該部分的流體壓力比管內平衡時的壓力為大，這壓力較大的區域稱為稠密部 (condensation)（圖中較密集的區域）。當稠密部產生後，活塞左移，管中鄰近稠密部的部分即形成壓力比管內平衡壓力較小的區域，這壓力較小的區域稱為稀疏部 (rarefaction)（圖中較稀疏的區域）。稠密部與稀疏部均在管中以速率 v 向右進行，流體質點則沿管軸方向做簡諧運動（稠密部的中線及稀疏部的中線均為質點的縱向位移為零的所在）。這種介質運動方向與波（稠密部或稀疏部）進行方向平行的波稱為縱波，相鄰兩稠密部（或稀疏部）間的距離稱為波長。圖 21-20 (b)表示聲波在管中每隔八分之一週期的運動情形。

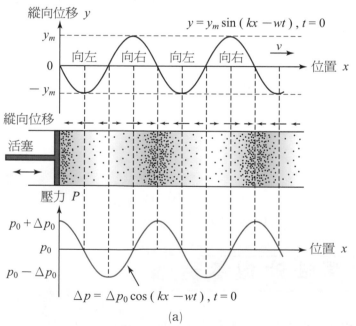

(a)

▲圖 21-20　(a)圖中間為在一水平置於且裝有彈性流體的長管內，由一振動活塞所產生的聲波的示意圖。其上、下兩波形圖分別表示在 $t = 0$ 之瞬間各位置上之介質質點的縱向位移 y（負值表示方向向左，正值表示方向向右，如示意圖上的小箭頭所表示的縱向位移）及所受的壓力 p；（註：聲波之橫向位移可不考慮）

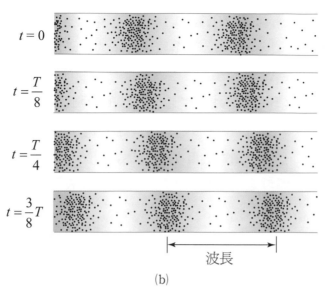

$t = 0$

$t = \dfrac{T}{8}$

$t = \dfrac{T}{4}$

$t = \dfrac{3}{8}T$

波長

(b)

▲續圖 21-20　(b)為每隔八分之一週期的連續圖片，表示聲波在管內之質點的運動情形。(活塞在管子左端未畫出)

21-6-1　聲波的傳播速度

　　雖然聲波可經由具有彈性的固體、液體或氣體傳播，然而其傳播速率在此三種介質中並非相同。一般說來，聲波在固體的傳播速率最大，液體次之，氣體最小。

　　設一固體之楊氏模量 (Young's modulus) 為 Y，其平均體密度為 ρ_s，則聲波在此固體介質之傳播速率 v_s 為

$$v_s = \sqrt{\dfrac{Y}{\rho_s}} \tag{21-32}$$

　　設一液體之體積彈性係數為 B，其平均體密度為 ρ_ℓ，則聲波在此液體介質內之傳播速率 v_ℓ 為

$$v_\ell = \sqrt{\dfrac{B}{\rho_\ell}} \tag{21-33}$$

　　設一氣體之壓力為 p，其平均密度為 ρ_g，其定壓熱容量 C_p 與定容熱容量 C_v 之比值為 γ，則聲波在此氣體介質內之傳播速率 v_g 為

$$v_g = \sqrt{\gamma \dfrac{p}{\rho_g}} \tag{21-34}$$

對於單原子分子的氣體，如氦 (He)，其 $\gamma = 1.67$。空氣或其他雙原子分子的氣體，如氫 (H_2) 或氧 (O_2)，其 $\gamma = 1.40$。而多原子分子的氣體，如二氧化碳 (CO_2) 或氨 (NH_4)，其 $\gamma = 1.33$。

式 (21–32) 至式 (21–34) 的推導，超出本書的範圍，故我們只寫出其結果。根據式 (21–34)，我們知道聲波在氣體中的傳播速率 v_g 與氣體之壓力 p 的平方根成正比，而氣體之壓力 p 與其絕對溫度 T 成正比，因此我們可推知聲波在氣體中的傳播速率與氣體絕對溫度之平方根成正比。以數學式表示此結果，則

$$\frac{v_{g1}}{v_{g2}} = \sqrt{\frac{T_1}{T_2}} \tag{21-35}$$

其中 v_{g1}、v_{g2} 分別表示聲波在同一氣體介質中，不同絕對溫度 T_1、T_2 的傳播速率。表 21–1 列了聲波在一些介質中的傳播速率。

表 21–1　聲波之傳播速率（公尺 / 秒）

固體 (20°C)		液體 (25°C)		氣體 (0°C，1 atm)	
花崗石	6000	淡水	1493.2	空氣	331.45
鐵	5130	海水 (3.6%)（鹽分）	1532.8	氫氣	1269.5
銅	3750	煤油	1315	氧氣	317.2
鋁	5100	水銀	1450	氮氣	339.3
鉛	1230	酒精	1210		

聲波之頻率範圍極廣，我們平常所說的聲波 (sound wave)，是指其頻率範圍可為人之耳朵所察覺者，其頻率約從 20 赫至 20000 赫，此頻率範圍稱為可聞聲 (audible sound)；頻率在此範圍以下者，稱為聲下波 (infrasonic wave)；頻率在此範圍以上者，稱為超聲波或超音波 (ultrasonic wave)。

例題 21–10

鋼的楊氏模量 $Y = 2.0 \times 10^{11}$ 牛頓 / 公尺^2，體密度 $\rho_s = 7.8 \times 10^3$ 公斤 / 公尺^3。求鋼棒的傳聲速率。

解 依式 (21-32) 得聲波速率為

$$v_s = \sqrt{\frac{Y}{\rho_s}} = \sqrt{\frac{2.0 \times 10^{11}}{7.8 \times 10^3}}$$

$$= 5.1 \times 10^3 \text{ 公尺／秒}$$

例題 21-11

一船以聲納系統，探測沈船位置，(a)求水的傳聲速率。(b)若聲納的發射頻率為 300 赫，求水中聲波的波長。

解 (a)由表 8-1 得水的體積彈性係數 $B = 0.02 \times 10^{11}$ 牛頓／公尺^2

又知水的體密度 $\rho_\ell = 10^3$ 公斤／公尺^3

利用式 (21-33)，得聲波的波速

$$v_\ell = \sqrt{\frac{B}{\rho_\ell}} = \sqrt{\frac{0.02 \times 10^{11}}{10^3}} = 1414 \text{ 公尺／秒}$$

(b)再利用式 (21-13)，求得波長

$$\lambda = \frac{v_\ell}{f} = \frac{1414}{300}$$

$$= 4.71 \text{ 公尺}$$

例題 21-12

試求在 0°C 及一大氣壓下，聲波在氫氣中的傳播速率，並與表 21-1 中所列者相比較。（氫的密度為 8.99×10^{-2} 公斤／公尺^3）

解 因為氫為雙原子氣體，所以 $\gamma = 1.4$。又 $\rho_g = 8.99 \times 10^{-2}$ 公斤／公尺^3，$p = 1$ 大氣壓 $= 1.01 \times 10^5$ 牛頓／公尺^2，因此，根據式 (21-34)，可得聲波在氫氣中的傳播速率 v_g 為

$$v_g = \sqrt{\gamma \frac{p}{\rho_g}} = \sqrt{1.4 \times \frac{1.01 \times 10^5}{8.99 \times 10^{-2}}} = 1.26 \times 10^3 \text{ 公尺／秒}$$

此與表 21-1 所列極為接近。

例題 21–13

聲波在 0°C 空氣中的傳播速率為 331.45 公尺 / 秒。試求聲波在 27°C 空氣中的傳播速率。

解 在式 (21–35) 中，令 $T_2 = 273$ K、$v_{g2} = 331.45$ 公尺 / 秒、$T_1 = 273 + 27 = 300$ K，則我們可求得聲波在 100°C 空氣中的傳播速率 v_{g1} 為

$$v_{g1} = v_{g2} \times \sqrt{\frac{T_1}{T_2}} = 331.45 \times \sqrt{\frac{300}{273}} = 347 \text{ 公尺 / 秒}$$

21-6-2　聲波的駐波

對於管樂器而言，可分為開管 (open pipe) 與閉管 (closed pipe) 二類。如圖 21–21 (a)、(b)所示，因在閉口端的空氣不能往閉口端外移動，在該位置空氣的振動位移永遠為零，故為聲波的波節位置，而在開口端附近的空氣，其振動的位移不受限制，故為聲波波腹的位置。由圖 21–21 (a)可知，如管的一端封住，管長為 L，在管中形成駐波的條件為

$$L = \frac{1}{4}\lambda_1、\quad \frac{3}{4}\lambda_2、\quad \frac{5}{4}\lambda_3、\cdots$$

或

$$\lambda_n = \frac{4L}{2n-1} \qquad n = 1、2、3、\cdots$$

故閉管產生的特性頻率 (characteristic frequency) 為

$$f_n = \frac{v}{\lambda_n} = (2n-1)\frac{v}{4L} = (2n-1)f_1 \qquad n = 1、2、3、\cdots \tag{21–36}$$

由圖 21–21 (b)所示，開管的兩端皆為開口，其產生駐波的條件為

$$L = \frac{1}{2}\lambda_1、\quad \frac{2}{2}\lambda_2、\quad \frac{3}{2}\lambda_3、\cdots$$

或

$$\lambda_n = \frac{2L}{n} \qquad n = 1、2、3、\cdots$$

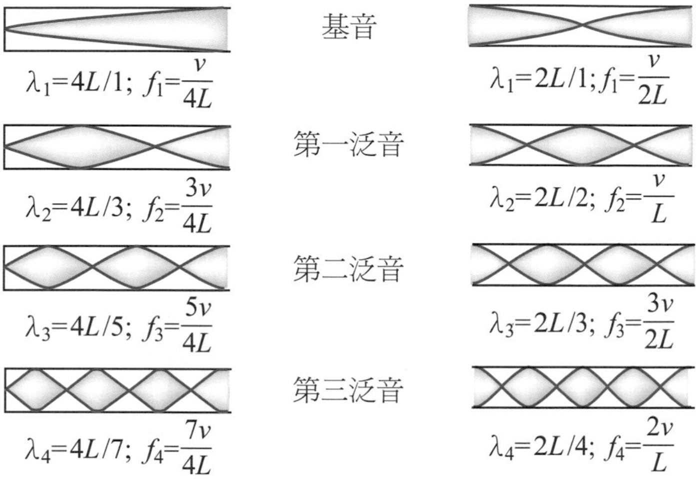

基音

$\lambda_1 = 4L/1;\ f_1 = \dfrac{v}{4L}$　　　$\lambda_1 = 2L/1;\ f_1 = \dfrac{v}{2L}$

第一泛音

$\lambda_2 = 4L/3;\ f_2 = \dfrac{3v}{4L}$　　　$\lambda_2 = 2L/2;\ f_2 = \dfrac{v}{L}$

第二泛音

$\lambda_3 = 4L/5;\ f_3 = \dfrac{5v}{4L}$　　　$\lambda_3 = 2L/3;\ f_3 = \dfrac{3v}{2L}$

第三泛音

$\lambda_4 = 4L/7;\ f_4 = \dfrac{7v}{4L}$　　　$\lambda_4 = 2L/4;\ f_4 = \dfrac{2v}{L}$

(a) 閉管　　　　　　　　　　(b) 開管

▲圖 21–21

故開管產生的特性頻率為

$$f_n = \frac{v}{\lambda_n} = n\left(\frac{v}{2L}\right)$$

$$= nf_1 \qquad n = 1、2、3、\cdots \tag{21–37}$$

　　由式 (21–36) 及式 (21–37) 可知閉管之管樂器僅能發出第一諧和音（即基音）、第三諧和音（即第二泛音）、……等奇數諧和音波，而不能發出偶數諧和音波；而開管之管樂器，則能發出所有諧和音波，此與弦樂器相似。因此，開管與閉管之管樂器演奏起來，自然有不同的效果。

　　圖 21–22 為利用共鳴方法來測空氣中聲速的簡單儀器，此裝置稱為孔特管 (Kundt's tube)。孔特管是由直徑大約 3 公分的玻璃管，以塑膠管和一貯水罐相連接而成。玻璃管之水面，可由貯水罐上下而調整。首先在玻璃管充滿水，以一振動之音叉置於管口，然後慢慢降低管內之水面，當水面降下 a 之距離時，我們可聽到一極大的聲音，水面繼續下降，聲音隨之減弱，當水面降至 a 面下 S、$2S$、$3S$、…等距離，聲音又升至最大。

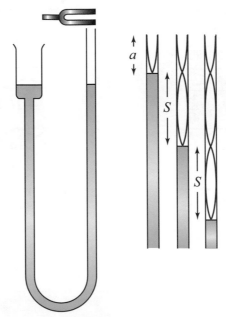

▲圖 21–22　利用孔特管來測量空氣中之聲速 $v = 2Sf$

　　此玻璃管為一閉管空氣柱，因音叉所發出聲波之頻率及波長均為固定值，故當水面降下約 $\dfrac{\lambda}{4}$ 之距離（見圖 21–22）時，聲波會在管內形成駐波，而得一極大的聲音。故

$$a = \frac{\lambda}{4}$$

或

$$\lambda = 4a$$

又兩連續共鳴位置間之距離 S，必為相鄰兩波節之長（圖 21–22），故

$$S = \frac{\lambda}{2}$$

或

$$\lambda = 2S$$

　　在管口處所量之 a 值，因有邊端效應，較易發生誤差，故我們通常以相鄰兩波節之長 S 來表示波長，而不用 a。因此可得聲速為

$$v = \lambda f = 2Sf$$

倘若實驗所用音叉之頻率為 1080 赫，測得 $S = 15.3$ 公分 $= 0.153$ 公尺，則聲速為

$$v = 2Sf = (2)(0.153)(1080) = 330 \text{ 公尺 / 秒}$$

例題 21-14

一聲波在一長 0.340 公尺的管中傳播，管的一端閉塞。試問振動的基音頻率為何？取波速值為 340 公尺 / 秒。如將閉端打開，其基音頻率又為何？

解 由式 (21-36)，閉管的基音頻率為

$$f_1 = \frac{(2n-1)}{4L}v = \frac{v}{4L} = \frac{340}{4 \times 0.340} = 250 \ \text{赫}$$

如將閉端開啟即成開管，應用式 (21-37)，則基音頻率為

$$f_1 = n \cdot \frac{v}{2L} = \frac{1 \times 340}{2 \times 0.340} = 500 \ \text{赫}$$

21-6-3　聲波的拍音

　　若有兩個振幅相同（或相差不多），但頻率稍有差異之波列，在同一區域進行，則兩波發生干涉，其合成波的振幅作時大時小的變化，若此兩波列為聲波，則我們所聽到的聲音作忽大忽小的規則變化，此種現象稱為拍 (beats)。

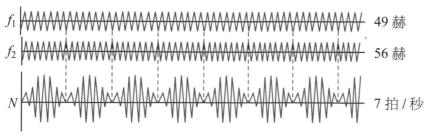

▲圖 21-23　　兩振幅相同，而頻率不同之波互相干涉而形成拍。

　　在圖 21-23 中，有兩波列，其振幅相同，頻率分別為 $f_1 = 49$ 赫與 $f_2 = 56$ 赫。我們依據重疊原理，可得其合成波如最下圖所示，其最大振幅，在 1 秒內共發生 7 次，此恰為兩波列頻率之差。因此，每秒拍數 N 為

$$N = f_1 \sim f_2 \tag{21-38}$$

符號～表示兩者之差。

　　人耳所能辨別之拍數，可高至每秒 7 個。比這頻率更高之拍，我們就無法清晰地分辨出來。

例題 21-15

有 A、B、C 三個音叉。A 與 B、A 與 C、B 與 C 產生的拍數各為 5 次 / 秒、2 次 / 秒、7 次 / 秒。設音叉 A 的振動頻率為 300 赫，若在 B 音叉之叉尖塗一層很薄的蠟，則 B 與 C 所產生的拍數減少。求 B 和 C 音叉的振動頻率。

解 設 A、B、C 各音叉的頻率分別為 f_A, f_B, f_C。

當音叉上面塗上一層蠟時，則增大音叉的慣性，使其振動變緩，頻率隨之減小。

今在 B 上面塗一層蠟，而使得 B 與 C 所產生的拍數減少，這也就是說當 f_B 減少時，$f_B \sim f_C$ 亦隨之減少，可見 f_B 原來必大於 f_C。

本題中 f_B 與 f_A 之差加上 f_C 與 f_A 之差等於 $f_B - f_C$，可見 f_A 介於 f_B 與 f_C 之間，故 $f_B > f_A > f_C$。

因此

$$f_B - 300 = 5$$
$$f_B = 305 \text{ 赫}$$
$$300 - f_C = 2$$
$$f_C = 298 \text{ 赫}$$

所以 B 音叉的振動頻率為 305 赫，C 音叉的振動頻率為 298 赫。

21-7　都卜勒效應

當火車由遠而近駛進車站時，月臺上的人常覺其汽笛聲的頻率音調由低而高。當火車駛離車站時，則覺其汽笛音調由高而低。這種由於聲源與聽者間有相對速度，使音調產生高低變化的現象，稱為都卜勒效應 (Doppler effect)。

為了使都卜勒效應的討論簡單起見，我們先假設空氣為靜止的狀況（即無風的狀況），聲波在空中的傳播速率保持為 v，並假設聲源的發聲頻率為 f，則由第 1 節討論波的性質裡，我們知道聲波波長 $\lambda = \dfrac{v}{f} = vT$。

　　以下我們開始就各種狀況來討論都卜勒效應。首先我們假設聲源靜止，$v_s = 0$，聽者以 v_0 的速率向聲源移動的情況，如圖 21-24 所示。此時聲波相對聽者的速率 v' 變成 $v + v_0$，但此時因聲源不動，故波長 λ 沒有變化，因此聽者聽到的頻率 f' 增加了，而為

$$f' = \frac{v'}{\lambda} = \frac{v + v_0}{\lambda}$$

因為 $\lambda = \dfrac{v}{f}$，所以上式變成

$$f' = f(1 + \frac{v_0}{v}) \tag{21-39}$$

　　同樣地，如果聽者是以 v_0 的速率遠離聲源，則聲波相對聽者的速率 v' 就變成 $v - v_0$，此時聽者聽到的頻率就變成

$$f' = f(1 - \frac{v_0}{v}) \tag{21-40}$$

　　如聲源向靜止的聽者 A 移近，如圖 21-25 所示，由於聲源緊跟在前進的波後面，因此各波間的距離縮短了，如圖 21-25 右邊所示，波長因此減短。如聲源頻率仍為 f，聲源移動的速率為 v_s，則在每次振動中，聲源前進 $v_s T$ 的距離（T 為聲源發聲週期），此即為波長相對縮短的量。聽者因此聽到的聲波的波長變為

$$\lambda' = \lambda - v_s T = \frac{v}{f} - \frac{v_s}{f} = \frac{1}{f}(v - v_s)$$

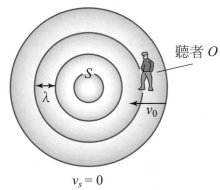

▲圖 21-24　聲源 S 靜止，聽者 O 以 v_0 移向聲源。

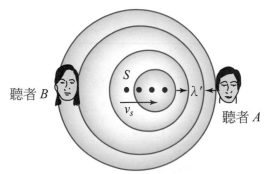

▲圖 21-25　聽者 A 與 B 靜止，聲源 S 以 v_s 速率向聽者 A 移動。

故聽者所聽到的頻率 f' 為

$$f' = \frac{v}{\lambda'} = f(\frac{v}{v - v_s}) \tag{21-41}$$

頻率變高了。如聲源離聽者 B 運動，如圖 21-25 左邊所示，則波長增加 $v_s T$，因此聽者聽到的頻率為

$$f' = f(\frac{v}{v + v_s}) \tag{21-42}$$

若聲源與聽者都在運動，則可合併式 (21-39) 到式 (21-42) 各式，得到聽者所聽到的頻率為

$$f' = f(\frac{v \pm v_0}{v \pm v_s}) \tag{21-43}$$

式中當聽者向聲源移動時 v_0 取正號，背向聲源移動時取負號；而當聲源向聽者移動時 v_s 取負號，背向聽者移動時取正號。若直接以相對速度的大小表示，則式 (21-43) 變成

$$f' = f\frac{|\mathbf{v} - \mathbf{v}_0|}{|\mathbf{v} - \mathbf{v}_s|} \tag{21-44}$$

由上式我們可以很容易的看出，聽者聽到的頻率與相對速度大小的關係。

上面為了討論簡單，我們都假設介質本身沒有運動，但如果介質本身也有運動（如有風吹）時，則顯然聲音的傳播速度也必跟著改變。此時如果介質本身的運動方向與音波傳播的方向相同，則傳播的速率會變大，反之則速率變小。因此若介質本身有速度為 $\mathbf{v}_m$，則只需將上式中聲速 $\mathbf{v}$ 改為 $\mathbf{v} + \mathbf{v}_m$ 即可。因此式 (21-44) 可寫成

$$f' = f\frac{|\mathbf{v} + \mathbf{v}_m - \mathbf{v}_0|}{|\mathbf{v} + \mathbf{v}_m - \mathbf{v}_s|} \tag{21-45}$$

例題 21-16

若一火車的笛音，其頻率為 440 赫，以 30 公尺／秒的速率駛近靜止的路人，則路人聽到的頻率為若干？假設空氣的傳聲速率為 340 公尺／秒。

解 依式 (21–41)，得路人聽到的頻率為

$$f' = f(\frac{v}{v - v_s}) = 440(\frac{340}{340 - 30}) = 483 \text{ 赫}$$

例題 21–17

一超速駕駛的汽車，追過同方向速率為每小時 72.0 公里行駛的警車，警車以頻率 12000 赫的聲波射向該汽車，收到反射回的頻率為 8700 赫，求超速汽車的速率。當時聲波的速率假設為 340 公尺 / 秒。

解 聲波的速率為 $v = 340$ 公尺 / 秒，警車的速率為 $v_p = 72.0$ 公里 / 小時 = 20 公尺 / 秒，警車發出的頻率為 $f = 12000$ 赫。假設超速汽車的速率為 v_0 公尺 / 秒，則依式 (21–43)，可得超速汽車收到的頻率 f' 為

$$f' = (\frac{v - v_0}{v - v_p})f$$

而警車收到返回的訊號頻率為 $f'' = 8700$ 赫，則再由式 (21–43) 得

$$f'' = (\frac{v + v_p}{v + v_0})f'$$

由上二式可得

$$f'' = (\frac{v + v_p}{v + v_0})(\frac{v - v_0}{v - v_p})f$$

代入已知值得

$$8700 = (\frac{340 + 20}{340 + v_0})(\frac{340 - v_0}{340 - 20})(12000)$$

解得超速汽車的速率為

$$v_0 = 36.6 \text{ 公尺 / 秒} = 132 \text{ 公里 / 小時}$$

21–8　進行波傳遞的功率

　　進行波不論是弦波或聲波，都可見含質量之質點的簡諧運動。弦波的進行波，其橫向位移，如式 (21–1)，即

$$y(x, t) = y_m \sin(kx - \omega t) \tag{21–46}$$

而對於聲波，如圖 21–20 所示，我們知其縱向位移仍可用上式表示。唯一不同之點為振動的微小質量 dm，在弦波為

$$dm = \mu dx \tag{21–47}$$

而在聲波則應表示為

$$dm = \rho A dx \tag{21–48}$$

式中 ρ 為流體的密度，A 為管子的截面積。

　　由式 (21–46) 對時間 t 取偏導數，我們可得微小質量 dm 振動的速率為

$$u = \frac{\partial y}{\partial t} = -\omega y_m \cos(kx - \omega t) \tag{21–49}$$

因此微小質量 dm，當進行波通過時，其獲得的動能為

$$dK = \frac{1}{2}(dm)u^2 = \frac{1}{2}(dm)(-\omega y_m)^2 \cos^2(kx - \omega t) \tag{21–50}$$

而其可獲得的最大動能則為

$$dK_{\max} = \frac{1}{2}(dm)(\omega^2 y_m^2) \tag{21–51}$$

　　在第 9 章的簡諧運動中，我們知道振盪系統的最大動能等於最大位能，且等於其總力學能，因此

$$dE = dK_{\max} = \frac{1}{2}(dm)\omega^2 y_m^2 \tag{21–52}$$

　　進行波傳遞的功率 P 等於單位時間傳遞的能量，因此

$$P = \frac{dE}{dt} = \frac{1}{2}(\frac{dm}{dt})\omega^2 y_m^2 \tag{21–53}$$

將式 (21–47) 或式 (21–48) 代入上式，可得

$$P = \frac{1}{2}\mu\frac{dx}{dt}\omega^2 y_m^2 = \frac{1}{2}\mu v \omega^2 y_m^2 \quad （對弦波） \tag{21–54}$$

或

$$P = \frac{1}{2}\rho A \frac{dx}{dt}\omega^2 y_m^2 = \frac{1}{2}\rho Av\omega^2 y_m^2 \quad (\text{對聲波}) \tag{21-55}$$

式 (21–55) 中的 A，若聲波係在如圖 21–20 所示的管子內傳遞，則 A 為管子的截面積，其數值固定。若聲波係在開放的空間傳遞，則 A 愈來愈大，而振幅 y_m 就變得愈來愈小。

例題 21-18

一均勻的細繩，其線密度 $\mu = 0.050$ 公斤 / 公尺，所受張力為 45 牛頓，一頻率及振幅分別為 $f = 120$ 赫及 $y_m = 8.0$ 毫米的波，沿此繩傳遞。求波沿此繩傳遞的功率。

解 此波的角頻率

$$\omega = 2\pi f = 2\pi(120) = 754 \text{ 弧度 / 秒}$$

此波的傳遞速率，由式 (21–23)，可得

$$v = \sqrt{\frac{F}{\mu}} = \sqrt{\frac{45}{0.050}} = 30.0 \text{ 公尺 / 秒}$$

將已知值全部代入式 (21–54) 可得

$$P = \frac{1}{2}\mu v\omega^2 y_m^2 = \frac{1}{2}(0.050)(30.0)(754)^2(8.0 \times 10^{-3})^2 = 27.3 \text{ 瓦特}$$

21-9　聲波的強度及強度級

聲波的強度 (intensity)I，定義為每單位面積傳遞的功率。因此聲波的強度為

$$I = \frac{P}{A} = \frac{1}{2}\rho v\omega^2 y_m^2 \tag{21-56}$$

若聲波由一等向性波源 (isotropic source)S 發出，向三度空間傳遞，如圖 21–26 所示，因為在距波源 r 處的球面積為 $4\pi r^2$，所以距波源 r 處的波強度為

$$I = \frac{P}{A} = \frac{P}{4\pi r^2} \tag{21-57}$$

強度與波源距離的平方成反比，即球面波的強度遵守平方反比定律。如圖 21-26 所示，考慮點 Q_1 及點 Q_2 相距波源各為 r_1 及 r_2 的距離，若點波源的功率為 P，則可寫出點 Q_1 及點 Q_2 的強度 I_1 及 I_2 為

$$I_1 = \frac{P}{4\pi r_1^2} \text{ 及 } I_2 = \frac{P}{4\pi r_2^2}$$

從上面二式消去 P，可得強度與波源距離的一有用關係式為

$$I_1 r_1^2 = I_2 r_2^2 \tag{21-58}$$

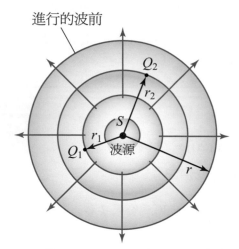

▲圖 21-26　等向性波源以輻射狀向外傳播的球面波

　　人類耳朵的聽覺強度在頻率為 1 千赫時，最小可聽到的強度是 10^{-12} 瓦特／公尺^2，然而不覺痛苦可忍受的最大強度為 1 瓦特／公尺^2。可見人耳相當靈敏，從其可接受強度的範圍來觀察，可知聲音強度的量度相當適用對數的標度。

　　當一個聲波強度 I_1 為另一個聲波強度 I_2 的 10 倍時，其強度的比值稱為 1 個貝（bel，符號為 B）。因此比較聲波的強度時，我們用強度級 (intensity level) 來表示其差異，即

$$B = \log \frac{I_1}{I_2} \tag{21-59}$$

　　在實用上，貝的單位太大了，為得一比較適用的單位，我們定義一個分貝（decibel，符號為 dB）為貝的十分之一。並且使用人耳可聽到的強度，$I_0 = 10^{-12}$

瓦特 /公尺^2，作為標準強度對所有強度 I 作比較，則強度 I 的任一聲波以分貝表示的強度為

$$\beta = 10 \log \frac{I}{I_0} \qquad\qquad (21\text{--}60)$$

因此人耳可聽到的最小強度，聽覺底限 (hearing threshold) I_0 的強度級為零分貝。而不覺痛苦的可忍受的最大強度，痛苦底限 (pain threshold) 的強度級為

$$\beta = 10 \log \frac{1}{(10^{-12})} = 120 \text{ 分貝}$$

常見聲波的強度級列於表 21–2。

表 21–2　常見聲波的強度級

聲波	強度級（分貝）
聽覺底限	0
落葉的沙沙聲	10
耳語	20
輕聲的電話	40
一般交談	60
熱鬧的街角	80
地下道的汽車	100
大聲的搖滾樂	120
痛苦底限	120
噴射引擎	130～160

例題 21–19

一點波源，以平均功率 30.0 瓦特發射聲波。(a)在距離聲源 $r_1 = 3.00$ 公尺處的聲波強度為何？(b)在距離 $r_2 = 4$ 公尺處的聲波強度為何？

解 (a)由式 (21–57) 可得距離 $r_1 = 3.00$ 公尺處的強度為

$$I_1 = \frac{P}{4\pi r_1^2} = \frac{30.0}{4\pi(3.00)^2} = 0.265 \text{瓦特 / 公尺}^2$$

(b)由式 (21-58) 可得距離 4.00 公尺處的強度為

$$I_2 = \frac{I_1 r_1^2}{r_2^2} = \frac{(0.265)(3.00)^2}{(4.00)^2} = 0.149 \text{瓦特} / \text{公尺}^2$$

例題 21-20

一點波源，如圖 21-26 所示，其發出的功率為 20.0 瓦特。求在 $r = 7.5$ 公尺處的(a)聲波 的強度，(b)聲波的強度級。

解 (a)由式 (21-57)，可得聲波強度為

$$I = \frac{P}{4\pi r^2} = \frac{20.0}{4\pi (7.5)^2} = 2.83 \times 10^{-2} \text{瓦特} / \text{公尺}^2$$

(b)聲波的強度級

$$\beta = 10 \log \frac{I}{I_0} = 10 \log \frac{2.83 \times 10^{-2}}{10^{-12}} = 10 \log \frac{10^{-1.55}}{10^{-12}} = 104.5 \text{ 分貝}$$

習　題

1. 何謂波？波行進時傳送些什麼？

2. 力學波與電磁波基本上有那些不同？

3. 橫波與縱波有何分別？

4. 若某波動發生器每 3 秒鐘產生 12 個脈動，則 (a) 其週期為何？ (b) 其頻率為何？

5. (a) 在一端固定的長繩上，每 $\frac{1}{10}$ 秒發生一脈動時，波長 λ 為 3 公分。問其傳播速率為何？ (b) 在同樣繩子上，發生兩脈動，第二脈動在第一脈動之後 $\frac{1}{2}$ 秒發生。問兩脈動的距離為何？

6. 一正弦波在 t 秒時及 x 公尺處的振動位移為 $y = 3\ \sin(0.4x - 8t)$ 公尺，試問 (a) 此正弦波的振幅，波長及頻率各為何？ (b) 此正弦波行進的方向為何？ (c) 此正弦波的傳播速率為何？

7. 我們站在一井口處發出聲音，經過 1 秒鐘後才聽到回聲，問此井有多深？（設聲速為 340 公尺／秒）

8. 火車從車站開動時，同時鳴放汽笛。遠處某人用耳靠近鐵軌聽見火車開動聲後，經 4 秒始聞空氣中傳來的汽笛聲。求某人與車站的距離。（設聲速為 340 公尺／秒，鐵的傳播聲速為 5000 公尺／秒）

9. 在兩峭壁間放炮，經 2 秒後得一回聲，經 3 秒後又得另一回聲。求兩峭壁間的距離。（設聲速為 340 公尺／秒）

10. 某人以等速度向山崖直奔，第一次發出呼聲後 4 秒聽到回聲。聽到回聲後再經 20 秒第二次發出呼聲，又經 3 秒後聽到回聲。求此人奔向山崖的速率。（設聲速為 340 公尺／秒）

11. 井深 200 公尺，自井口自由落下一石後，經幾秒可聽到石擊水聲？（設聲速為 340 公尺／秒）

12. 設在 $t = 0$ 時，一繩上正在傳遞的兩個脈波 A 及 B。其波形如圖 21-27 (a) 所示，而在 $t = T$ 時，繩上的波形變成圖 21-27 (b)。求在 $t = \frac{1}{4}T$、$\frac{2}{4}T$、$\frac{3}{4}T$ 時的波形（畫圖表示）。

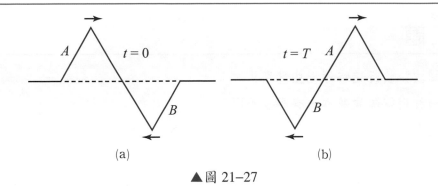

▲圖 21-27

13. 有一如圖 21-28 所示之脈動,沿一彈簧向右運行。試繪一向左之脈動,使在某瞬時彈簧可成一直線。

▲圖 21-28

14. 設有甲、乙兩彈簧互相銜接。今由甲彈簧的自由端(即不是接點的一端)送出一脈動。當其被反射時,振動位移的方向與原來振動的方向相反,且波幅減少。問此脈波在那一條彈簧上的進行速率較快?

15. 圖 21-29 之繩係由輕重不同的數段彈性繩相接而成。圖(a)表示一脈動沿繩運動的情形,圖(b)及(c)為就同一繩在以後相同時間間隔之移動情形。問此繩是由幾段彈性繩接成?各段的交接點在何處?指出那一段彈性繩較重;那一段較輕?

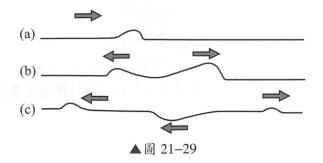

▲圖 21-29

16. (a)有一開管，其管長為 1.20 公尺。求基音及第一、二泛音之波長；(b)若上述開管改為閉管，則(a)中相當之音，其波長為何？

17. 今有二弦線，每一弦線的兩端均被固定。如一弦線長度為另一弦線的兩倍，則此二弦發生的基頻比為何？

18. 二弦線兩端各被固定。如一弦的基音頻率為另一弦第三諧和音頻率的三倍，則二弦線的長度比為何？

19. 一管子如兩端開口，發現可發出 800 赫的頻率（不一定為基音頻率）。今如將其一端封閉，發現可發出 200 赫的頻率。試問此管最短需若干才能滿足上述條件？（假設聲速為 340 公尺／秒）

20. 利用圖 21–22 的共鳴管（孔特管）來作實驗。若 兩連續共鳴位置之距離為 16.6 公分，所用音叉之頻率為 1000 赫，試求聲波之波長與速率。

21. 二質料完全相同的彈性繩，其線密度相同，張力則一繩為另一繩的兩倍，如繩上各有一脈波在行進，則其速率比為何？

22. 一繩長 2.0 公尺，質量為 0.02 公斤，受 500 牛頓的張力作用。如繩上有一正弦波向正 x 方向進行，已知此正弦波振幅為 0.01 公尺，波長為 0.05 公尺，試寫出此正弦波的方程式。

23. 有一金屬其密度為 8.9×10^3 公斤／公尺^3，楊氏模量為 1.2×10^{11} 牛頓／公尺^2，求聲波在此金屬中之傳播速率。

24. 試計算在標準狀況下（0°C，1 大氣壓），聲音在空氣中的傳播速率。若溫度升高到 25°C，而氣壓保持不變，則聲速變為多大？（在標準狀況下，空氣密度為 1.29 公斤／公尺^3）

25. 某一聲波之頻率為 600 赫。問此聲波在空氣中之波長若干？在水中之波長若干？假設此時溫度為 25°C。（可利用上題的聲速，或查表 21–1）。

26. 有甲、乙兩汽車所發出的喇叭頻率皆為 800 赫，空氣的傳聲速度為 340 公尺／秒。若甲車靜止，乙車以 20 公尺／秒速率向甲車駛去。(a)如乙車按喇叭，則甲車聽到乙車喇叭的頻率為何？(b)若甲車按喇叭，則乙車聽到甲車喇叭的頻率為何？(c)若甲乙二車均以 20 公尺／秒速率相向而行，且都按喇叭，則甲乙二車各聽到對方喇叭的頻率為何？

27. 有甲、乙兩汽車在高速公路上同向競駛，乙車速率為 20 公尺／秒，甲車為 30 公尺／秒。最初甲車在乙車後面追趕並按喇叭，以 800 赫頻率發出。試問 (a)當甲車未趕上乙車時；(b)當甲車超越乙車後，乙車所聽到的喇叭頻率為何？（假設空氣中的聲速為 340 公尺／秒）

28. 一聲源發出頻率為 800 赫的聲波，在空氣中以 340 公尺／秒的速率行進。此聲波碰到一以 10 公尺／秒接近的汽車表面而被反射。試問聲源處聽到反射波的頻率為何？

29. 一蝙蝠以每秒 10 公尺的速率飛行，並同時發出 8000 赫的聲波。當此蝙蝠飛近一大牆壁時，求其聽到反射波的頻率。（假設當時的聲速為 340 公尺／秒）

30. 一靜止聲源發出頻率 800 赫的聲波，波速為 340 公尺／秒。如有速率為 20 公尺／秒的風從聲源東邊吹向西邊，問一靜止聽者在下列情況下所聽到的頻率為何？(a)如聽者位於聲源東邊；(b)如聽者位於聲源西邊；(c)若聽者位於聲源東邊且以 10 公尺／秒移向聲源。

31. 如圖 21–20 的均勻管子，其截面積 $A = 10.0$ 平方公分，內裝密度 $\rho = 1.10$ 公斤／立方公尺的空氣，聲波在空氣中的傳遞速率 $v = 340$ 公尺／秒，若聲波的頻率 $f = 120$ 赫，振幅 $y_m = 8.0$ 毫米，求聲波沿此管傳遞的功率。

32. 一點波源以平均功率 20.0 瓦特發射聲波。(a)在距離聲源 $r_1 = 10.0$ 公尺處的聲波強度及強度級為何；(b)在距離聲源 $r_2 = 20.0$ 公尺處的聲波強度及強度級為何？

22

幾何光學

■ 本章學習目標

學完這章後，您應該能夠

1. 區分幾何光學與物理光學。
2. 明瞭光的反射及其遵守的反射定律，並加以應用。
3. 知道平面鏡、凹面鏡、凸面鏡、物距、像距、焦距、曲率半徑、虛像、實像、放大率以及球面像差等各名詞的意義。
4. 應用光線軌跡的技巧來說明各種面鏡的成像。
5. 明瞭並應用面鏡成像的公式以及放大率的定義公式，計算各種面鏡成像的問題。
6. 知道光的折射及其遵守的折射定律，並加以應用。
7. 知道折射率、相對折射率、光疏介質、光密介質的意義。
8. 瞭解全反射及臨界角的意義。
9. 明瞭平行板及稜鏡的折射，以及其產生色散的現象。
10. 知道平行板、稜鏡、凸透鏡、凹透鏡、光軸、焦點、焦距、視深等各名詞的意義。
11. 應用光線軌跡的技巧來說明各種透鏡的成像。
12. 明瞭並應用透鏡的造鏡者公式及成像公式以及放大率的定義公式，計算各種透鏡成像的問題。

光學 (optics) 為物理學的一部分，討論
光 (light) 的性質。下面我們將以中學所學
的光學為基礎，並利用前一章所討論的波動
學，更進一步地研究光的各種性質。在前一
章波動裡，我們曾說光為橫波，因此前面所
討論有關波動的一般性質，亦可應用在下面
將討論的光學裡。我們通常將波的傳播用波

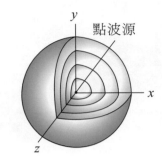

▲圖 22-1　點波源所形成的球面波前

前 (wave front) 的概念來描述，所謂波前就是波動中具有相同振動相位 (phase) 的
所有波形上的點的包跡 (envelops)。例如討論水波時，振動一點波源，其波峰所形
成的一圓環；或在一點聲源所發出的聲波裡，其波峰所形成的同心球面。

　　如圖 22-1 所示，為一點波源在均勻介質中所形成的球面波前，對於光波，雖
然不需藉介質傳播，但其橫向的振動位移（在光波裡為電場或磁場）仍如水波或
聲波中介質的橫向振動位移一樣，具有波的性質。我們常用如圖 22-2 (a)所示的球
面波前來表示一點光源所發出的光波，而當波前遠離波源時，則其球表面可視為
一平面，如圖 22-2 (b)所示。

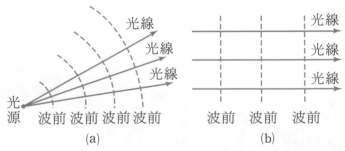

▲圖 22-2　(a)點光源所形成的球面波前；(b)遠離波源時的平面波前。

　　我們常用光線 (light rays) 來表示光進行的路線。由光的波動觀點看，我們可
將光線當作垂直波前而沿光波行進方向的一假想直線，如圖 22-2 所示。可由光的
直線傳播的觀點來描述的光學，我們稱為線光學 (ray optics) 或幾何光學 (geomet-
rical optics)；不能僅用光的直線傳播的觀點來解釋，而需用波動才能解釋清楚的
光學，我們稱為波動光學 (wave optics) 或物理光學 (physical optics)。在本章討論
光的反射 (reflection of light) 與光的折射 (refraction of light) 等幾何光學。在下一
章我們將討論光學儀器。而在第 24 章我們將討論光學的另一部門——物理光學。

22–1　光的反射

22-1-1　反射定律

　　光在空氣中傳播，一般是循著直線路徑。但如果在其前進的路徑中遇到物體時，光線就會改變其傳播路徑而有反射 (reflection)、折射 (refraction) 和吸收 (absorption) 等現象發生。假設此物體的表面為光滑平面時，光線就循某一固定方向反射回去，此稱為單向反射 (regular reflection)。如圖 22–3 所示，其入射線 (incident ray) 與反射線 (reflected ray) 之間的關係遵循著下列兩個規則：(1)入射線、反射線與在入射點 (incident point) 上垂直於平面的法線 (normal line) 都在同一平面上；(2)入射角 (incident angle)（入射線與法線的夾角）與反射角 (angle of reflection)（反射線與法線的夾角）相等。

　　在圖 22–3 中如 θ_i 為入射角，θ_r 為反射角，則 $\theta_i = \theta_r$。上述兩個規則稱為光的反射定律 (law of reflection)。

22-1-2　漫反射

　　如物體表面不是平面，而是粗糙的面，我們可以把它看成由許多不規則的小面積構成的，每一個小面積對入射的光線，皆依反射定律反射。但因各小面積的法線各有不同的方向，所以它們反射的光線也都各有不同的方向，而形成漫反射 (diffuse reflection) 的現象，如圖 22–4 所示。

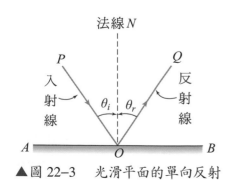

▲ 圖 22–3　光滑平面的單向反射

▲ 圖 22–4　粗糙面的漫反射

　　漫反射現象與日常生活有密切關係，例如陽光經天空中氣體分子的漫反射之後，我們才能看到天空的亮光。事實上，所有非發光體，它們本身雖不能發射光線，但靠物面的漫反射現象，因而我們才可以看到它們的存在，如圖 22–5 (a)所示。

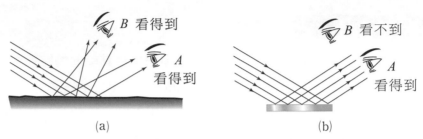

▲圖 22–5　平行光從(a)粗糙面的漫反射，(b)平面鏡的單向反射。

　　假設在一非常平滑的物體上，只有單向反射而無漫反射，且在單一平行光的光源照射下，就只有在反射路徑上的人才能觀察到亮光了。如圖 22–5 (b)所示，光由光源發出，經平面鏡 (plane mirror) 單向反射之後，進入觀察者 A 的眼睛，於是觀察者 A 可以看到由平面鏡射來的光線；而在 B 點的觀察者呢？他亦可以向平面鏡看，但因為在此方向沒有光線進入他的眼睛，所以他看到的是漆黑一片。

22–1–3　光的可逆性

　　如圖 22–3 所示，當光依反射定律由 P 點沿 $P \to O$ 射入，作鏡面反射而反射到 Q 點。若光由 Q 點沿 $Q \to O$ 射入，則沿 $O \to P$ 射出。同理如果如圖 22–6 (a)所示，光由 A 入射經 $B \to C \to D \to E$ 而由 DE 射出，則當光由 ED 入射則必由 BA 射出。光具有可以逆向行進的特性，我們稱為光的可逆性 (reversibility of light)。

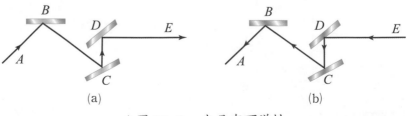

▲圖 22–6　光具有可逆性

22-2　面鏡的成像

面鏡 (mirror) 的成像，要遵循反射定律。面鏡除了前面所討論的平面鏡外，尚有曲面鏡 (curved mirror)。曲面鏡的種類相當多，可分為橢球面鏡 (ellipsoidal mirror)、拋物面鏡 (paraboloidal mirror) 及球面鏡 (spherical mirror) 等。在本節中我們將依序討論各種面鏡的成像。

22-2-1　平面鏡的成像

平面鏡是大家非常熟悉的日用品，由鏡中可以觀察到各種物體的形像。我們在此要討論的是，這些像是如何形成的，以及像的位置與物體位置的關係。

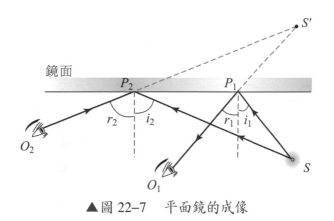

▲圖 22-7　平面鏡的成像

如圖 22-7 所示，S 為點光源，向四面八方放射出光線。圖中所示為其中任意兩束光線經平面鏡反射的情形。依反射定律，$i_1 = r_1$ 及 $i_2 = r_2$。如果反射線分別進入兩個獨眼觀察者 O_1 及 O_2 的眼中，則他們僅能判斷出光線是從那一個方向射來；換言之，O_1 這個觀察者只知道光線是循著 P_1O_1 這條線射來，而 O_2 也僅能說出光源在 O_2P_2 的延長線上的某一點上。但光源到底離他們多遠呢？這兩位觀察者就都不能確定了。換一種情況，如果 O_1、O_2 為同一個人的兩隻眼睛，那麼此人即能看出光線是由 S' 點（O_1P_1 及 O_2P_2 兩線延長之交點）發出的。

由上面的討論，得知 S 點發出的光線，經 P_1、P_2 這兩點反射後再進入觀察者

眼中，可看成好像是由 S' 發出的。但如果反射點 P_1、P_2 的位置改變，則觀察到的 S' 點是否會改變呢？為了澄清這個疑問，讓我們再看圖 22-8，光源同樣還是在 S 點，不同的是有一束入射線以垂直鏡面的方向射在 P_0 點上，而另一束則經任意點 P 反射。兩射線 SP_0 及 SP 經反射後，其延長線交於 S' 點。由幾何學的公設我們知道 S' 點僅有一個，所以所有反射線對觀察者來講好像是從 S' 點發出一般，即與將光源 S 置於 S' 點所得的結果完全相同。在物理學上，我們稱 S' 為光源 S 經鏡面反射所成之像 (image)。稱此點 S' 與鏡面的垂直距離 $S'P_0$ 為像距 (image distance)，以 q 表示；而稱光源 S 與鏡面的垂直距離 SP_0 為物距 (object distance)，以 p 表示。由幾何學的證明，我們可知物距恰好等於像距，即

$$p(物距) = q(像距) \tag{22-1}$$

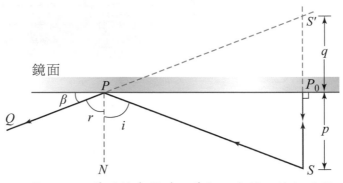

▲圖 22-8　平面鏡成像時，其物距與像距的說明圖

　　上述在 S' 點所得的像，並非由實際的光線在 S' 處所形成，故稱為虛像 (virtual image)。所有的反射線，雖好像是從 S' 點發出者，但實際上它們並未真正通過 S' 點，此因鏡面為不透明體，根本不可能讓光線由鏡前傳送到鏡後。

　　點光源成像的情況瞭解之後，讓我們再看圖 22-9。A、B、C 為物體上的三個點光源，如以 A 點為前方，則 B 點在其左邊，而 C 點在其右邊。此三點經鏡面反射後，在鏡內所成的像分別為 A'、B'、C' 三點，如果仍以 A' 為前方，則 B' 變成在其右邊，而 C' 變成在其左邊。又由幾何學上的證明可得 $A'B' = AB$、$B'C' = BC$ 以及 $A'C' = AC$ 等關係，即得平面鏡成像時各點光源間的相對距離維持不變。

　　以上均以點光源為例，而一般物體並不發光怎能成像呢？還好幾乎所有的物

體受到光線照射時，都會產生漫射，於是物體表面上相當於有無數個點光源，一點一點的構成了整個物體的像。由上面的討論我們知道，各點間的相對距離不變，因此若將圖 22–9 上的各點連成一物體，則物體所成之像，雖然左右互換，但其大小與原物相等。從上面這些結果可知：鏡前物體經平面鏡反射之後，其所形成的像，其前後關係不變，僅其左右的關係互換，而且各點間的相對距離不變，也就是物體的大小與像的大小相同。即

物的大小 = 像的大小　　　　　　　　　　　　　　　　(22–2)

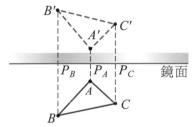

▲圖 22–9　物體對平面鏡成像時，其前後左右的關係。

例題 22–1

兩平面鏡互相垂直置放，如圖 22–10 所示，若已知一物體在 O 點，距第一鏡面為 0.30 公尺，距第二鏡面為 0.40 公尺，則第三影像 I_3 的位置距離物體為若干？

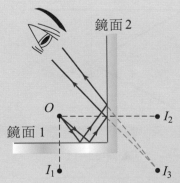

▲圖 22–10　兩個互相垂直置放的平面鏡

解 由式 (22–1) 我們可得物體 O 到第一影像 I_1 的距離為兩倍 O 點到第一鏡面的距離，即

$$OI_1 = 2 \times 0.30 = 0.60 \ 公尺$$

同理可得

$$OI_2 = 2 \times 0.40 = 0.80 \ 公尺$$

因此由畢氏定理可得

$$OI_3 = \sqrt{(OI_1)^2 + (OI_2)^2} = \sqrt{(0.60)^2 + (0.80)^2} = 1.00 \ 公尺$$

例題 22–2

有一人身高 1.60 公尺，其正前方放置一直立的平面鏡。如此人的眼睛距離頭頂為 0.10 公尺，試問此人要在鏡裡完全看到他自己的像，則鏡子長度最少需要若干公尺？

解 先假設鏡子相當長，如圖 22–11 所示。人要能在鏡中完全看到自己的像。則腳尖及頭頂所射出的光線經平面鏡反射後，需能射進人的眼睛。由圖 22–11 可知，依反射定律，鏡子恰在人與像的中間，故平面鏡的長度僅需人身高的一半長度，即鏡長最小需 0.80 公尺，而與人眼的位置高度無關。

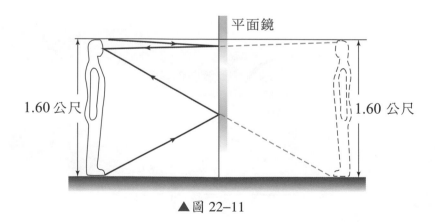

平面鏡

1.60 公尺　　　　　　　　　　　　　1.60 公尺

▲圖 22–11

例題 22-3

一平面鏡如其鏡面轉動 θ 角，試證其反射光將轉 2θ 角。

證明

如圖 22-12 所示，原鏡面未轉時入射光為 AO、反射光為 OB 而 ON 為法線，入射角為 θ_i，今將鏡面轉動 θ 角，故法線亦轉動 θ 角而成 ON'。此時入射光的入射角 AON' 變成 $\theta_i + \theta$。故新反射光 OB' 與 ON' 之夾角 $B'ON'$ 亦為 $\theta_i + \theta$。所以反射光所轉的角度可算出為

$$\angle B'OA - \angle BOA = 2(\theta_i + \theta) - 2\theta_i = 2\theta$$

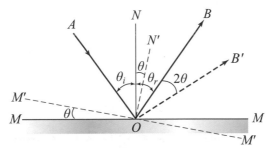

▲圖 22-12　平面鏡轉動 θ 角時，反射光轉動 2θ 角。

例題 22-4

光由一平面鏡前一點 P 發出，如圖 22-13 所示，經鏡面反射到鏡前一點 A。試證在所有由 P 點經鏡面上任一點再連到 A 點的路線中，以滿足反射定律的路線為最短。

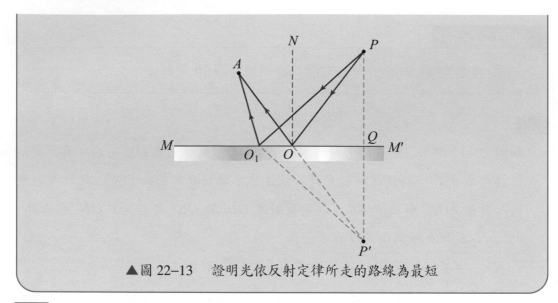

▲圖 22–13　證明光依反射定律所走的路線為最短

證明

如圖 22–13 所示，路線 POA 為依反射定律所走的路線，P′ 為 AO 延長線與過 P 點對鏡面 MM′ 所作垂線 PQ 的交點。由前面平面鏡的成像討論中知 P′ 點為 P 點的虛像，所以有 PQ = P′Q 及鏡面 MM′ 垂直線段 PP′ 的關係，由幾何學可知直線 MM′ 為線段 PP′ 的中垂線。而今 O 及 O_1 為 MM′ 上的點，因此又由幾何學可知 P′O = PO 及 P′O_1 = PO_1。因在 △AO_1P′ 中，有 P′O_1 + O_1A > P′A = P′O + OA 的關係，將上面的關係代入可得 PO_1 + O_1A > PO + OA，即得 POA 路線比任意其他路線 PO_1A 都短。

22-2-2　曲面鏡的成像

　　曲面鏡的反射可參考圖 22–14。當一束光入射於曲面鏡之一點 P，因為對於光線反射有影響的僅是 P 點附近的一小部分，故我們把它放大如圖 22–14。經放大之後，P 點周圍的很小部分幾乎接近一平面，而其平面的方向與過 P 點的切面相同。因此光線在 P 點反射的情況，可視同在切面上經 P 點反射的情形一般，即入射線與切面法線之夾角 θ_i，等於反射線與切面法線之夾角 θ_r。

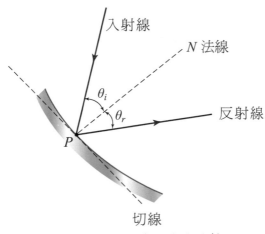

▲圖 22-14　曲面鏡的反射

　　反射面為橢球面一部分的反射稱為橢球面鏡 (ellipsoidal mirror)。橢球面鏡如圖 22-15 所示。橢球面有一個特性，其兩個焦點 F_1、F_2 與面上任意點 P 之連結線 F_1P 及 F_2P 分別與橢球面在 P 點的法線之夾角相等。因此，如置光源於焦點 F_1 處，則其發出之光，經橢球面反射後都會通過第二焦點 F_2，此時如果有人進入此橢球體內，則他將會發現在 F_1 與 F_2 處有兩個完全相同的點光源。事實上，我們僅在 F_1 處置有光源，而 F_2 處者為光源經橢球面反射後所成之像，此像為實際光線所組成，故稱為實像 (real image)。

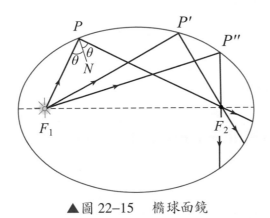

▲圖 22-15　橢球面鏡

　　反射面為拋物面一部分的反射鏡，稱為拋物面鏡 (paraboloidal mirror)。拋物面鏡如圖 22–16 所示，可以把它看成為另一個焦點在無窮遠處的橢球面鏡。因此如果我們把一點光源置於鏡前焦點上，則其發出之光經鏡面反射之後，都平行於主軸。反之如平行於主軸射入的光線，將會被聚集於焦點，如圖 22–16 所示。利用這個特性，我們可以把向外發散的光線，集中成為一束平行的光線，以資照明遠處物體。探照燈即利用拋物面鏡做成的。又利用其可聚光的特性，可製成大型的天文望遠鏡。

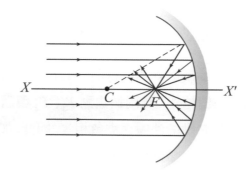

▲圖 22–16　拋物面鏡

22-2-3　球面鏡的成像

　　反射面為球面一部分的反射鏡，稱為球面鏡 (spherical mirror)。球面鏡可分為凹面鏡 (concave mirror) 及凸面鏡 (convex mirror) 兩種。因為製作較橢球面鏡及拋物面鏡容易得多，所以我們將在下面詳細討論。

A. 凹面鏡的成像

　　圖 22–17 所示為一凹面鏡，C 點為球面的球心，稱為曲率中心 (center of curvature)，V 點稱為頂點 (vertex)，通過 C、V 兩點的直線稱為主軸 (principal axis)。當光線由點光源 S 發出，沿著主軸，經 C 點到達頂點後，它將被循著原路徑反射回去。所以如果 S 有像形成，它一定在主軸上的某一個位置。再看另外一條光線，由 S 發出，射於 P 點，經鏡面反射後交主軸於 S' 點（因為 CP 垂直於鏡面，且 $i = r$）。仿此，如果幾乎全部的反射線都集中通過 S' 點，則 S 成像於 S' 點。下面我們將尋求 S 與 S' 之間的位置關係。

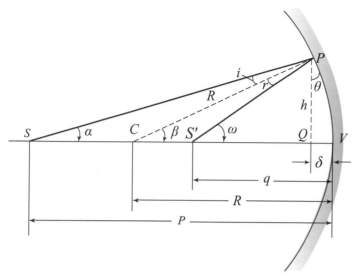

▲圖 22–17　凹面鏡的反射

在圖 22–17 中之 $\triangle S'CP$，依幾何學的外角定理，可得

$$\omega = \beta + r \tag{22-3}$$

在 $\triangle SCP$ 中，可得

$$\beta = \alpha + i \tag{22-4}$$

因為依反射定律有 $i = r$ 的關係，所以由式 (22–3) 及式 (22–4) 可得

$$\omega - \beta = \beta - \alpha \tag{22-5}$$

在圖 22–17 的直角三角形中，角度 α、β、ω 與長度的關係為

$$\tan\alpha = \frac{h}{p-\delta};\ \tan\beta = \frac{h}{R-\delta};\ \tan\omega = \frac{h}{q-\delta}$$

此處 p 為 S 到 V 之距離，稱為物距；q 為 S' 到 V 之距離，稱為像距；R 為曲率半徑。如果凹面的孔徑角 (aperture angle)θ 很小，則 α、β 及 ω 的角度也都很小，則我們可以將一角之正切值視同其弧度值。在凹面的孔徑角很小的情況下，δ 比起 p、q 及 R 小得很多，可把它忽略不計。則上式可寫成

$$\alpha = \frac{h}{p};\ \beta = \frac{h}{R};\ \omega = \frac{h}{q} \tag{22-6}$$

把式 (22–6) 代入式 (22–5)，可得

$$\frac{h}{q} - \frac{h}{R} = \frac{h}{R} - \frac{h}{p}$$

或寫成

$$\frac{1}{p} + \frac{1}{q} = \frac{2}{R} \tag{22-7}$$

此為物距、像距與曲率半徑三者間的關係式。

　　上面我們已經證明了，只要面鏡的孔徑角很小，則 S 點發出的光線會成像在 S' 點處。如果面鏡的孔徑角不小，或物體（光源）離軸太遠，則式 (22–7) 的關係就不成立，而所成的像將會模糊不清，此種現象稱為球面像差 (spherical aberration)。

　　在式 (22–7) 中，我們可以看出 p 與 q 具有對稱的關係，可把 p、q 對調而不影響方程式。此因光具有可逆性的關係。式 (22–7) 告訴我們，當 p 等於 R（即物在 C 點上）時，q 也等於 R（即像也在 C 點上）。

　　現在讓我們來看看當 S 順軸向外移動時（即 p 值增大），會發生什麼現象呢？式 (22–7) 中，當 p 增加則 q 減少，當 p 增加到無窮大時，則 $q = \frac{1}{2}R$，如圖 22–18 所示。所謂物體在無窮遠處，即表示從該物體射來的光線為平行線。此時像的位置（即平行光被聚集的位置），稱為主焦點 (principal focus)。而主焦點到鏡的距離，稱為焦距 (focal length)。如以 f 代表凹面鏡的焦距，則

$$f = \frac{1}{2}R \tag{22-8}$$

將上式代入式 (22–7)，則得

$$\frac{1}{p} + \frac{1}{q} = \frac{1}{f} \tag{22-9}$$

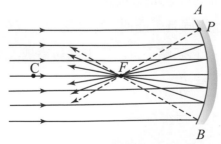

▲圖 22–18　物在無窮遠處，則入射線可看成平行。

　　讓我們再來討論另外一種情形，當光源位於焦點與鏡面之間，即 $p < f$，則從式 (22–9) 可算出 q 為負值 (q < 0)，這表示 S' 的位置在鏡面的後面，為虛像。

　　上面討論的都是以點光源為例，若把點光源換成物體，式 (22–9) 照樣可以適用。如圖 22–19 所示，PQ 代表一物體，長度為 y，經鏡面反射後之像為 $P'Q'$，長度為 y'；物距為 p，像距為 q。因為入射角 = 反射角，所以△PQV 與△$P'Q'V$ 相似，因此

$$\frac{|P'Q'|}{|PQ|} = \frac{|P'V|}{|PV|}, \quad 即 \quad \frac{|y'|}{|y|} = \frac{|q|}{|p|}$$

式中 $P'Q'$ (y') 為像長 (image length)，PQ (y) 為物長 (object length)，兩者之比通常稱為放大率 (magnification)。如以 M 代表放大率，則

$$M(放大率) = \frac{y'(像長)}{y(物長)} = -\frac{q}{p} \tag{22–10}$$

如所成的像為倒立（實像，y' 取負值），M 為負值；如所成的像為正立（虛像，y' 取正值），M 為正值。

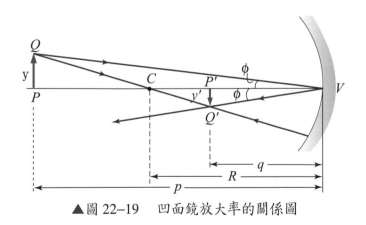

▲圖 22–19　凹面鏡放大率的關係圖

　　物體成像的位置及大小，亦可用圖解法求得。圖 22–20 為下面五種情況的圖示：(a)物體位於曲率中心之外；(b)物體位於曲率中心之上；(c)物體位於曲率中心及主焦點之間；(d)物體位於主焦點上；(e)物體位於主焦點及鏡面之間。各圖中四條射線稱為主光線或主射線 (principal ray)，為由物體的頂點出發，經鏡面反射之四條最容易畫的路徑。依圖上號碼為：

1. 由物體的頂點 Q 射出，平行主軸，經鏡面反射後通過主焦點 F。

2. 由物體的頂點 Q 射出後通過主焦點，經鏡面反射後平行主軸。

3. 由物體的頂點 Q 射出經曲率中心 C，被鏡面反射後沿原路徑射回。

4. 為射到鏡面頂點的光線，以與主軸夾等角之路徑反射回來。

這四條射線在像的頂點交叉，可用以確定像的位置、大小和方向。從圖 22–20 中，我們可得凹面鏡成像的幾種情形：

1. 當物體位於曲率中心之外，像為倒立的實像，其位置在曲率中心與主焦點之間，比物小 $(-1 < M < 0)$。

2. 當物體位於曲率中心上，像為倒立的實像，其位置亦在曲率中心上，與物一樣大 $(M = -1)$。

3. 當物體位於曲率中心與主焦點之間，像為倒立實像，其位置在曲率中心之外，而比物大 $(M < -1)$。

4. 當物體位於主焦點上，反射線互相平行，在有限距離內不能成像。

5. 當物體在主焦點與鏡面之間，像為正立虛像，位於鏡後，比物大 $(M > 1)$。

事實上，在圖 22–20 中之四條射線，僅需要其中兩條就可以確定像的位置、大小及方向。但如作第三條線就可驗證我們所作的圖正確與否。

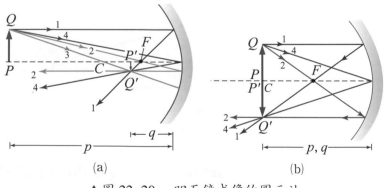

(a)　　　　　　　　　　　　(b)

▲ 圖 22–20　凹面鏡成像的圖示法

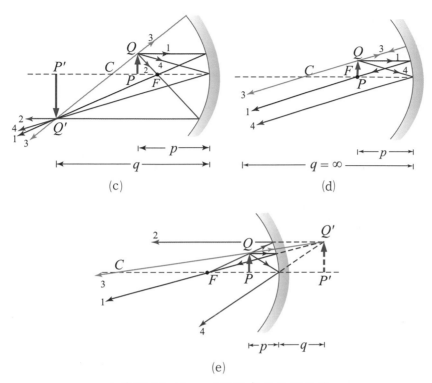

(c) (d)

(e)

▲續圖 22–20 凹面鏡成像的圖示法

B. 凸面鏡的成像

當一點光源被置於凸面鏡的軸上時，不管它與鏡面的距離遠近如何，由此光源發出的光線，經鏡面反射之後，都是向外發散。如果入射線的角度很小，則這些向外發散的光線，就好像是從鏡後的某一點 S' 發射出來的，如圖 22–21 所示。這 S' 點即為光源 S 的虛像。

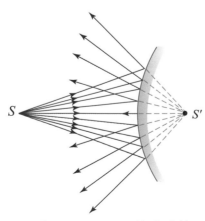

▲圖 22–21 凸面鏡的反射

圖 22–22 為物體 PQ，置於凸面鏡前的成像情形。由 Q 點射出兩條光線之反射線，再延長相交，我們可以找出 Q 點成像的位置 Q'。顯然，凸面鏡所成的像必然為虛像。為便於討論及運算，我們規定在凸面鏡中，曲率半徑為負值，所以由鏡面到曲率中心的距離取為 $-R$。而虛像的像距一般也都被定為負值，故像到鏡面的距離取為 $-q$。

在圖 22–22 中，$\triangle PQV$ 與$\triangle P'Q'V$ 相似，故 $\dfrac{PQ}{P'Q'} = \dfrac{PV}{P'V}$。又因$\triangle PQC$ 與 $\triangle P'Q'C$ 相似，故 $\dfrac{PQ}{P'Q'} = \dfrac{PC}{P'C}$。所以

$$\frac{PV}{P'V} = \frac{PC}{P'C}$$

把這些長度分別以 p、q、R 表示，得

$$\frac{p}{-q} = \frac{(-R)+p}{(-R)-(-q)} = \frac{p-R}{q-R}$$

整理之，可得

$$\frac{1}{p} + \frac{1}{q} = \frac{2}{R} \tag{22–11}$$

此式與凹面鏡之式 (22–7) 完全相同。

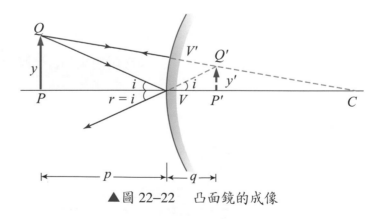

▲圖 22–22　凸面鏡的成像

當式 (22–11) 應用於凸面鏡的成像時，依照前面所述的規定，R 永為負值，故 p 為任何正數時，q 亦一定為負值。這表示凸面鏡所成的像，必為在鏡後的虛像。

再看圖22–23，從無窮遠處之光源發出的平行光，經鏡面反射後，其延長線交於 F 點。因物距 $p = \infty$，故由式 (22–11) 得像距 $q = \dfrac{R}{2}$，此成像點我們亦稱為主焦點；所以可得焦距 $f = \dfrac{R}{2}$，以此代入式 (22–11) 得

$$\frac{1}{p} + \frac{1}{q} = \frac{1}{f} \tag{22–12}$$

此式又與凹面鏡之式 (22–9) 完全相同。

凸面鏡亦可用如圖 22–20 之圖示法，求出像的位置、大小及特性。而其數學運算公式，與凹面鏡所用的完全相同。但要注意在凸面鏡中，f 及 q 為負值；而在凹面鏡中，f 為正值。

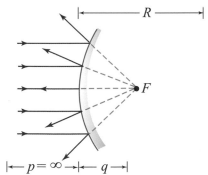

▲圖 22–23　無窮遠處之光源對凸面鏡的成像

例題 22–5

有一凹面鏡，曲率半徑為 0.60 公尺，被用來反射一燈泡，使其成像到離鏡面 4.50 公尺的牆壁上，問燈泡應放在何處？像的大小與方向為何？

解 因為像在曲率中心之外，故必定為放大的倒立實像。我們把 $f = \dfrac{0.60}{2} = 0.30$ 公尺，$q = 4.50$ 公尺代入式 (22–9)，得

$$\frac{1}{p} + \frac{1}{4.50} = \frac{1}{0.30}$$

解得

$$p = 0.32 \text{ 公尺}$$

燈泡應放在鏡前 0.32 公尺處。把 p 及 q 之值代入式 (22-10)，可得放大率

$$M = -\frac{q}{p} = \frac{-4.50}{0.32} = -14.1$$

放大率為負值，表示像為倒立實像。

例題 22-6

用焦距為 f 的凹面鏡，欲得實物 M 倍大的像，則物距應為若干？

解 由式 (22-10) 得

$$q = -Mp$$

代入式 (22-19) 得

$$\frac{1}{p} + \frac{1}{-Mp} = \frac{1}{f}$$

所以

$$p = \frac{M-1}{M}f$$

M 取負號時，表示所成的像為實像（倒立）；M 取正號時，表示所成的像為虛像（正立）。

例題 22-7

某物高 2.0 公尺，置於一焦距為 5.0 公尺之凸面鏡前 4.0 公尺。問像的高度、位置及方向為何？

解 以 $p = 4.0$ 公尺，$f = -5.0$ 公尺代入式 (22-12)，得

$$\frac{1}{q} = \frac{1}{-5.0} - \frac{1}{4.0}$$

解得

$$q = -2.2 \text{ 公尺}$$

又因

$$M = -\frac{q}{p} = \frac{2.2}{4.0} = 0.55$$

故得

$$像高 = 2.0 \times 0.55 = 1.1 \ 公尺$$

所以為正立之虛像，位於鏡後 2.2 公尺，高度為 1.1 公尺。

22-3　光的折射

　　當光線在其傳播的路徑中，遇到透明物體（如玻璃、清水等）時，則在其界面的一部分光被反射，另一部分的光則穿透界面而進入此透明體中。此透明物質稱為光線傳播的介質 (medium)。光線由一介質進入另一介質時，常會改變其傳播的方向。如圖 22-24 所示，有一根棍子插在水中，由上方向下看時，會發覺在水中的一段好像由水面處向上彎折。這種現象是由於光線在水中經棍子反射後，在離開水面時，偏了一個角度，而對水面上的觀測者，成像於虛線部分的位置。此種光線由某一介質進入另一介質會改變其方向的性質，我們稱之為光的折射 (refraction)。

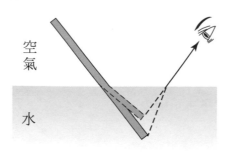

▲圖 22-24　水中棍子的折射

　　在折射現象中，如圖 22-25 所示，入射於界面的光線稱為入射線 (incident ray)，其與界面之交點稱為入射點，通過入射點而垂直於界面的直線稱為法線，從界面偏折進入第二介質的光線稱為折射線 (refracted ray)，入射線與法線的夾角 θ_1 稱為入射角 (incident angle)，折射線與法線的夾角 θ_2 稱為折射角 (angle of refraction)。

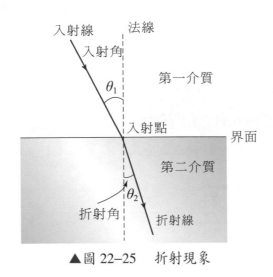

▲ 圖 22-25 折射現象

　　光由空氣進入水中，或由水進入空氣的折射現象，如圖 22-26 所示。N 為垂直於界面的法線。在圖 22-26 (a)中，θ_A 為入射角，θ_W 為折射角，當光線由空氣進入水中時，會偏向法線（即 $\theta_A > \theta_W$）。圖 22-26 (b)中 θ_W 為入射角，θ_A 為折射角，當光線由水中進入空氣中時，會偏離法線（即折射角 θ_A 大於入射角 θ_W）。從無數次實驗觀察的結果，我們可以把此種折射的現象歸納為下列兩個定律：

　　折射第一定律：入射線、折射線與法線都在同一平面上，且入射線與折射線分在法線的兩側。

　　折射第二定律：入射角的正弦函數值對折射角的正弦函數值之比為一常數。此常數與入射角無關，但會因介質之不同而改變其值。

　　在圖 22-26 中，入射線、折射線及法線都畫在書面上，介質的界面則垂直於書面。折射第二定律以式子表示則為

$$\frac{\sin\theta_1}{\sin\theta_2} = n_{21} \tag{22-13}$$

　　θ_1 為入射角，θ_2 為折射角，常數 n_{21} 被稱為第二介質對第一介質的相對折射率 (relative index of refraction)。折射第二定律通常亦被稱為司乃耳定律 (Snell's law)。根據光程的可逆性及圖 22-26 可知，不管光線由空氣（第一介質）射入水（第二介質）中，或由水（第二介質）中進入空氣（第一介質）中，式 (22-13) 都能成立。

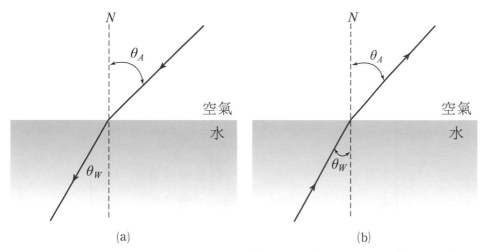

▲圖 22–26　平界面的折射，(a)光由空氣射入水中，(b)光由水中射入空氣。

　　因光速在真空中最快，故我們定義各種介質對真空的相對折射率為各介質的絕對折射率 (absolute index of refraction)，並簡稱為該介質的折射率 (index of refraction)，此折射率 n 之數值正好為光在真空中的速度 c 與光在該介質的傳播速度 v 的比值，即

$$n = \frac{c}{v} \tag{22-14}$$

因此亦可以此作為該介質折射率的定義。按此定義，真空的折射率為 1，空氣在標準狀態下的折射率約為 1.00029，幾近等於 1，常以 1 表示。

　　在表 22–1 中，我們列出一些氣體、液體及固體對黃色鈉光的折射率。此處我們要注意的是，同一介質的折射率會因所用光之波長不同而稍有差異。

表 22–1　物質對黃鈉光（波長 5893 埃）的折射率

氣體（在 0°C，1 大氣壓）		固體（在 20°C）	
乾燥空氣	1.00029	鑽石	2.42
二氧化碳	1.00045	螢石	1.43

續表 22–1　物質對黃鈉光（波長 5893 埃）的折射率

液體（在 20°C）		玻璃（代表值）	
苯	1.50	輕矽玻璃	1.52
二硫化碳	1.63	重矽玻璃	1.62
四氯化碳	1.46	鋇玻璃	1.57
酒精	1.36	重鉛玻璃	1.75
水	1.33	石英	1.54

相對折射率 n_{21} 能以各介質的絕對折射率來表示為

$$n_{21} = \frac{n_2}{n_1}$$

以上式代入式 (22–13)，則司乃耳定律可得一比較方便的形式，為

$$\frac{\sin\theta_1}{\sin\theta_2} = n_{21} = \frac{n_2}{n_1}$$

或者寫成

$$n_1 \sin\theta_1 = n_2 \sin\theta_2 \tag{22–15}$$

　　若甲介質的折射率大於乙介質的折射率，則稱甲介質相對於乙介質為光密介質 (optically denser medium)，而乙介質相對於甲介質為光疏介質 (optically thinner medium)。在圖 22–26 中，空氣為光疏介質，而水為光密介質。需注意的，光疏、光密與介質的密度無關，在光疏介質內光的速度較大，在光密介質內，光的速度較小。

例題 22–8

由表 22–1 得知水的折射率為 1.33，輕矽玻璃的折射率為 1.52，則水相對於輕矽玻璃的折射率為若干？若光以 60° 的入射角由水射向玻璃，則其折射角為若干？

解 水的折射率 $n_W = 1.33$，輕矽玻璃的折射率 $n_G = 1.52$，則水相對於輕矽玻璃的折射率為

$$n_{WG} = \frac{n_W}{n_G} = \frac{1.33}{1.52} = 0.875$$

求輕矽玻璃中的折射角 θ_G，可先將水中的入射角 $\theta_W = 60°$ 代入式 (22-15)，得

$$\sin\theta_G = \frac{n_W}{n_G}\sin\theta_W = (0.875)(\sin 60°) = 0.758$$

所以

$$\theta_G = \sin^{-1}(0.758) = 49.3°$$

例題 22-9

由表 22-1 得知水的折射率 $n_W = 1.33$，鑽石的折射率 $n_D = 2.42$。求光在水及鑽石中的傳播速率各為若干？水與鑽石間，何者為光疏介質，何者為光密介質？

解 由式 (22-14)，我們可得光在介質的傳播速率 $v = \dfrac{c}{n}$。因此可得光在水中的傳播速率為

$$v_W = \frac{c}{n_W} = \frac{3.0 \times 10^8}{1.33} = 2.26 \times 10^8 \text{ 公尺 / 秒}$$

而光在鑽石的傳播速率為

$$v_D = \frac{c}{n_D} = \frac{3.0 \times 10^8}{2.42} = 1.24 \times 10^8 \text{ 公尺 / 秒}$$

因 $v_W > v_D$，所以知道水為光疏介質，而鑽石為光密介質。

22-4　全反射

由上節的討論及式 (22-15)，我們可知當光線由光密介質進入光疏介質時，其折射角一般會大於入射角。且當入射角增大時，則折射角亦隨之增大。那麼折射角增大到超過 90° 時，又是一個什麼樣的情況呢？

圖 22-27 為在光密介質內的一光源 S，及其所發射光線中的三束射線。當射線 1 的入射角很小時，其反射情形與第 22-1 節討論者相同，而折射情形則與上節討論者相同，其折射角可由式 (22-15) 求出。當入射角逐漸增大，折射角亦逐漸增大，到如射線 2 的情形，其折射角恰為 90°；在這種情況，光線由光源 S 發出之後，到達界面時並不進入光疏介質，而是全部被界面反射回光密介質。因此我們稱使折射角為 90° 的入射角為臨界角 (critical angle) θ_c。以 $\theta_1 = 90°$ 代入式 (22-

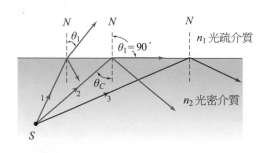

◀圖 22–27　全反射

15)，得

$$\sin\theta_c = \frac{n_1}{n_2} \qquad (n_1 < n_2) \tag{22-16}$$

而

$$\theta_c = \sin^{-1}\frac{n_1}{n_2} \qquad (n_1 < n_2) \tag{22-17}$$

如果我們以大於臨界角之入射角代入式 (22–15)，則 $\sin\theta_1$ 之值需大於 1，此為不可能，表示無折射現象產生。故當入射角大於臨界角，光線到達界面時將被全部反射回來，此情況（如圖 22–27 的射線 3）我們稱之為全反射 (total reflection)。由上式可知，只有在光線從光密介質射向光疏介質，且入射角大於臨界角時，才會發生全反射的現象。利用全反射，我們可以用量測臨界角的方法，由一已知折射率之介質，求得另一介質的折射率。

　　光纖 (optical fiber)，如圖 22–28 所示，是全反射現象的一極重要的應用。光纖係以折射率相當大的透明材料為其核層，外包一層比核層之折射率較低的物質，稱為包層，最外一層係用來作為保護光纖本體的緩衝層。只要光線的入射角比光纖核層材料的臨界角大，光在光纖內便可多次毫不損失能量的產生全反射，而達到遠處傳播訊號的功能，為現代科技的重大應用。

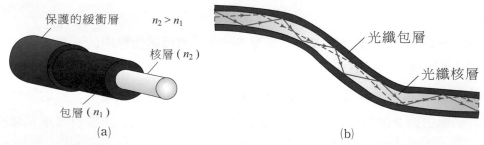

▲圖 22–28　(a)光纖的基本結構；(b)一條光纖內可同時利用多次全反射傳遞數（千）個訊息。

例題 22-10

在表 22-1 所列的水及輕矽玻璃，對空氣的臨界角各為若干？

解 (a)水的折射率為 $n_W = 1.33$，則

$$\theta_c = \sin^{-1}\frac{1}{1.33} = \sin^{-1}0.75 = 48.6°$$

(b)輕矽玻璃的折射率為 $n_G = 1.52$，故

$$\theta_c = \sin^{-1}\frac{1}{1.52} = \sin^{-1}0.66 = 41.3°$$

例題 22-11

已知鑽石的折射率為 2.42，試問鑽石對空氣的臨界角為何？

解 n_D 表鑽石的折射率，則由式 (22-24) 得

$$\theta_c = \sin^{-1}\frac{1}{n_D} = \sin^{-1}\frac{1}{2.42} = 24.4°$$

22-5　稜鏡與色散

22-5-1　平行板的折射

　　一厚為 d 的透明平行板，光線自其一平行面斜射而入，且由他面射出，如圖 22-29 所示。經兩次折射後，射出的光線與射入的光線平行，但側移一距離 D，可由圖求得

$$D = AB\sin(\theta_i - \theta_r) = d\sec(\theta_r)\sin(\theta_i - \theta_r) \tag{22-18}$$

若 n 為透明板之折射率，則將 $\dfrac{\sin\theta_i}{\sin\theta_r} = n$ 代入上式化消去 θ_r，並化簡後，可得 D 之另一形式為

$$D = d\sin\theta_i\left(1 - \frac{\cos\theta_i}{\sqrt{n^2 - \sin^2\theta_i}}\right) \tag{22-19}$$

例題 22–12

一束光以 $\theta_i = 30°$ 的入射角，如圖 22–29 所示，射入折射率 $n = 1.5$ 厚、$d = 2 \times 10^{-2}$ 公尺的平行玻璃厚板，試問其射出時的側移距離為若干？

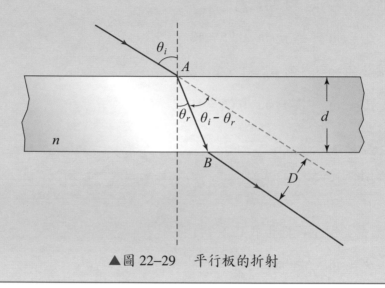

▲圖 22–29 平行板的折射

解 依司乃耳定律得

$$\sin\theta_r = \frac{\sin\theta_i}{n} = \frac{\sin 30°}{1.5} = 0.333$$

所以

$$\theta_r = \sin^{-1} 0.333 = 19.5°$$

由式 (22–18) 可得側移距離為

$$D = d \sec\theta_r \sin(\theta_i - \theta_r)$$
$$= (2 \times 10^{-2}) \sec(19.5°) \sin(30° - 19.5°)$$
$$= (2 \times 10^{-2})(1.061)(0.182)$$
$$= 0.386 \times 10^{-2} \text{ 公尺}$$

22-5-2　三稜鏡的折射

若一多面的透明體，其相鄰兩面間形成一交角 α，如圖 22-30 所示，此種透明體稱為稜鏡 (prism)。與稜鏡各稜相交成直角的橫截面，稱為主截面 (principal cross section)。主截面為三角形之稜鏡，稱為三稜鏡 (triangle prism)，一般簡稱為稜鏡，如圖 22-30 (a)所示，其上交角 α 稱為稜鏡的頂角 (vertex angle)。圖 22-30 (b) 所示為六稜鏡。

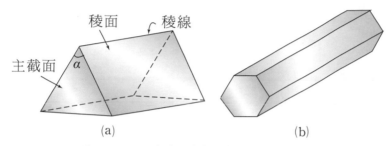

▲圖 22-30　稜鏡。(a)三稜鏡；(b)六稜鏡。

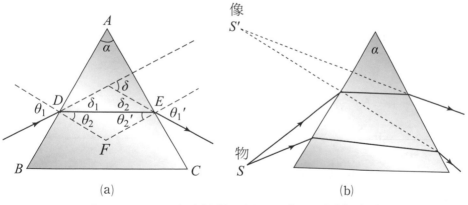

▲圖 22-31　三稜鏡折射的(a)偏向角 δ；(b)成像圖。

今有一個三稜鏡，如圖 22-31 (a)所示，光線由一稜面射入一主截面，其入射角為 θ_1，在第一稜面其第一次折射角為 θ_2，在第二稜面的入射角為 θ_2'，光線在第二稜面射出的折射角為 θ_1'。原入射方向與最後射出方向的夾角 δ，稱為偏向角 (angle of deviation)，由圖可知

$$\delta = \delta_1 + \delta_2 = (\theta_1 - \theta_2) + (\theta_1' - \theta_2') = \theta_1 + \theta_1' - (\theta_2 + \theta_2')$$

由幾何關係知 $\theta_2 + \theta_2' = 180° - \angle DFE = \alpha$，所以 $\delta = \theta_1 + \theta_1' - \alpha$。如射入與射出的光線對於三稜鏡頂角 α 對稱時，我們可證得此時的偏向角最小（此證明較繁雜，故在此省略），通常以 δ_{min} 表此最小偏向角 (angle of minimum deviation)。在射入及射出光線對稱時，$\theta_2 = \theta_2'$，$\theta_1 = \theta_1'$，$\delta = \delta_{min}$，故有

$$\theta_2 = \theta_2' = \frac{\alpha}{2}, \theta_1 = \theta_1' = \frac{\delta_{min} + \alpha}{2}$$

的關係，代入式 (22–20)，可得三稜鏡的折射率為

$$n = \frac{\sin\theta_1}{\sin\theta_2} = \frac{\sin\dfrac{\delta_{min} + \alpha}{2}}{\sin\dfrac{\alpha}{2}} \tag{22–20}$$

例題 22-13

一主截面為正三角形的三稜鏡，其最小偏向角為 50°，試求此三稜鏡的折射率。

解 由式 (22–20)，折射率

$$n = \frac{\sin(\dfrac{\delta_{min} + \alpha}{2})}{\sin\dfrac{\alpha}{2}}$$

又由題意知 $\alpha = 60°$，$\delta_{min} = 50°$，故得折射率

$$n = \frac{\sin(\dfrac{50° + 60°}{2})}{\sin\dfrac{60°}{2}} = \frac{\sin55°}{\sin30°} = 1.64$$

22-5-3　稜鏡的全反射

如圖 22–32 (a)所示，三稜鏡的主截面為一直角等腰三角形。當垂直射入於底面的光線穿入三稜鏡內時，無偏向；而當光線到達第二界面時，其入射角恰等於底角（45°）。因底角大於其臨界角（由例題 22–10 知玻璃的臨界角約為 41°），故入射線經兩次全反射後，自底面垂直射出，此種現象稱為三稜鏡的全反射 (total reflection)。三稜鏡的全反射常被利用來改變光線的方向，如圖 22–32 (a)及(b)所示。

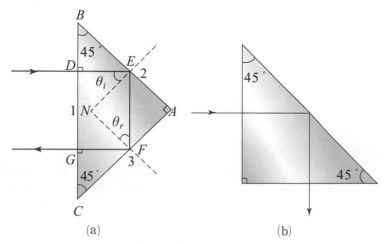

▲圖 22–32　　三稜鏡可用來改變光的方向。(a)改變 180°；(b)改變 90°。

22-5-4　色　散

　　陽光穿過透明的晶體或各種不同的寶石，會呈現很多美麗的顏色。早期的科學家認為此等顏色是晶體本身所具有的，直到西元 1666 年，牛頓始利用三稜鏡證明此等色光實際上均為白光的一部分。

　　如圖 22–33 所示，當白光穿過三稜鏡時，它就被三稜鏡偏折分散成一系列色光，依紅、橙、黃、綠、藍、靛、紫的次序排列而射至不同的方向，此種現象稱為色散 (dispersion)。由色散所形成的光帶，稱為光譜 (spectrum)。

　　光的色散作用乃是因各種頻率的色光，其在同一介質內的折射率不同所引起。「可見光」的頻率是以紫光最高，紅光最低，而在相同兩介質之間的相對折射率亦以紫光最大，紅光最小。故當白光自空氣中進入三稜鏡時，其所含各色光的折射角由紫至紅漸增。又當這些光線要離開三稜鏡時，在第二界面處再折射一次，其第二個界面與第一個界面並不平行，因此會很明顯的產生出色散的現象來。假使白光穿過的不是三稜鏡而是兩面互相平行的玻璃平板時，則經此玻璃平板折射後，透射出來的各色光間仍然互相平行，因此色散的現象顯現不出，如圖 22–34 所示。

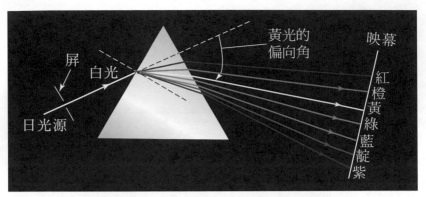

▲圖 22–33 白光透過三稜鏡，引起色散。

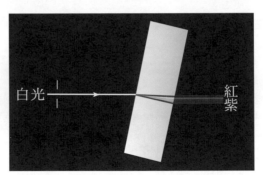

▲圖 22–34 玻璃平板的色散甚不明顯

22–6 透鏡的成像

22-6-1 平行板的成像

在前面，如圖 22–26 所示，我們已知光射入水中或由水中射出水面，其路線都需遵循折射定律。從水面看水中的物體，常會把物體在水中的深度估計錯誤，同樣地如果我們如圖 22–35 所示，將一物體 S 放在折射率為 n_2 的透明介質下，而自上面折射率為 n_1 的介質（如空氣）中觀察，則由於折射的影響，我們會覺得物體看起來比實際上更接近介質的上表面。此種視覺升高的程度，視觀察角度及介質的折射率而定。在圖 22–35 中，光線 SA 自平行板底面上之一點 S 點射出，與

界面 MM' 垂直相交於 A 點，由於入射角為零，故穿過 MM' 後不發生偏折；另一光線 SB，與界面 MM' 斜交於 B 點，故離開介質後，被偏折而更遠離法線；觀察者將覺得光線在介質內是沿 $S'B$ 進行的。若自介質上面垂直往下看，則到達觀察者之光線被限制在一小圓錐角內；則由 S 點發出之折射光線看起來好像自 S' 發出，S' 即為 S 點之像。距離 $S'S$ 即為視覺升高的部分，$S'A$ 為視覺厚度。若角 θ_1 與角 θ_2 很小（如小於 6°），則在 $\triangle ABS'$ 及 $\triangle ABS$ 中，有 $\sin\theta_1 \approx \tan\theta_1$ 及 $\sin\theta_2 \approx \tan\theta_2$ 的關係，所以

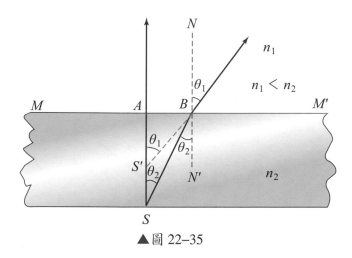

▲圖 22–35

$$\frac{SA\text{（實際厚度）}}{S'A\text{（視覺厚度）}} = \frac{\dfrac{AB}{S'A}}{\dfrac{AB}{SA}} = \frac{\tan\theta_1}{\tan\theta_2} \approx \frac{\sin\theta_1}{\sin\theta_2} = \frac{n_2}{n_1} = n_{21} \ \text{（限 } \theta_1,\ \theta_2 \text{ 很小）} \quad (22\text{–}21)$$

因此可得視覺厚度等於實際厚度除以相對折射率。如果透明介質為水，其折射率 $n_W = 1.33$，則視深 (apparent depth) 或視覺深度等於實深或實際深度的 1.33 分之 1。因此在空氣中可看到物體的深度比實際的深度淺，而以為物體比實際更接近水面。

例題 22-14

有一圓筒型金屬杯，其高正好等於其直徑。當沒裝液體時，一觀測者由杯緣正好可看到杯底的遠端，若在杯內注入透明液體時，則以同一角度正好可看到杯底中心的影像。求此液體的折射率。

解 設透明液體的折射率為 n，金屬杯高為 h，且半徑 $r = \dfrac{h}{2}$，如圖 22-36 所示，則依折射定律，可得折射率

$$n = \frac{\sin\theta_1}{\sin\theta_2} = \frac{\dfrac{2r}{\sqrt{(2r)^2 + h^2}}}{\dfrac{r}{\sqrt{r^2 + h^2}}} = \frac{\dfrac{1}{\sqrt{2}}}{\dfrac{1}{\sqrt{5}}} = \sqrt{\frac{5}{2}} = 1.58$$

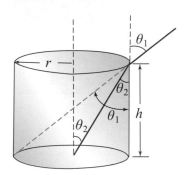

▲圖 22-36　圓筒型金屬杯，圓筒半徑 r 等於圓筒高度 h 的一半

此題因為 $\sin\theta_2 = \dfrac{1}{\sqrt{5}}$，即 $\theta_2 = \sin^{-1}(\dfrac{1}{\sqrt{5}}) = 26.6°$，其角度不小，因此不能直接用式 (22-21)，而說如圖實深為視深的 2 倍，推論其折射率為 2。即式 (22-21) 僅限在角度很小時才可使用。但司乃耳折射定律，則沒有此限制（唯入射角不得大於臨界角，否則將發生全反射）。

22-6-2　球面透鏡的成像

透鏡 (lens) 是使用透明材料做成的鏡片，其表面皆經磨光。最平常的透鏡如圖 22-37 所示，兩界面各為一球面之一部分，我們稱為球面透鏡 (spherical lens)。

連接兩球心之直線，我們稱為透鏡的主軸 (principal axis)。當透鏡的厚度 t 相對於透鏡球面的曲率半徑 R_1 及 R_2 的比值非常小時，稱為薄透鏡 (thin lens)。

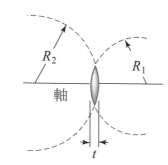

▲圖 22–37　球面透鏡的說明圖

　　如圖 22–38 (a)所示，中心部分較厚的透鏡稱為凸透鏡 (convex lens)，它可以把入射的平行光，會聚於一點 (即射出的光線偏向主軸方向)，故又稱為會聚透鏡 (convergent lens)。而圖 22–38 (b)為邊緣比中心厚的透鏡，稱為凹透鏡 (concave lens)，它能使平行光發散出去 (即射出的光線遠離主軸方向)，故又稱為發散透鏡 (divergent lens)。圖 22–39 中列出幾種常用透鏡的截面，前三種為會聚透鏡，後三種是發散透鏡。

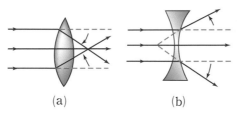

　　(a)　　　　　　　(b)

▲圖 22–38　(a)凸透鏡的收斂作用；(b)凹透鏡的發散作用。

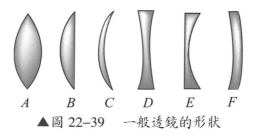

A　　B　　C　　D　　E　　F

▲圖 22–39　一般透鏡的形狀

A. 球面折射的成像

　　在討論薄透鏡的成像之前，我們先觀察在球面透鏡之一球面的折射情形。如圖 22–40 所示，為一球面界面，C 點為該球面的曲率中心，V 為其頂點，通過 C、V 兩點的直線稱為光軸 (optical axis) 或主軸 (principal axis)。當光線由第一介質 n_1 的 P 點發出，沿著主軸，經頂點，因其與界面垂直，當其折射後，循著原方向進入第二介質 n_2，所以如果 P 點有像形成，它一定在主軸上的某一個位置。再看另一條光線，由 P 點發出，射於 A 點，經球面折射後交主軸於 P' 點。下面我們將找出 P 點與 P' 點間的位置關係。

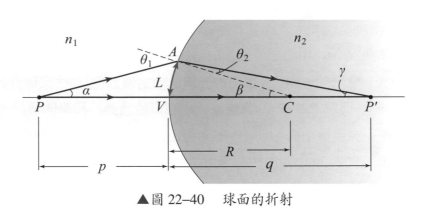

▲ 圖 22–40　球面的折射

　　圖 22–40 中，我們跟面鏡反射成像時一樣，假設球面的孔徑角很小，則圖中的 α、β、γ、θ_1、θ_2 等，就都可看成很小，因此司乃耳定律 $n_1 \sin\theta_1 = n_2 \sin\theta_2$，就可寫成

$$n_1\theta_1 = n_2\theta_2 \tag{22–22}$$

由平面幾何學的外角定理，我們在 $\triangle PAC$ 中可得

$$\theta_1 = \alpha + \beta \tag{22–23}$$

在 $\triangle P'AC$ 中，可得

$$\beta = \theta_2 + \gamma \tag{22–24}$$

將式 (22–23) 及式 (22–24) 代入式 (22–22)，消去 θ_1 及 θ_2，我們可得

$$n_1\alpha + n_2\gamma = (n_2 - n_1)\beta$$

但因 $\beta \approx \dfrac{L}{R}$、$\alpha \approx \dfrac{L}{p}$、$\gamma \approx \dfrac{L}{q}$，所以上式變成

$$\frac{n_1}{p} + \frac{n_2}{q} = \frac{n_2 - n_1}{R} \tag{22-25}$$

假設第一介質為空氣，其折射率 $n_1 = 1$，或第二介質對第一介質的折射率 $\frac{n_2}{n_1}$ 用 n 表示，則上式可改寫成

$$\frac{1}{p} + \frac{n}{q} = (n-1)\frac{1}{R} \tag{22-26}$$

上式中，如圖 22–40 所示，p 在球面左邊、q 在球面右邊、R 在球面右邊（曲率中心在球面右邊）時皆取正值，否則取負值。

例題 22–15

有一光源位於折射率 $n = 1.5$，曲率半徑 $R = 0.10$ 公尺的凸球面介質左方 P 處，如圖 22–40 所示。求其像的位置：(a)當物距 $p = 0.40$ 公尺；(b)當物距 $p = 0.10$ 公尺。(c)當物於何處，其像在無窮遠處？

解 (a)將 $p = 0.40$、$R = 0.10$、$n = 1.5$ 代入式 (22–26)，可得

$$\frac{1}{0.40} + \frac{1.5}{q} = (1.5 - 1)\frac{1}{0.10}$$

解上式得

$$q = 0.60 \text{ 公尺}$$

(b)同法將 $p = 0.10$ 代入式 (22–26)，可得

$$\frac{1}{0.10} + \frac{1.5}{q} = (1.5 - 1)\frac{1}{0.10}$$

解上式得

$$q = -0.30 \text{ 公尺（}q\text{ 為負值，為鏡前之虛像）}$$

(c)將 $q = \infty$、$R = 0.10$、$n = 1.5$ 代入式 (22–26)，可得

$$\frac{1}{p} = (1.5 - 1)\frac{1}{0.10}$$

解得

$$p = 0.20 \text{ 公尺}$$

B. 透鏡的成像

在圖 22–41 中，P'' 為物體 P 經一透鏡的兩界面所成的實像，p 為物距，透鏡兩界面之曲率半徑分別為 R_1 及 R_2。物體經第一界面的折射成虛像於 P'，q' 為經第一界面折射後（未經第二界面）的像距，因其像為虛像，且在鏡前（與物同側），所以規定像距 q' 為負值，其關係應合於式 (22–26)，即

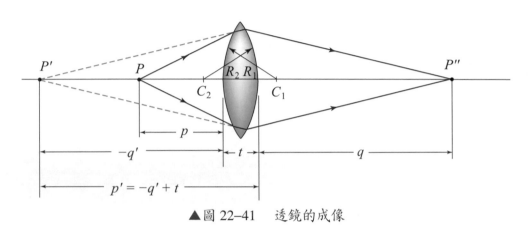

▲圖 22–41　透鏡的成像

$$\frac{1}{p} + \frac{n}{q'} = (n-1)\frac{1}{R_1} \tag{22–27}$$

而對第二界面而言，其物即為 P'，所以其物距 $p' = -q' + t$，其中為透鏡的厚度。光線為由玻璃進入空氣，所以應合於下式

$$\frac{n}{p'} + \frac{1}{q} = \frac{1-n}{R_2} \tag{22–28}$$

如果透鏡的厚度可以忽略不計 ($t \approx 0$)，則

$$p' = -q'$$

代入式 (22–28)，則式 (22–28) 可化為

$$\frac{n}{-q'} + \frac{1}{q} = \frac{1-n}{R_2} \tag{22–29}$$

式 (22–27) 及式 (22–29) 兩式相加，消去 q'，得

$$\frac{1}{p} + \frac{1}{q} = (n-1)(\frac{1}{R_1} - \frac{1}{R_2}) \tag{22–30}$$

通常我們都把平行光經透鏡而收斂的那一點稱為焦點，焦點到鏡心的距離稱為焦距，以 f 來表示，則將 $p = \infty$, $q = f$ 代入上式可得

$$\frac{1}{f} = (n-1)(\frac{1}{R_1} - \frac{1}{R_2}) \tag{22-31}$$

此式我們稱之為造鏡公式 (lensmaker's formula)。以式 (22–31) 代入式 (22–30)，可得

$$\frac{1}{p} + \frac{1}{q} = \frac{1}{f} \tag{22-32}$$

此即為透鏡公式。其形式恰與曲面鏡之公式完全相同。

　　上面我們討論的，都是假定光源是在透鏡的左側，故在式 (22–31) 中的 R_2 應為負值。所以對凸透鏡而言，式 (22–31) 可寫成為

$$\frac{1}{f} = (n-1)(\frac{1}{|R_1|} + \frac{1}{|R_2|}) \tag{22-33}$$

此處 f 值與 R_1、R_2 之正負符號無關，故不管平行光是由鏡右或鏡左射入，其聚焦的焦點與鏡心之距離都相等。如圖 22–42 (a)所示，焦點 F 及 F' 與鏡心之距離皆同為 f。因光線經界面折射之路徑具有可逆性，故把一點光源置於焦點處，經透鏡折射之後，就變成一束平行光，如圖 22–42 (b)所示。

　　前面我們推導式 (22–30) 時，並未特定其為凸透鏡，故此式對凸、凹透鏡兩者都能適用。而當平行光入射於凹透鏡，經折射之後就變成向外發散的光線。這些光線的延長線相交於一點 F，如圖 22–43 所示，我們稱此點為凹透鏡之虛焦點，其焦距亦如式 (22–31) 所示。故式 (22–32) 之透鏡公式亦適用於凹透鏡，所不同者為在式 (22–31) 中，凹透鏡的 $R_1 < 0, R_2 > 0$，故其焦距 $f < 0$。

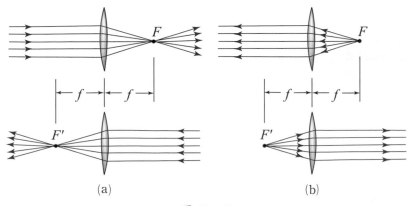

(a)　　　　　　　　　(b)

▲圖 22–42

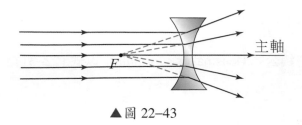

▲圖 22–43

例題 22–16

試證明折射率為 $\dfrac{3}{2}$ 的玻璃透鏡，在水中時的焦距為在空氣中的 4 倍。

證　設 $f_1 =$ 透鏡在空氣中之焦距；$f_2 =$ 透鏡在水中之焦距，則

$$\text{玻璃對水的折射率} = \frac{\dfrac{3}{2}}{\dfrac{4}{3}} = \frac{9}{8}$$

由式 (22–31) 得

$$\frac{1}{f_1} = (\frac{3}{2} - 1)(\frac{1}{R_1} - \frac{1}{R_2})$$

$$\frac{1}{f_2} = (\frac{9}{8} - 1)(\frac{1}{R_1} - \frac{1}{R_2})$$

因此

$$\frac{f_2}{f_1} = \frac{\dfrac{3}{2} - 1}{\dfrac{9}{8} - 1} = 4$$

例題 22–17

置一物於凸透鏡前 0.08 公尺處，則其像生於鏡後 0.24 公尺處。今改置一物於鏡前 0.04 公尺處，求像的位置。

解　由透鏡公式得

$$\frac{1}{0.08} + \frac{1}{0.24} = \frac{1}{f}$$

以 $p = 0.04$，再代入公式得

$$\frac{1}{0.04} + \frac{1}{q} = \frac{1}{f} = \frac{1}{0.24} + \frac{1}{0.08}$$

解之，得

$$q = -0.12 \text{ 公尺}$$

故像在鏡前 0.12 公尺處，為虛像。

例題 22–18

已知凹透鏡之焦距為 -0.08 公尺，今置某物於鏡前 0.12 公尺，問像的位置及性質。

解 由透鏡公式得

$$\frac{1}{0.12} + \frac{1}{q} = \frac{1}{-0.08}$$

解得 $q = -0.048$ 公尺

故像為位於鏡前 0.048 公尺之正立虛像。

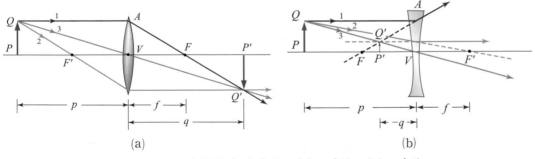

▲圖 22–44　透鏡的成像作圖。(a)凸透鏡；(b)凹透鏡。

　　像的位置，我們除了可以代入透鏡公式求得之外，亦能以作圖的方法求出。透鏡成像作圖中所用特殊的射線如下（參看圖 22–44）：

(1)與主軸平行的入射光，經折射後，必通過焦點 F（或其延長線通過焦點 F）。

(2)通過或指向焦點 F' 的入射光，折射後與主軸平行。

(3)通過鏡心的入射線，射出後其方向不變。

作圖時由物體上任一點發出的任意兩條特殊光線，經折射後的交點即為該光點的像。

在圖 22–44 中，因為△QPV 與△$Q'P'V$ 相似，故像長與物長之比為

$$\frac{Q'P'}{QP} = \frac{P'V}{PV} = \frac{-VP'}{PV} = \frac{-q}{p}$$

即

$$放大率 = \frac{像長}{物長} = -\frac{像距}{物距} = -\frac{q}{p} \tag{22–34}$$

上式中的負號，表示當 p、q 皆為正時為倒立的實像。透鏡對實際物體所成像的正立或倒立，與像為虛像或實像有關。若像為虛像，則為正立；而實像則倒立。

表 22–2　透鏡對實際物體的成像情形

實物的位置 ＼ 像的性質		位置	虛像或實像	正立或倒立	和實物相比的大小
凸透鏡	1.無窮遠處	焦點上	實像	——	一點
	2.二倍焦距以外	他方的焦距和二倍焦距內	實像	倒立	較小
	3.二倍焦距上	他方的二倍焦距上	實像	倒立	相等
	4.焦距至二倍焦距內	他方的二倍焦距外	實像	倒立	較大
	5.焦點上	無窮遠處	——		
	6.焦點內	與物同邊	虛像	正立	較大
凹透鏡	1.無窮遠處	虛焦點上	虛像	——	
	2.透鏡前	與物同邊	虛像	正立	較小

表 22–2 所列為透鏡對實際物體的成像情形。凸透鏡的成像，當物在無窮遠時，像在焦點上。物距縮短時，像距漸增。當物距等於兩倍焦距時，像距亦等於兩倍的焦距。如果物距又縮短，像距亦再增，至物距等於焦點時，則成像在無窮遠處。而凹透鏡對實際物體所成的像都是與物體在同一邊的縮小虛像。

當光線穿過幾個薄透鏡所組合而成的透鏡組時，第一透鏡所產生之像變為第二透鏡的物，而第二透鏡的像又是第三透鏡的物，依此類推。而整個透鏡組的放大率，則為各個透鏡放大率的乘積。我們以下例來說明：

例題 22-19

如圖 22-45 所示，一物置於 A 透鏡前 0.50 公尺 P 處。三個透鏡的焦距分別為 0.40、0.10 及 −0.03 公尺，A 透鏡與 B 透鏡相距 2.20 公尺，B 透鏡與 C 透鏡相距 0.26 公尺。試計算最後成像 Q 的位置、大小和像的性質。

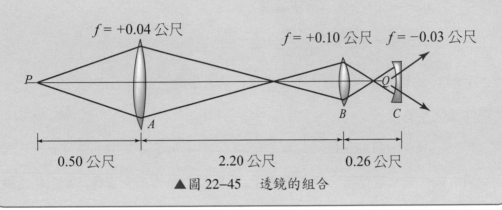

$f = +0.04$ 公尺　　　$f = +0.10$ 公尺　　$f = -0.03$ 公尺

0.50 公尺　　　　2.20 公尺　　　　0.26 公尺

▲圖 22-45　透鏡的組合

解 解這種問題時，我們必須由最靠近物體的透鏡，一個透鏡一個透鏡地解。

(a) A 透鏡的物距為 0.50 公尺，其成像位置設為 q_1，可用透鏡公式求出，即

$$\frac{1}{0.50} + \frac{1}{q_1} = \frac{1}{0.40}$$

解得

$$q_1 = 2.00 \text{ 公尺}$$

$$\text{放大率} = -\frac{q_1}{p_1} = -\frac{2.00}{0.50} = -4$$

可知透鏡的像為倒立實像，放大率為 −4。

(b) 因為 A、B 兩鏡相距為 2.20 公尺，故 B 透鏡的物距 $p_2 = 0.20$ 公尺，設其成像在 q_2，則

$$\frac{1}{0.20} + \frac{1}{q_2} = \frac{1}{0.10}$$

解得

$$q_2 = 0.20 \text{ 公尺}$$

$$\text{放大率} = -\frac{q_2}{p_2} = -\frac{0.20}{0.20} = -1$$

可知 B 透鏡的像亦為其物之倒立實像，放大率為 −1。

(c)因 B 透鏡與 C 透鏡的距離為 0.26 公尺，故 C 透鏡的物距 $p_3 = 0.26 - 0.20 = 0.06$ 公尺，設其成像在 q_3，則

$$\frac{1}{0.06} + \frac{1}{q_3} = \frac{1}{-0.03}$$

解得

$$q_3 = -0.02 \text{ 公尺（負表虛像）}$$

$$\text{放大率} = -\frac{q_3}{p_3} = -\frac{-0.02}{0.06} = \frac{1}{3}$$

可知 C 透鏡的像為其物之正立虛像，放大率為 $\frac{1}{3}$。

總放大率為

$$M = (-4) \times (-1) \times \frac{1}{3} = \frac{4}{3}$$

因有兩次倒立實像及一次正立虛像，故最後之像為正立虛像，位於 C 透鏡前 0.02 公尺處，總放大率為 $\frac{4}{3}$。

例題 22–25

兩薄透鏡焦距分別為 f_1 及 f_2。今緊靠一起而構成一複合透鏡。求此複合透鏡之焦距 f。

解 設物距為 p，由第一透鏡所成之像，其像距為 q_1。則由透鏡公式可得

$$\frac{1}{p} + \frac{1}{q_1} = \frac{1}{f_1} \cdots\cdots (1)$$

因係薄透鏡的組合，所以第二透鏡的物距等於 $-q_1$ 因此代入第二透鏡的成像公式，可得

$$-\frac{1}{q_1} + \frac{1}{q} = \frac{1}{f_2} \cdots\cdots (2)$$

由(1)、(2)兩式，消去 q_1 可得

$$\frac{1}{p} + \frac{1}{q} = \frac{1}{f_1} + \frac{1}{f_2}$$

與式 (22–32) 比較，可得此複合透鏡之焦距 $f = (\frac{1}{f_1} + \frac{1}{f_2})^{-1}$。

習　題

1. 試繪出「上」及「下」兩字在平面鏡中所成的像。

2. 某人立於平面鏡前 2 公尺處，欲見鏡前 50 公尺處、高 10 公尺的燈塔的全像，則平面鏡的大小至少要多高？

3. 如二平面鏡夾角為 60°，一物置於其間，則共可有幾個像？試作圖說明之。

4. 設一凹面鏡的曲率半徑為 0.20 公尺。如於鏡前 0.12 公尺處放一小球，試求像的位置。

5. 有一蠟燭距離牆壁 3 公尺，今欲生成 4 倍的像於牆壁上，問需用何種球面鏡？焦距若干？此鏡應置於何處？

6. 如在凹面鏡前 0.10 公尺處的小燈泡，經凹面鏡反射之後，在鏡前 0.60 公尺的白壁上映成鮮明的像，則此凹面鏡的曲率半徑多大？

7. 有一球面鏡及一平面鏡相對而立，其間距離 1.00 公尺。今有一物位於兩鏡間的主軸上，距平面鏡 0.20 公尺處。如不論先經那一面鏡反射，其最後成像皆在同一位置，則此球面鏡為何種球面鏡？其焦距為若干？

8. 有一束光入射於水面，與水面的夾角為 50°。問光線進入水中之後與水面的夾角為若干？（水的折射率為 1.33）

9. 今有一束光由窗外以 60° 的入射角入射於厚玻璃窗上之 P 點，經窗玻璃折射後，於窗內 Q 點射出，在玻璃上量得 PQ 兩點間的距離為 0.03 公尺。假設窗玻璃的折射率為 1.5，求此窗玻璃的厚度。

10. 設某玻璃的折射率為 1.5，求光在此玻璃中進行的速度。

11. 水的折射率為 1.33，酒精的折射率為 1.36。問(a)水對酒精的折射率為若干？(b)酒精對水的折射率為若干？(c)在何種情況才可能有全反射的現象發生？其臨界角為若干？

12. 設有一入射線與界面成 45° 角，其折射線與界面成 60° 角。求該兩介質的相對折射率。

13. 一人立於池邊，沿垂直於池面的方向俯視池底，其視深為 2 公尺。求池底之實際深度。

14. 在一容器內盛有高 0.20 公尺的水。如器底有一點光源,而且容器的面夠大的話,我們可在水面看到一較光亮的圓,其圓心恰在光點的正上方。試說明其理由,並計算此圓之半徑。(水的折射率為 1.33)

15. 置一物於透鏡前 0.30 公尺處,則成像於透鏡前 3.00 公尺處。求透鏡的焦距及種類,並說明此像為正立或倒立,實像或虛像。

16. 於焦距為 0.20 公尺的凸透鏡前 0.50 公尺處,置一物體。求所成像的位置,性質及放大率。若把物體向透鏡移近 0.25 公尺,則成像的情形又如何?

17. 有二凸透鏡平行並排,其主軸在同一直線上。已知 A 透鏡在前,其焦距為 0.40 公尺,B 透鏡在後,其焦距為 0.08 公尺。今有一物體在 A 透鏡之前 50 公尺處。(a)若兩透鏡相距 0.45 公尺,問此物經兩透鏡折射後之像的位置及性質如何?(b)若我們要使此物成像於 B 透鏡前 0.25 公尺處,則兩鏡間之距離應為若干?

18. 有兩凸透鏡其焦距各為 0.10 公尺及 0.20 公尺。求此兩透鏡黏合在一起時,其複合透鏡的焦距為若干?

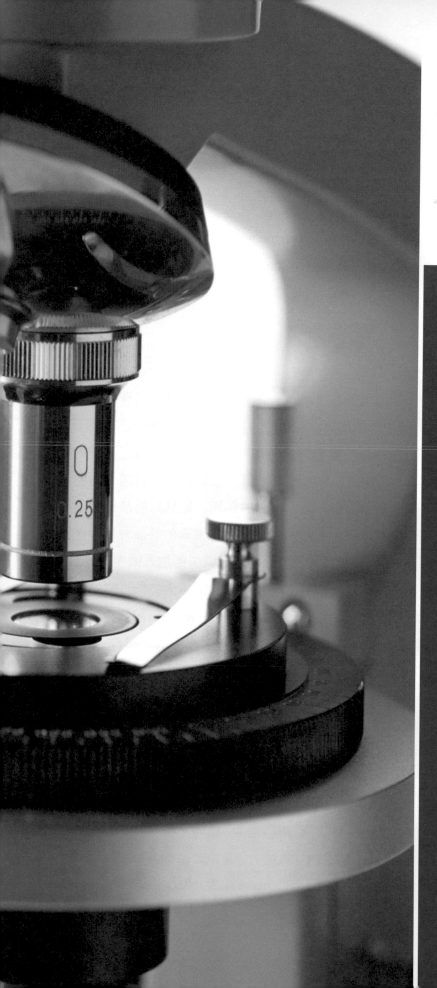

23

光學儀器

23-1　眼睛與眼睛的矯正

　　低等動物，其眼睛的構造為色素細胞 (pigmented cells) 的集合，僅能分辨明暗而已。較高等的動物，其眼睛為具有晶狀體 (crystalline lens) 的眼珠，可以形成實像；並有構造精細的光訊號接受組織，可以攝取影像的訊號，並將此訊號輸送到大腦，而產生視覺。

　　就光學的觀點來看，人的眼睛為一種光學儀器 (optical instrument)。人眼的外形，極近一球形，如圖 23-1 所示。球外包有一層極為堅韌的結締組織，稱為鞏膜 (sclera)，能使眼球保持一定的形狀，並加以保護。鞏膜前端凸出而透明的部分，稱為角膜 (cornea)。在角膜後面的部分，稱為前房 (anterior chamber)，其內所包含的液體稱前房液 (aqueous humour)。在前房之後即稱為眼珠的晶狀體。晶狀體為由具有彈性的多層透明膠狀物所組成，中心堅硬，向外漸呈柔軟，其前方的曲率較後方的曲率小，其形狀與凸透鏡相似，具有聚光的作用。眼珠以韌帶繫於睫狀肌 (ciliary muscles) 上，可使眼珠在一定範圍內隨意轉動。眼珠的前面有一褐色圓板狀的虹膜 (iris)，其中央有一圓孔，稱為瞳孔 (pupil)，用以調節進入眼中的光通量。光線較強時，瞳孔可自動的縮小；光線較弱時，可自動的擴大。眼珠之後為裝滿大部分為水的稀薄膠狀液體，稱為玻璃狀液 (vitreous humour)。前房液與玻璃狀液之折射率約為 1.336。眼珠為非均勻體，其「平均」折射率約為 1.437，與前房液及玻璃狀液之折射率相差不大，故進入眼珠之光線，其折射主要發生於外層的角膜上。

　　人眼的內壁分為二層，由外向內分別為脈絡膜 (choroid) 及網膜 (retina)。脈絡膜富色素，可防止由瞳孔射入光線的反射，避免造成不明顯的像。網膜為接受光刺激的組織，覆蓋著眼底三分之二的面積，約有八平方公分，其上卻約有一億三千七百萬個感光細胞：其中約一億三千萬個桿形的視桿 (rods) 可以感受黑白視像，約七百萬錐形的視錐 (cones) 可以感受彩色視像。這些視桿與視錐均連接到神經細胞 (nerve cells) 上，後再連接到視神經纖維 (optic nerve fibers)。視神經纖維自網膜之內表面會聚於一處，形成視神經 (optic nerve)，穿出眼珠而聯繫到大腦。視

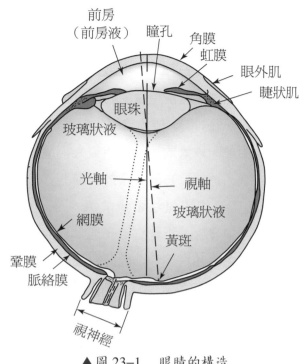

前房
（前房液）　瞳孔

角膜
虹膜

眼外肌

睫狀肌

眼珠

玻璃狀液

光軸　　視軸

玻璃狀液

網膜

黃斑

鞏膜

脈絡膜

視神經

▲ 圖 23-1　　眼睛的構造

神經僅有稻草那麼粗，其頂端沒有視桿與視錐的分佈，故為一感覺遲鈍的區域，稱為盲點 (blind spot)。在網膜上有些微下陷的地方，稱為黃斑 (fovea)，其中所含者均為視錐，在此處之視覺遠較網膜其他部分為敏銳。因此當我們注視物體時，眼球便會運動而使像落在此點上，如此才可看得清楚。

　　眼珠與視網膜為形成物像最重要的組織。欲看清物體，則在網膜上須有一明晰的像生成。對於遠近不同的物體，若要使其明晰地聚焦於網膜上，則須改變眼珠的曲率，以增減其焦距。眼珠曲率的改變，則由睫狀肌之舒縮予以調節。欲觀看無窮遠之物體時，睫狀肌鬆弛，眼珠較扁，焦距較大；若要觀察較近之物體時，則睫狀肌緊縮，眼珠趨於球形，焦距減小。

　　眼睛可以看清物體的範圍，其兩極端分別稱為眼之遠點 (far point) 與近點 (near point)。通常眼睛之近點隨年齡而異。年齡逐漸增大時，眼珠之柔軟性逐漸減低，眼珠曲率之調節範圍亦逐漸減小，因此近點逐漸增大。此種近點隨年齡增加而遠離的現象，稱為老花眼 (presbyopia)。通常正視看物，最容易看清楚而不感

疲勞的距離，約為 0.25 公尺，此距離稱為明視距離 (distance of distinct vision)。

　　圖 23-2 (a)為一正常之眼睛可彈性調整焦距使遠處或近處的物體，皆可成像於網膜上，因而可以看清物體。圖 23-2 (b)之眼睛，眼珠較厚，其焦距較小，遠處的物體將成像於網膜前，因此無法看清遠處的物體，稱為近視眼 (myopia)。欲矯正近視眼，可加一發散透鏡（凹透鏡），使遠處的物體能成像於網膜上。圖 23-2 (c)為一遠視眼 (hyperopia)，由於眼珠太扁，其焦距較大，遠處的物體將成像於網膜後，因此須加一會聚透鏡（凸透鏡）方能成像於網膜上。

　　當眼睛對一平面上之所有線段無法聚焦於單一像平面時，便有像散現象 (astigmatism) 或習稱散光現象發生。視覺之散光通常是由於角膜之外表面非為球面，而含有某些柱面，故各處之曲率不等，因此對同一平面無法聚焦清晰。有散光的人，當他看到圖 23-3 的圖時，會覺得有某些部分的視線較不清楚。若要矯正散光，可戴柱面透鏡以矯正角膜上不適當的曲率。散光通常與遠視或近視同時發生，我們只須用一面透鏡，同時作球面與柱面之矯正即可。

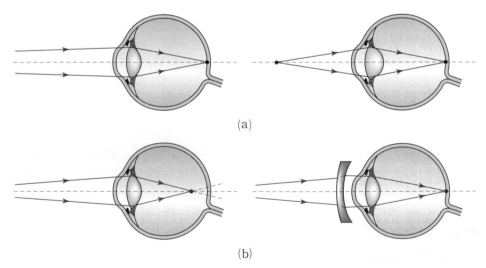

(a)

(b)

▲圖 23-2　(a)正常眼睛的焦距可彈性調整，使遠處或近處的物體皆可成像於網膜上。
　　　　　(b)近視眼則成像於網膜前，需用凹透鏡矯正

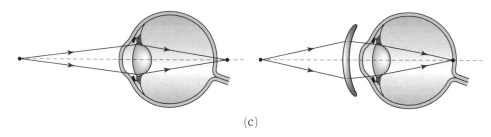

(c)

▲續圖 23-2　(c)遠視眼則成像於網膜後，需用凸透鏡矯正。

▲圖 23-3　檢驗眼睛散光的鐘面圖

　　為表示眼鏡之會聚與發散的效應，我們以透鏡焦距之倒數來表示，稱為透鏡度 (power of a lens)。若焦距的單位為公尺，則透鏡度即以度 (diopters) 來表示。例如凸透鏡之焦距為 0.5 公尺，則其透鏡度為 2 度。凹透鏡其焦距為負值，故其透鏡度亦為負值。一般眼鏡商業使用的度數為透鏡度數的 100 倍。

　　因為複合透鏡之焦距倒數，為各透鏡焦距倒數之和，故兩薄透鏡聚合起來，其透鏡度相當於兩者透鏡度之和。

例題 23-1

　　一近視眼的人，其遠點為 1 公尺。若要看清楚無窮遠處的物體，則應戴什麼樣的透鏡？此透鏡為多少度？

解　此人之遠點為 1.00 公尺，故無法看清楚比 1.00 公尺遠的物體。今欲看清楚無

窮遠處的物體，則需加一透鏡，使無窮遠處的物體成像在 1.00 公尺處。已知物距 $p = \infty$, $q = -1.00$ 公尺，由薄透鏡公式

$$\frac{1}{p} + \frac{1}{q} = \frac{1}{f}$$

可解得焦距

$$f = q = -1.00 \text{ 公尺}$$

故需戴一焦距為 -1.00 公尺的發散透鏡。

透鏡的度數為焦距的倒數，故

$$\frac{1}{f} = \frac{1}{-1.00} = -1 \text{ 度（透鏡度數）} = -100 \text{ 度（商業度數）}$$

例題 23-2

一遠視眼的人，其近點為 1.50 公尺。若要看清楚眼前 0.25 公尺處的物體，則應戴什麼樣的透鏡？此透鏡為多少度？

解 此人之近點為 1.50 公尺，故無法看清楚比 1.50 公尺近的物體。今欲看清楚 0.25 公尺處的物體，須加一透鏡，使 0.25 公尺處的物體成像在 1.50 公尺處。已知物距 $p = 0.25$ 公尺，像距 $q = -1.50$ 公尺（負值表示虛像），由薄透鏡公式

$$\frac{1}{p} + \frac{1}{q} = \frac{1}{f}$$

可解得焦距

$$f = \frac{pq}{p+q} = \frac{-0.25 \times 1.50}{0.25 - 1.50} = 0.30 \text{ 公尺}$$

故需戴一焦距為 0.30 公尺的會聚透鏡。

透鏡之度數為焦距（以公尺表示）的倒數，故

$$\frac{1}{f} = \frac{1}{0.30} = 3.3 \text{ 度（透鏡度數）} = -330 \text{ 度（商業度數）}$$

23-2　放大鏡

對物體的視覺大小 (apparent size) 係決定於在網膜上成像的大小。如眼睛沒有輔助觀看的設備，當觀看一小物體時，則只能將物體移近眼睛，以使在網膜上得到一較大的像。但當物體移到近點以內時，因聚焦之不易，故有一定的限度。今若於眼前置一會聚透鏡，即可增加其調節的效能，而等同可將物體更移近於眼前，使在網膜上得一更大之像。用作此目的的透鏡，稱為放大鏡 (magnifier)。放大鏡所成之像為虛像。故由眼睛所看到者，即為此物之虛像。因眼之明視距離為 0.25 公尺，故均設其成像於鏡前 0.25 公尺處。

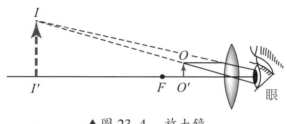

▲圖 23-4　放大鏡

圖 23-4 所示為一作為放大鏡的會聚透鏡，將物 OO' 置於焦點 F 之內，則可得一放大、正立的虛像 II'。調整透鏡之位置，使成像於明視距離 0.25 公尺處。

因放大率 (magnification) 等於像長與物長之比，即

$$放大率 M = \frac{II'}{OO'} = -\frac{q}{p}$$

由薄透鏡公式

$$\frac{1}{p} + \frac{1}{q} = \frac{1}{f}$$

則

$$-\frac{q}{p} = -\frac{q}{f} + 1$$

若成像於明視距離 0.25 公尺處，則 $q = -0.25$ 公尺，得

$$M = \frac{0.25}{f} + 1 \tag{23-1}$$

M 為正值時得正立虛像，f 之單位為公尺。以式 (23–1) 討論之，似只要減小焦距即可得較大之放大率。但凸透鏡之放大率因受像差的限制，其放大率通常僅約為二到三倍。如能將像差矯正，則放大率約可增到 20 倍。

例題 23-3

一焦距為 0.05 公尺的會聚透鏡用作放大鏡，使成像於明視距離處。問(a)物應距鏡多遠？(b)放大率為若干？

解 (a)由薄透鏡公式可得

$$p = \frac{fq}{q-f} = \frac{0.05 \times (-0.25)}{(-0.25) - 0.05} = 0.042 \text{ 公尺}$$

物應放在距鏡 0.042 公尺處。

(b)放大率

$$M = -\frac{q}{p} = -\frac{(-0.25)}{0.042} = +5.9$$

放大鏡常作為光學儀器之目鏡 (eyepiece)，以觀看由前一透鏡或透鏡組所成的像。

23-3　顯微鏡

一般凸透鏡，因受像差的限制，其放大率僅為兩倍或三倍。即使經像差的矯正，其放大率也不過 20 倍左右。因此，我們若需要較大的放大率，就必須使用顯微鏡 (microscope)。如圖 23-5 (a)所示，顯微鏡係由兩個凸透鏡構成。使用時靠近物體的透鏡，稱為物鏡 (objective)，焦距很短；靠近觀察者眼睛的透鏡，稱為目鏡 (eyepiece)，具有中等的焦距。觀察時，物體置於物鏡之焦點外，而在鏡筒內形成一比原物大之倒立實像。此像位於目鏡之焦距內，再經目鏡放大。最後眼睛所見的像，為比原物大很多倍的倒立虛像。圖 23-5 (b)告訴我們如何利用光線之進行來決定像之大小及位置。

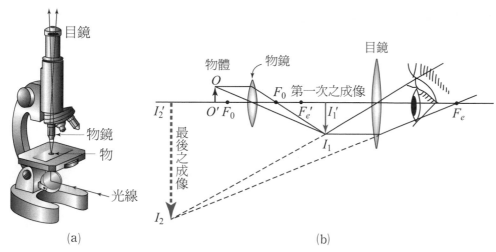

▲圖 23-5　(a)顯微鏡；(b)顯微鏡的成像。

顯微鏡的放大率 M 為物鏡放大率 M_0 與目鏡放大率 M_e 之乘積，即

　　　　$M = M_0 M_e$

若最後成像之位置為明視距離，即 $q_e = -0.25$ 公尺，則由式 (23-1) 得

$$M = M_0 M_e = (-\frac{q_0}{p_0})M_e = (-\frac{q_0}{p_0})(\frac{0.25}{f_e} + 1) \tag{23-2}$$

其中 p_0 與 q_0 分別為物鏡的物距與像距，f_e 為目鏡的焦距，單位為公尺。此種顯微鏡之放大率約可達 1500 倍。

例題 23-4

有一顯微鏡，其物鏡之焦距為 0.010 公尺，目鏡之焦距為 0.025 公尺。若物體置於物鏡前 0.011 公尺處，可以聚焦清晰。試求此顯微鏡兩透鏡間之距離及其放大率。

解 我們先考慮物鏡。物體在 0.011 公尺處可聚焦清晰，故物距 $p_0 = 0.011$ 公尺；焦距 $f_0 = 0.010$ 公尺。依薄透鏡公式可得

$$\frac{1}{0.011} + \frac{1}{q_0} = \frac{1}{0.010}$$

解得 $q_0 = 0.110$ 公尺，q_0 即為物鏡的像距。

我們再考慮目鏡，我們所見最後之成像，應在明視距離，故 $q_e = -0.250$ 公尺（因是虛像，故為負）；又焦距 $f_e = 0.025$ 公尺，故得

$$\frac{1}{p_e} + \frac{1}{-0.250} = \frac{1}{0.025}$$

解得 $p_e = 0.0227$ 公尺。p_e 即為目鏡的物距。

兩透鏡間的距離 d，為物鏡的像距與目鏡的物距之和。即

$$d = q_0 + p_e = 0.110 + 0.0227 = 0.1327 \text{ 公尺}$$

物鏡之放大率

$$M_0 = -\frac{q_0}{p_0} = -\frac{0.110}{0.011} = -10$$

目鏡之放大率

$$M_e = -\frac{q_e}{p_e} = -\frac{(-0.250)}{0.0227} = +11.0$$

則顯微鏡之放大率

$$M = M_0 M_e = (-10) \times (+11.0) = -110$$

我們可利用式 (23–2) 來驗證上面的結果

$$M = -\frac{q_0}{p_0}(\frac{0.250}{f_e} + 1) = -(\frac{0.110}{0.011})(\frac{+0.250}{0.025} + 1) = -110$$

所得的放大率為負值，表示最後的像為倒立。

23–4　望遠鏡

當兩個透鏡組合使用時，亦可用來觀測遠方的物體。例如天文折射望遠鏡 (astronomical refracting telescope)，其構造與顯微鏡極為相似，亦包括有物鏡與目鏡。兩者之主要差別在於望遠鏡之物鏡，焦距較長，且孔徑 (aperture，即透鏡面之直徑，用以表示鏡面之大小) 較大。天文折射望遠鏡的物鏡之第二焦點與目鏡之第一焦點，幾乎重合，故天文折射望遠鏡的長度 (即物鏡與目鏡間之距離) 為物鏡焦距與目鏡焦距的和。如圖 23–6 所示，光自遠處物體射入物鏡，在鏡筒內形成一高為 h 之倒立實像 I'。目鏡有如一簡單的放大鏡，將此實像加以放大，而成為一虛像 I''。

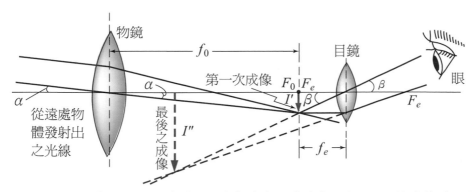

▲圖 23-6　天文折射望遠鏡的成像。物鏡成像在目鏡的焦距內,而目鏡當作放大鏡用。

天文折射望遠鏡的放大率常以角度放大率 (angular magnification) M_a 表示,為最後之放大虛像在眼睛處所張開之角度 β,與物體在物鏡處所張開之角度 α 之比值。此值可由圖 23-6 之幾何關係求得。通常物體均在很遠的地方,故 α 及 β 均很小。因此 $\tan\alpha \approx \alpha$、$\tan\beta \approx \beta$,所以我們可得下列之關係

$$M_a(角度放大率) = \frac{\beta}{\alpha} \approx \frac{\tan\beta}{\tan\alpha} \approx \frac{\dfrac{-h}{f_e}}{\dfrac{h}{f_0}} = -\frac{f_0}{f_e} \tag{23-3}$$

上式僅適用於遠距離的物體,式中負號表示像為倒立。由上式,我們可知若將物鏡之焦距 f_0 做得很大,而將目鏡之焦距做得很小,則放大率可增至極大。但由於其他許多因素的限制,一般天文望遠鏡的放大率,很少超過 2000 倍。

當我們使用天文折射望遠鏡觀測星辰時,若要增進暗淡星星之可見度,通常設法直接增大網膜上的成像。但大多數的天文望遠鏡,均不用肉眼直接觀察,而是先將星象攝於照像底片上,此時,物鏡之聚光性就顯得非常重要了。物鏡之聚光量與其面積成正比,故可超出人眼甚多。例如一孔徑為 0.800 公尺的透鏡,其所能透過的光相當於人眼在夜晚時之瞳孔(直徑差不多為 0.008 公尺)的 $(\frac{0.800}{0.008})^2$ = 10000 倍。對於昏暗不可見之星星,我們可將照像底片置於目鏡後,經多次夜晚的長時間曝光而攝得其像。相反的,人眼則僅能攝取「快照」,因而不能攝得清晰的影像。

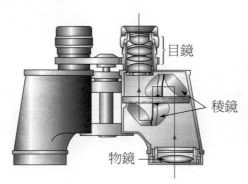

▲圖 23–7　稜鏡雙筒望遠鏡

　　一般軍隊都以稜鏡雙筒望遠鏡 (prism binucular) 作為地上觀測之用。其構造如圖 23–7 所示，它包括兩個天文望遠鏡，每個天文望遠鏡內均有兩個作直角反射的三稜鏡，用以矯正影像，使成正立（天文望遠鏡所見之像為倒立），且可縮短鏡筒之長度。這種構造還有一項優點：由於物鏡間的距離大於兩眼間的距離，即視角增大，因而增進了立體效果，使我們更易分辨物體之遠近。

例題 23–5

有一望遠鏡，由兩凸透鏡所組成（如圖 23–6）。其物鏡之焦距為 0.300 公尺，目鏡之焦距為 0.030 公尺，可將 2.000 公尺處之物體聚焦清晰。求此望遠鏡之長度（即兩透鏡間之距離），並求其放大率。

解　式 (23–3) 僅能適用於較遠的物體。因此，我們要求此望遠鏡之放大率，需分別求物鏡與目鏡之放大率。

先考慮物鏡

$$\frac{1}{2.000} + \frac{1}{q_0} = \frac{1}{0.300}$$

解得

$$q_0 = 0.353 \text{ 公尺}$$

再考慮目鏡

$$\frac{1}{p_e} + \frac{1}{-0.250} = \frac{1}{0.030}$$

解得

$$p_e = 0.027 \text{ 公尺}$$

故此望遠鏡之長度 $= q_0 + p_e = 0.353 + 0.027 = 0.380$ 公尺

物鏡之放大率

$$M_0 = -\frac{q_0}{p_0} = -\frac{0.353}{2.000} = -0.176$$

目鏡之放大率

$$M_e = -\frac{q_e}{p_e} = -\frac{-0.250}{0.027} = +9.4$$

則此望遠鏡之放大率

$$M = M_e M_0 = (+9.4)(-0.176) = -1.654$$

若以式 (23-3) 直接計算角度放大率，則

$$M_a = -\frac{f_e}{f_0} = -\frac{0.300}{0.030} = -10$$

此與上述計算所得的放大率 $M = -1.654$ 相差極大，所以說式 (23-3) 不能用於短距離的物體。

23-5　照相機

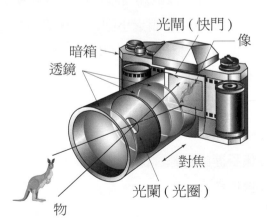

光閘（快門）
像
暗箱
透鏡
對焦
光閘（光圈）
物

◀圖 23-8　照相機之構造及其成像

照相機 (camera) 的主要部分，如圖 23-8 所示，為一不透光的暗箱，及其前端的一組俗稱鏡頭的會聚透鏡。暗箱後面可置放感光底片，以接受由透鏡所形成之倒立實像。透鏡前有一光閘（stop，俗稱光圈），可調節其孔徑之大小，並有一光

閘（shutter，俗稱快門），可控制光通過光閘的時間 Δt（其值等於底片的曝光時間）。照射在底片上的光能量，決定於透鏡之有效開孔面積及曝光時間 Δt。透鏡之孔徑 D，通常以焦距的分數來表示，如 $D = \dfrac{f}{n}$ 表示孔徑 D 為焦距 f 的 n 分之一。此 $n = \dfrac{f}{D}$ 的比值稱為焦比或光閘數或焦距數（focal ratio 或 stop number 或 f number），通常刻於鏡頭上。$D = \dfrac{f}{n}$ 亦常用來表示透鏡之「速率」（即相對所需曝光的時間）。因底片上每單位面積所受的光通量 (luminous flux)F（即為透過透鏡的光通量），正比於透鏡之孔徑 D 的平方，而反比於透鏡焦距的平方。即

$$F \propto \frac{D^2}{f^2} = \frac{1}{n^2} \tag{23-4}$$

所以當 n 值愈小，則底片上所受的光通量愈大，此關係請參考例題 23 – 7。而又因底片感光所需的總能量 $E_t = F\Delta t$ 為定值，故 $\Delta t = \dfrac{E_t}{F}$。當光通量大時，所需之曝光時間 Δt 愈短。又由式 (23–4)，當 E_t 固定時我們可得

$$\Delta t = \frac{E_t}{F} \propto n^2 \quad (E_t \text{ 固定時}) \tag{23-5}$$

因此焦比值亦可用來表示相對的曝光時間。而因曝光時間與透鏡的「速率」成反比，因此可知透鏡的「速率」與焦比值的平方成反比。

當透鏡聚焦某一距離時，則在此距離之物體成像最為清晰，此距離稱為聚焦平面。大於或小於聚焦平面之點，所造成之像，為一模糊之小圓，稱為模糊圓 (circles of confusion)。離距焦平面愈遠的點，所成之模糊圓愈大。若在聚焦平面前後某一定距離，其所形成之模糊圓，能讓眼睛看起來像一點，且像很清晰，則此距離稱為場深度或景深 (depth of field)。凡是在此距離內之物體，均可同時被清晰地攝在底片上，這在照相術上是非常重要的。

景深決定於孔徑與焦距的比值、聚焦平面的距離、以及我們所能接受的模糊圓的大小。對一透鏡而言，其有效開孔直徑愈小，則景深愈大。對相同之物距，透鏡之焦距愈小，則景深愈大。小型照相機的優點，就是它有一短焦距的透鏡。當我們所擬攝取的物體，向照相機移近時，則景深很快地減小，因此，當攝取近距離的物體時，對於照相機上「距離」的調整，要比遠距離的物體格外小心。

　　一般的照相機並不像圖 23–8 所示僅有一個透鏡。因為此種廉價照相機，將會使所有成像之共同缺點無從避免，而不易攝得清晰之照片。因此，較好的照相機，其透鏡是由三至五個透鏡複合而成的鏡頭，如圖 23–9 所示，如此便可矯正部分的色像差 (chromatic aberration)，球面像差 (spherical aberration)，像散現象 (astigmatism)

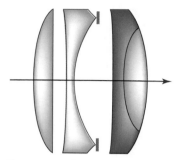

▲圖 23–9　　消除像差的複合透鏡

及像場彎曲 (curvature of field) 之缺陷，而攝得較令人滿意的照片。

　　現代的照相機，附有可量光度的測光錶，可自動調整光闌；附有自動補足光度的閃光燈，可在陰暗光度下攝影；附有光電控制的光閘，可自動控制曝光的時間；附有可變焦距透鏡 (zoom lens)，可控制景深及視角；並有可預視相片的探視器 (view finder) 等。

例題 23–6

用一焦距為 f 的照相機，欲將在 p_0 處的景物清楚地攝在底片上，(a)求其線性放大率 m。(b)若景物的光度為 I，求通過焦比調為 $n = \dfrac{f}{D}$ 的透鏡的光通量 F。(c)若底片需要光能 E_t 才能正好得到化學反應，求光閘（快門）所需要控制的時距 Δt。

解 (a)假設將景物線性放大 m 倍，且清楚地攝到底片上，則像距 $q_0 = -mp_0$。因透鏡焦距為 f，利用透鏡公式得

$$\frac{1}{p_0} + \frac{1}{-mp_0} = \frac{1}{f}$$

解得

$$m = \frac{f}{f - p_0}$$

(b)已知景物的光度為 I，透鏡開孔面積為 $\pi(\dfrac{D}{2})^2$，對景物所張開的立體弧度角為 $\Delta\Omega$，則可得照射到透鏡的光通量

$$F = I\Delta\Omega = I\frac{\pi(\dfrac{D}{2})^2}{p_0^2}$$

由(a)解中知 $p_0 = (\dfrac{1-m}{m})f$，代入上式，可得

$$F = \dfrac{I(\pi D^2)}{4(\dfrac{1-m}{m})^2 f^2} = \dfrac{m^2 \pi I}{4(1-m)^2} \dfrac{D^2}{f^2}$$

將焦比值 $n = \dfrac{f}{D}$ 代入上式，可得

$$F = \dfrac{m^2 \pi I}{4(1-m)^2}(\dfrac{1}{n^2})$$

由上兩式可知通過透鏡的光通量與透鏡孔徑 D 的平方成正比，與焦距 f 的平方成反比。因此式 (23–4) 可得到證明。

(c)底片需要 E_t 的光能，則因 $E_t = F\Delta t$，所以光閘的控制時距為

$$\Delta t = \dfrac{E_t}{F} = \dfrac{4n^2(1-m)^2 E_t}{m^2 \pi I}$$

此即式 (23–5) 之證明。可知當焦比值小時，所需的時間較短，即「速率」較快。

例題 23–7

假設透鏡之「速率」為 $\dfrac{f}{4.5}$，底片之正確曝光時間為 $\dfrac{1}{20}$ 秒。今將光閘改變，使透鏡之「速率」變為 $\dfrac{f}{6.3}$，試求其正確的曝光時間。

解 $\dfrac{f}{n}$ 數表示「速率」或透鏡孔徑之大小，由式 (23–5) 知其中的焦比值 n 的平方與曝光時間 Δt 成正比。故得

$$\dfrac{\Delta t_1}{\Delta t_2} = (\dfrac{n_1}{n_2})^2 (\dfrac{4.5}{6.3})^2$$

因已知

$$\Delta t_1 = \dfrac{1}{20} \ 秒$$

所以

$$\Delta t_2 = (\dfrac{6.3}{4.5})^2 (\dfrac{1}{20}) = \dfrac{1}{10} \ 秒$$

習　題

1. 一近視眼，其近點在眼前 0.10 公尺處。若欲矯正此視覺上的缺點，應配戴什麼眼鏡？其焦距應多大？

2. 有一近視眼，其遠點在 0.30 公尺處，欲觀看遠距離，應戴什麼樣的眼鏡？其焦距多大？

3. 某人看書時，須將字面放在眼前 0.15 公尺處，始能明視。問其應戴眼鏡的焦距為若干？

4. 一人之近點為 2.50 公尺，問應用焦距為若干之眼鏡矯正，使其近點為 0.50 公尺？

5. 一遠視眼者，在未戴眼鏡時，其近點為 1.00 公尺，所配之眼鏡其焦距為 1.5 公尺。問戴上眼鏡後之近點為若干？

6. 一放大鏡之焦距為 0.06 公尺，使用時欲成像於眼前 0.25 公尺處。問物距應為若干？

7. 一顯微鏡筒長 0.200 公尺，物鏡的焦距為 0.010 公尺，目鏡焦距為 0.020 公尺，其放大率如何？

8. 有一顯微鏡，其物鏡之焦距為 0.009 公尺，目鏡之焦距為 0.05 公尺，兩透鏡相距 0.130 公尺。今將一長為 0.0005 公尺之物體，置於物鏡前 0.01 公尺處。求最後成像之大小及位置。

9. 有一顯微鏡，其物鏡之焦距為 0.016 公尺，目鏡之焦距為 0.025 公尺。若物體置於鏡前 0.018 公尺處，可以聚焦清晰。求此顯微鏡兩透鏡間之距離及其放大率。

10. 一天文望遠鏡，其物鏡的焦距為 2.00 公尺，目鏡的焦距為 0.05 公尺。求其角度放大率。

11. 一天文望遠鏡，鏡筒長 10.00 公尺。若欲得 500 倍的像，則目鏡的焦距為多少？

12. 一天文望遠鏡，其目鏡之焦距為 0.10 公尺，物鏡與目鏡間之距離為 2.10 公尺。問此望遠鏡的角度放大率為若干？

13. 有一望遠鏡，其物鏡之焦距為 0.30 公尺，目鏡之焦距為 0.05 公尺。當觀看(a) 遠處物體時；(b) 5.0 公尺處之物體時，其放大率各為多少？

14. 一觀劇望遠鏡，其物鏡之焦距為 0.14 公尺。若此觀劇望遠鏡之放大率為 4 倍。 求(a)目鏡之焦距；(b)觀劇望遠鏡之大約長度。

15. 某照相機，其透鏡之焦距為 0.05 公尺。它所能攝取的影像，最高為 0.025 公 尺。今欲完整地攝取一高為 30 公尺之塔，則攝影者應站在何處？

16. 某照相機，當其「速率」為 $\frac{f}{3.5}$ 的曝光時間為 $\frac{1}{100}$ 秒。今將「速率」改為 $\frac{f}{12.5}$， 則所需之曝光時間應為多久？

17. 兩照相機，其透鏡之焦距分別為 0.20 公尺與 0.10 公尺。前者之孔徑為 0.01 公 尺，若欲使兩者有相同的曝光時間，則後者之孔徑應為多大？

24

物理光學

本章學習目標

學完這章後，您應該能夠

1. 瞭解光的物理性質，知道光具有波動與微粒的二象性。
2. 瞭解海更士原理，並將其用來說明反射、折射定律。
3. 描述楊格的雙狹縫干涉實驗並利用其結論來預測亮紋與暗紋的位置。
4. 描述單狹縫的繞射，並利用其結論來預測亮紋與暗紋的位置。
5. 知道圓孔以及光柵的繞射，推導其繞射的公式並且應用公式來解決有關的光學問題。
6. 瞭解雷利準則並計算儀器的鑑別角。
7. 瞭解邁克生干涉儀並應用它來量測各種有關的問題。

在第 22 章中，我們討論了光的一些基本性質，以及光的直線傳播。本章中我們將討論光的另一些不能用直線傳播的觀點來解釋的現象，例如干涉 (interference) 及繞射 (diffraction) 等，這部分的光學，稱為波動光學 (wave optics) 或物理光學 (physical optics)。本章將以波動之理論做基礎，來描述光的反射、折射、干涉及繞射現象。

24-1　光的物理性質

大約在十七世紀的中葉，牛頓和其他許多科學家，都嘗試以微粒說 (corpuscular theory) 來解釋各種光的現象。他們認為，光是一束流動的微粒所組成，這些微粒從發光體射出，之後即循直線的路徑向外放射。它們能穿透透明物質，但遇到不透明物時，即被吸收或反射回去。

牛頓利用微粒說很簡單地解釋了光的反射。他認為微粒與一光滑且具完全彈性的反射面相碰撞時，因完全彈性的關係，如圖 24-1 所示，微粒平行於反射的速度 v_x 分量不變，但垂直於反射面的速度分量 v_y 則在碰撞後，與其碰撞前的值相等，但方向相反，故反射角 θ_r 必等於入射角 θ_i。

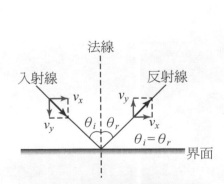

▲圖 24-1　微粒說對光的反射的解釋

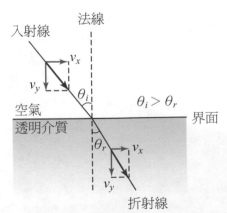

▲圖 24-2　微粒說對光的折射的解釋

牛頓對於折射現象的解釋可說明如下。當光由空氣行進到空氣與透明介質如玻璃的界面時，如圖 24-2 所示，光的粒子會受到透明介質質點的引力吸引，使光

粒子獲得一垂直向下的衝量。光垂直界面的速度分量 v_y 因此增加，故光粒子在透明介質中的速度，偏向界面的法線方向，這的確解釋了觀察到的折射現象。但按照這個假設，光粒子在透明介質中的速度，將大於光在真空（或空氣）中的速度。在那個時期，光的傳播速度尚未能量度，沒有實驗可以證驗這個論點的正確性。

正當大部分從事光學研究的科學家，接受此種理論之時，另外一些認為光是一種波動現象的想法也正在發展著。1678 年，海更士 (Christian Huygens) 證明能夠以波動理論的基礎，來說明光學中反射與折射的定律。但是另外有一些現象，波動學說卻又無法加以解釋。因為光如為一種波動，則應該像聲波或水波一樣在路徑中如遇到障礙物，會轉彎繞過，另外一邊的人應該會看到光才對。可是事實不然，在日常生活的觀察，光似乎沒有這種叫做繞射 (diffraction) 的現象。雖然在 1665 年，格里馬迪 (Grimaldi) 就觀察到有這種現象，可是當時的科學家卻不承認他的觀察結果。一直到 1801 年，楊格 (Thomas Young) 作實驗，發現了光的干涉現象 (phenomenon of interference)，但這發現卻經過二十多年才被科學界所注意。約在楊氏致力於光的干涉實驗的同時，法國的夫瑞奈 (A. Fresnel) 及德國的夫朗和斐 (Fraunhofer) 兩人也正在研究光的繞射現象 (phenomenon of diffraction)。夫瑞奈更按波動理論作了繞射的數學理論。1850 年，富可 (Leon Foucault) 首次測量出光在水中的傳播速度，發現水中的光速小於真空中的光速，而非如微粒說所推測的大於真空中的光速。至此，牛頓的粒子說已經根本動搖，光的波動理論才漸為人們所接受。

1864 年，光學理論又有一個重要的進展。在這年馬克士威 (J. C. Maxwell) 綜合電磁現象的安培定律 (Ampere's law) 及法拉第定律 (Faraday's law)，證明一個振盪電路能夠輻射出電磁波，而此波前進的速度，可以由純粹的電磁學測量結果計算出來，其速度非常接近 3×10^8 公尺 / 秒。在實驗誤差的極限之內，此電磁波的速度等於我們測量所得的光速。至此，光為波長很短的電磁波的事實似乎是很明顯了。在 1887 年，馬克士威的發現之後 23 年，赫茲 (Heinrich Hertz) 利用一組振盪電路，產生一種具備所有光之特性的電磁波，它們能被反射、折射、聚焦、偏極化等。理論和實驗的進展，完全建立了光的波動理論，於是光的波動說更得到有力的支持。

到了十九世紀末葉，一般都認為光學理論已經完備，不可能再有新的理論產生了。可是事實不然。因為古典的電磁學理論，在解釋光電效應 (photoelectric effect) 的現象上失敗了。

1905 年，愛因斯坦 (A. Einstein) 提出光子 (photon) 的理論。他認為光波的能量，並非平均分配於整個電磁波的電場或磁場中，而是具有最小能量單位的，電磁波的能量是這些最小能量單位的整數倍，這個最小能量單位即稱為光子。光子仍具有它的頻率，而且其能量恰與頻率成正比。

1923 年，康卜吞 (A. H. Compton) 所提出的康卜吞效應 (Compton effect)，更加強了光子說的可信。他在實驗中，成功地測出光子與電子在碰撞前後的運動狀況，並且發現它們的運動就像質點一樣，具有動量與動能，且遵守動量守恆與能量守恆兩定律。

綜合上面所討論的結果，光似乎同時具有波和微粒的特性。而今日的物理學家也接受了光的這種波與微粒俱存的說法。下面我們將以光的波動說來說明光的反射、折射、干涉及繞射的基本實驗。

24-2　海更士原理與反射、折射定律

第一個認為光是波動而可令人信服的理論，是在 1678 年由荷蘭的物理學家海更士 (Christian Huygens, 1629～1695) 所提出。海更士假設光是波動而不是粒子流。他不知道光的性質也不知道光是電磁波。馬克士威的電磁理論是在 1864 年才提出。海更士完全不知光是橫波或縱波也不知光的波長或光速的大小。但他的論點有一些簡單的原則，直到現在還是常被用來描述光的傳播。

24-2-1　海更士原理

海更士原理 (Huygens' principle) 是一個幾何的構想，用來從一現在波前的位置，找出下一時刻波前的新位置。海更士原理的說明如下：

一已知波前的每一點都可被認為是產生次級球面子波的點波源。下一時刻的波前即是前一波前上各點所發出之子波的包跡 (envelope)。

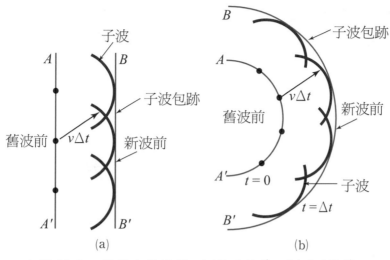

▲圖 24-3　海更士的說明。(a)平面波前；(b)球面波前。

　　圖 24-3 用來說明海更士原理。假設波速為 v，如圖 24-3 (a)所示，AA' 為一平面波的舊波前，則依海更士的構想，其上每一點都可看成是一點波源，為了圖面簡潔，僅標示出數點。此數點即為子波的點波源，以此數點為中心，$v\Delta t$ 為半徑畫出一些小球面，此些小球面即為次級球面子波，這些次級子波的包跡 BB' 就是在 Δt 時間後形成的新波前。用同樣的方法可從圖 24-3 (b)中的 AA' 舊球面波，得到 Δt 時間後的 BB' 新波前。

24-2-2　用海更士原理推導反射定律

　　海更士原理在解釋反射和折射的現象特別成功。前面所討論的反射定律及折射定律，我們現在將用海更士原理加以推導。圖 24-4 用來說明反射定律。圖(a)中，入射波前 AA' 與光線前進的方向垂直，法線與界面亦互相垂直，所以入射波前 AA' 與界面的夾角 $\angle A'AB'$ 等於入射角 θ_1，如圖 24-4 (b)所示。當光線 3 從 A' 行進到 B' 時，光線 1 從 A 點反射且產生一半徑為 AB 的球面子波（記得海更士子波的半徑等於 $v\Delta t$），因為兩個子波的半徑 $A'B'$ 及 AB 都在同一介質，它們具有相同的速率 v，所以 $AB = A'B'$。

依海更士原理，反射波前 BB' 為所有由 AA' 發出之球面子波的包跡。由圖 24–4 (b)，因為 $AB = A'B'$ 又有共同的斜邊 AB'，所以可知直角三角形 ABB' 與直角三角形 $B'A'A$ 相似。由圖 24–4 (b)，我們可得

$$\sin\theta_1 = \frac{A'B'}{AB'} \text{ 及 } \sin\theta_1' = \frac{AB}{AB'}$$

因此可得

$$\sin\theta_1 = \sin\theta_1'$$

即可得

$$\theta_1 = \theta_1'$$

此即為反射定律。

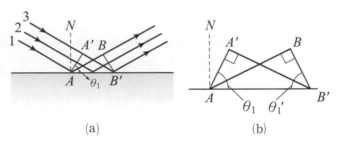

▲圖 24–4   用海更士原理推導反射定律

24-2-3   用海更士原理推導折射定律

現在我們應用海更士原理及圖 24–5 來推導司乃耳折射定律。在時距 Δt 內，光線 1 由 A 移到 B，而光線 2 由 A' 移到 B'。由 A 點發出的球面子波的半徑等於 $v_2\Delta t$，而 $A'B'$ 的距離等於 $v_1\Delta t$。由幾何關係可知，$\angle A'AB'$ 等於入射角 θ_1，而 $\angle AB'B$ 等於折射角 θ_2，由 $\triangle AA'B'$ 及 $\triangle AB'B$，我們可得

$$\sin\theta_1 = \frac{v_1\Delta t}{AB'} \text{ 及 } \sin\theta_2 = \frac{v_2\Delta t}{AB'}$$

將上面兩式相除，我們可得

$$\frac{\sin\theta_1}{\sin\theta_2} = \frac{v_1}{v_2}$$

但由式 (22–14)，我們知道 $v_1 = \dfrac{c}{n_1}$ 及 $v_2 = \dfrac{c}{n_2}$。因此可得

$$\frac{\sin\theta_1}{\sin\theta_2} = \frac{v_1}{v_2} = \frac{\dfrac{c}{n_1}}{\dfrac{c}{n_2}} = \frac{n_2}{n_1}$$

此即式 (22–15) 的司乃耳折射定律

$$n_1\sin\theta_1 = n_2\sin\theta_2$$

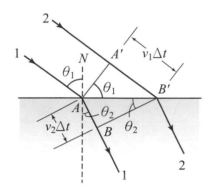

◀圖 24–5　用海更士原理推導折射定律

24–3　楊格雙狹縫干涉實驗

1801 年楊格 (Thomas Young) 利用類似圖 24–6 的裝置，觀測光的干涉條紋 (interference fringes)（圖 24–7），而首先將光的波動學說建立在堅固的實驗基礎上。

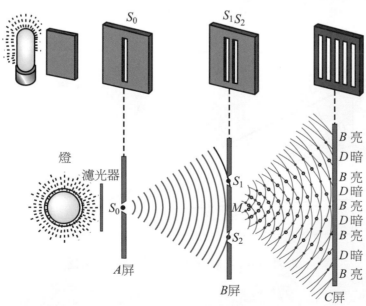

▲圖 24–6　楊格雙狹縫實驗的裝置及實驗的示意圖

　　圖 24–6 中，光自一燈泡射出，經一濾光器 (filter) 後僅有一特定頻率之單色光能通過。此單色光穿過 A 屏，其上有一長而窄之狹縫 S_0，而發出新波；然後再經過 B 屏，其上有兩個非常接近且平行的狹縫 S_1 與 S_2。每一狹縫有若一新波源，此兩波源所發出的同調光（coherent light，或稱相干光）間產生干涉，可從 C 屏上看到如圖 24–7 的干涉條紋。

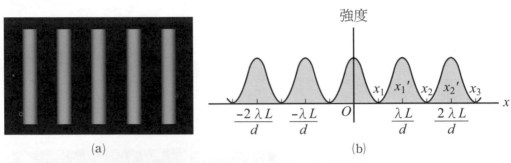

(a)　　　　　　　　　(b)

▲圖 24–7　楊格雙狹縫實驗的干涉條紋

　　在圖 24–6 中，沿兩狹縫 S_1 與 S_2 之中點 M 到 C 屏上 B 之線，波峰與波峰，或波谷與波谷相重疊，此為相長性的干涉，因此光被加強，我們可沿此線得到一明亮的條紋；沿 M 到 D 之線，波峰與波谷相重合，此為相消性的干涉，因此光被抵消，我們可沿此線得到一暗的條紋。最中間之亮紋，稱為中央亮紋 (central bright fringe)。靠此紋旁之兩暗紋，稱為第一暗紋，再旁為第一亮紋，……，依此類推。

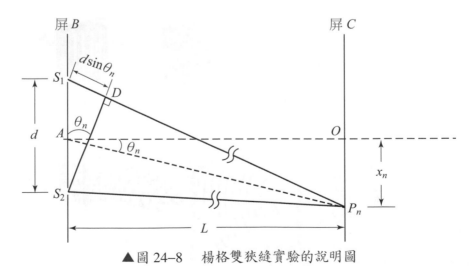

▲圖 24–8　楊格雙狹縫實驗的說明圖

　　若兩狹縫 S_1 與 S_2 相距為 d，狹縫與觀測屏 C 相隔為 L，則第 n 條暗紋發生在光程差 (optical path difference) 等於 (2n – 1) 個半波長的地方，P_n，如圖 24–8 所示，可得光程差為

$$S_1 P_n - S_2 P_n \approx S_1 D = d\sin\theta_n = (2n-1)\frac{\lambda}{2} \qquad \text{（暗紋）} \qquad (24\text{–}1)$$

因實際的雙狹縫距離 d 比起 B、C 兩屏間的距離 L 小很多，所以 θ_n 的角度其實很小，因此 $\sin\theta_n \approx \tan\theta_n = \dfrac{x_n}{L}$，代入上式可得第 n 條暗紋在 C 屏上與中央亮紋的距離為

$$x_n = (n - \frac{1}{2})(\frac{\lambda}{d}) \qquad \text{（暗紋）} \qquad (24\text{–}2)$$

此情況與第 21 章第 2 節中討論二度空間波（水波）的干涉節線情況相同。同理，第 n 條亮紋則發生在光程差等於 n 個波長的地方，P_n'，即

$$S_1 P_n' - S_2 P_n' = d\sin\theta_n' = n\lambda \qquad \text{（亮紋）} \qquad (24\text{–}3)$$

式中 θ_n' 表示 $\angle OAP_n'$。因 θ_n' 很小，同理可得 $\sin\theta_n' \approx \tan\theta_n' = \dfrac{x_n'}{L}$，代入上式可得第 n 條亮紋在 C 屏上與中央亮紋的距離為

$$x_n' = \frac{n\lambda L}{d} \qquad \text{（亮紋）} \qquad (24\text{–}4)$$

從式 (24–2) 可得相鄰兩暗紋在 C 屏上的距離為

$$\Delta x = x_{n+1} - x_n = (n + \frac{1}{2})\frac{\lambda}{d}L - (n - \frac{1}{2})\frac{\lambda}{d}L = \frac{\lambda L}{d} \qquad (24\text{–}5)$$

同理，相鄰兩亮紋之距離亦為 $\dfrac{\lambda L}{d}$。因 Δx 與 n 無關，故干涉條紋在屏上之間隔處處相等（參看圖 24–7）。

　　由式 (24–5) 可知：干涉條紋之間隔與波長 λ 成正比，故紅色光（波長較長）之干涉條紋比紫色光（波長較短）之干涉條紋為寬。利用此式我們可以各種單色光做兩狹縫實驗，而求得其波長，表 24–1 為各色光之約略波長。

　　我們若不在 S_0 前加濾光器，而以白光作光源，則各色光均各自產生干涉現象。在中央亮紋處，因各色光的相位差都是零，都是完全的相長性干涉，因此中央亮紋的顏色仍然為白色。但是其他亮紋的位置，因各色光都不相同，而有色散的現象，因此我們可得一彩色干涉條紋，在屏上每一點的顏色，均決定於該點由於干涉作用而被加強之波長所屬的色光。

表 24–1　各色光之約略波長

色光	波長 (Å)	色光	波長 (Å)
紫	4100	黃	5800
藍	4700	橙	6100
綠	5500	紅	6600

1 埃 (Å) = 10^{-10} 公尺

若狹縫 S_1 及 S_2，以不同的光源照射，則因兩光源的相位差 (phase difference) 不定，不是同調光，不能產生可分辨的相長性或相消性的干涉條紋，所以干涉條紋無從產生。

例題 24–1

以鈉汽燈所發出之黃色光（$\lambda = 5.893 \times 10^{-7}$ 公尺）照射在圖 24–6 的裝置上。設兩狹縫相距 1.00×10^{-3} 公尺，B 屏與 C 屏相距 1.00 公尺。求(a)第一暗紋與第一亮紋之位置，(b)相鄰兩暗紋之間隔。

解 (a)以 $n = 1$ 代入式 (24–2)，則可得第一暗紋與中央亮紋間的距離為

$$x_1 = (1 - \frac{1}{2})\frac{\lambda}{d}L = \frac{1}{2}\frac{(5.893 \times 10^{-7})(1.00)}{(1.00 \times 10^{-3})} = 2.95 \times 10^{-4} \text{ 公尺}$$

以 $n = 1$ 代入式 (24–4)，可得第一亮紋與中央亮紋間的距離為

$$x_1' = \frac{(1)\lambda L}{d} = \frac{(1)(5.893 \times 10^{-7})(1.00)}{(1.00 \times 10^{-3})} = 5.89 \times 10^{-4} \text{ 公尺}$$

即第一暗紋位在距中央亮紋 2.95×10^{-4} 公尺處；第一亮紋位在距中央亮紋 5.89×10^{-4} 公尺處。

(b)相鄰兩暗紋之間隔與相鄰兩亮紋之間隔相等，即等於第一亮紋與中央亮紋之距離 5.89×10^{-4} 公尺。此亦可由式 (24–5) 求得。

例題 24–2

在例題 24–1 中，若改用白色光照射，則紅色光及紫色光的第一亮紋相距多大？

解 設紅色光及紫色光之波長分別為 λ_a 及 λ_b，其第一亮紋與中央亮紋之距離分別為 $x_a{'}$ 及 $x_b{'}$，則兩個第一亮紋相距為

$$\Delta x_{ab}{'} = x_a{'} - x_b{'} = \frac{\lambda_a L}{d} - \frac{\lambda_b L}{d} = \frac{(\lambda_a - \lambda_b)L}{d}$$

由表 24–1 可知：紫色光之波長 $\lambda_b = 4100 \times 10^{-10}$ 公尺，紅色光之波長為 $\lambda_a = 6600 \times 10^{-10}$ 公尺，代入上式，可得

$$\Delta x_{ab}{'} = \frac{(6600 \times 10^{-10} - 4100 \times 10^{-10}) \times 1.00}{(1.00 \times 10^{-3})} = 2.50 \times 10^{-4} \text{ 公尺}$$

24–4　單狹縫的繞射

1801 年，楊格用雙狹縫作實驗，得到光的干涉現象後，想繼續以同樣方法作單狹縫的繞射實驗，但預期結果與觀察不能配合。1815 到 1826 年間，夫瑞奈由數學分析，才獲得精確的理論，並由實驗證明。

夫瑞奈利用類似圖 24–9 的裝置，來探究光的繞射現象。一單色光經狹縫 S_0 而發出新的波，此光波為狹縫 S_1 所繞射，在 C 屏上可見到其繞射條紋 (diffraction fringes)。如圖 24–10 所示，此繞射圖樣 (diffraction pattern) 之中央部分為一亮紋，強度最大，兩旁之亮紋，其強度逐漸減弱，且中央亮紋之寬度為兩旁亮紋之兩倍。

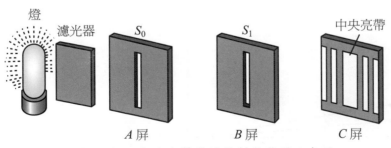

▲圖 24–9　夫瑞奈單狹縫繞射的裝置示意圖

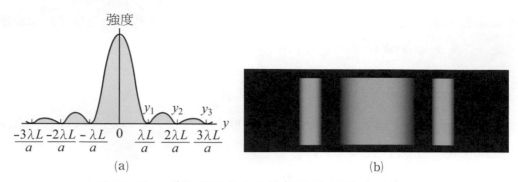

(a)　　　　　　　　　　　　(b)

▲圖 24–10　單狹縫所產生的繞射圖樣 (diffraction pattern)

在圖 24–11 中，由於狹縫 S_1 至 C 屏之距離 L 遠大於狹縫寬度 a（圖中未依實體比例繪製），所以從狹縫各點至中央亮紋上 N 之各光線，其光程均可視為相等。在狹縫上，諸光線同相，故在同光程之 N 處仍然同相，於是 C 屏的中心處 N 呈現之繞射圖樣有最大的強度。

在圖 24–12 中，我們考慮與中央亮紋相距 y_1 之第一條暗紋 D_1。為了討論方便起見，我們將狹縫分成上下兩部分，其寬度各為 $\dfrac{a}{2}$，每部分我們可再分成更多的點，每點相當於一點光源。設上半部之第一點為 s_1，下半部之第一點為 t_1，因在 D_1 處有相消性干涉，故 t_1D_1 與 s_1D_1 相差半波長。同理，上、下兩部分相對應之第二點，第三點，……亦均各相差半波長，所以上、下兩部分之光線在 D_1 處完全抵消而呈現暗紋。如同雙狹縫干涉一樣處理，當相距 $\dfrac{a}{2}$ 的兩相對應的新光源到 D_1 點的距離為半波長，可得

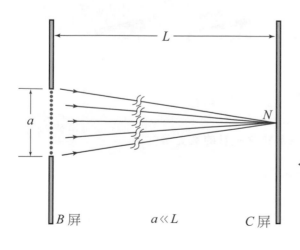

◀圖 24–11　在狹縫上，可分成很多點，每一點至 N 的光程均相同，故在 N 可得最大強度。

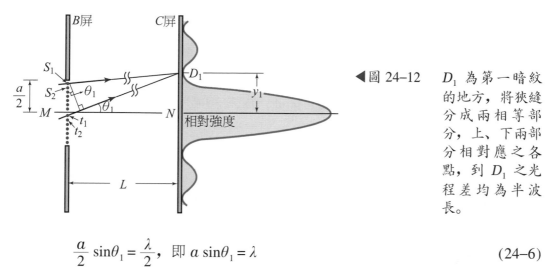

▶ 圖 24–12 D_1 為第一暗紋的地方，將狹縫分成兩相等部分，上、下兩部分相對應之各點，到 D_1 之光程差均為半波長。

$$\frac{a}{2}\sin\theta_1 = \frac{\lambda}{2}, \quad \text{即} \quad a\sin\theta_1 = \lambda \tag{24-6}$$

式中 $a\sin\theta_1$ 可視為由狹縫頂端到 D_1 點之光程與由狹縫底端到 D_1 點之光程的總光程差。因為縫寬 a 比 B、C 兩屏間的距離 L 小很多，所以 θ_1 的角度非常小，因此 $\sin\theta_1 \approx \tan\theta_1 = \dfrac{y_1}{L}$，將此代入式 (24–6)，可得第一暗紋與中央亮紋之中央 N 點的距離為

$$y_1 = \frac{\lambda L}{a} \tag{24-7}$$

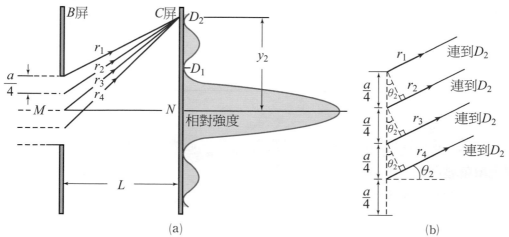

(a)　　　　　　　　　(b)

▲ 圖 24–13 　(a) D_2 為第二暗紋的地方，所以將狹縫分成四個相等的部分，則第一部分與第二部分，第三部分與第四部分之光波在 D_2 依序互相抵消；(b)因為 $L \gg a$，r_1、r_2、r_3、r_4 可視為平行，與中心軸 MN 夾角為 θ_2。

　　在圖 24–13 中，我們考慮第二條暗紋 D_2。在此我們將狹縫分成四個相等的部分，則 r_1 與 r_2 相差半波長，產生相消性干涉。同理，第一部分與第二部分之依次各點所發出之光波，亦在 D_2 抵消。第三部分各點所發出之光波在 D_2 亦為第四部分相對應之各點所發出之光波抵消。因此，D_2 呈現暗紋。當 r_1 與 r_2 之光程差為 $\dfrac{\lambda}{2}$ 時，可得

$$r_1 - r_2 = \frac{a}{4}\sin\theta_2 = \frac{\lambda}{2}, \quad \text{即} \quad a\sin\theta_2 = \frac{y_2}{L} \tag{24-8}$$

式中 $a\sin\theta_2$ 可視為由狹縫頂端到 D_2 點之光程與由狹縫底端到 D_2 點之光程的總光程差。因為 $L \gg a$，所以 θ_2 很小，可將 $\sin\theta_2 \approx \tan\theta_2 = \dfrac{y_2}{L}$ 代入式 (24–8)，可得第二暗紋與中央亮紋之中央 N 點的距離為

$$y_2 = \frac{2\lambda L}{a} \tag{24-9}$$

如此繼續以 $2n$ 的倍數分割單狹縫，可得第 n 條暗紋出現時，狹縫頂端到 D_n 點之光程與狹縫底端到 D_n 點之光程的總光程差為

$$a\sin\theta_n = n\lambda \tag{24-10}$$

又同理可得第 n 條暗紋與中央亮紋之中央 N 點的距離為

$$y_n = \frac{n\lambda L}{a} \qquad \text{（暗紋）} \tag{24-11}$$

中央亮紋之寬度 d_c，為左右兩邊第一暗紋間之距離，故

$$d_c = 2y_1 = \frac{2\lambda L}{a} \tag{24-12}$$

相鄰兩暗紋之間隔，亦即在該處之亮紋寬度為

$$\Delta y = y_n - y_{n-1} = \frac{\lambda L}{a} \tag{24-13}$$

　　由式 (24–13) 可知，若波長與縫寬之比值 $\dfrac{\lambda}{a}$ 越大，繞射條紋之間隔越寬，繞射現象就越明顯。

　　繞射圖樣的各個亮紋，其強度為何不同呢？中央亮紋我們在上面已討論過，如圖 24–11 所示，狹縫上各點所發出之光波均同相到達 N 點，故有最大強度。今考慮第一亮紋，我們將狹縫分成三等分，如圖 24–14 所示，則兩等分點至第一亮紋之光程差為半波長（參考圖 24–12）。因此相鄰兩區域之光波互相抵消，僅剩另

一區域之光波無抵消之對象，而可到達屏上，造成相當強度的第一亮紋。但因只有狹縫上三分之一的點波源所發射的光有效到達第一亮紋處，故其強度自然比不上中央亮紋，而僅為中央亮紋強度的 $\frac{1}{3^2}$。

同理，第二亮紋為狹縫上五分之一的點波源發射的光波所造成，故其強度又較第一亮紋為弱，僅為中央亮紋強度的 $\frac{1}{5^2}$。同理可推得第 n 亮紋的強度為中央亮紋強度的 $\frac{1}{(2n+1)^2}$。

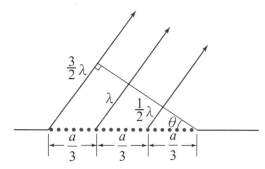

▲圖 24-14　將狹縫等分為三部分，則相鄰兩部分之光波互相抵消，僅有第三部分之光波抵達第一亮紋。

在表 24-2 中，我們將干涉條紋與繞射條紋作一比較。

表 24-2　干涉條紋與繞射條紋之比較

干涉條紋	繞射條紋
1. 條紋之間隔處處相等。 2. 各亮紋之強度均相同。 3. 條紋之間隔與波長成正比，而與兩狹縫之距離成反比。	1. 除中央亮紋外，其他各亮紋之寬度均相等。中央亮紋之寬度為其他亮紋之兩倍。 2. 中央亮紋強度最大，兩旁亮紋之強度依次減弱。 3. 條紋之間隔與波長成正比，而與狹縫之寬度成反比。

例題 24-3

利用圖 24-9 的裝置，作波長為 6.600×10^{-7} 公尺的紅光的繞射實驗。若狹縫 S_1 之寬度為 2.64×10^{-5} 公尺，B 屏與 C 屏相距 0.20 公尺。求(a)第二條暗紋之位置；(b)相鄰兩暗紋之間隔；(c)中央亮紋之寬度。

解 (a)由式 (24–11) 可得第二條暗紋與中央亮紋相距

$$y_2 = \frac{2\lambda L}{a} = \frac{(2)(6.600 \times 10^{-7})(0.20)}{2.64 \times 10^{-5}} = 0.01 \text{ 公尺}$$

(b)由式 (24–13) 可得相鄰兩暗紋間之寬度為

$$\Delta y = \frac{\lambda L}{a} = \frac{(6.600 \times 10^{-7})(0.20)}{2.64 \times 10^{-5}} = 5.00 \times 10^{-3} \text{ 公尺}$$

(c)中央亮紋之寬度為相鄰兩暗紋寬度的兩倍，故

$$d_c = 2\Delta y = (2)(5.00 \times 10^{-3}) = 0.01 \text{ 公尺}$$

例題 24–4

若以黃光（波長設為 5.890×10^{-7} 公尺）照一單狹縫，測知屏壁上繞射的第一暗紋位於 5.00×10^{-3} 公尺處。試求(a)第二暗紋的位置；(b)中央亮紋的寬度。

解 由式 (24–11)，第一暗紋 ($n = 1$) 位於 $y_1 = \frac{\lambda L}{a}$，又由題意可知

$$y_1 = \frac{\lambda L}{a} = 5.00 \times 10^{-3} \text{ 公尺}$$

(a)由式 (24–11)，第二暗紋位於

$$y_2 = 2 \cdot \frac{\lambda L}{a} = 2y_1 = 2 \times (5.00 \times 10^{-3}) = 0.01 \text{ 公尺}$$

(b)由式 (24–12)，中央亮紋寬度為

$$d_c = 2y_1 = 2 \times (5.00 \times 10^{-3}) = 0.01 \text{ 公尺}$$

例題 24–5

如以波長為 4.700×10^{-7} 公尺的藍光照射一單狹縫，如屏壁和狹縫相距 0.30 公尺，第二暗紋位於 6.00×10^{-3} 公尺處，試求(a)狹縫的寬度；(b)第三亮紋的寬度。

解 (a)由式 (24–11)，$n = 3$，得

$$a = \frac{3\lambda L}{y_3} = \frac{3(4.700 \times 10^{-7})(0.30)}{(6.00 \times 10^{-3})} = 7.05 \times 10^{-5} \text{ 公尺}$$

(b)由式 (24–13)，第三亮紋寬度為

$$\Delta y = \frac{\lambda L}{a} = \frac{(4.700 \times 10^{-7})(0.30)}{(7.05 \times 10^{-5})} = 2.00 \times 10^{-3} \text{ 公尺}$$

24–5　圓孔與光柵的繞射

24-5-1　圓孔的繞射

　　圓形透鏡或人眼都有一圓形的開口。圓孔是很普遍的形狀，因此我們現在來討論圓孔的繞射。圖 24–15 為一遠方點光源經過凸透鏡所形成的影像。該影像不是如幾何光學的一點，而是由逐漸暗淡的數個次級環所圍繞的圓形碟。與圖 24–10 比較，毫無疑問地可知它是繞射的現象。但此處的繞射口是一孔徑為 a 的圓形孔，而不是縫寬為 a 的長狹縫。

▲圖 24–15　圓孔的繞射圖樣

　　圓孔的繞射圖樣相當複雜，超過介紹性之物理學的課程範圍。但是我們知道直徑為 a 之圓孔的繞射圖樣上的第一極小，其結果為

$$\sin\theta_1 = \frac{1.22\lambda}{a} \tag{24–14}$$

而縫寬為 a 之單狹縫之繞射的第一極小，由式 (24–6) 可知

$$\sin\theta_1 = \frac{\lambda}{a} \tag{24–15}$$

由上面兩式比較，可知孔徑為 a 之圓孔對繞射的有效值為 $\frac{a}{1.22}$。

　　如同一單狹縫的繞射，對一給予的波長，圓孔的口徑愈小，則其繞射圖樣之第一極小值的角度 θ_1 愈大，反之圓孔的口徑愈大，則其繞射圖樣之第一極小值的角度愈大。

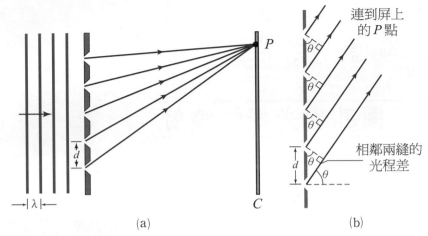

▲圖 24–16　(a)相鄰兩縫之距離為 d 的光柵側視圖；(b)相鄰兩縫間的光程差相同，等於 $d \sin\theta$。

24-5-2　光柵的繞射

　　繞射光柵是一非常有用的分析光源的裝置，由許多等距的平行狹縫所組成。光柵可用精密的刻槽機在玻璃板上刻劃等距的平行槽製成。刻劃的槽其作用對光來說如同不透明的障礙，而未刻劃到透明的部分就成為狹縫。典型的光柵通常每公分都有數千條刻線，例如每公分刻劃 5000 條線，則每一縫距 $d = \dfrac{1}{5000}$ 公分 $= 2 \times 10^{-4}$ 公分。

　　如圖 24–16(a)所示，為一光柵的側視圖，當平面波由左方垂直入射到光柵時，可在右方的屏上看到結合繞射和干涉效應所產生的圖樣。每一狹縫會分別產生如第 4 節所討論的單狹縫繞射。這些繞射的光線再輪流互相干涉，產生最後呈現於屏上的圖像。而且每一狹縫就如海更士所構想的都像一個波源，在狹縫發射出的所有的波，開始時都有相同的相位。但是由狹縫發射出的光線，在達到如圖 24–16 (a)所示，屏上的 P 點時，將會有不同的光程差，由圖 24–16 (b)我們知道相鄰兩狹縫所發射出的波，其光程差都是 $d \sin\theta$。如果這個光程差恰好等於波長的整數倍，則到達 P 點的所有波都將同相而得到亮線。因此我們可知干涉圖樣為極大的條件是

$$d \sin\theta_m = m\lambda, \quad m = 1, 2, 3 \cdots \tag{24-16}$$

式中 d 為狹縫間距，λ 為入射光之波長，θ_m 為第 m 級亮紋的偏向角。當偏向角 $\theta_m = 0$ 時，$m = 0$，如圖 24-17 (a)所示，稱為第零級極大 (zeroth-order maximum)；而符合 $m = 1$ 時，稱為第一級極大 (first-order maximum)；符合 $m = 2$ 時，稱為第二級極大 (second-order maximum)，以此類推。圖 24-17 (b)為在屏上所看到相對應於各極大強度的亮紋。

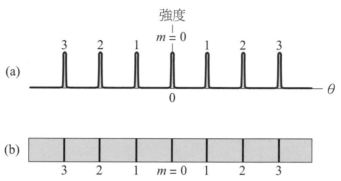

▲圖 24-17　(a)繞射光柵產生的強度圖樣。峰值上的 m 表示其級數；(b)屏上所看到相對應於各極大強度的亮紋。

由式 (24-16) 可看出當入射波的波長改變時，其偏向角會跟著改變。反過來，如果我們已知光柵的縫距 d，若量得其繞射的偏向角 θ_m，便可計算出入射波的波長。圖 24-18 即為一種藉量測入射波經由光柵繞射後的偏向角以計算入射波波長的裝置，此裝置稱為分光計或光譜儀 (spectrometer)。

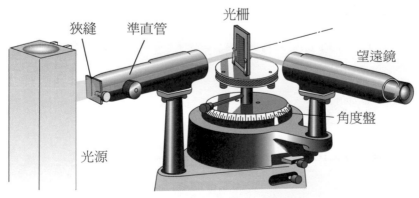

▲圖 24-18　光譜儀（分光計）

例題 24–6

有一綠色波長 $\lambda = 5.500 \times 10^{-7}$ 公尺的光，經由 2.00×10^{-4} 公尺的針孔照射到距離針孔 3.00 公尺的屏上。求屏上繞射圖樣中央極大的角寬及中央亮圓的直徑。

解 中央極大的角寬為 $2\theta_1$，而 θ_1 為第一極小的偏向角，由式 (24–14) 可得中央極大的角寬為

$$2\theta_1 = 2\sin\theta_1 = 2\left(\frac{1.22\lambda}{a}\right)$$

$$= (2)\left[\frac{1.22 \times (5.500 \times 10^{-7})}{2.00 \times 10^{-4}}\right]$$

$$= 6.71 \times 10^{-3} \text{ 弧度}$$

中央亮圓的直徑為

$$2y_1 = 2\theta_1 L = (6.71 \times 10^{-3})(3.00)$$

$$= 20.1 \times 10^{-3} \text{ 公尺}$$

$$= 2.01 \text{ 公分}$$

例題 24–7

一鈉光燈的光，垂直入射到縫距 $d = 1.00 \times 10^{-6}$ 公尺的光柵，其第一級繞射極大的偏向角 $\theta_1 = 35.5$ 度。求此鈉光的波長。

解 由式 (24–16) 可得鈉光波長為

$$\lambda = \frac{d\sin\theta_m}{m}$$

$$= \frac{(1.00 \times 10^{-6})(\sin 35.5°)}{1}$$

$$= 5.81 \times 10^{-7} \text{ 公尺}$$

※ 24–6　儀器的鑑別率

由單狹縫的繞射現象知道，如狹縫的寬度愈小，則條紋位置與中央亮紋的距離愈大，亦即光經過狹縫的繞射程度愈大。繞射現象在顯微鏡與望遠鏡等光學儀器的設計上關係甚大，因為它決定了儀器的放大極限。

令距離甚近的兩個點光源或物體所發出的光，通過同一小孔後分別射至屏面，如圖 24–19 (a)所示。A_1、A_2 分別為點光源 S_1、S_2 所照射之區域。I_1、I_2 是光經小孔後的繞射圖樣，其面積較光源為大，且邊緣模糊。圖 24–19 (b)中小孔更小，而繞射範圍更大，所成之圖樣彼此重疊。若僅看此繞射圖樣，我們就無法斷定光源是兩個分開的點光源，還是一個怪形的光源。換言之，小孔甚小時，我們將無法由繞射圖樣去推斷光源的形狀。這時，我們說不可鑑別。反之，在我們能夠從映像的形式去推斷光源的形狀時，則謂之可以鑑別。

今若將圖 24–19 (a)中的 S_1 向 S_2 移近（或二者相接近），則在光屏上所形成的像互相重疊如圖 24–20 所示，稱為恰可鑑別。此定義是按照雷利 (Lord Rayleigh, 1842～1919) 之建議，當兩點光源 S_1、S_2 經光學儀器（狹縫、透鏡、瞳孔）形成繞射條紋時，若圖樣 I_1 的中央亮紋的中線，恰在圖樣 I_2 的第一暗紋的位置上，則稱此兩光源為恰可鑑別。如圖 24–20 中之 θ_R，稱為恰可鑑別時之鑑別角 (angle of resolution)。此時若 S_1 與 S_2 相距 Δx，到狹縫之距離為 D，而狹縫寬度為 a，狹縫到屏距離為 L，則各光線中央亮紋寬度為 $\dfrac{2\lambda L}{a}$。當 θ_R 甚小時，

$$\theta \approx \frac{\Delta x}{D} = \frac{\Delta y}{L} = \frac{\dfrac{\lambda L}{a}}{L} = \frac{\lambda}{a} \tag{24–17}$$

凡恰能鑑別的角度 θ_R 愈小時，其能鑑別機率愈大，故知鑑別率 (resolving power) P 與鑑別角 θ_R 成反比，即

$$P \propto \frac{1}{\theta_R} = \frac{D}{\Delta x} = \frac{a}{\lambda} \tag{24–18}$$

故光學儀器之鑑別率與其孔徑 a 成正比，而與所使用之波長成反比。

事實上，式 (24–18) 只適用在長直狹縫的鑑別率，若是使用在圓孔或圓形透

鏡時，則其鑑別角及鑑別率公式須修正為

$$P \propto \frac{1}{\theta_R} = \frac{a}{1.22\lambda} = \frac{D}{\Delta x} \tag{24-19}$$

若兩物（或點光源）間夾角 θ 大於 θ_R 時為可鑑別，等於 θ_R 恰可鑑別，而小於 θ_R 時則為不可鑑別。

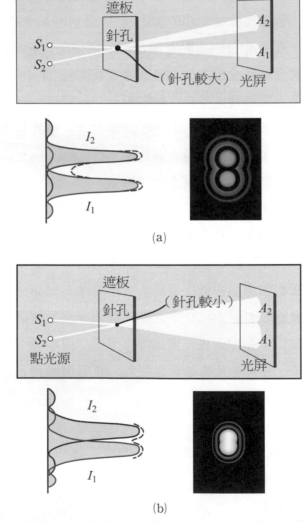

(a)

(b)

▲圖 24-19　兩點光源 S_1 及 S_2 發射光線，通過小孔，於屏上成像，其繞射圖樣外形模糊。(a)當小孔較大，兩圖樣甚易鑑別；(b)當小孔較小，兩圖樣重疊不易鑑別。

利用望遠鏡或顯微鏡來觀察遠處或近處的物體時，我們希望它的放大倍數愈高愈好，但放大倍數與透鏡焦點的倒數有關，如焦距愈小則放大倍數愈大。然欲得焦距小的透鏡，其曲率須大（即曲率半徑須小）。而曲率大，則球面像差就愈顯著（見第 22 章的討論）。為了減少像差，只能用鏡面孔徑很小的透鏡，然而鏡面孔徑愈小，則繞射效應就會顯著，因而減低它的鑑別率。換言之，增大放大率，則鑑別率減低，物體的像放大了，但會模糊不清。故光學儀器的有效放大率，有一定的限制。

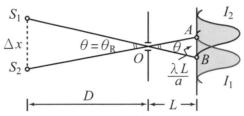

▲圖 24–20　恰可鑑別時，圖樣 I_1 的中線恰好在圖樣 I_2 的第一暗紋上。

有一顯微鏡其物鏡的孔徑為 9.00×10^{-3} 公尺，當此顯微鏡使用波長 5.89×10^{-7} 公尺的黃光為光源時。求 (a) 其鑑別角；(b) 其最小可鑑別的距離。

解 (a) 由式 (24–19)，知其鑑別角為

$$\theta = 1.22 \frac{\lambda}{a} = (1.22)\frac{(5.89 \times 10^{-7})}{(9.00 \times 10^{-3})} = 7.98 \times 10^{-5} \text{ 弧度}$$

(b) 由式 (24–17)，最小可鑑別的距離為

$$\Delta x = D\theta_R = (1 \times 10^{-2})(7.98 \times 10^{-5}) = 7.98 \times 10^{-7} \text{ 公尺}$$

24–7　邁克生干涉儀

　　干涉儀 (interferometer)，如圖 24–21 所示，是利用干涉的原理以精密量測波長或其他長度的儀器，在 1880 年左右，由美國物理學家邁克生 (A. A. Michelson,

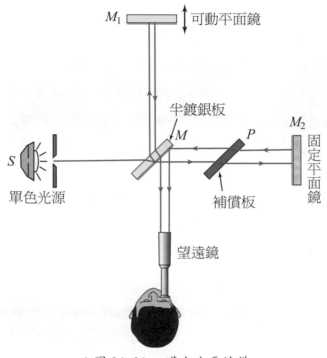

▲圖 24–21　邁克生干涉儀

1852～1931) 所發明。在圖 24–21 中，一單色光自光源 S 發出，被半鍍銀的平板 M 部分反射，部分透射。被平板 M 反射的光，前進到平面鏡 M_1 在此產生反射，然後穿過 M 板而到達觀察者。透過 M 板的光線則被 M_2 平面鏡反射，再經 M 板反射，最後亦進入觀察者眼中。兩束光線到達觀察者眼中產生干涉效應。途中補償板 P 用來使兩道光線在經過透明平板的距離相同（補償板與半透板應使用相同的材料）。

　　如果 M_1 與 M_2 都固定不動，則上述兩光波所形成的干涉條紋也不會動。當可動面鏡 M_1 移動時，干涉條紋將跟著變化。當 M_1 前進或後退半個波長，則行經此路徑的光波將少走或多走一個波長，此時上述兩光波的相位差並沒有改變，但會造成干涉條紋橫移一個條紋，也就是說，干涉條紋會由亮變成暗再變回亮，或者由暗變成亮再變回暗。計算干涉條紋亮暗變化的次數，或計算通過望遠鏡十字線的條紋數，就可以知道可動鏡 M_1 移動的距離了。如果干涉條紋由亮變到暗再變回亮的次數有 N 次，或者有 N 個條紋經過望遠鏡的十字線，則可動鏡 M_1 移動的距

離 L 就是

$$L = N\frac{\lambda}{2} \tag{24-20}$$

反過來，如果可動鏡的距離 L 可由移動可動鏡 M_1 的螺桿測微計得知，則入射光的波長 λ 就是

$$\lambda = \frac{2L}{N} \tag{24-21}$$

例題 24-9

一單色光射入邁克生干涉儀，當移動可動鏡 M_1 的螺桿測微計量得 M_1 移動的距離 $L = 0.025$ 毫米時，干涉條紋由亮變暗再變到亮的次數 $N = 80$，求入射光的波長。

解　由式 (24-21) 可得入射光的波長為

$$\lambda = \frac{2L}{N} = \frac{2 \times 0.025 \times 10^{-3}}{80}$$
$$= 6.25 \times 10^{-7} \text{ 公尺} = 625 \text{ 奈米}$$

習 題

1. 兩狹縫相距 3.00×10^{-4} 公尺，並距一屏 1.00 公尺。今如以波長為 5.890×10^{-7} 公尺的黃色鈉光垂直照射。試問干涉條紋中第二暗紋與第三暗紋的間隔為何？

2. 以一白色光垂直照射一相距 1.00×10^{-3} 公尺的兩狹縫，狹縫與屏距離 1.50 公尺。試問紫色光第一亮紋與紅色光的第一亮紋相距若干？（紫光的波長為 4.100×10^{-7} 公尺，紅光的波長為 6.600×10^{-7} 公尺）

3. 以波長為 5.500×10^{-7} 公尺的綠色光垂直照射一雙狹縫，則距狹縫 2.00 公尺處的屏上，所顯現的干涉條紋的第一暗紋及第二暗紋的間隔為 1.20×10^{-2} 公尺，試求兩狹縫的間隔。

4. 一雙狹縫如用 6.100×10^{-7} 公尺的橙色光照射，屏上的亮紋寬度為 3×10^{-3} 公尺。今以一未知波長的單色光照射，發現第一暗紋位於距中央亮紋之中心線 1.00×10^{-3} 公尺處，試求此光的波長。

5. 一雙狹縫如分別以紅光（波長 6.600×10^{-7} 公尺）及黃光（5.800×10^{-7} 公尺）垂直照射。試問其所產生的亮紋寬度比值為何？

6. 以黃色光（波長 5.800×10^{-7} 公尺）垂直照射一單狹縫，發現屏上繞射圖樣的中央亮紋的寬度為 0.50×10^{-2} 公尺。今如改用紫光（波長 4.100×10^{-7} 公尺）垂直照射，則中央亮紋的寬度為何？又第一亮紋的寬度為何？

7. 以一白色光垂直照射一單狹縫，試問屏上中央亮紋的最外端會是什麼顏色？又如此單狹縫寬度為 4.00×10^{-3} 公尺，且距屏 1.00 公尺。問屏上紅光的中央亮紋與紫光的中央亮紋各寬若干？

8. 以一未知波長的單色光做單狹縫繞射實驗，測得中央亮紋的寬度為 4.00×10^{-3} 公尺。如狹縫寬 2.00×10^{-4} 公尺，且距屏 1.00 公尺，試求其波長。

9. 以黃色鈉光垂直照射一單狹縫，發現如狹縫與屏相距 0.40 公尺時，第二暗紋位於 1.20×10^{-2} 公尺處。今如改用紅色光（波長 6.600×10^{-7} 公尺）垂直照射，則狹縫與屏須相距若干才能使其第一暗紋位於 4.50×10^{-3} 公尺處？

10. 有一 5.00×10^{-4} 公尺寬的狹縫，以波長為 5.890×10^{-7} 公尺的黃光垂直照射，使在 3 公尺的幕上，顯現繞射圖樣。求中央亮紋至第一暗紋間的距離。

11. 有一單色光經一直徑為 0.30 毫米的針孔照到距離針孔 3.00 公尺的屏上，量得其繞射圖樣之中央亮圓的直徑為 2.00×10^{-2} 公尺，求入射光的波長。

12. 有一單色光波長 $\lambda = 5.500 \times 10^{-7}$ 公尺，垂直射到一光柵，發現第一級繞射極大的偏向角 $\theta_1 = 42°$，求光柵的縫距。

13. 某人持一單狹縫用以鑑別相距 1.8×10^{-2} 公尺的兩光源，若已知兩光源波長為 6.000×10^{-7} 公尺，狹縫與光源相距 3 公尺，求最小的狹縫寬度。

14. 在波長 5.800×10^{-7} 公尺的黃光下，有一人其眼睛瞳孔的孔徑為 1.00×10^{-3} 公尺，想分出距其 10 公尺處的兩物體，求此兩物體的最小間隔。

15. 邁克生干涉儀的一臂，置入長度為 $L = 1.5 \times 10^{-2}$ 公尺的透明中空圓柱，望遠鏡的十字線對準某一亮紋中央，使用波長為 580 奈米的光束。透明柱注入氣體後，有 15 條紋通過十字線，求氣體的折射率。

25

近代物理簡介

■ 本章學習目標

學完這章後，您應該能夠
1. 瞭解近代物理的起源。
2. 知道愛因斯坦的假設及時間、長度、質量、動量、動能等在相對論下的改變，以及質能互換的關係。
3. 瞭解黑體輻射、外因位移律、卜朗克常數及愛因斯坦的量子假說。
4. 瞭解光電效應、愛因斯坦光電方程式。
5. 認識 X 射線，瞭解布拉格定律。
6. 瞭解康卜吞效應，知道康卜吞偏移、康卜吞波長。
7. 瞭解拉塞福的原子模型、波耳的原子模型及波耳的四個基本假設。
8. 認識氫原子的能階與光譜系。
9. 明瞭電子的基態、激態、定態等名詞，並知道芮得柏常數。
10. 瞭解雷射、雷射的發射原理以及雷射光的特性。
11. 瞭解德布羅意假說，認識德布羅意方程式。
12. 認識電子繞射，及其與光柵繞射的關係。
13. 認識水丁格方程式。瞭解波函數的物理意義。
14. 明瞭原子核的結構及其穩定性，並能計算原子核的結合能。
15. 認識放射性、放射衰變定律與半衰期。
16. 明瞭核反應、核分裂與核聚變以及質能互換的關係。

25-1 近代物理的起源

在前面的二十幾章裡，我們講過了力學、熱學、電磁學及光學等幾大部門的基本現象、觀察、假說、理論、原理及定律。物理學這幾部門的發展，由伽立略、牛頓以來，到了十九世紀末葉，對於巨觀的物理現象，可以說已建立了完整的系統。十九世紀末葉，許多物理學家都認為他們已解釋了宇宙所有的主要原理，並且發現了所有的自然界定律。認為以後的物理學家除了提高準確度或解決其他一些小問題外，將無事可做了。可是當後來的人們朝這些方面去發展時，卻發現了許多問題。而新的發現卻打開了物理學一個完全嶄新的領域。現在我們將新問題發現以前，自成一體系的物理稱為古典物理 (classical physics)，而將以後發展的物理稱為近代物理 (modern physics)。

第一個問題是在古典物理裡，光的波動理論中，曾假設光波的傳播是靠稱為以太 (ether) 的介質來傳遞能量的。但在 1887 年邁克生 (Michelson) 及毛立 (Morley) 兩人，卻實驗證明了以太這種假設的介質可能不存在。沒有了以太，重力和電磁波便缺乏介質來傳遞，所以古典的物質理論便可能不太對。導致愛因斯坦 (Einstein) 繼續檢驗牛頓力學和馬克士威 (Maxwell) 電磁學在古典物理上的不諧和處，而在 1905 年提出狹義相對論 (special theory of relativity)，其兩個基本假設是：

1. 相對性原理：在所有慣性參考系中，所有物理定律的數學形式都相同。

2. 光速不變性原理：在所有慣性參考系中，光在真空中的速率都相同。

把第一個假設應用到馬克士威方程式，就可導出第二個假設。由邁克生和毛立實驗的負面結果也可以導出第二個假設，而根本解決了神祕以太的問題。同時勞侖茲 (Lorentz) 透過複雜的推論及主觀經驗的假設所得的勞侖茲時、空轉換式，也理論上獲得了這一結論。至此「同時」的相對性可以明確地表示出來，而對不同觀察者所量度同一物體的長度以及事件間的時距，也可有一定的關係來表示。

將狹義相對論應用在力學、電磁學等部門，可以圓滿地解釋許多物理現象，也得到許多可獲實驗支持的推論，因而狹義相對論已被普遍公認為物理學的基本

原理之一，是任何物理理論所必須符合的原理。在 1915 年末，愛因斯坦更發表了廣義相對論 (general theory of relativity)，他認為萬有引力並非如牛頓所說的為所有物體所具有的性質，而是時空所具有的特性，根據他的理論，我們所感受的力，可能對其他人而言只是時空的一種曲率罷了，而這時空我們卻不甚瞭解。

另一個使古典力學理論發生動搖的是有關於所謂黑體輻射 (blackbody radiation) 的問題。我們知道物體被加熱到某一溫度便會發紅發熱，隨著溫度的升高，還會由紅變橙紅，變亮黃，最後變為白熾。在這過程中不斷地發出輻射熱。一個物體吸收了輻射熱，它本身溫度便會升高，而溫度升高後，本身又會放出輻射熱。而黑色的物體，既容易吸收輻射熱，也容易放出輻射熱，就這方面來說，若用由古典的理論所推導出來的定律來解釋，或計算其因果關係，就與實驗所得來的結果不相符合。在 1900 年，德國物理學家卜朗克 (Max Planck) 發展了一種新的觀念，他認為由物體輻射出來的熱，可視為一束粒子流，也就是說，物體放出輻射熱是粒子一包一包地放出的。這種一包一包的粒子包稱為量子 (quantum)，按照卜朗克的說法，輻射是一種量子的傳遞。用由此種說法推闡出來的定律和公式，就能夠完滿地解釋上面的「黑體輻射」現象，換句話說，它和實驗所得的結果完全脗合。這種把輻射能看作是能量的顆粒，而由此推導出來一系列的理論，便是對近代物理的發展有極大影響的量子論 (quantum theory)。

西元 1905 年，愛因斯坦將卜朗克的量子論加以推廣，他認為量子論不但適用於熱的輻射，也可以適用於所有的輻射，包括光在內。他認為「光」也是量子的一種──不同顏色的光，是不同能量的量子射束。紫光的光子 (photon)，每「顆」所含能量要比紅光的光子為大。他並用這種說法來解釋光電效應 (photoelectric effect)。其解釋和古典物理不同的地方，是用光輻射出的光子或稱光量子其動能並不隨光的強度而變，而係僅與光的頻率成正比的關係。

在揭開原子的祕密方面，由於 1895 年 X 射線 (X-ray) 以及 1896 年放射性 (radioactivity) 的發現，引導物理學家開始歷史上最重要的科學探討，物理學從此由原子進入次原子粒子 (subatomic particle) 的領域。早在 1897 年湯木生 (J. J. Thomson) 曾設計儀器，測定電子的荷質比，促使電子的概念能在實驗的基礎上建立起來。隨之，湯木生建議原子應為帶有正電的均勻球體，電子在球體內佔據各

種位置，並達成正負電的平衡狀態。湯木生的原子模型如圖 25-1 所示，極像布丁（帶正電）內加入葡萄乾（帶負電）一樣。

1911 年拉塞福 (Ernest Rutherford) 領導進行物理學上的著名之金箔實驗，即

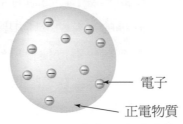

電子

正電物質

▲圖 25-1　湯木生的原子模型

以失去兩個電子的氦原子（即氦離子或稱 α 粒子）撞擊金箔。實驗結果發現，若同意湯木生的模型，則不能解釋 α 氦粒子撞擊之後所取路線的偏折現象。因此，拉塞福建議原子構造中的正電荷應集中在極微小的區域裡，以替代湯木生模型中均勻分佈在整個球體的看法。這一集中區域稱為原子核，而電子則並未嵌在核內，係在核外佔有位置。原子核不僅帶有正電，並且幾乎佔了全部原子的質量。

1913 年，波耳 (Bohr) 基於量子假設在光電效應的成功解釋，提出了波耳原子模型，利用波耳之原子模型，加上量子的假設，亦可解釋氫原子光譜線的規則性。

以上之種種現象，都無法用古典物理的觀點來解釋。此外，尚有別的現象，非用量子的理論亦無法解釋，所以必須以新的觀念來處理古典力學所不能解釋的微觀體系中之某些問題。在 1926 年，物理學家海增白 (Heisenberg) 和水丁格 (Schrödinger) 創立了現在的量子力學 (quantum mechanics)，代替了古典力學，用它來說明微觀體系的行為規律，與實驗的事實相互印證，結果令人滿意。此門學問之發現對近代物理之進展實有深遠之影響。

25-2　狹義相對論

愛因斯坦在 1905 年對相對論提出的兩個基本假設，我們在前節已加以陳述。這兩個假設都只限於慣性參考系，這就是何以本理論稱為狹義相對論 (special theory of relativity) 或特殊相對論的原因。相對性原理的第一假設，告訴我們每一物體與其他物體相對都是在運動的，沒有那一個物體是絕對靜止的。一物體是靜止或運動僅是相對於某一特定參考點而已。由於所有的慣性參考系都同樣適用於陳述物理定律，所以沒有絕對或特殊的坐標系。這個假設對於任何物理理論而言，既是一個限制也是一個指引。

　　至於光速不變性原理的第二假設，告訴我們不論光源或觀測者的狀態如何，光在真空中的傳播速率都是相同的。這個想法很難使人相信，但要記得所有的實驗結果都證實它是正確的。

25-2-1　同時的相對性

　　如圖 25-2 所示，S' 坐標的太空船相對 S 坐標的太空船以速率 v 向右運動。觀測者 O' 及 O 各位於 S' 及 S 太空船的 A'、B' 及 A、B 的中點。圖 25-2 (a)時兩太空船並列，爆炸同時發生於 A 及 B 兩處。爆炸的光波皆以光速 c 向兩觀測者傳播。圖 25-2 (b)表示紅色波前到達觀測者 O' 處，而藍色波前尚未到達觀測者 O' 處。圖 25-2 (c)表示紅色及藍色波前同時到達觀測者 O 處，觀測者 O 認為兩個爆炸為同時。圖 25-2 (d)表示藍色波前到達觀測者 O' 處，而紅色波前早在圖 25-2 (b)時已通過觀測者 O'。因此觀測者 O' 認為兩個爆炸不是同時發生。

　　　在一坐標中，不同地點同時發生的兩事件，在相對此坐標系等速運動的
　　　另一坐標系觀測，並非同時。

這種效應稱為同時的相對性 (relativity of simultaneity)。兩個觀測者，那一個的說法是正確的呢？依據相對論原理，沒有特別喜好那一個參考坐標，因此我們必需說兩個都是正確的。對於 O 是同時發生的事件，對 O' 就不同時。因為在坐標系 S 中，不同位置同時發生的事件，在坐標系 S' 不會是同時，所以在這兩個坐標系中，事件發生的時距 (time internal) 不同。同樣地長度、質量也會受到同時的相對性的影響。

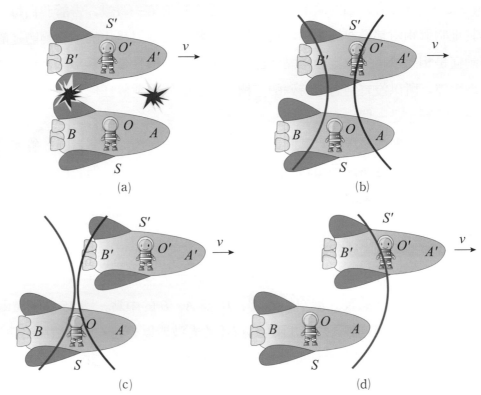

▲圖 25-2　S' 坐標系的太空船相對 S 坐標系的太空船以速率 v 向右運動，觀測者 O'
　　　　　與 O 各位於 A'、B' 及 A、B 的中點。(a)當 S' 太空船與 S 太空船並列時，
　　　　　在 A 及 B 處同時發生爆炸；(b)紅色波前到達觀測者 O' 處；(c)藍色及紅色
　　　　　波前同時到達觀測者 O 處；(d)藍色波前到達觀測者 O' 處。

25-2-2　相對論性的時間、長度與質量

　　當物體的速率接近光的速率時，所有物理量的測量就必須考慮相對運動。時
間、長度與質量對不同坐標系的觀測者所測量的不盡相同。已經有一系列的相對
論的方程式發展出來，以預測量度如何受到相對運動的影響。在每種情況，只要
物體的速度 v 接近光速 c 時，影響就變成更明顯。

(一)相對論性的時間

　　我們定義原時 (proper time) T_0，為鐘在相對靜止的坐標系所量得的兩事件之
時距。在此坐標系中，兩事件在同一位置發生。在圖 25-3 中，S' 坐標系的人觀測

在其上同一位置發生的兩事件的時距，發現鐘上指出的時距為 $\Delta t'$，在 S 坐標的人觀察同樣的兩事件，發現其鐘上指出的時距為 Δt。Δt 與 $\Delta t'$ 具有下列關係

$$\Delta t = \frac{\Delta t'}{\sqrt{1 - \dfrac{v^2}{c^2}}} \tag{25-1}$$

上式中，$\Delta t'$ 為事件發生之坐標系 S' 之鐘所量測的時距，等於原時 T_0，Δt 為相對坐標系 S' 以 v 速率運動之坐標系 S 之鐘所量測的時距，我們若用 T 表示，則上式可改寫成

$$T = \frac{T_0}{\sqrt{1 - \dfrac{v^2}{c^2}}} \tag{25-2}$$

通常上式右邊之分母，我們以一特定符號 γ 來表示，即

$$\gamma = \frac{1}{\sqrt{1 - \dfrac{v^2}{c^2}}} \tag{25-3}$$

則式 (25-2) 變成

$$T = \gamma T_0 \qquad （時間膨脹） \tag{25-4}$$

由於 $\gamma > 1$，在坐標系 S（相對以 v 速率運動）的鐘，所量得的時距 T，比靜止在坐標系 S' 的鐘，量得的時距 T_0（原時）長。這種效應稱為時間膨脹 (time dilation)。時間的膨脹是一種互易 (reciprocal) 的效應。若 Δt 是一個鐘在坐標系 S 中量得的原時，則在坐標系 S' 中量得的時距 $\Delta t'$ 會等於 $\gamma \Delta t$。

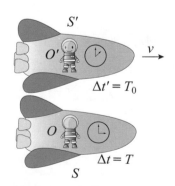

◀圖 25-3　S' 坐標系的太空船相對 S 坐標系的太空船以速率 v 向右運動。觀測者 O'、O 各以其坐標系上之鐘量測發生在 S' 坐標系上同一地點發生的兩事件的時距各為 $\Delta t'$、Δt。

㈡相對論性的長度

　　我們定義原長 (proper length) L_0，為物體在相對靜止的坐標系所量得的物體兩端點的距離。如圖 25–4 所示，S' 坐標系上的人量得其上棒子之兩端點通過 S 坐標系之觀測者 O 的時距為 $\Delta t'$。而在固定 S 坐標系之觀測者 O，量得 $A'B'$ 之棒子通過的時距為 Δt。因此我們可得棒子對兩系統的量測值為

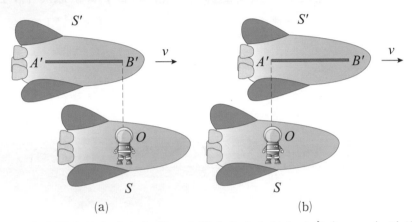

▲圖 25–4　S' 坐標系的太空船相對 S 坐標系的太空船之速率為 v。在 S' 的太空船上有一靜止的棒子，其兩端點為 A'、B'。觀測者 O 保持固定在 S 太空船上同一位置。

　　坐標系 S'：$L_0 = \Delta x' = v\Delta t' = vT$

　　坐標系 S：$L = \Delta x = v\Delta t = vT_0$

由式 (25–4)，我們可得

$$L = \frac{L_0}{\gamma} \quad （長度收縮）\tag{25–5}$$

因為 $\gamma > 1$，因此我們可得 $L < L_0$。亦即在與棒子作相對運動的坐標系中，所量得的長度 L 較原長 L_0 小。這種效應稱為長度收縮 (length contraction)。長度收縮也是可互易的效應。若一靜止在坐標系 S 中的棒子，$\Delta x = L_0$，則在坐標系 S' 中觀測其值亦將收縮為 $L = \frac{L_0}{\gamma}$。

㈢相對論性的質量與動量

　　讓我們繼續討論相對論性的質量。我們定義靜質量 (rest mass) m_0，為物體在相對靜止的坐標系所量得的質量。因為不論在那一個坐標系，動量守恆原理 (principle of conservation of momentum) 都必須成立，所以一物體的質量必須與長度及時間作同樣比例的變化。因此若物體的靜質量為 m_0，而以 v 的速率運動時的質量 m，動量 P 應為

$$m = \gamma m_0 \quad \text{（相對論性質量）} \tag{25-6}$$

$$P = mv = \gamma m_0 v \quad \text{（相對論性動量）} \tag{25-7}$$

　　由式 (25–6) 可知，假如 m_0 不為零，當 v 接近光速 c 時，相對論性質量 m 趨近無窮大。也就是說，需要一無窮大的力才能將靜質量不為零的物體加速至光速。明顯地，真空中的光速是所有靜質量不為零的物體的速率的上限。但假如靜質量為零，如光的光子，相對論性質量的式子許可它的速度 $v = c$。

25-2-3　相對論性的能量

　　在愛因斯坦之前，物理學家總是認為質量和能量乃是兩個不同的物理量，不能互換的，它們分別是守恆的。但愛因斯坦卻發現它們是可轉換的，其關係為

$$E_0 = m_0 c^2 \tag{25-8}$$

式中，m_0 為物體的靜質量，c 為光速，E_0 為物體的靜能 (rest energy)。由上式可以看出一點點的質量可以轉換得很大量的能量。例如一靜質量等於 1 公斤的物體就可轉換得靜能 9×10^{16} 焦耳。

　　如果將式 (25–6) 有關相對論性的質量 m 代入式 (25–8)，則可得相對論性的總能量為

$$E = mc^2 = \gamma m_0 c^2 \tag{25-9}$$

若再將式 (25–3) 的 γ 值代入上式，可得

$$E = \sqrt{(m_0 c^2)^2 + P^2 c^2} \tag{25-10}$$

式中 $P = mv$ 為物體的相對論性動量。相對論性的動能定義為相對論性的總能量與靜能的差值

$$K = E - m_0 c^2 = (m - m_0)c^2 = (\gamma - 1)m_0 c^2 \tag{25-11}$$

當物體的速度為零時，式 (25–10) 變成式 (25–8)，而當 $v \ll c$ 時，則式 (25–9) 可化簡為

$$E = \gamma m_0 c^2 = \sqrt{\frac{1}{1 - \dfrac{v^2}{c^2}}}\, m_0 c^2 \approx (1 + \frac{1}{2}\frac{v^2}{c^2}) m_0 c^2$$

$$= m_0 c^2 + \frac{1}{2} m_0 v^2 \tag{25–12}$$

因此相對論性的動能在 $v \ll c$ 時，可寫成

$$K = E - m_0 c^2 \approx \frac{1}{2} m_0 v^2 \tag{25–13}$$

此即為質點的古典動能。

例題 25–1

假定我們觀察到一太空船以 $0.6c$ 的速率通過我們。我們量得太空船上的鐘的兩次滴答聲之間的時距為 1.50 秒。問太空船上船長量得的時距為何？

解 在此題中，$\Delta t = 1.50$ 秒，$v = 0.6c$，代入式 (25–1) 可得船長所量得的時距

$$\Delta t' = (\sqrt{1 - \frac{v^2}{c^2}})\Delta t$$

$$= (\sqrt{1 - (0.6)^2})\,(1.50) = (0.8) \times (1.50)$$

$$= 1.20 \text{ 秒}$$

例題 25–2

若太空船相對我們為靜止時，我們量得它的長度是 80 公尺。若太空船以 2.1×10^8 公尺 / 秒或 $0.7c$ 的速率相對我們運動，則我們量得它的長度為何？

解 在本題中，原長 $L_0 = 80$ 公尺，$v = 0.7c$，代入式 (25–5) 可得太空船在 $0.7c$ 速率相對我們運動時的長度為

$$L = \frac{L_0}{\gamma} = L_0 \sqrt{1 - \frac{v^2}{c^2}} = (80)\sqrt{1 - (0.7)^2}$$

$$= 57.1 \text{ 公尺}$$

例題 25-3

一電子的靜質量 $m_0 = 9.11 \times 10^{-31}$ 公斤，求當它的速度為 $0.7c$ 時的相對論性質量。

解 將電子的靜質量 $m_0 = 9.11 \times 10^{-31}$ 公斤，及速度 $v = 0.7c$ 代入式 (25-6) 可得

$$m = \frac{m_0}{\sqrt{1 - \dfrac{v^2}{c^2}}} = \frac{9.11 \times 10^{-31}}{\sqrt{1 - (0.7)^2}} = 1.28 \times 10^{-30} \text{ 公斤}$$

例題 25-4

一電子具有 1.20×10^6 電子伏特的動能。求其(a)總能量，(b)線動量，(c)總質量及(d)速率。

解 (a)電子的靜能為

$$E_0 = m_0 c^2 = (9.11 \times 10^{-31})(3 \times 10^8)^2$$
$$= 8.20 \times 10^{-14} \text{ 焦耳} = 0.511 \times 10^6 \text{ 電子伏特}$$

電子的總能量為

$$E = E_0 + K = (0.511 \times 10^6 + 1.20 \times 10^6) \text{ 電子伏特}$$
$$= 1.71 \times 10^6 \text{ 電子伏特} = 2.74 \times 10^{-13} \text{ 焦耳}$$

(b)由式 (25-10) 可得

$$P^2 c^2 = E^2 - (m_0 c^2)^2 = E^2 - E_0^2 = (2.74 \times 10^{-13})^2 - (8.20 \times 10^{-14})^2$$
$$= 6.84 \times 10^{-26} \text{ 焦耳}$$

因此線動量

$$P = \frac{\sqrt{P^2 c^2}}{c} = \frac{\sqrt{6.84 \times 10^{-26}}}{3 \times 10^8}$$
$$= 8.72 \times 10^{-22} \text{（公斤・公尺）/ 秒}$$

(c)總質量

$$m = \frac{E}{c^2} = \frac{2.74 \times 10^{-13}}{(3 \times 10^8)^2} = 3.04 \times 10^{-30} \text{ 公斤}$$

(d)電子的速率為

$$v = \frac{P}{m} = \frac{8.72 \times 10^{-22}}{3.04 \times 10^{-30}} = 2.87 \times 10^8 \text{ 公尺 / 秒} \approx 0.96c$$

25-3　黑體輻射

在第 11 章中，我們曾經討論過熱的輻射，並知道黑體 (black body) 的發射率 $e = 1$，為一個理想的輻射體也是一個理想的吸收體。真正的黑體是不存在的，在實際應用上，開了一個小孔的空腔便可當作一個黑體。因為進入空腔的輻射幾乎沒有再出去的機會，最後被完全吸收。當空腔內壁溫度升高時，便會有電磁波由小孔輻射出來，此稱為空腔輻射 (cavity radiation) 或黑體輻射 (blackbody radiation)。黑體輻射的光譜與空腔壁的材料無關。

圖 25-5 為黑體輻射之輻射譜的能量密度 (energy density) u_λ 對波長的典型分佈曲線。實驗結果顯示黑體所發出的電磁波，其能量密度最大的波長 $\lambda_{\max}$ 與其絕對溫度 T 成反比，其關係式為

$$\lambda_{\max} T = 2.898 \times 10^{-3} \text{ 公尺} \cdot \text{K} \tag{25-14}$$

此式由德國物理學家外因 (W. Wien, 1864～1928) 於 1893 年提出，稱為外因位移律 (Wien's displacement law)。

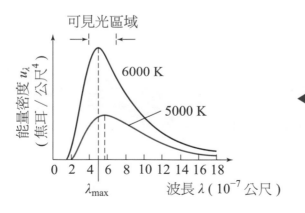

◀圖 25-5　二個不同溫度的黑體輻射譜。溫度愈高發出的輻射愈多，而能量密度的峰值往短波長方向偏移。$\lambda_{\max}$ 為能量密度最大的波長。

為了解說黑體輻射之能量密度對波長的分布曲線，出現了許多古典的物理理論，但都不能完全滿足實驗的分佈曲線，有的適合短波域，有的適合長波域。直到 1900 年 10 月德國物理學家卜朗克 (M. Planck, 1858～1947) 放棄了古典物理之能量的連續性，發展了一種新的觀念，認為物體輻射出來的能量可視為一束粒子流，也就是說物體放出輻射能量是像粒子一包一包地放出的，這種一包一包的粒子包的總能量，卜朗克認為與其頻率 f 成正比，即一粒子包的總能量應為 hf，而 h 為一常數。將此新觀念加入其多年對黑體輻射的研究內，結果便得到了能夠完全符合輻射之能量密度實驗數據的卜朗克輻射定律 (Planck's radiation law)，即黑體輻射的能量密度為

$$u_\lambda = \frac{8\pi hc\lambda^{-5}}{e^{\frac{hc}{\lambda kT}} - 1} \tag{25-15}$$

上式可以精確地表示出整個黑體輻射的輻射譜。式中 u_λ 為輻射的能量密度，因 $u_\lambda d\lambda$ 表示波長介於 λ 及 $\lambda + d\lambda$ 之間的單位體積的能量，所以其單位為焦耳 / 公尺^4。c 為光速，k 為波茲曼常數，λ 為波長，T 為絕對溫度，而 h 稱為卜朗克常數 (Planck's constant)，其值為

$$h = 6.63 \times 10^{-34} \text{ 焦耳} \cdot \text{秒} \tag{25-16}$$

以古典物理的角度來看，一個振子（上面所說的粒子）能夠發出或吸收的能量是不受限制的。在 1906 年，愛因斯坦證明，只有當每一個振子的能量（不是上面所說的一包一包的振子的總能量）是以 hf 為能量單元而被量子化時，才能得到式 (25-16) 的卜朗克輻射定律。因此根據愛因斯坦量子假說 (Einstein's quantum hypothesis)，振子發出或吸收的能量只可以是 hf 的整數倍。即

$$E_n = nhf \tag{25-17}$$

式中 n 為零或正整數，E_n 表示第 n 階的能量，而能階的間距則由頻率 f 決定。

例題 25-5

一高爐的輻射峰值發生在波長 1500 奈米處，求此高爐的溫度。假設高爐進行黑體輻射。

解 依式 (25-14) 的外因位移律，將 $\lambda_{max} = 1500 \times 10^{-9}$ 公尺代入，可得

$$T = \frac{2.898 \times 10^{-3}}{1500 \times 10^{-9}}$$
$$= 1932 \text{ K}$$

25-4　光電效應

　　金屬導體中存在著許多不受拘束而可自由活動的電子，這些電子稱為自由電子 (free electron)。自由電子雖然具有動能，但在室溫時並不容易脫離金屬表面。將金屬加熱或用光照射，可以使電子的動能增加。當電子的動能增加到某一程度時，電子就可以脫離金屬表面。以頻率適宜的光照射在某些特定金屬表面時，會有電子自金屬表面逸出的現象，稱為光電效應 (photoelectric effect)，此脫離金屬表面的電子稱為光電子 (photoelectron)，光電子形成的電流稱為光電流 (photoelectric current)。

25-4-1　光電效應的實驗

　　圖 25-6 為光電效應實驗的裝置圖，圖中的真空玻璃管稱為光電管 (photoelectric tube)，在圖 25-6 (a)中，當單色光照到真空玻璃管內的金屬平板 P 時，P 板上的電子吸收了光的能量，就能脫離金屬表面而跑向電位較高的金屬板 C，此時可由伏特計讀出金屬板 P 與 C 的外加電壓，由安培計可讀出光電流 i。

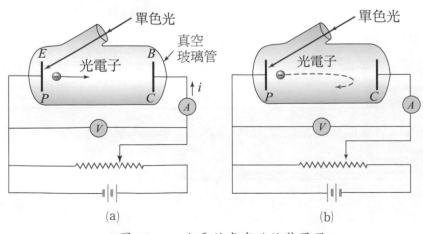

▲圖 25-6　光電效應實驗的裝置圖

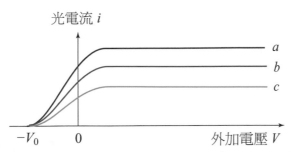

▲圖 25–7　當加速電位差為正時，最大電流由光的強度決定；但是，截止電位並不隨強度而變。

　　圖 25–7 表示光電管中之光電流 i 與外加電壓 V 及入射光強度間的關係圖形。圖中之曲線顯示，當外加電壓 V 增大時，光電流 i 亦增大，但當外加電壓增加到某一定值後，光電流就達一飽和值而不再增加，此乃因由 P 板射出的光電子已全部為 C 板所收集，故再增大外加電壓並無法增加光電流。圖 25–7 中曲線 a 的入射光強度為曲線 c 的兩倍，但兩者之入射光的頻率相同，曲線 a 的飽和光電流亦為曲線 c 的兩倍，此顯示在單位時間內，由 P 板逸出的光電子數目與入射光的強度成正比。

　　如果將光電效應實驗中之外加電壓的正負號反向，如圖 25–6 (b)所示，光電流並不立即降為零，由此可見光電子脫離金屬表面後，仍然具有速度，即使電場方向排斥光電子前往 C 板，有些速度較大的光電子還是可以抵達 C 板。但此反向電壓增至某一臨界值時，光電流立即降為零，此值稱為截止電位 (stopping potential) V_0。在電學中我們知道帶電量為 q 的電荷經電位差為 V 的兩平板加速後，此帶電體可獲得 qV 的動能；反之，此帶電體要逆向前進到達另一板時，至少須具有 qV 的動能。因此，由截止電位 V_0 可知，帶電量為 e 的光電子自金屬表面逸出後，其具有的最大動能為

$$K_{max} = \frac{1}{2}mv_{max}^2 = eV_0 \tag{25--18}$$

　　在圖 25–7 中之曲線 a 和 b 具有相同的截止電位 V_0，此顯示當入射光頻率固定時，截止電位 V_0 及光電子的最大動能 K_{max} 均與入射光強度無關。

　　在光電效應實驗中，如果改變入射光的頻率 f，再測量其對應的截止電位 V_0，則可得圖 25–8 之截止電位與頻率的線性關係，由此圖可知，有一特定頻率 f_0 對應於截止電位 $V_0 = 0$，當入射光頻率低於此 f_0 時，則不論入射光多強，照射時間多長，都沒有光電子逸出，即

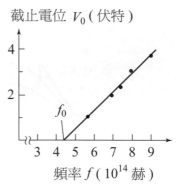

▲圖 25–8　截止電位與入射光頻率的關係圖。

不能產生光電效應，此頻率 f_0 稱為截止頻率 (stopping frequency) 或低限頻率 (threshold frequency)。不同的金屬表面，其截止頻率也不相同。

25-4-2　波動理論與光電效應

　　依照光的波動理論，電磁波的強度（即第 11 章討論的輻射通量或第 18 章式 (18–70) 的玻印廷向量的大小）是指在每單位時間內通過每單位面積的能量，此強度與電場振幅的平方成正比，而與其振盪頻率無關。若光波射至金屬表面時完全被吸收，則金屬表面每單位面積所吸收的能量為光波強度與照射時間的乘積，因此，獲得光波能量而由金屬中脫離之光電子的動能應與入射光強度和照射時間有關，但實驗上顯示光電效應有三個重大特點不能依照光的波動理論來解釋：

1. 入射光強度問題：根據波動理論，當入射光強度增加時，逸出之光電子的動能亦應增加才對。但由圖 25–7 可見，自金屬表面逸出之光電子的最大動能 K_{max} $(= eV_0)$，卻與入射光的強度無關。

2. 截止頻率問題：按照光的波動說，只要入射光的強度甚大，任何頻率均可產生光電效應，但圖 25–8 顯示當入射光頻率低於截止頻率時，不論入射光多強，照射時間多長，均不能產生光電效應。

3. 時間延遲問題：如果光是波，對於微弱的入射光，金屬內的電子自入射光束中吸收到足夠的能量而逸出，須要一段時間，但實驗上卻幾乎無時間延後的現象。只要入射光的頻率大於截止頻率，縱使光的強度極微弱，實驗顯示亦可在 3×10^{-9} 秒內產生光電子。

25-4-3　量子理論與光電效應

　　1905 年 3 月，愛因斯坦發表了一篇關於空腔輻射的論文。這論文有一個與卜朗克的方法不一致的觀點，愛因斯坦為此而感到不安。卜朗克認為振子的總能量是由不連續的分立單元組成，但卻假設輻射之總能量為連續的。愛因斯坦雖然同意馬克士威理論在解釋電磁輻射的干涉、繞射、及其他性質上極度成功。但他也同時注意到光學的觀測值都是物理量對時間平均後得到的值。波動理論可能不適用於發射及吸收這一些獨立事件。這發現驅使他提出下列說法：輻射相當於一群不連續的能量量子 (energy quanta) 之組合。每一個量子之能量為

$$E = hf \tag{25-19}$$

其中 f 為輻射之頻率。1926 年，路易士 (G. N. Lewis) 把這些光量子命名為光子 (photon)。

　　愛因斯坦馬上把光量子之觀念應用在光電效應上。在光電子發射的過程中，一個光子把它所有的能量完全轉移給電子。結果電子便被立刻「踢」出來。某一頻率的光之強度由入射的光子數目而決定。強度增加，將使得被踢出來的電子數目增加。光電子的最大動能 ($\frac{1}{2}mv_{max}^2$) 與每一個光子的能量有關

$$hf = \frac{1}{2}mv_{max}^2 + \phi \tag{25-20}$$

其中 ϕ 是功函數 (work function)，即把電子從材料表面踢出來所需的最小能量。束縛較緊的電子在發射時動能將小於極大值。由式 (25-20) 可以發現低限頻率 (threshold frequency) f_0 之存在，其值為

$$hf_0 = \phi \tag{25-21}$$

頻率小於 f_0 便不會有光電子發射。把式 (25-18)、及式 (25-21) 用在式 (25-20) 中，便可以得到愛因斯坦光電方程式 (Einstein's photoelectric equation)

$$eV_0 = h(f - f_0) \tag{25-22}$$

愛因斯坦不但解釋了所有已知的事實，他同時預測圖 25-8 中的低限頻率之存在，及 V_0 對 f 之圖應該是一條斜率為 $\frac{h}{e}$ 之直線，而不管材料之性質為何。

　　密立根 (R. A. Millikan, 1868〜1953) 感到難於接受光子之概念。在 1906 年，為證明愛因斯坦方程式是錯的，他開始一連串的實驗。然而，經過了多年的努力，卻事與願違。在 1914 年，他證明愛因斯坦方程式的正確性。圖 25–8 中的數據便說明了截止電位與光子頻率之關係。式 (25–22) 正確無誤地預測了直線斜率。

　　值得一提的是，愛因斯坦的成果並不是在卜朗克的量子觀念上延伸發展出來的；他的成果是從他自己在統計熱力學中的觀念上研發出來的。在 1905 年發表的論文中，他便利用只適用於高頻區域的外因輻射定律而提出了 $E = Cf$ 之式子，其中 C 是常數。在接下來的一年（1906 年）中，他瞭解到這式子與卜朗克理論的關連，並知道了 $C = h$。

例題 25–6

一波長為 650 奈米的光，剛好使電子由金屬表面射出。假如另用一波長為 450 奈米的光照在這金屬表面，求射出電子的最大動能為何？

解 金屬表面的功函數等於 650 奈米光的光子能量。所以

$$\phi = hf_0 = h\frac{c}{\lambda_0}$$

$$= (6.63 \times 10^{-34})\,(\frac{3 \times 10^8}{650 \times 10^{-9}})$$

$$= 3.06 \times 10^{-19} \text{ 焦耳}$$

至於 450 奈米的光的光子能量為

$$hf = \frac{hc}{\lambda} = \frac{(6.63 \times 10^{-34})(3 \times 10^8)}{450 \times 10^{-9}}$$

$$= 4.42 \times 10^{-19} \text{ 焦耳}$$

由愛因斯坦光電方程式，得到射出電子的動能：

$$K_{\max} = hf - hf_0$$

$$= 4.42 \times 10^{-19} - 3.06 \times 10^{-19} = 1.36 \times 10^{-19} \text{ 焦耳}$$

25-5　X 射線與 X 射線的繞射

25-5-1　X 射線

在 1895 年侖琴 (Roentgen) 正在利用簡單的氣體放電管研究陰極射線時，發現放在管旁塗有鉑氰化鋇的螢光紙會發光，即使用黑紙隔開，仍然會發生螢光。不久他發現是由玻璃管受電子撞擊的地方發出的，它可以透過手上的肌肉而使手骨的影像留在底片上，但不受電磁場的影響。雖然猜測它可能是中性粒子或極短的電磁波，但它的性質在許多年一直不能瞭解，因此稱此射線為 X 射線 (X-ray)。

如果 X 射線為極短的電磁波，則應會產生繞射，但當時的光柵顯然不夠精細，不能產生繞射的現象。因此在發現 X 射線十幾年後的 1912 年，勞厄 (Laue) 才想到利用晶體中原子的規則排列作為一種三度空間的光柵來作實驗。他的學生依照他的建議，如圖 25-9 所示，使用一束狹窄的 X 射線通過各種的薄片晶體 (如石英、氯化鈉、硫化鋅等)，而用照相底片記錄透過的射線束，結果他們所得的圖樣就如同光通過普通光柵一樣，這就證明了 X 射線的波動性質。

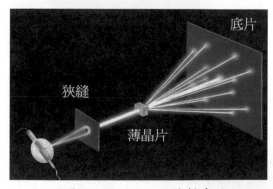

▲圖 25-9　勞厄的繞射實驗

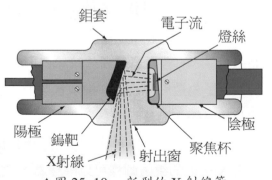

▲圖 25-10　新型的 X 射線管

新型的 X 射線管，如圖 25-10 所示，以鎢絲作燈絲，外套鉬管，由燈絲間接加熱，發射速度較高的電子以衝擊鎢製的陽極靶。新型的 X 射線管的電壓已可高達數百萬電子伏特，能產生貫穿能力極強的 X 射線。現在將 X 射線所具有的特性敘述如下：

1. 激發螢光效應：X 射線對甚多物體如晶體等，均能激發而生螢光。其光色視被照射的物體而定，可利用以鑑別晶體的種類。

2. 感光效應：X 射線可使照相底片發生感光作用。

3. 極強的貫穿性：X 射線最顯著的特性為貫穿能力極強。X 射線能完全貫穿木材、布、肌肉等，亦能透過數張重疊的薄鋁片；但若遇薄鉛片，則被吸收而不能通過。X 射線的貫穿能力與其本身的性質也有關係，電子發射速度較大者，其貫穿能力較強。

4. 游離效應：X 射線具有游離的效應，能使氣體發生游離，變成正、負離子而導電。

5. X 射線係以直線方向進行，但如遇晶體時，常能發生繞射。

6. X 射線與陰極射線的性質完全不同。X 射線係一種波長極短的電磁波，其速度與光速相等。其波長範圍約在 0.1 埃至 10 埃之間。波長較短者，其貫穿能力較強。

25-5-2 X 射線的繞射

一晶體內的各個原子或分子，都是由一群帶負電荷的電子，環繞著固定的（或局限在極小範圍內振盪的）原子核旋轉而構成的。當 X 射線經晶體時，它的週期性變化電場，即驅使各原子上的電子，作強迫振盪。這種電子的振盪，隨即發出新的電磁波。向各方向散射出的 X 射線，互相干涉而產生像圖

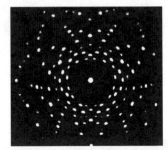

▲圖 25-11　勞厄的繞射圖樣（使用的晶體為石英）

25-11 所示的勞厄繞射圖樣 (Laue diffraction pattern)。因此，我們應以晶體內的每一個原子為散射中心，來推求各原子散射 X 射線的總效應。但這種分析方法，是相當複雜的。

通常我們是用布拉格 (Bragg) 所提出的一個較簡單的方法來處理的。布拉格指出 X 射線的繞射圖樣可以解釋為 X 射線從晶體內各組原子面（晶體內包含有許多原子的平面）反射的結果。圖 25-12 (a)是一個立方晶體內原子反射的平面圖，圖 25-12 (b)及(c)中繪出兩個可能的原子反射面。一定的一組平行平面會有一定的原子密度和平面間距 d（如圖 25-13 所示）。考慮由兩個相鄰平面反射的射線，如圖 25-13 (a)、(b)所示。如圖 25-13 (c)所示，當光程差 $ABC = 2d \sin\theta$ 為波長的整數倍時，反射的 X 射線同相，因此能作相長性的干涉：

$$2d \sin\theta = n\lambda \qquad n = 1 \text{、} 2 \text{、} 3 \text{、} \cdots \tag{25-23}$$

式中 θ 為射線與平面的夾角，稱為掠射角 (glancing angle)。式 (25–23) 稱為布拉格定律 (Bragg's law)，適用於和圖上所示兩平面平行的所有平面。

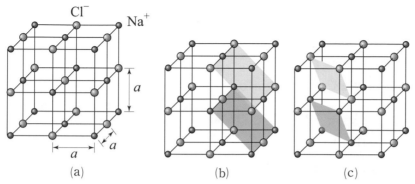

▲ 圖 25–12 　(a)立體晶體 (NaCl)；(b)及(c)原子形成的兩種不同間距 d 的平面，(b)之 $d = \dfrac{a}{\sqrt{2}}$，(c)之 $d = \dfrac{a}{\sqrt{3}}$。

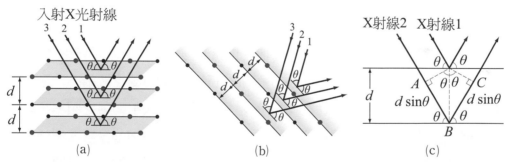

▲ 圖 25–13 　(a)、(b)兩個相鄰平面的反射；(c)布拉格定律 $2d\sin\theta = n\lambda$。

例題 25-7

岩鹽晶體內各層原子的間隔（晶格距）為 2.82 埃。某一 X 射線經此晶體所產生之第一級繞射（即經晶體反射後可產生第一級相長性干涉時）的掠射角為 $10°$。試求該 X 射線的波長。

解 依布拉格定律的式 (25–23)

令

$$d = 2.82 \times 10^{-10} \text{ 公尺、} n = 1 \text{、} \theta = 10°$$

即得

$$\lambda = 2d \sin\theta$$
$$= 2(2.82 \times 10^{-10}) \sin 10°$$
$$= 2(2.82 \times 10^{-10})(0.174)$$
$$= 0.981 \times 10^{-10} \text{ 公尺}$$
$$= 0.981 \text{ 埃}$$

25–6　康卜吞效應

　　在黑體輻射及光電效應的研討之後，雖然到了 1910 年卜朗克接受了一個振子的能階為量子的想法，但他以及一些其他人仍然強烈排斥輻射本身是量子的概念。

　　1923 年，康卜吞 (A. H. Compton) 在研究石墨對 X 射線之散射時，發現了進一步支持光子概念的證據。根據古典理論，電子可以隨入射輻射之頻率振盪，再發出相同頻率的輻射。康卜吞發現被散射的輻射包含有兩個分量：一個分量的波長與原來的入射波長相同，而另一個分量的波長則較長，此波長差只與散射角有關，而與靶之材料無關。上述的現象稱為康卜吞效應 (Compton effect)。

　　康卜吞通過光子與電子的碰撞來分析他的數據。由於 X 射線光子的能量 (≈ 20 keV) 遠大於原子電子的束縛能。故此電子可以視為自由的電子。康卜吞分析較長波長 λ' 的存在，係由於入射光子與靶中之自由電子作完全彈性碰撞所造成，如圖 25–14 所示。在碰撞過程中，入射光子將其部分能量傳給相撞之電子，散射後之光子能量因而減少，頻率降低，故其波長增加。

　　在解釋康卜吞效應時，不僅要求光子具有能量，也要求光子具有動量，而光子之能量 E 與動量 P 的關係式為

$$P = \frac{E}{c} = \frac{hf}{c} = \frac{h}{\lambda} \qquad \text{（光子動量）} \qquad (25–24)$$

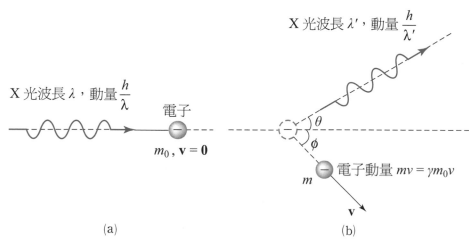

▲圖 25–14　康卜吞效應的實驗：(a)碰撞前；(b)碰撞後。

碰撞過程如圖 25–14 所示。入射光子偏向之角度為 θ。而原本為靜止的電子則以 ϕ 之夾角前進。根據能量守恆，可得

$$\frac{hc}{\lambda} + m_0 c^2 = \frac{hc}{\lambda'} + m_0 c^2 + K \qquad (25–25)$$

其中 $K = (\gamma - 1)m_0 c^2$，是電子在碰撞後之相對論動能。根據 x 分量及 y 分量的線動量守恆，可得

$$\sum P_x: \frac{h}{\lambda} = \frac{h}{\lambda'} \cos\theta + mv \cos\phi \qquad (25–26)$$

$$\sum P_y: 0 = \frac{h}{\lambda'} \sin\theta - mv \sin\phi \qquad (25–27)$$

其中，$mv = \gamma m_0 v$ 為電子的動量。整理式 (25–25) 至式 (25–27)，可得

$$\lambda' - \lambda = (\frac{h}{m_0 c})(1 - \cos\theta) \qquad (25–28)$$

式中 m_0 為電子的靜止質量。$(\lambda' - \lambda)$ 稱為康卜吞偏移 (Compton shift)。$\frac{h}{m_0 c} =$ 0.00243 奈米，稱為康卜吞波長 (Compton wavelength)。圖 25–15 為康卜吞效應實驗的結果之一，沒有偏移波長為 λ 的峰可用古典理論解釋，而有偏移波長變為 λ' 的峰，可看出康卜吞效應。康卜吞效應終於說服了大部分物理學家接受光為粒子（光子）的觀念。光具有波動及粒子的二種性質，稱為光的二象性 (duality)。

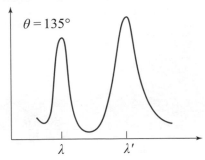

▲圖 25-15　偏向角 $\theta = 135°$ 的康卜吞偏移

例題 25-8

波長為 20.0×10^{-12} 公尺的 X 射線自碳靶中被散射，在散射角為 $90°$ 之方向上觀察散射的情形。已知電子質量為 9.11×10^{-31} 公斤。試求(a)康卜吞偏移，(b)散射光子的波長，(c)散射光子的動量，及(d)光子之能量損失率。

解　(a)康卜吞偏移為

$$\Delta\lambda = \frac{h}{m_0 c}(1 - \cos\theta) = \frac{h}{m_0 c}(1 - \cos 90°) = \frac{h}{m_0 c}$$

$$= \frac{6.63 \times 10^{-34}}{(9.11 \times 10^{-31})(3.00 \times 10^{8})}$$

$$= 2.43 \times 10^{-12} \text{ 公尺}$$

(b)散射光子的波長

$$\lambda' = \lambda + \Delta\lambda = 20.0 \times 10^{-12} + 2.43 \times 10^{-12} = 22.4 \times 10^{-12} \text{ 公尺}$$

(c)散射光子的動量

$$P' = \frac{h}{\lambda'} = \frac{6.63 \times 10^{-34}}{22.4 \times 10^{-12}} = 2.96 \times 10^{-23} \text{ 公斤・公尺 / 秒}$$

(d)光子的能量為 $E = \frac{hc}{\lambda}$，故其能量損失率為

$$\frac{E - E'}{E} = \frac{\dfrac{1}{\lambda} - \dfrac{1}{\lambda'}}{\dfrac{1}{\lambda}} = \frac{\lambda' - \lambda}{\lambda'} = \frac{2.43 \times 10^{-12}}{20.0 \times 10^{-12}} = 10.8\%$$

25-7　原子的結構

25-7-1　拉塞福的原子模型

在二十世紀初期，由於陰極射線、X 射線及放射性元素等一連串的發現，原子內的某些性質逐漸顯露。從陰極射線，我們得知原子內有質量極輕且帶負電荷的質點，這些質點不僅性質相同，且相當容易自原子中脫離（現在我們知道此些質點即為電子）。同時，因某些放射性元素能射出 α 質點（為帶二基本單位正電荷的質點，亦即失去二電子後的氦離子），故知原子亦有帶正電荷的部分。現在的問題是：帶電質點在原子內是如何的分佈？其結構如何？同時，在原子中是否尚有其他種類的物質？

早期所得到的許多原子結構的知識，是利用高速運動的帶電質點撞擊物質的薄片而來。現在，我們舉一例來說明使用這種方法的原因。假設在一捆乾草中，藏有一些白金，這些白金到底是集在一起，或是分成許多碎片散佈在草中，則尚為未知之數。要想知道白金在乾草內的含量及分佈，自然以扯開乾草來搜索最為簡捷。但要扯開一原子，卻非易事，況且我們還想知道原子內的各個質點的排列形狀。故在探測原子的模擬實驗中，是以不扯開乾草為條件，來尋找白金的位置。

今取一機槍對乾草掃射。當子彈直穿而出時，我們可肯定沒有白金在此子彈穿越的路徑上。若大多數的子彈皆筆直穿出，則可斷定草中的大部分無白金存在。那麼，從我們尋找白金的目的來看，可視草中的大部分皆空無一物。但在許多的子彈中，終會有一子彈擊中金塊，則此子彈必隨之彈起，且其穿出草束時的路徑方向，將與原先入射時的方向成一角度。循此子彈入射時及射出時的路徑探索，不難發現白金的位置。接著，若再以大量的子彈射往已知位置的白金處，並觀察這些子彈反彈而出的角度，就可測知此塊白金的形狀為何。當子彈會以同一方向入射時，若白金塊為一平板，則所有的子彈會以同一角度反彈射出；若白金塊為一圓球，則子彈群將均匀地沿各方向反彈射出。故以大量子彈對整捆乾草射擊，

並觀察它們離開乾草堆時的路徑，我們可大略獲知金塊的位置及形狀。同理，以高速帶電質點打擊一原子時，亦可藉質點彈回的方向，而獲得許多有關原子內部結構的資料。

原子內的情形，比白金在草束的分佈更有規則。原子大約有一百多種標準的結構，而這許多種結構間，又具有某些簡單的共同特徵。因此，只須作幾種探測試驗，我們就可獲得原子結構的一般規則。

為了要獲取原子內部的資料，我們必須使用能深入原子內部的質點來探測。因此一旦撞及原子表面就會彈開的原子或分子，以及低能量的帶電質點，均非理想的工具，因為它們皆無法深入原子的內部。反之，若質點皆直穿原子而過，也無法給予我們任何資料。故由放射性物質輻射而出，具有強烈穿透性的 X 射線及 γ 射線，亦不適用。在二十世紀初期，以使用 α 粒子為最佳的探測法。它們帶著高能量自放射性物質射出，並能深入原子內部。雖然絕大多數在穿過時僅有少許的方向變化，但有時也會出現急劇偏向者。此時，我們可斷定這些 α 粒子必定是擊中了原子內部某種較重的粒子。

圖 25–16 表示一用高速的 α 粒子來探測金原子的裝置。α 粒子以 1.6×10^7 公尺／秒的速度自輻射源射出。當其通過小孔後，以固定的入射方向打擊一極薄的金箔。在金箔的後方置有一 α 粒子偵測器，藉著偵測器上的一層螢光幕，可顯出 α 粒子在通過金箔後的下落。

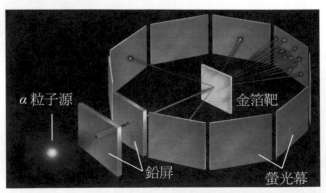

▲ 圖 25–16　以 α 粒子的散射來探測原子內部的實驗簡圖

金箔係由一大堆金原子所組成，每平方公尺僅 2×10^{-3} 公斤重，金的密度約為每立方公尺 2×10^{4} 公斤，故金箔的厚度約為

$$\frac{2 \times 10^{-3}}{2 \times 10^{4}} = 1 \times 10^{-7} \text{ 公尺}$$

同時又知金的原子量為 197，所以每一個金原子的質量為 197 個原子質量單位 (u, $1 \text{ u} = 1.66 \times 10^{-27} \text{ kg}$)，即

$$197 \times 1.66 \times 10^{-27} = 3.27 \times 10^{-25} \text{ 公斤}$$

假設相鄰的金原子皆緊靠在一起，則每個原子的體積應為

$$\frac{\text{質量}}{\text{密度}} = \frac{3.27 \times 10^{-25}}{2 \times 10^{4}} = 16.4 \times 10^{-30} \text{ 立方公尺}$$

若設原子為一立方體，則其邊長應為 2.5×10^{-10} 公尺左右。如此，欲堆成厚度為 1×10^{-7} 公尺的金箔，所需的原子數目約為

$$\frac{1 \times 10^{-7}}{2.5 \times 10^{-10}} = 400$$

此即一個 α 粒子在貫穿此金箔時，所曾穿越的金原子數目。

　　實驗的結果顯示，大多數的 α 粒子皆筆直穿過箔片，而未改變行進的方向。換句話說，一個 α 粒子通常能平均貫穿 400 個原子而不受阻擋。因此我們可斷定原子內的大部分空間皆空無一物。但是，當 α 粒子穿越金箔時，其能量逐漸降低，當改用一般厚度的金箔時，α 粒子就無法穿出了。故知金原子內似乎又含有能阻滯 α 粒子運動的物質。由其他的實驗，我們知道 α 粒子所損失的能量，是消耗在與電子的碰撞上。由於電子的質量遠較 α 粒子為輕 (約為其 $\frac{1}{7000}$)，故 α 粒子與電子碰撞時，其方向的偏折可忽略不計。

　　在仔細觀察自每一方向射出的 α 粒子後，將發覺每一萬個入射的 α 粒子中，約僅有一個被撞離原來的路徑而產生 10 度以上的偏折。在接近天文數字的撞擊中，亦僅有一兩個粒子恰能撞中原子內部的某種重質點而產生 90 度以上的偏向。由於一次碰撞的機會已微乎其微，則連遭兩次以上的碰撞機會更該是絕無僅有。故 α 粒子在穿越金箔時，連遭兩次以上碰撞的情形，可完全不予考慮。

　　α 粒子必定是受到了強烈的作用力，才會產生大偏向。因此，在原子內部的某處，至少有一很重的質點。而命中此重質點的 α 粒子，方得以受到強烈的作用。

　　根據以上所述的事實，可知一個正確的原子模型，必須具備兩項特點：⑴原子內的大部分空間應空無一物。⑵在原子內的某處，必有能與 α 粒子強烈作用的一堆質點。此外，我們已知 α 粒子穿過金箔時，可把質量較輕的電子撞走，使原子游離而帶正電。故可斷定攜有原子內大部分質量的重質點，亦必帶有正電，而使得原子在一般情況下能對外呈中性。

　　在 1911 年，拉塞福 (Ruthertord) 提出一種原子模型，它既符合了上面所講的幾種原子的特性，同時還能以庫侖力來解釋 α 粒子與原子內帶正電的重質點的交互作用。如圖 25–17 ⑷所示，拉塞福將原子比擬作一個最小的太陽系，以一帶正電的原子核 (nucleus) 居其中，電子則分佈在其周圍。原子核攜有原子內絕大部分的質量，至於質量較輕，且帶負電荷的電子，則在庫侖靜電吸力的作用下，繞著原子核迴轉，正如行星在萬有引力下繞著太陽公轉一般。在原子外，原子核的正電荷恰為電子所抵消，使得整個原子對外呈中性。故原子核上的正電荷數，等於電子在原子中的個數。

　　氫原子是由一電子及一質子所組成，故在拉塞福的氫原子模型中如圖 25–17 ⑸所示，質子即為氫原子核，而電子則在一軌道中繞核迴轉。同理，如圖 25–17 ⑹所示，原子序為 2 的氦原子是由 α 粒子及兩個電子所組成，故 α 粒子在氦原子中即居為原子核，而此二電子則為其「行星」。

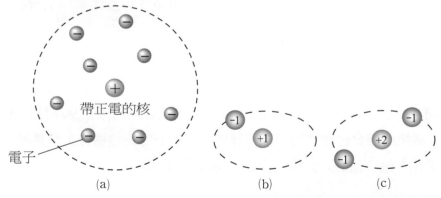

(a)　　　　　(b)　　　　　(c)

▲圖 25–17　拉塞福的原子模型：⑷帶正電荷的原子核居其中，電子分佈其周圍；⑸氫的原子模型；⑹氦的原子模型。

在拉塞福原子模型中，原子核及電子的體積比起整個原子的大小是微乎其微的，故原子內的大部分都是空的。接近原子核周圍的電場，是由核上的電荷所建立的電場，亦即強度與距離的平方成反比的電場。在原子的外圍，則有迴轉的電子所建立的電場。對原子外部而言，負電荷建立的電場，恰能抵消掉核上正電荷所建立的電場，而使原子對外呈中性。

25-7-2　波耳的原子模型

在古典物理的原子模型中，原子好像一小型的太陽系，中央為帶正電的原子核，而電子則繞著原子核旋轉。依照古典電磁理論，電子繞著原子核旋轉，作加速度運動，此帶電體加速後會放出電磁波，於是電子的能量便會逐漸減小，其軌道也將隨之縮小，如圖 25-18 所示，最後終將與原子核碰在一起。且當電子軌道縮小後，其加速度將隨之改變，此逐漸縮小軌道的電子將放出一連續光譜。但是事實上，由實驗得知，原子所放出者僅為線光譜，且原子的大小亦不縮小。古典物理已不足以說明原子的結構，我們必須發展一套新的理論，來解釋上述的現象。

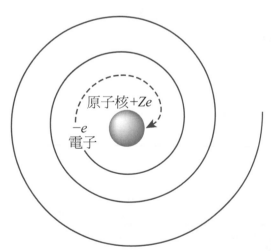

▲圖 25-18　依古典物理的說法，一原子的電子，由於加速而放出電磁波，其軌道會逐漸變小，最後終將與原子核碰在一起。

波耳 (Bohr) 基於量子假設在光電效應的成功解釋，於 1913 年提出波耳的原子模型，它包含下列假設：

1. 電子在庫侖引力之下，遵循著古典力學的定律，繞著原子核做圓周運動。

2. 這些電子不能像古典力學所說的能在任意軌道運行。只有角動量 $(L = mvr)$ 等於 h $(\hbar = \dfrac{h}{2\pi})$ 的整數倍時，電子才能在其軌道運行。即

$$L = n\hbar = \frac{nh}{2\pi} \tag{25-29}$$

式中 h 為卜朗克常數 (Planck constant)，其值為 6.63×10^{-24} 焦耳·秒。

3. 雖然電子在這些特定的軌道上有向心加速度，但是此些電子並不因而發射電磁波。這些能量保持一定值的軌道的狀態稱為定態 (stationary state)。

4. 當電子從某一高能量 E_i 之軌道轉變至另一低能量 E_f 之軌道時便放出電磁波，此電磁波的頻率 f 等於能量差 $E_i - E_f$ 除以卜朗克常數 h，即

$$f = \frac{E_i - E_f}{h} \tag{25-30}$$

上面第一假設是以古典原子模型為基礎；第二假設引導了量子化的問題；第三項假設仍為解決原子的穩定性；而第四假設實由光電效應所啟發。此波耳原子模型混合了古典物理與非古典物理為一體。在下面的推導中，我們將從角動量的量子化引導到能量的量子化，以及波耳模型如何解釋原子光譜之現象。

根據波耳的假設，氫原子之電子在原子核之庫侖引力下，以等速作圓周運動。故其原子核對電子的吸引力為

$$F = K_e \frac{Ze^2}{r^2}$$

式中 Z 是原子核內質子之數目，對氫而言 $Z = 1$。K_e 為庫侖力之常數，此庫侖引力使電子產生加速度，故在穩定狀態時，向心力與庫侖引力的大小相等，即

$$k_e \frac{Ze^2}{r^2} = \frac{mv^2}{r} \tag{25-31}$$

或

$$mv^2 = \frac{k_e Ze^2}{r}$$

在庫侖力作用下，原子核與電子之間有一電位能。如果當原子核與電子相距無限遠時，將其電位能定為零，則電子在軌道半徑為 r 時之位能為

$$U = -\frac{k_e Ze^2}{r} \tag{25-32}$$

但由式 (25–31)，可得動能

$$K = \frac{1}{2}mv^2 = \frac{1}{2}\frac{k_e Z e^2}{r} \tag{25–33}$$

所以此電子之總能量為

$$E = U + K = -\frac{1}{2}k_e\frac{Z e^2}{r} \tag{25–34}$$

從式 (25–34) 得知，當電子之能量減小時，則其軌道半徑也隨之減小。所以依古典物理所述，如果電子因加速度而放出電磁波以減小其總能量，則其軌道將隨之減小。但是依照波耳所述，電子僅能處於某些特殊之軌道，在此軌道時，電子並不發射電磁波，故其能量不變，且此時電子之角動量 mvr 等於 $\hbar$ 的整數倍，即

$$mvr = n\hbar \qquad n = 1、2、3、\cdots \tag{25–35}$$

將式 (25–33) 與式 (25–35) 合併，得知在此特殊軌道時，其半徑為

$$r = \frac{n^2\hbar^2}{mk_e Z e^2} \qquad n = 1、2、3、\cdots \tag{25–36}$$

而速率為

$$v = \frac{k_e Z e^2}{n\hbar} \qquad n = 1、2、3、\cdots \tag{25–37}$$

從式 (25–36) 得知，由於角動量的量子化，使得電子的軌道半徑僅限於某些特定之值，且其半徑與量子數 n 之平方成正比，即量子數愈大，其半徑亦隨之愈長。如將 $\hbar$、m 和 e 值代入式 (25–36)，便可求得其最小軌道 ($n = 1$) 的半徑約等於 5.3×10^{-11} 公尺，其與原子半徑之估計值 10^{-10} 公尺非常接近。

例題 25–9

試問氫原子之軌道為最小時，其上電子的速率為若干？ 軌道的半徑為若干？

解 對於氫原子而言，$Z = 1$。軌道為最小時，$n = 1$。由式 (25–37) 得知其速率為

$$v = \frac{k_e Z e^2}{n\hbar} = \frac{2\pi k_e Z e^2}{nh}$$

$$= \frac{2\pi(9 \times 10^9)(1)(1.60 \times 10^{-19})^2}{(1)(6.63 \times 10^{-34})} = 2.2 \times 10^6 \text{ 公尺 / 秒}$$

由式 (25-37) 得知，此速率為氫原子之電子的最大速率。

再從式 (25-36) 可得

$$r = \frac{n^2h^2}{mk_eZe^2} = \frac{\dfrac{(6.63 \times 10^{-34})^2}{4\pi^2}}{(9.11 \times 10^{-31})(9 \times 10^9)(1.60 \times 10^{-19})^2}$$

$$= 5.3 \times 10^{-11} \text{ 公尺} = 0.53 \text{ 埃}$$

25-7-3　氫原子的能階與光譜系

我們若將式 (25-36) 代入式 (25-34)，可得

$$E = \frac{-mk_e^2Z^2e^4}{2n^2h^2} \tag{25-38}$$

我們發現由於原子中電子角動量的量子化,導致原子中電子的總能量亦為量子化。因此在一原子中的電子並不能擁有任意值的總能量，而只能有某些特定值的能量存在。這些特定之能量隨原子的種類各有不同，如其為單一電子之原子，則其能量可以式 (25-38) 表之。

　　圖 25-19 所示，為將氫原子中電子的能量以水平線段之高度表示。其能量的分佈成階梯性而非連續性,故稱此為氫原子之能階 (energy level)。圖 25-19 左邊所示為電子的能量，以電子伏特表示，右邊為電子之量子數。從圖中可以看出，$n = 1$ 的能量最低，隨著量子數 n 的增加，能量亦隨之增加，當 n 值接近無窮大時，能量接近於零。由於電子之最穩定狀態是其能量最低的狀態，故對單電子之原子而言，其電子之正常狀態（normal state，簡稱常態）為 $n = 1$，此又稱為電子之基態 (ground state)。

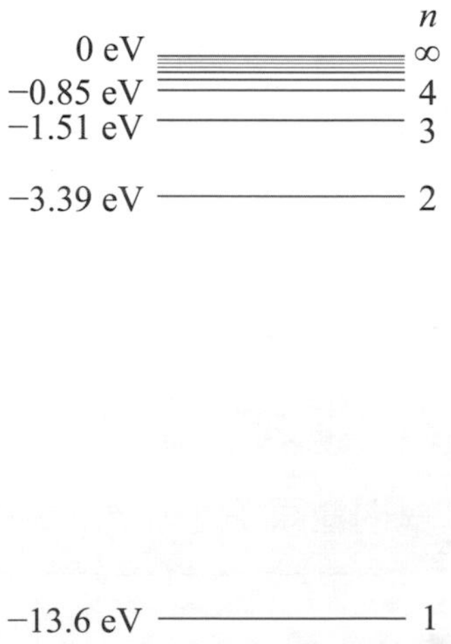

		n
0 eV	———————	∞
−0.85 eV	———————	4
−1.51 eV	———————	3
−3.39 eV	———————	2
−13.6 eV	———————	1

▲圖 25-19　氫原子的能階圖

當電子從一能階 n_i 轉變至另一能階 n_f 時，便放出電磁波，其頻率 f 由波耳之第四項假設為

$$f = \frac{E_i - E_f}{h} \tag{25-39}$$

但從式 (25–38) 得知

$$E_i = -\frac{mk_e^2 Z^2 e^4}{2n_i^2 h^2}; \; E_f = -\frac{mk_e^2 Z^2 e^4}{2n_f^2 h^2}$$

將其代入上式，便得電磁波的能量為

$$hf = E_i - E_f$$

$$= \frac{mk_e^2 Z^2 e^4}{2\hbar^2} Z^2 (\frac{1}{n_i^2} - \frac{1}{n_f^2})$$

$$= (13.6)Z^2 (\frac{1}{n_i^2} - \frac{1}{n_f^2}) \text{ 電子伏特} \tag{25-40}$$

若將上式除以卜朗克常數 h，便可得電磁波的頻率為

$$f = \frac{mk_e^2 Z^2 e^4}{4\pi h^3} (\frac{1}{n_f^2} - \frac{1}{n_i^2}) \tag{25-41}$$

若以光速 $c = f\lambda$ 代入上式，則得波長

$$\lambda = \frac{c}{f}$$

$$= \frac{4\pi c h^3}{mk_e^2 Z^2 e^4} (\frac{1}{n_f^2} - \frac{1}{n_i^2})^{-1} \tag{25-42}$$

為了方便起見，我們定義 $\varkappa = \frac{1}{\lambda}$，$\varkappa$ 稱為波數 (wave number)。
則

$$\varkappa = \frac{me^4}{4\pi c h^3} k_e^2 Z^2 (\frac{1}{n_f^2} - \frac{1}{n_i^2}) \tag{25-43}$$

或

$$\varkappa = RZ^2 (\frac{1}{n_f^2} - \frac{1}{n_i^2}) \tag{25-44}$$

此處 $R = \frac{mk_e^2 e^4}{4\pi c h^3} = 1.097 \times 10^7$ 公尺$^{-1}$，稱為芮得柏常數 (Rydberg constant)。

式 (25–38)、式 (25–40) 與式 (25–44) 實為波耳理論所能預測之最主要部分。最後，我們可將上面所討論的項目歸納為：

1. 原子之常態即其電子為最低能量之狀態，此時 $n = 1$，此又稱為基態。

2. 在氣體真空放電時，原子因互相碰撞而吸收能量，於是使電子從基態跳至較高能量之受激態（excited state，簡稱激態），此時 $n > 1$。

3. 正如其他物理系統之傾向，此被激發之原子將放出能量而重返基態。此能階之轉變可一次達成，亦可經多次轉變後重返基態。當能階轉變時，便伴隨著發射電磁波，其頻率與量子數 n_i 及 n_f 有關，亦即與電子能量的損失成正比。

4. 當所有的激發 (excitation) 與反激發 (de-excitation) 發生時，原子便發射頻率不連續之電磁波，而形成一系列的明線光譜。

光譜學家們起初僅能以一組實驗式來表示光譜線系之規律性，而無法建立一模型來解釋此現象發生之原因。直到波耳提出原子模型之後，光譜的成因，才能加以圓滿的解釋。

對氫而言，其原子核只有一個質子，$Z = 1$，所以式 (25–44) 可以改寫為

$$\kappa = R \left(\frac{1}{n_f^2} - \frac{1}{n_i^2} \right) \qquad (25\text{–}45)$$

如圖 25–20 所示，如果原子從較高之能階 n_i 轉變至 $n_f = 2$ 之能階時，其所放出之電磁波之波數為

$$\kappa = R \left(\frac{1}{2^2} - \frac{1}{n_i^2} \right) \qquad (25\text{–}46)$$

因此我們得到一結論，氫的巴耳麥系 (Balmer series) 係表示氫原子從較高之受激狀態，轉變至 $n_f = 2$ 之受激狀態時，所發出之電磁波光譜線。

從圖 25–19 可以看出，其他如來曼系 (Lyman series)、帕申系 (Paschen series) 亦可以同樣的方法來解釋（其波長與能階則列如表 25–1）。由於對氫原子光譜的成功解釋，使我們對於波耳模型的正確性更有進一步的信心，而古典物理亦隨之而動搖了。

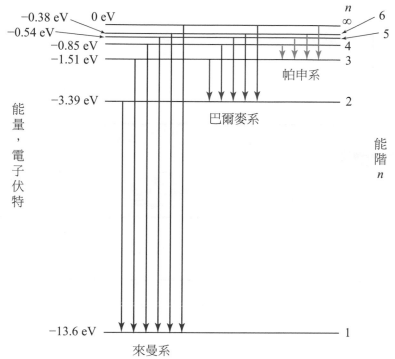

▲圖 25–20　氫原子之能階與光譜線系。圖中 $n = 6$ 與 $n = \infty$ 之間有無窮多之能階沒有繪出。

表 25–1　氫原子光譜（部分）與能階關係

線系名稱	量子數		波長 (10⁻⁶ 公尺)
	m（低能階）	n（高能階）	
來曼系	1	2	0.1216
	1	3	0.1026
	1	4	0.0970
	1	5	0.0949
	1	6	0.0940
	1	∞	0.0912
巴耳麥系	2	3	0.6563
	2	4	0.4861
	2	5	0.4341
	2	6	0.4102
	2	7	0.3970
	2	∞	0.3650

	3	4	1.876
	3	5	1.282
帕申系	3	6	1.094
	3	7	1.005
	3	8	0.950
	3	∞	0.822

例題 25-10

試計算氫原子之束縛能。

解 束縛能即是將電子從最低能量之基態 $n=1$，移至無窮遠處，所必須供給的最低能量。由於在無窮遠時其位能等於零，所以當電子之最後動能亦為零時，所須供給之能量為最小。氫原子之束縛能為最後總能量與最初總能量式 (25–38) 之差，即

$$E = \frac{mk_e^2 e^4}{2h^2}, \quad 其中\ Z = 1, n = 1$$

$$= \frac{(9.11 \times 10^{-31})(9 \times 10^9)^2(1.60 \times 10^{-19})^4}{\dfrac{1}{2\pi^2} \times (6.63 \times 10^{-34})^2}$$

$$= 2.17 \times 10^{-18} \text{ 焦耳}$$

因

$$1 \text{ eV} = (1.60 \times 10^{-19}\ 庫侖) \times (1\ 伏特)$$
$$= 1.6 \times 10^{-19}\ 焦耳$$

所以束縛能

$$E = \frac{2.17 \times 10^{-18}}{1.6 \times 10^{-19}}$$
$$= 13.6 \text{ eV}$$

此結果與圖 25-19 中所示相符。

例題 25-11

假設某氫原子從激發狀態 $n = 4$ 降至 $n = 2$ 之狀態。試問其所發射電磁波的波長為若干?

解 由式 (25-46) 得知

$$\kappa = R \left(\frac{1}{2^2} - \frac{1}{n^2} \right)$$

$$= 1.097 \times 10^7 \left(\frac{1}{2^2} - \frac{1}{4^2} \right)$$

$$= 2.057 \times 10^6 \text{ 公尺}^{-1}$$

所以

$$\lambda = \frac{1}{\kappa} = 4.861 \times 10^{-7} \text{ 公尺}$$

此與表 25-1 中所列相符。

25-8　雷射與雷射光

1960 年代雷射 (laser) 的出現，是量子物理自 1940 年電晶體 (transistor) 的發明以來，在科技上的最大貢獻。Laser（雷射）的字源是由 Light Amplification by Stimulated Emission of Radiation 中每一英文字的第一個字母所拼成，其意為經由輻射的受激發射而將光放大。雷射光是當原子從一較高能階的狀態躍遷到另一較低能階狀態所發射出來的輻射。

25-8-1　雷射的操作原理

雷射這種裝置的操作原理其實是很容易了解的。它只是利用本章前面曾討論過原子能階的量子理論的應用，基本上來說，當光子與物質發生交互作用時，有三種方式：(1)吸收 (absorption)，(2)自發發射 (spontaneous emission)，及(3)受激發射 (stimulated emission)，這三種情形，如圖 25-21 所示。

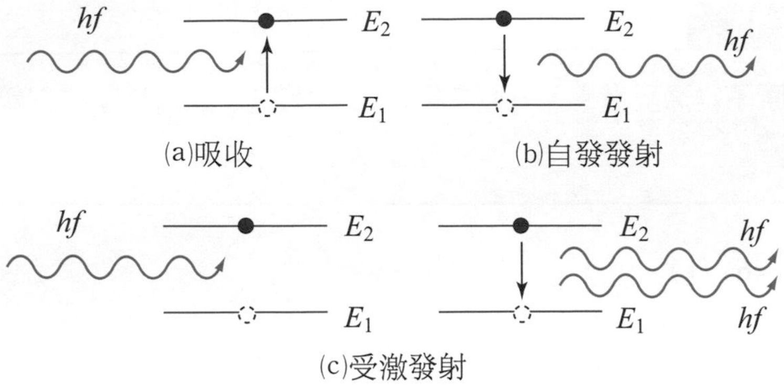

▲圖 25–21　(a)一個電子由於吸收一個光子就從較低態 E_1 提升至較高能階 E_2；(b)自發
發射發生時放出一個光子，$hf = E_2 - E_1$；(c)受激發射發生當一能量為 hf
的入射光子激發出另一具有相同能量的光子。

　　吸收與發射曾在前面幾節中討論過，在那裡曾指出一個光子被吸收能激發一
個原子將它的電子提升到較高的能階，如圖 25–21 (a)所述。這樣的電子是在受激
態，最終將回到它最初的能階上而產生了自發發射，見圖 25–21 (b)。不論是吸收
或發射的光子，其能量均為

$$E_2 - E_1 = hf$$

自發發射產生了我們常見的燈泡的光及許多其他傳統光源的光。雖然對某一個光
子，它有一定的能量 hf，但發射的光是由許多不同能量的光子所組成的，所以自
發發射所產生的光是沒有方向性的，且聚焦性不良。

　　至於受激發射對雷射的操作及有效性提供了關鍵因素。假定一原子最初是在
的受激態 E_2，如圖 25–21 (c)，且有一能量為 $hf = E_2 - E_1$ 的光子入射在這原子上。
既然入射光子能量與電子受激發的能量相同，有一較大的機率是電子將回到它的
較低能階上，而放出相同能量的兩個光子。這樣的受激輻射，由於一個入射光子，
卻產生了兩個光子。每一光子有相同的能量、方向及偏振態。這兩個光子又刺激
其他的原子放出類似的光子。於是，發生了鏈鎖反應，許多的光子發出且形成了
高強度、同調性的雷射光。

　　為了有效的雷射操作，另外一些因素是很重要的。例如，要使受激發射發生，
工作物質的原子必須是在受激態。在室溫時，大多數的原子的電子是在基態，只
有少數是在較高的能階上。這樣一個正常的居量 (population) 表示在圖 25–22 (a)

中。藉著從外界輸入能量，如熱、強光、或氣體放電，電子的居量能夠反轉。如圖 25-22 (b)，一旦居量反轉就能使較多的電子在高能階上（比起在低能階上的）。這樣的條件就足夠激發大量具有相同頻率及相同方向的光子。

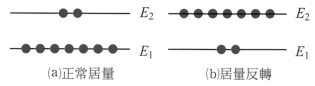

　　　(a)正常居量　　　　　　　　(b)居量反轉

▲圖 25-22　居量逆轉發生在有外界能量加入，使得原子中有較多電子在較高的能階上（比在較低的能階）。

25-8-2　紅寶石雷射與氦氖雷射

㈠紅寶石雷射

　　1960 年美國休斯飛機公司的梅曼 (Maiman) 製造了第一臺雷射，他用的材料是一塊直徑約為 1 公分的小圓柱人造紅寶石，透過如圖 25-21 所示的螺旋形強烈閃光燈照射，而獲得很短的紅色脈衝雷射光。

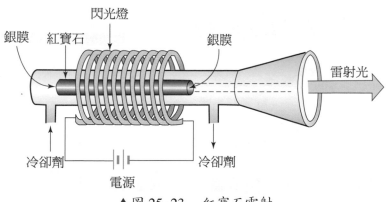

▲圖 25-23　紅寶石雷射

　　紅寶石 (Al_2O_3) 的紅色是小量的 Cr^{3+} 雜質所顯現的。圖 25-24 是這離子的一些相關能階。E_1 為基態，E_3 是一個短生命期（10^{-8} 秒）之激發態，而 E_2 則是一個長生命期（3×10^{-3} 秒）的暫穩態 (metastable state)。原子從 E_3 至 E_2 間的衰變會快速地進行，但 E_2 至 E_1 的卻不會。梅曼 (Maiman) 把一根棒狀的紅寶石晶體放在

做成繞線狀的放電管之中央，如圖 25–25 所示。把 Cr^{3+} 離子激發到 E_3 所需之波長為 550 奈米，利用波長涵蓋了 550 奈米及其鄰近波長之閃光來激發 Cr^{3+}。Cr^{3+} 離子會很快地從這能階衰變至 E_2。如果閃光足夠強，便可以使暫穩態的原子數多於基態的。這一個光激昇 (optical pumping) 的過程稱為居量逆轉 (population inversion)。

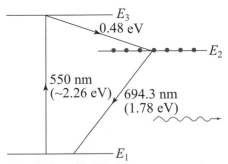

▲圖 25–24　與紅寶石雷射之產生相關的能階。E_2 能階是暫穩態。要產生雷射，在此能階上之粒子數必須大於基態 E_1 的。

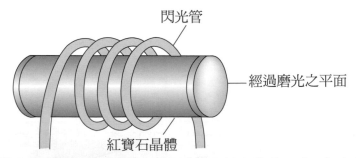

▲圖 25–25　在紅寶石雷射中，利用繞在晶體上的閃光管對晶體進行光激昇，從而製造出發出雷射所必須的居量逆轉。

　　一旦居量逆轉，則由自發發射而產生沒有固定方向的光子就會刺激 E_2 態的原子，而產生受激發射，此受激發射的過程會如圖 25–26 所示，繼續下去。這過程乃同時地在各種不同方向上發生。在應用上，會於晶體棒的兩端鍍上一層鋁作的鏡子，並令它們互相平行；平行之準確度在 1' 弧之內。其中一端可以讓 1% 的光透過。在這樣的安排下，只有那些沿著棒軸運動的光子會被前後地反射多次。只有在這個方向上的受激輻射之強度會被增加，最後，一個近似於單向，及單色的

短輻射脈衝穿過可被透射之鏡子而射出。紅寶石雷射只能發出短脈衝（放電管每一次放電可以產生幾個脈衝）。在這一個三能階程序中，雷射過程使原子回到基態上，因此需要不少的輸入功率以產生居量逆轉。

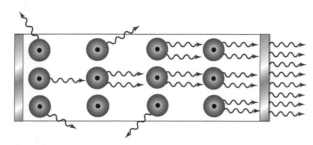

▲圖 25–26　雷射管之末端是兩片使光子在空腔內前後地反射之鏡子。雖然在開始時，受激而發出的光子乃四面八方地射出去，但只有那些平行管軸運動的光子被穩定增加。而雷射則從其中一端比較透明的鏡子透射出去。

㈡氦氖雷射

1960 年，賈凡 (A. Javan) 的工作群利用在放電管內的氦、氖混合氣體首次產生了連續波形式的雷射。電子與離子的碰撞把氦原子激發至較基態能量大了 $E_1 = 20.61$ eV 之暫穩態，見圖 25–27。剛好，氖原子在這能量 (E_1) 附近亦有一個暫穩態 E_2 ($E_2 = 20.66$ eV)。所以氦原子可以通過碰撞而把能量轉給氖原子，而不必通過發射光子回復基態；而這兩個能態之間的小量能量差 (0.05 eV) 則由原子之動能補足。同時，氖原子亦會通過與電子之碰撞而激發至 E_2 態，但氦原子之作用卻使 E_2 態上的原子數目更多。這一個四能階程序較三能階程序有效（15 W 的輸入便可產生 1 mW 的線束輸出），因為 E_3 態 ($E_3 = 18.70$ eV) 的原子會很快地掉到 E_4 態上，因而可以較輕易地維持 E_2 態、及 E_3 態之間的居量逆轉。此方法發出的雷射光波長為 632.8 奈米。

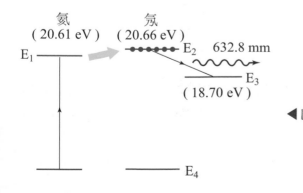

◀圖 25–27　與氦—氖雷射相關的四個能階。電子與處於 E_1 能階的氦原子碰撞，使原子躍遷氖原子的暫穩態 E_2 上。

　　圖 25-28 所示的氦氖雷射是物理實驗室中常見的一種雷射。將低壓氦氖氣體混合物封入玻璃管中，兩端加上很高的電壓。首先產生自發發射，而後引起一連串的受激發射反應。在管子的兩端塗上銀，形成鏡子以使光子來回反射而增加額外受激發射的機會。其中一端只是部分塗上銀半透鏡以致一些光子能脫離管子而形成雷射光。

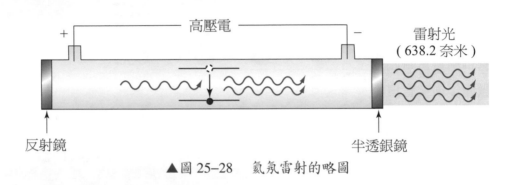

▲圖 25-28　氦氖雷射的略圖

25-8-3　雷射光的特性

㈠**雷射光是高度**單色的 (monochromatic)

　　雖然理想的單色光並不存在，但雷射光卻很接近理想。一般氣體放電管發出的光譜，其線寬 (linewidth) 大約是 ± 0.01 奈米，最好的也不過是 ± 0.0005 奈米。但氦氖雷射的線寬約為 10^{-6} 奈米。

㈡**雷射光是高度**同調的 (coherent)

　　在雷射的受激發射過程中，當一個光子誘導另一個光子出來時，被誘導的光子會與誘導的光子同調。雷射光能保持同調的距離可達數公里，而特殊燈泡只能維持同調數公分，一般燈泡就更短了。

㈢**雷射光是具有高度**方向性的 (directional)

　　在經過長距離的傳播後，雷射光仍然可以維持很細的光束，而普通光束則很容易散開，很難將其能量集中在確定的方向上。因為繞射的關係，雷射光不是完全的平行光線，會在遠方慢慢擴大，擴散角約 8×10^{-4} 弧度。口徑 1 毫米的氦氖雷射，當光束行進 1 公里時，其直徑約只擴散為 15 公分。此特性使雷射常應用於測量當作基準線。

㈣雷射光是能夠高度聚焦的 (focused)

如果兩束光能夠傳遞相同的能量，則能夠聚焦到較小範圍的光束將在該較小範圍內有較高的強度。現在雷射光其強度已可達到每平方公尺 10^{21} 瓦特。而乙炔焰火卻僅有每平方公尺 10^7 瓦特。即使低功率的氦氖雷射亦比陽光亮 4000 倍。

25–9　波動力學

25–9–1　德布羅意假說

愛因斯坦的光子理論，不僅能成功地解釋光電效應，並且在康卜吞效應的實驗上亦得到充分的證明。光具有波動與粒子的兩種性質。1924 年法國物理學家德布羅意 (Louis de Broglie, 1892~1987) 認為既然光可以具有波粒二象性 (wave-particle duality)，那麼物質應該也具有此二象性。上述的假設，稱為德布羅意假說 (De Broglie hypothesis)。物質具有的波，稱為物質波 (material wave 或 matter wave) 或稱德布羅意波 (de Broglie wave)。

德布羅意結合了狹義相對論以及量子論，指出物質波的波長以及其線性動量之間的關係為

$$\lambda = \frac{h}{P} \tag{25–47}$$

此式稱為德布羅意方程式 (de Broglie equation)，當然也可反過來看成具有波長為 λ 的電磁波，其動量 $P = \frac{h}{\lambda}$。在波耳的原子模型中亦曾有電子的角動量是量子化的假設，即電子的角動量

$$mvr = \frac{nh}{2\pi} \tag{25–48}$$

將德布羅意方程式，$P = mv = h\lambda$ 代入上式，可得

$$2\pi r = n\lambda \tag{25–49}$$

此式看起來即知是駐波形成的條件。德布羅意替波耳的隨意假設作出了清楚的說明：只有能夠容下整數倍波長的軌道才被允許。如圖 25–29 所示，穩定的圓周軌道的周長恰好分別等於二個、三個及四個德布羅意波的波長。

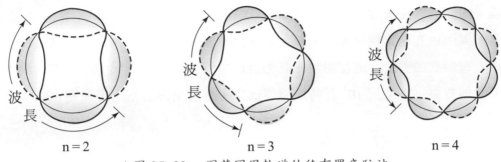

n = 2　　　　　　　　　n = 3　　　　　　　　　n = 4

▲圖 25–29　　圍著圓周軌道的德布羅意駐波

例題 25–12

一中子質量 $m = 1.675 \times 10^{-27}$ 公斤，具有德布羅意波長 $\lambda = 0.200$ 奈米。求中子的速率、動能。

解 由式 (25–47) 可得速率

$$v = \frac{h}{\lambda m} = \frac{6.63 \times 10^{-34}}{(0.200 \times 10^{-9})(1.675 \times 10^{-27})}$$

$$= 1.98 \times 10^3 \text{ 公尺 / 秒}$$

動能

$$K = \frac{1}{2}mv^2 = \frac{1}{2}(1.675 \times 10^{-27})(1.98 \times 10^3)^2$$

$$= 3.28 \times 10^{-21} \text{ 焦耳} = 0.0205 \text{ 電子伏特}$$

25-9-2　電子繞射

　　德布羅意波的假說，急需一直接的實驗來確認。最先的直接證據包含一類似 X 光繞射的電子繞射實驗。1927 年德維生 (Clinton Davisson) 和革末 (Lester Germer) 在貝爾電話實驗室工作，研究將電子束撞擊鎳靶時，電子散射的角度。圖 25–30 (a) 為德維生和革末使用的裝置，電子的速度可用加速電壓 V 來控制。如圖 25–30 (b)，他們發現電子被反射到一些特定的角，而且發現此角度與電子的速率

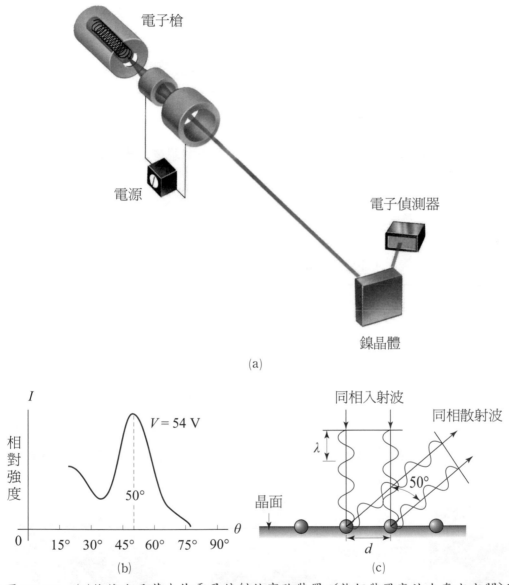

▲圖 25–30　(a)德維生及革末作電子繞射的實驗裝置（整個裝置應放在真空空間）；
　　　　　　(b)加速電壓為 54 伏特時，偵測器的取向角 $\theta = 50°$ 有最大的強度；(c)從相
　　　　　　鄰兩原子散射的波，其光程差 $d \sin\theta = d \sin(50°) = \lambda$，產生最大的相長干
　　　　　　涉。

有關。上述的電子反射就像第 5 節 X 射線被原子平面反射而產生的繞射圖樣一
樣。可知電子亦具有波動的性質。類似我們在第 24 章第 5 節繞射光柵的分析一樣，
當相鄰兩縫的光程差 $d \sin\theta$ 是波長 λ 的整數倍時，便可得到繞射極大的角度，同

樣將光束改為電子束，縫距改為有效的原子平面間距，如圖 25–13 所示，由下式可得電子繞射強度極大的 θ 角。

$$d \sin\theta = n\lambda \tag{25–50}$$

式中，d 為有效的原子平面間距，對鎳而言，$d = 0.215$ 奈米。他們得到的一組數據是加速電壓 $V = 54$ 伏特，$\theta = 50°$。由式 (25–50) 可得 $\lambda = 0.165$ 奈米。而將電子質量 m，荷電量 q 以及加速電壓 V 等數值代入德布羅意方程式，$P = \dfrac{h}{\lambda}$，所得的關係式

$$\lambda = \frac{h}{\sqrt{2mqV}} \tag{25–51}$$

所計算出來的波長為 0.167 奈米。兩者幾乎相同，由此可知德布羅意的假說確實獲得證實。

　　1927 年湯木生 (G. P. Thomson) 與萊德 (A. Reid) 使用 3×10^4 電子伏特的電子束穿過鉑及金薄膜。這些薄膜含有許多細小且有任意方位的晶體，在這些晶體中，必有一些恰能滿足式 (25–50)，因而可在照相底片上得到繞射環，從而證實電子的波動性質。圖 25–31 (a)為 0.071 奈米的 X 射線穿過鋁箔而產生的繞射圖樣。圖 25–31 (b)為電子穿過鋁箔而產生的繞射圖樣。因為鋁箔是很大方位不同的小晶體組成，所以得到此環狀圖樣。圖 25–32 為使用 0.07 電子伏特中子穿過鐵的多晶樣品所得到的繞射圖樣。

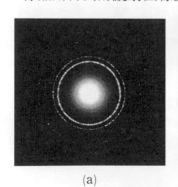 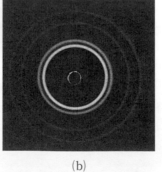

(a)　　　　　(b)

▲圖 25–31　(a) 0.071 奈米的 X 射線穿過鋁箔而產生的繞射圖樣；(b)電子穿過鋁箔所產生的繞射圖樣。

▲圖 25–32　0.07 電子伏特的中子穿過鐵的多晶樣品所得到的繞射圖樣

例題 25-13

在電子繞射實驗中，使用加速電壓為 54 伏特，如圖 25-30(b)所示，強度最大發生在 $\theta = 50°$ 處。已知用 X 射線繞射所量得原子間距為 2.15 埃。求電子的波長，(a)使用式 (25-50) 的光柵公式，(b)使用式 (25-51) 的德布羅意公式。

解 (a)由式 (25-50) 及 $m = 1$，可得

$$\lambda = d \sin\theta = (2.15 \times 10^{-10})(\sin 50°) = 1.65 \times 10^{-10} \text{ 公尺}$$

(b)由式 (25-51)

$$\lambda = \frac{h}{\sqrt{2mqV}}$$

$$= \frac{(6.63 \times 10^{-34})}{\sqrt{(2)(9.10 \times 10^{-31})(1.60 \times 10^{-19})(54)}}$$

$$= 1.67 \times 10^{-10} \text{ 公尺}$$

25-9-3　水丁格波動方程式

　　自德布羅意推出物質波的假說，並受到愛因斯坦的重視後，我們知道粒子都被其波動的性質所牽制，這些波的運動規則，就是我們目前所最需要知道的了。現在我們所面臨的問題與牛頓當初的問題是一樣的，那就是找出運動的定律出來。由這種新的運動定律所規範的力學，稱為波動力學 (wave mechanics) 或量子力學 (quantum mechanics)。

　　不過，我們比牛頓幸運多了，因為我們有以往的力學作為嚮導。雖然古典力學在許多方面都經不起考驗，可是它畢竟也是在某些條件上是正確的，因此新的運動定律必定與古典力學有一些對應之處。其實德布羅意已經給了差不多的答案了，動量相當於角波數，能量相當於頻率。而為了化簡繁雜的數學運算，下面我們僅討論一度空間的情況。

　　在古典非相對論力學中，我們已知能量和動量的關係為

$$E = \frac{P^2}{2m} + U \tag{25-52}$$

式中 E 是總能量、P 是動量、m 是粒子質量、U 是粒子所在地的位能。對於一個平面波，我們又為了計算方便，常用複數的指數形式表示其波函數，即將波函數 $\psi(\mathbf{r}, t)$ 寫成下列形式

$$\psi(\mathbf{r}, t) = \psi(x, t) = e^{i(kx - \omega t)}$$
$$= A\,[\cos(kx - \omega t) + i\sin(kx - \omega t)] \tag{25-53}$$

式中 k 為角波數、ω 為角頻率，依照德布羅意的假說，此波可以代表一個動量為 P，能量為 E 的粒子，其關係為

$$P = \frac{h}{\lambda} = \frac{h}{2\pi}\frac{2\pi}{\lambda} = \hbar k \tag{25-54}$$

$$E = hf = \frac{h}{2\pi}(2\pi f) = \hbar\omega \tag{25-55}$$

而我們又發現

$$\frac{\partial \psi(x, t)}{\partial t} = \frac{\partial}{\partial t} A e^{i(kx - \omega t)} = -i\omega A e^{i(kx - \omega t)} = -i\omega\psi(x, t),\ \ 即\ \omega = i\frac{\partial}{\partial t} \tag{25-56}$$

$$\frac{\partial \psi(x, t)}{\partial x} = \frac{\partial}{\partial x} A e^{i(kx - \omega t)} = ikA e^{i(kx - \omega t)} = ik\psi(x, t),\ \ 即\ k = -i\frac{\partial}{\partial x} \tag{25-57}$$

將上兩式代入式 (25-54) 及式 (25-55)，消去 k 及 ω 可得動量算符 (momentum operator) 及能量算符 (energy operator) 為

$$P = \hbar k = -i\hbar\frac{\partial}{\partial x} \tag{25-58}$$

$$E = \hbar\omega = i\hbar\frac{\partial}{\partial t} \tag{25-59}$$

將此代入式 (25-52)，並對波函數 $\psi(x, t)$ 加以計算，可得

$$i\hbar\frac{\partial}{\partial t}\psi(x, t) = -\frac{\hbar^2}{2m}\frac{\partial^2}{\partial x^2}\psi(x, t) + U(x, t)\psi(x, t) \tag{25-60}$$

此式由非相對論的能量關係 $E = \dfrac{P^2}{2m} + U$ 所導出，稱為非相對論的水丁格波動方程式 (Schrödinger's wave equation)。若粒子為自由粒子，$U(x, t) = 0$，則上式變成

$$i\hbar\frac{\partial}{\partial t}\psi(x, t) = -\frac{\hbar^2}{2m}\frac{\partial^2}{\partial x^2}\psi(x, t) \qquad (自由粒子) \tag{25-61}$$

上式稱為自由粒子的水丁格方程式。若將式 (25-60) 的右邊兩項寫在一起，用一新算符 H 表示，則式 (25-60) 變成

$$i\hbar\frac{\partial \psi(x, t)}{\partial t} = H\psi(x, t) \tag{25-62}$$

式中的新算符 H，稱為罕米吞算符 (Hamiltonian operator)。

　　若波函數 $\psi(x, t)$ 表示一時間與空間變數可分離的函數，則我們知道 $\psi(x, t)$ 可改寫成下列的形式

$$\psi(x, t) = \phi(x)\, e^{-i\omega t} \tag{25-63}$$

由式 (25-52) 知 $P^2 = 2m(E - U)$，又 $P = -i\hbar\dfrac{\partial}{\partial x}$，所以

$$(-i\hbar\frac{\partial}{\partial x})^2(\phi(x)\, e^{-i\omega t}) = 2m(E - U)(\phi(x)\, e^{-i\omega t})$$

即

$$\frac{d^2\phi(x)}{dx^2} + \frac{2m}{\hbar^2}(E - U)\phi(x) = 0 \tag{25-64}$$

這便是與時間無關的水丁格波動方程式 (time-independent Schrödinger equation)。波函數 $\phi(x)$ 表示 E 不隨時間改變的穩定態 (stationary state)。

25-9-4　波函數的物理意義

　　前面我們已經知道物質波的運動方程式，可是最重要的是我們必須給予物質波以明確的物理意義。在前面，我們只是粗略地說，粒子的性質為波所支配而已。在歷史的發展過程中，最先想到的是：波的振幅平方所代表的是質量的分佈。這個想法是非常自然的，因為在古典的波動中，振幅的平方都是代表著能量。不過，這種說法卻碰到了許多困難，其中最大的困難便是波束的擴散，這使得粒子無法保持其大小。因此波恩 (M. Born) 提出了一種解說，那就是機率 (probability) 的說法。他把振幅的絕對值平方解釋為粒子在某時刻、在某處、出現的機率，也就是說波函數必需受到下面的限制

$$\int_{\text{整個空間}} \psi^*(\mathbf{r}, t)\psi(\mathbf{r}, t)dV = 1 \qquad （三度空間） \tag{25-65}$$

因為在整個空間中找到粒子的總機率是 1。這條件稱為歸一條件 (normalization condition)；因為這條件使得波函數的形式大受限制，雖然有許多函數能符合水丁格方程式，但它們卻不一定是有物理意義的波函數。在物理上，可以被接受的波函數必需要能符合式 (25-65) 的歸一條件，也就是這個限制，使得在某些位能下的波函數只能有幾個特定的解，而被量子化 (quantized)。

在三度空間中，$\psi^*(\mathbf{r}, t)\psi(\mathbf{r}, t)dV$ 表示在體積 dV 內找到該粒子的機率，$\psi^*\psi$ 稱為機率密度 (probability density)。在一度空間系統中，$\psi^*(x, t)\psi(x, t)dx$ 是在 $(x, x + dx)$ 中找到該粒子的機率。由於粒子必需存在在某處，所以把在 x 軸上的各種機率加起來也是必然等於 1，即

$$\int_{-\infty}^{\infty} \psi^*(x, t)\psi(x, t)dx = 1 \tag{25-66}$$

上式中的波函數 $\psi(x, t)$，如果是時間與空間變數可以分開的波動或駐波則可寫成 $\psi(x, t) = \phi(x)e^{-i\omega t}$，而 $\psi^*(x, t)$ 改寫成 $= \phi^*(x)e^{+i\omega t}$，因此上式變成

$$\int_{-\infty}^{\infty} \phi^*(x)\phi(x)dx = 1 \tag{25-67}$$

滿足式 (25-65) 到式 (25-67) 的波函數，被統稱為歸一化的 (normalized)。

下述的簡單實驗可以說明波函數的機率意義。在這實驗中，我們讓電子束穿過單狹縫，如圖 25-33 所示。電子束的密度非常弱，所以每一時刻只有一個電子穿過狹縫。我們用很多互相緊靠的小偵測器來記錄電子到達的位置 $\psi^*(x, t)\psi(x, t)$

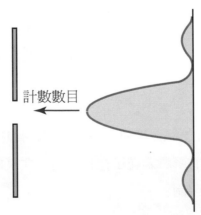

　計數數目

▲ 圖 25-33　當電子穿過單狹縫時，其計數數目呈現了單狹縫的繞射圖樣。

告訴我們在 x 位置上的計數數目於總計數中所佔的比例。在開始時，電子的分佈是散亂的，但當累積到幾千個電子時，電子的分佈便開始呈現了大家熟悉的單狹縫繞射圖樣。從而證明了上述那些新奇的想法！圖 25-34 是穿過雙狹縫的電子產生之繞射圖樣。

古典物理及特殊相對論都是以決定原理 (principle of determinism) 為基礎。也就是說，如果粒子的起始位置、速度及作用於其上的力皆為已知，便能夠精確地預測它將來的路徑。至少在理論上，可以決定粒子的確實位置。而波函數的統計含意則告訴我們，只能預測在某一位置上粒子被觀察到的機率。不再可能確實地預測在那裡可以偵測到某一粒子。量子力學正確地預測物理量之平均值，而不是某一次測量的結果。

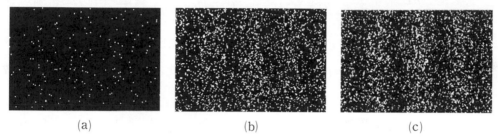

    (a)   (b)   (c)

▲圖 25–34　記錄在電視螢幕上的電子雙狹縫繞射圖樣。最初，繞射點似乎是散亂地分佈，在大量電子到達後，繞射圖樣便很明顯了。

25-9-5　波動力學的應用

現有一粒子在一個邊長為 L 的一度空間盒子內來回反彈，質量為 m，如圖 25-35 (a)所示。假設盒子是不能被穿透的；在盒內，位能為零；盒壁處外，位能為無限大，圖 25-35 (b)所示，為一無限的位阱 (potential well)。

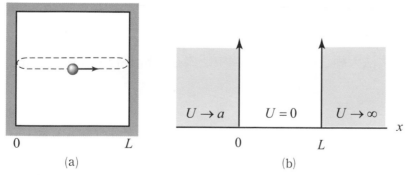

              (a)   (b)

▲圖 25–35　(a)被束縛在盒子內的粒子左右來回反彈。(b)盒壁是不能穿透的，代表了無限位能。

由於粒子不能穿透盒壁，所以，在 $x<0$，及 $x>L$ 處，$\phi=0$。由波函數連續之要求我們得到下列的邊界條件

在 $x=0$，及 $x=L$ 處，$\phi(x)=0$

因為 $U=0$，則式 (25–64) 的水丁格波動方程式變成

$$\frac{d^2\phi(x)}{dx^2}+k^2\phi(x)=0$$

式中，$k=\frac{\sqrt{2mE}}{h}$。此方程之解為 $\phi(x)=A\sin(kx+\delta)$。由邊界條件我們知道當 $x=0$ 時，$\phi=0$；由此可得 $\delta=0$。而由另一個邊界條件：當 $x=L$ 時，$\phi=0$；便可得到 $\sin(kL)=0$，即 $kL=n\pi$，其中 n 是整數。因此，滿足邊界條件的波函數具有下列的形式

$$\phi(x)=A\sin(\frac{n\pi x}{L}), \qquad\qquad n=1、2、3、\cdots \qquad\qquad (25\text{–}68)$$

由於 $k=\frac{2\pi}{\lambda}=\frac{n\pi}{L}$，第 n 個駐波之波長為 $\frac{2L}{n}$。而由德布羅意方程式，我們知道 $\lambda=\frac{h}{mv}$。因此，$v=\frac{nh}{2mL}$。而 n 之值只可能是整數，故此速率是量子化的。粒子的能量（由於只有動能）等於 $\frac{1}{2}mv^2$，所以能量也是量子化的

$$E_n=\frac{n^2h^2}{8mL^2}, \qquad\qquad n=1、2、3、\cdots \qquad\qquad (25\text{–}69)$$

邊界條件令我們得到如圖 25–36 所示的量子化能階。要注意的是，粒子的能量不為零。最低的能量乃對應於 $n=1$ 之值，即所謂的零點能 (zero-point energy)。任何被侷限在空間中某一區域內的粒子皆有零點能，縱使溫度為 0 K。這一點與古典理論的說法大相逕庭；古典理論中認為在 0 K 時任何物體皆靜止。

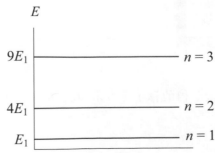

▲圖 25–36　在無限大位阱中的粒子之量子化能階

圖 25-37 (a)畫出了對應於前幾個能階的波函數；圖 25-37 (b)則是機率密度 $\phi^2(x)$。

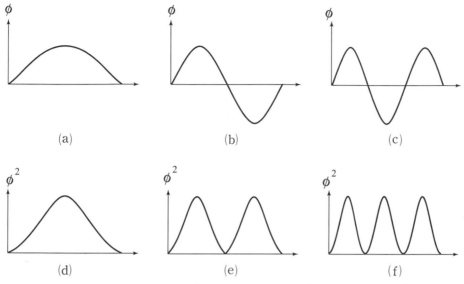

▲圖 25-37　(a)盒內的粒子的前三個波函數；(b)前三個能階的機率密度。

例題 25-14

電子陷在長度為 0.1 奈米的無限大位阱中，前三個能階大小為何？

解 由式 (25-69)，能階為

$$E_n = \frac{n^2 h^2}{8mL^2}$$

$$= \frac{n^2 (6.63 \times 10^{-34})^2}{(8 \times 9.11 \times 10^{-31})(10^{-10})^2}$$

$$= n^2 (6.03 \times 10^{-18}) \text{ 焦耳} = 37.7 n^2 \text{ 電子伏特}$$

因此，前三個能量分別是 $E_1 = 37.7$ 電子伏特，$E_2 = 151$ 電子伏特及 $E_3 = 339$ 電子伏特。

例題 25-15

10^{-6} 公斤的塵粒被侷限在 1×10^{-2} 公尺的盒子內。(a)最小的可能速率為何？
(b)若粒子的速率為 10^{-7} 公尺 / 秒，量子數 n 為何？

解 (a)由式 (25-69) 可以發現最小的容許能量為 E_1。因此，$\frac{1}{2}mv^2 = \frac{h^2}{8mL^2}$，由此可得

$$v = \frac{h}{2mL} = \frac{6.63 \times 10^{-34}}{2 \times 10^{-6} \times 10^{-2}}$$

$$= 3.32 \times 10^{-26} \text{ 公尺 / 秒}$$

此速率太小了，縱使考慮零點能，塵粒基本上仍然是靜止的，與我們的古典期望相一致。

(b)為了求量子數 n，我們令動能等於 E_n

$$\frac{E_n}{E_1} = n^2 = (\frac{v_n}{v_1})^2$$

所以可得

$$n = \frac{v_n}{v_1} = \frac{10^{-7}}{3.32 \times 10^{-26}} = 3.01 \times 10^{18}$$

此 n 太大了，所以在宏觀尺度中，無法觀察到 n 至 $n-1$ 的躍遷過程中能量之量子化性質。而且，在 $x=0$ 至 $x=L$ 之範圍內，波函數進行多次的振盪。因而，機率波的波峰與波谷非常靠近，以致機率變成均勻的，這恰好是古典的結果。

25-10　原子核的結構與穩定性

25-10-1　原子核的結構

在第 7 節的原子構造中，我們已知原子的原子核係由質子及中子組成，我們把這兩種粒子合稱之為核子 (nucleons)。用原子序數 (atomic number) Z 來標示一種元素，它是原子核內的質子數。天然元素之原子序介於 $Z=1$（氫）及 $Z=92$（鈾）之間，而 $Z=93$ 至 $Z=109$ 之間的元素都是人為方法造成的。原子質量數 (atomic mass number) A 是指在原子核內核子之總數，其值為 $A=N+Z$。具有 N 個中子，及 Z 個質子的原子核，稱為原子核種 (nuclide)，符號表示為 ${}^A_Z X$，例如 ${}^{16}_8 O, {}^{12}_6 C$ 及 ${}^{14}_7 N$ 等。

　　某一元素之同位素（isotopes）是指那些原子核內具有相同的質子數，但中子數卻不同的原子。例如，自然界中的碳，含有 98.9% 的 $^{12}_{6}C$、1.1% 的 $^{13}_{6}C$ 及其他微量的同位素；這些同位素的質量介於 11 到 16 之間。由於一種元素的化學性質是由其原子內的電子決定，故此，同位素之原子核雖然質量不一樣，但在化學性質上，各同位素是完全一樣的。

　　原子質量大致上是氫原子質量的整數倍。這是因為電子質量遠小於質子質量，而中子質量又約等於質子質量。因此，若以質子質量為單位，便可以近似地把原子質量寫成一個等於質量數 A 之整數。

　　拉塞福通過對 α 粒子散射（見第 7 節的說明）之分析而推論原子核半徑約為 10^{-14} 公尺。較新的實驗則用到電子、質子及中子之散射。由於電子不會受核交互作用影響，特別適合於這類實驗。如果電子能量超過 200 MeV，它們的物質波波長便會小於原子核之大小，因此能探測原子核內電荷分佈的情形。這樣的實驗顯示原子核大致是球形的，而半徑 R 與質量數之間有下列的近似關係

$$R \approx 1.2 A^{\frac{1}{3}} \text{ 費米} \tag{25-70}$$

其中，1 費米 (fermi, fm) $= 10^{-15}$ 公尺。由於球體之體積 V 正比於 R^3，由式 (25-70) 可以發現 V 正比於原子質量數 A。這似乎是說核子便如液滴內的分子般緊密地堆疊在一起。

　　建立一個原子核構造模型要比建立一個原子模型困難得多。在 1932 年中子被發現後，就開始有了原子核構造的理論。數十年來在實驗方面已累積了許多有關這方面的資料，為說明這些實驗的事實，發展了很多有關原子核構造的構想。每一種構想常常只能圓滿地解釋原子核的一部分性質，而沒有一種是完美無疵的。近年來原子核物理學發展極為迅速，有關原子核構造的理論，才算漸漸定型，到目前為止，物理學家認為，每一核子 (nucleon) 可大致上看成在核內一種平均力場中運動，不受其他粒子的影響，此一力場是由於所有其他核子產生的。這一模型和波耳原子模型很相似。原子核內的核子就像核外的電子一樣佔有某些殼層 (shell) 或軌道。每一核的殼層代表一不同的量子狀態。核子都依規定之數分佈於各殼層上，每一層佈完後，多的核子便分佈在次一層上。核子層的結構和原子的

內電子層的結構有兩個主要不同之處：前者有二組殼層分別佈以質子和中子，質子殼層和中子殼層各不相干；後者只有一組殼層佈以電子。再者，各電子層彼此分離，其能層比原子核能層小得很多，我們只能以它們不同的能階區別之。殼層模型 (shell model) 的原子核結構是由諾貝爾物理獎得獎人梅耳夫人 (Maria Mayer) 和詹森 (Hens Jensen) 於 1950 年共同提出的，他們發展這一模型是基於發現和實驗的事實。例如質子和中子常是各自成對地結合在一起，在千餘種同位素中原子核絕大多數是由偶數的質子和偶數的中子結合而成的，並且當其中一偶數為 2, 8, 20, 28, 50, 82, 126 時，這樣的原子核特別穩定，自然界中發現這些原子核最為豐富。而由奇數的質子和奇數的中子結合而成的不超過七個，再者，實驗發現許多突變的原子核性質，這現象又與上述的核子數有關。當時的科學家稱此數為魔數 (magic number)，認為每一魔數表示核內一殼層封閉（所謂封閉即殼層正好佈完核子而無一個空位），每一核子層佈滿時，即得 2, 8, 20, 28, 50, 82, 126 等數，此時殼層封閉，核子不易對外作用。從計算原子核的結合能 (binding energy；將在下一段討論)，得知魔數原子核的「結合能」較其鄰近原子核的結合能大得很多，因此這些原子核極為穩定。例如氦原子核 ($^{4}_{2}He$) 便是特別穩定，其具有兩個質子和兩個中子；氧原子核 ($^{16}_{8}O$) 也是極為穩定，其具有八個質子和八個中子；硫 ($^{36}_{16}S$) 有二十個中子；鉛 ($^{208}_{82}Pb$) 有 82 個質子和 126 個中子；鎳 ($_{28}Ni$) 有二十八個質子；錫 ($_{50}Sn$) 有五十個質子，這些原子核都有極高的穩定性。又如鎳的同位素有五個，錫的同位素有十個之多，這些同位素都是非常穩定的原子核。

　　這種殼層的原子核模型近於實際而較為成功，它能說明許多原子核的現象，例如核子輪廓和能階，原子核的自旋 (spin) 和磁矩 (magnetic moment) 等，應用於輕原子核相當圓滿，但不太能適用於重原子核。近數年來殼層模型的理論不斷地在逐步發展，現已發展到「擴張殼層模型」(extended shell model)，其主要修正點在於考慮到核子間的相互作用。原來殼層模型將核子間相互作用略而不計，因而無法解釋許多核子集體的效應現象，擴張殼層模型理論為物理學家對原子核結構作長期研究所得到的重大成就。今日他們期望以此一理論能夠全部正確地解釋所有原子核的內部祕密。

25-10-2　原子核的穩定性與結合能

原子核的穩定程度，與核內中子數對質子數的比值大有關係。根據實驗結果可見，原子序在 20 以前者，穩定核中的中子數等於質子數，原子序在 20 以上者，穩定核裡的中子數大於質子數，如圖 25–38 所示。

穩定原子核的存在，表示各核子處於束縛態。原子核中的質子會感受到極大的電斥力，所以必須有更大的吸引力把它們結合在一起。核力 (nuclear force) 是一種適用範圍很小（約 2 費米）的短程作用力。雖然中子對質子的比數可以影響原子核的穩定性，但是對於原子核而言，其中結合力彼此也有差別。

原子核的結合能 (binding energy) E_B 是定義為結合各成分核子成一新原子核子所釋出的能量，或完全分離一原子核使其成為其成分核子所需的能量。

我們知道氦核是由 2 個氫核與 2 個中子所組成，可寫成

$$2{}_1^1\text{H} + 2{}_0^1\text{n} \rightarrow {}_2^4He + 能量$$

每一氫核的質量 $m_\text{H} = 1.007825$ 原子質量單位，而每一個中子的質量 $m_\text{n} = 1.008665$ 原子質量單位。因此反應物的總質量為

$$2m_\text{H} + 2m_\text{n} = 2 \times 1.007825 + 2 \times 1.008665$$
$$= 4.03298\ 原子質量單位$$

而實際氦核的質量 $m_\text{He} = 4.002604$ 原子質量單位。

兩相比較，合成氦核反應後減少了 0.0304 原子質量單位的質量，這種質量的減少，稱為質量欠缺 (mass defect)。按照愛因斯坦的質能互換原理，是因物質變成了能。其大小可藉愛因斯坦的公式計算，因變換的質量 $m = 0.0304$ 原子質量單位，故其所變成的能量

$$E_B = 0.0304 \times (1.66 \times 10^{-27}) \times (3 \times 10^8)^2 = 4.54 \times 10^{-12}\ 焦耳$$

以 1 克分子氦來說，其結合能約為

$$E_B = (4.54 \times 10^{-12}) \times (6.02 \times 10^{23}) = 2.73 \times 10^{12}\ 焦耳$$

此一鉅大的能量，就是 1 克分子氦的結合能 (binding energy)。換句話說，欲將 1 克分子的氦破壞，使成中子與質子，須用 2.73×10^{12} 焦耳的能量。每核子的平均

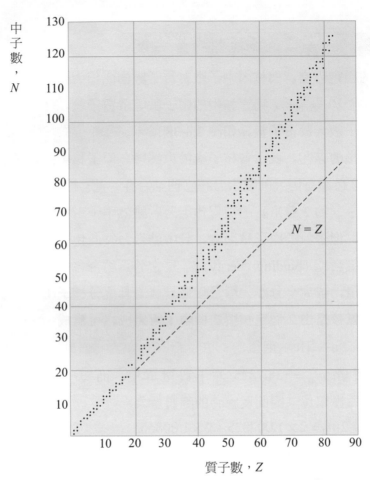

▲圖 25-38　穩定核的中子數 N 對原子序 Z 的圖。曲線之往上彎顯示較重的核需要較大比例的中子以平衡質子間的電斥力。

結合能為 $\dfrac{4.54 \times 10^{-12}}{4} = 1.14 \times 10^{-12}$ 焦耳。由於 1 百萬電子伏等 (MeV) $= 1.6 \times 10^{-13}$ 焦耳，故對氦核來說，每核子的平均結合能為

$$\overline{E_B} = \frac{1.14 \times 10^{-12}}{1.6 \times 10^{-13}} = 7.13 \text{ 百萬電子伏特 (MeV)}$$

　　現在我們明白原子核結合能的意義及其算法。依照前例並根據各種原子核的組成，即可計算其中每一核子的平均結合能。圖 25-39 所示，即表示這種研究的結果。由此可知，這種結合能的變化有一種很有規則的趨勢，質量數接近 60 的原子核，有最高的結合能，因此也最穩定。離開這最高點越遠的元素，其結合能也越低。

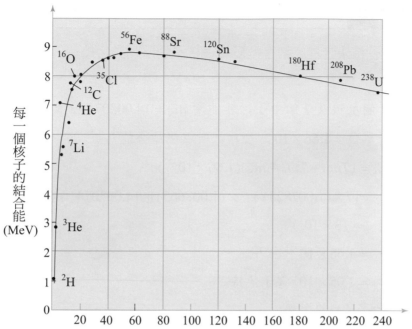

▲圖 25-39　每一個核子之平均結合能對質量數 A 的關係圖。可以發現 $_2^4$He, $_6^{12}$C, $_8^{16}$O 是特別穩定的。而極大值發生於 $_{26}^{56}$Fe 上。

例題 25-16

以 $_8^{16}$O 為例，估計典型原子核的密度。

解　利用式 (25-70)，球體的體積

$$V = \frac{4}{3}\pi R^3 = \frac{4\pi}{3}(1.2)^3 A \text{（費米}^3\text{）} = 7.24 \times 10^{-45} A \text{（公尺}^3\text{）}$$

氧原子 ($A = 16$) 的質量為 16 原子質量單位（電子質量已包括在內，事實上，電子質量的影響是可以被忽略的）。所以密度為

$$\rho = \frac{m}{V} = \frac{(16)(1.66 \times 10^{-27})}{(7.24 \times 10^{-45})(16)} = 2.2 \times 10^{17} \text{（公斤 / 立方公尺）}$$

這較水的密度大上了不只 10^{14} 倍。由於 $m \propto A$，而且 $V \propto A$，所以 $\rho = (\frac{m}{V})$ 與 A 無關。所有原子核的 ρ 大致相同。中子星亦具有這驚人的密度。

例題 25-17

由 $^{14}_{7}N$ 的原子核決定其總結合能及每一核子的平均結合能。

解 $^{14}_{7}N$ 含有 7 個氫核及 7 個中子，其能量 $m_N = 14.003074$ 原子質量單位，又知 1 原子質量單位 $= 1.66 \times 10^{-27}$ 公斤，所以總結合能為

$$E_B = (7m_H + 7m_n - m_N)(1.66 \times 10^{-27})c^2$$

$$= [7 \times (1.007825) + 7 \times (1.008665) - 14.003074] \times (1.66 \times 10^{-27})$$

$$\times (3 \times 10^8)^2$$

$$= 1.68 \times 10^{-11} \text{ 焦耳}$$

$$= 1.05 \times 10^8 \text{ 電子伏特}$$

每一核子的平均結合能為

$$\overline{E_B} = \frac{E_B}{A} = \frac{1.05 \times 10^8}{14} = 7.5 \text{ 百萬電子伏特／核子}$$

25-11　放射性

25-11-1　放射性

　　強核力克服質子的庫侖排斥力，使核子緊緊地保持在原子核內。然而力的平衡並不是永遠維持的，有些粒子或質子會從原子核放射出。此類不穩定的原子核稱為放射性的 (radioactive)，具有放射性 (radiotivity) 的性質。

　　自發現 X 射線後，一般物理學家群起探求此項不可見的輻射現象。1896 年法國物理學家貝克勒 (Becquerel) 於研究以可見光照射化合物所產生之磷光與螢光時，發現鈾鹽 (uranium-potassium sulfate) 可不經光之照射，而有穿透黑紙、薄金屬箔及其他物質之能力。貝克勒迅即發現此一放射現象為鈾之特性，不論將鈾鹽之物理或化學狀態如何改變，均不影響其放射性質。

　　1897 年末，瑪莉・居里 (Marie Curie) 發現釷（thorium，原子序 90）亦具有放射性（radioactivity，這名詞是她首創的）。翌年她與她的先生——皮埃爾・居里 (Pierre Curie) 利用化學技術分離了兩種新的放射性元素；釙（polonium，於 1898 年 7 月發現）及鐳（radium，於 1898 年 12 月發現）。在接下來的幾年中，人們陸續發現了其他幾種放射性元素。

　　人們發現放射性不受溫度、壓力或物料之化學狀態影響。把一小塊鐳的樣品（每一公克鐳在每一小時內約放出 0.1 卡的熱）放在鋁製容器中，單就一個原子而言，它放出的熱量大約是任何已知的化學反應的 10^5 倍。很明顯地，放射性是由於原子內某種未知的過程造成的，而不是原子間交互作用的結果。

　　1899 年，拉塞福根據放射性發射之電荷，及穿透能力來把它們分類。其分類如下，有三個主要由原子核放射性發射的形式：

1. 阿伐粒子（alpha particle，α 粒子）：α 粒子為氦原子的核，由兩個質子和兩個中子組成。它具有 +2 e 的電荷和 4.001506 u 的質量。由於它的正電荷以及相當低的速率 $(0.1c)$，粒子沒有大的穿透力。

2. 貝他粒子（beta particle，β 粒子）：有兩類的貝他粒子，一類為貝他負粒子 β^- 而另一類為貝他正粒子 β^+。貝他負粒子是一個電荷為 $-e$，質量為 0.00055 u 的電子。貝他正粒子同時亦稱為正電子，具有像電子一樣的質量但帶相反的電荷 (+e)。這些粒子通常以接近光的速度發射。貝他負粒子比阿伐粒子有更大的穿透力。但貝他正粒子很容易和電子結合，當此時正粒子和電子很快的毀滅而產生伽瑪射線的發射。

3. 伽瑪射線（gamma ray，γ 射線）：伽瑪射線為一高能的電磁波，類似熱和光，但有更高的頻率。這些射線沒有電荷也沒有靜質量，是放射性元素的最大穿透輻射的發射。它能穿透數公分的鋁板，後來人們證實 γ 射線是波長小於 X 射線的電磁波。

　　要研究放射性物質所放出的三種射線，我們設計一個實驗。如圖 25-40，將一小塊放射性物質放在鉛塊內，鉛塊放在一可抽成高度真空的容器內，容器之上方置一照相底片。在與圖面垂直方向加一甚強的磁場。軟片經顯影後，發現三個分隔明顯之斑點，其一在鉛槽之正上方，次一偏向一側，另一偏向相反之另側。

從磁場之方向加以研究，得知一種射線其性質與帶有正電荷之質點相同，應為 α 粒子。另一射線其偏轉程度較大，其性質與帶有負電之質點相同，應為 β 粒子。另一為中性者，應為 γ 射線。一切放射性物質，並非均同時發射此三種射線，有時僅發射 α 或 β 質點之一，但 γ 射線均伴隨此兩者之一，同時發射。

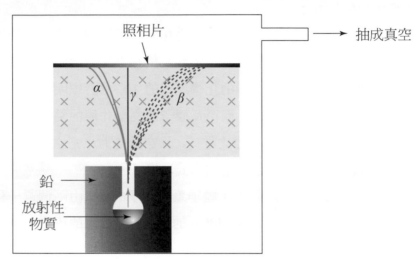

▲圖 25–40　放射性物質在磁場內所放射的三種射線的路線

25–11–2　放射衰變

讓我們藉阿伐、貝他和伽瑪的輻射觀察放射衰變。一個阿伐粒子的發射將減少母核 (parent nucleus) 二個質子數及四個核子數。用符號表示可寫成

$$^A_Z X \rightarrow {}^{A-4}_{Z-2} Y + {}^4_2\alpha + 能量 \tag{25–71}$$

一個阿伐粒子放射的實例為鐳之同位數衰變成氡

$$^{226}_{88}Ra \rightarrow {}^{222}_{86}Rn + {}^4_2\alpha + 能量$$

能量是導因於產物的靜能比母原子核還小的事實。此能量的差量主要變成阿伐粒子的動能；此因較大質量之子核 (daughter nucleus) 的動能是比較小的。

接著討論從原子核發射貝他負粒子的情形。如果貝他負粒子為電子，那麼一個電子如何能夠從僅包含質子和中子的原子核射出呢？這個情形可藉類似波耳原子加以答覆或至少可作為參考。我們知道光子並不存在原子內，但當原子由一狀態變成另一狀態時，光子就可從原子發射出來。同樣地，電子並不存在原子核內，

但當原子核從一狀態變成另一狀態時，電子就可以以輻射的形式被發射出來。當這樣的變化發生時，全部的電量必須守恆。這就需要一個中子轉換成一個質子和一個電子。

$$_{0}^{1}n \rightarrow {}_{1}^{1}p + {}_{-1}^{0}e$$

因此，在 β^- 粒子的發射中，一個中子被質子取代。其原子序 Z 增加 1，而質量數不變。以符號表示為

$$_{Z}^{A}X \rightarrow {}_{Z+1}^{A}Y + {}_{-1}^{0}\beta + 能量 \tag{25-72}$$

一個貝他放射的例子為氖之同位素衰變成鈉

$$_{10}^{23}Ne \rightarrow {}_{11}^{23}Na^+ + {}_{-1}^{0}\beta + 能量$$

對於電荷的守恆，Z 的增加是必要。

同樣地在正電子 (β^+) 的發射中，原子核中的一個質子衰變成一個中子及一個正子。

$$_{1}^{1}p \rightarrow {}_{0}^{1}n + {}_{+1}^{0}e$$

原子序 Z 減少，而質量數 A 沒變化。符號表示為

$$_{Z}^{A}X \rightarrow {}_{Z-1}^{A}Y + {}_{+1}^{0}\beta + 能量 \tag{25-73}$$

一個正電子發射的例子為氮的同位素衰變成碳的同位素

$$_{7}^{13}N \rightarrow {}_{6}^{13}C + {}_{+1}^{0}\beta + 能量$$

在兩類貝他的發射中，動能大部分是分配到貝他粒子及稱為微子 (neutrino) 的粒子上。該微子沒有靜質量也沒有荷電，但它有能量及動量。

在伽瑪的發射中，母原子核維持相同的原子序 Z 以及相同的質量數 A。該伽瑪光子只是從一不穩定的原子核帶走能量。通常在阿伐及貝他的衰變後會伴隨伽瑪的衰變，以帶走額外的能量。

$_{92}^{238}U$ 的放射性蛻變 (radioactive disintegration)，如圖 25–41 所示，是一系列經由許多元素的衰變，直到變成穩定的 $_{82}^{206}Pb$ 原子核為止。

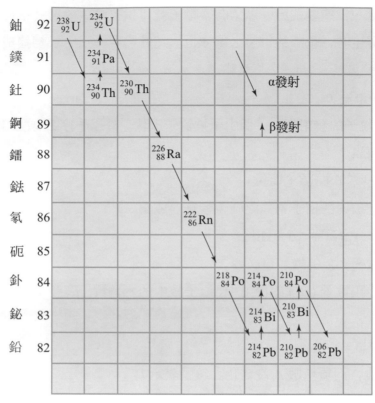

鈾 92 $^{238}_{92}$U $^{234}_{92}$U

鏷 91 $^{234}_{91}$Pa

釷 90 $^{234}_{90}$Th $^{230}_{90}$Th α發射

錒 89 β發射

鐳 88 $^{226}_{88}$Ra

鍅 87

氡 86 $^{222}_{86}$Rn

砈 85

釙 84 $^{218}_{84}$Po $^{214}_{84}$Po $^{210}_{84}$Po

鉍 83 $^{214}_{83}$Bi $^{210}_{83}$Bi

鉛 82 $^{214}_{82}$Pb $^{210}_{82}$Pb $^{206}_{82}$Pb

238 234 230 226 222 218 214 210 206 202

質量數, A

▲圖 25–41   蛻變的鈾系。鈾經過一系列發射 α 及 β^- 的衰變，從 ^{238}U 變到 ^{206}Pb。

25–11–3   放射衰變定律與半衰期

放射衰變是一種統計過程，沒有人能猜測到那一時刻那一個原子核會發生衰變。當衰變發生時，放射的原子核數就會減少，而其減少的速率與其原有的原子核數 N 成正比，即

$$\frac{dN}{dt} = -\lambda N \tag{25–74}$$

式中比例常數 λ，稱為衰變常數 (decay constant)。此式可改寫成 $\dfrac{dN}{N} = -\lambda t$，然後積分可得

$$\int_{N_0}^{N} \frac{dN}{N} = -\lambda \int_0^t dt$$

式中 N_0 為 $t = 0$ 時，母核的數目；N 為時間等於 t 時，剩下母核的數目，積分後可得

$$N = N_0 e^{-\lambda t} \tag{25–75}$$

此式如圖 25–42 所示，稱為放射衰變定律 (radioactive decay law)。

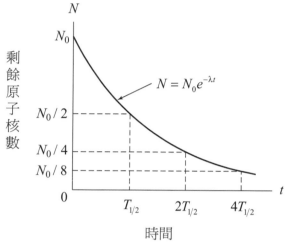

▲圖 25–42　剩餘放射性原子核數對時間的關係圖。母核的數目衰變成原來一半所需的時間，稱為半衰期，以 $T_{1/2}$ 表示。

　　母核之數目變成原來一半所需的時間，稱為半衰期 (half-life) $T_{1/2}$。由式 (25–75) 可得

$$0.5N_0 = N_0 e^{\frac{-\lambda}{T_{1/2}}}$$

由此可得

$$T_{1/2} = \frac{\ln 2}{\lambda} = \frac{0.693}{\lambda} \tag{25–76}$$

　　由於不易量得原子核的數目，我們改而測量其衰變率 (decay rate) 或其活性 (activity) R。R 定義為

$$R = -\frac{dN}{dt} \tag{25–77}$$

對式 (25–75) 微分，可以得到

$$R = \lambda N = R_0 e^{-\lambda t} \tag{25–78}$$

式中 $R_0 = \lambda N_0$ 為初衰變率。衰變率（活性）的單位為貝克勒 (Bq)，但常用的單位為居里 (Ci)。其定義為

$$1 \text{ 居里 (Ci)} = 3.7 \times 10^{10} \text{ 貝克勒 (Bq)} = 3.7 \times 10^{10} \text{ 衰變 / 秒}$$

例題 25-18

有一放射性同位素鈽 239，其半衰期為 24400 年，如果現有 1.00×10^{10} 個樣本，其活性為 2 毫居里。求在 73200 年後的(a)原子核數，(b)活性。

解 (a)將式 (25–76) 代入式 (25–75) 可得剩下的原子核數

$$N = N_0 e^{-\lambda t} = N_0 e^{-(\frac{\ln 2}{T_{1/2}})t} = N_0 (\frac{1}{2})^{\frac{t}{T_{1/2}}}$$

$$= (1.00 \times 10^{10})(\frac{1}{2})^{\frac{73200}{24400}}$$

$$= (1.00 \times 10^{10})(\frac{1}{8})$$

$$= 1.25 \times 10^9 \text{ 原子核}$$

(b)由式 (25–78)

$$R = R_0 e^{-\lambda t} = (2 \times 10^{-3})(\frac{1}{8}) = 2.50 \times 10^{-4} \text{ 居里}$$

25–12 核反應、核分裂與核聚變

25-12-1 核反應

1902 年拉塞福與索地 (Soddy) 證明放射性與原子的自發蛻變 (disintegration)。1919 年他們發現，如圖 25–43 所示，可以把 α 粒子與氮原子核結合而產生氫核及氧的同位素

$$_2^4\alpha + {}_7^{14}N \rightarrow ({}_9^{18}F) \rightarrow {}_1^1H + {}_8^{17}O$$

這便是第一次把一種元素蛻變成另一種元素的人為誘發蛻變。而後應用各種粒子撞擊原子核的事件，層出不窮。我們可把這些核反應 (nuclear reaction) 寫成通式為

$$a + X \rightarrow Y + b + Q \tag{25-79}$$

上式表示粒子 a 與原子核 X 碰撞產生原子核 Y 與粒子 b，另外伴加了反應能 (re-action energy) Q。反應能與初狀態各粒子之總質量與末狀態各粒子之總質量的差有關，由愛因斯坦的質能互換可寫成

$$Q = (\Delta m)c^2 = (m_a + m_X - m_Y - m_b)c^2 \tag{25-80}$$

若反應時 $Q > 0$，則此反應稱為放熱反應 (exothermic reaction)，釋放出的熱量通常變成產物的動能，或 Y 原子核在激發狀態間躍遷所發出的 γ 射線。若 $Q < 0$，則此反應稱為吸熱反應 (endothermic reaction)。此時入射粒子的能量必須大於某一底限，否則反應不會自然發生。若 $Q = 0$，則只是普通的碰撞不會有核反應發生，即 a, X 粒子碰撞後還是 a, X 粒子，只是兩者之間會有能量的交換。

在核反應中，我們將討論幾個必定被觀察到的守恆律，主要為電荷守恆 (conservation of charge)、核子守恆 (conservation of nucleons) 以及質能守恆 (conservation of mass-energy)。

1. 電荷守恆 (conservation of charge)：在核反應中，系統的全部電量不能增加也不能減少。

2. 核子守恆 (conservation of nucleons)：在交互作用中，核子的總數必須保持不變。

3. 質能守恆 (conservation of mass-energy)：在核反應中，系統的全部質能必須保持不變。

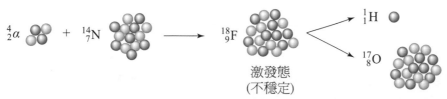

▲圖 25-43　用一個阿伐粒子撞擊一個氮 14 的原子核

25-12-2　核分裂

在 1932 年中子發現前，阿伐粒子和質子是用來撞擊原子核的主要粒子，但作為荷電的粒子，它們有被原子核靜電排斥的缺點。因此在核反應前需要相當大的能量。

　　因為中子不具電荷，沒有庫侖斥力，比質子或 α 粒子更容易誘發人為放射性。而且慢速的中子更容易被原子核捕獲，使原子核處於激發狀態而誘發分裂成兩個較小的原子核，如圖 25–44 所示，這個反應稱為分裂（fission，或稱為裂變），而此些結局核 (resultant nucleus) 稱為裂變碎片 (fission fragments)。

　　核分裂（nuclear fission，或稱為核裂變）為一個重原子核被分裂成兩個或更多中間質量數的原子核的過程。

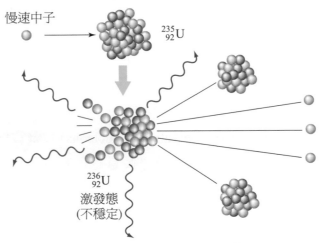

▲圖 25–44　捕獲一個慢速中子之 ^{238}U 的核分裂

　　當一個慢速中子被鈾原子核 $^{235}_{92}U$ 捕獲時，產生一個不穩定的原子核 ($^{236}_{92}U$)，該核可能以幾種方法衰變成較小的結局核。這種裂變反應可能在結局核外額外地產生快速中子、貝他粒子以及伽瑪射線。就是這樣，裂變過程的產物包含了原子核爆炸的輻射性微塵，有相當高的放射性。

　　裂變碎片有較小的質量數，所以每一核子約有 1 MeV 的結合能。此結果使裂變釋放出相當大的能量。在上面的例子中每次裂變大約有 200 MeV 的能量產生。

　　由於每一次核分裂會釋出許多中子，這些中子會引起額外的裂變，一個鏈鎖反應 (chain reaction) 可能發生。在圖 25–45 中可看出三個中子從 $^{235}_{92}U$ 的裂變中釋出，而產生三個額外的裂變。因此在開始使用一個中子，在兩個梯次後則可有九個中子。如果如此的鏈鎖反應不能加以控制，就會產生一個相當巨大的爆炸。

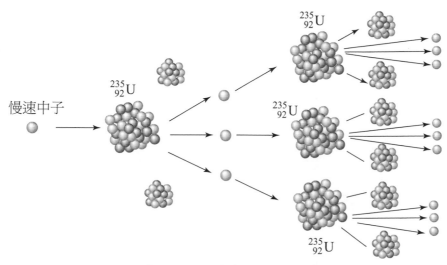

▲圖 25-45　原子核的鏈鎖反應

25-12-3　核反應器

　　核反應器 (nuclear reactor) 是一個控制放射性材料作核分裂的裝置。此裝置會產生放射性物質及大量的能量。該裝置被用來對電力發電機、推進器以及工業過程提供熱量；對許多應用生產新的元素或放射性材料；並對科學實驗提供中子。

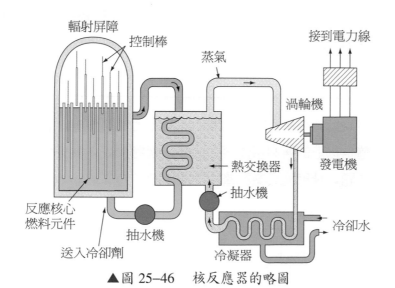

▲圖 25-46　核反應器的略圖

　　在圖 25–46 中為一典型的反應器略圖。其基本組件是(1)一個核燃料的核心 (core)，(2)一種減速劑 (moderator)，用來減速快速中子，(3)控制棒 (control rod) 或其他用來控制裂變過程的元件，(4)一個熱交換器 (heat exchanger)，用來轉移在核心內產生的熱量，以及(5)一個輻射屏蔽 (radiation shielding)。反應器產生的蒸汽被用來推動一產生電力的渦輪機。用過的蒸汽在冷凝器中變成水並且抽回熱變換器，以備下次循環使用。

25-12-4　核聚變

　　在討論由成分核子形成之質量欠缺時，我們曾在第 10 節中計算出由氫核及中子結合成氦核時，每一核子所能釋出的結合能為 7.13 MeV。這種結合輕核成為一個較重原子核的過程稱為核聚變 (nuclear fusion)。這種過程就像太陽一樣能提供能量，而且這同時也是氫彈背後的原理。許多人認為氫變成氦的聚變是最好的燃料。

　　把核聚變作為控制能源的方法，不是沒有問題的。大多數的物理學家都相信維持核聚變將需要極高的溫度。這種聚變原子核的過程將需要百萬電子伏特的動能才能克服它們的庫侖斥力。對於氫彈，這些巨大的能量是藉一次小型原子彈的爆炸所提供，而後很快地啟動這個核聚變過程。用這種方法引起核聚變的和平使用上出現了容器的問題。核燃料需要如此的高溫，此高溫將足以毀滅任何已知的物質。這就是為什麼經由電解過程的低溫核聚變會產生如此多的激勵。

　　如果核聚變的問題被解決了，這個能源將提供我們解決能源不足的難題，在海水中，一般發現的氘幾乎可以提供我們無窮盡的燃料供應。它將是我們所有儲存的煤和油十億倍以上的可利用燃料。此外，相對於現在核分裂反應器所產生放射性核廢料的問題，核聚變反應器產生的放射性核廢料將非常地少。

習　題

1. 一個鐘（在 S' 坐標系）要以多快的速率相對 S 坐標系運動，才會使它在一年內少一秒？

2. 有一米尺在以 $0.6c$ 的速率相對一太空船運動。求太空船上的人量得此米尺的長度。

3. 一架飛機以 $0.2c$ 的速率飛越相隔 1000 公里的兩城市。對飛行員而言，(a)這段行程歷時多久？(b)這段行程的距離多長？

4. 計算電子加速由(a) $0.6c$ 到 $0.8c$；由(b) $0.995c$ 到 $0.998c$ 所需的能量。

5. 太陽輻射的峰值發生在波長 500 奈米處，求太陽表面的溫度。假設太陽進行黑體輻射。

6. 使用 400 奈米的紫外線照在光電管上，作光電效應實驗。結果得到截止電壓為 1.5 伏特。求(a)此光電管的功函數；(b)光電子的最大速率。

7. 在某 X 射線管中，電子經電位差 20000 伏特加速後撞擊一靶。當此等電子在靶中減速靜止時，其中部分電子發射 X 射線的光子。

   (a)為什麼由 X 射線管發出的光子，其波長有一最短的極限？

   (b)試計算此最短波長。

8. 晶體內各層原子的間隔為 3×10^{-10} 公尺。由普通商業用 X 射線管放出的 X 射線，經此晶體所產生的掠射角可為 10°。試大略估計此 X 射線中光子的能量。

9. 波長為 0.243 奈米的 X 射線，在穿過石墨時，被散射的角度為 45°。求散射射線的波長。

10. 一平方公尺銀箔的質量為 5×10^{-3} 公斤，而銀的密度則為 1×10^{4} 公斤／公尺^3。試求(a)該銀箔的厚度；(b)假設銀原子是正立方體，其質量為 1.8×10^{-25} 公斤，求此立方體的邊長；(c)銀箔的厚度係由多少層的原子所疊成？

11. 敘述拉塞福的原子模型。

12. 敘述波耳原子模型的假設，並與古典原子模型比較其異同。

13. 當電子從氫原子的第三激態降到基態時，其所發出電磁波的波長為若干？

14. 利用波耳理論，計算自一單離子化的氦移離一電子所需的能量。

15. 試求一具有 100 電子伏特動能之電子的德布羅意波長。

16. 估計 $^{27}_{13}Al$ 原子核的半徑及密度。

17. 由 $^{12}_{6}C$ 的原子核決定其總結合能及每一核子的平均結合能。

18. ^{226}Ra 的半衰期為 1620 年，其分子量為每克分子 226 公克。現有 1 公克 ^{226}Ra，求其初衰變率。

六　劃

九　劃

十一劃

十四劃

十五劃

◆ 圖片來源

圖 17-3 (a)左圖　Science Photo Library

圖 17-3 (b)左圖　Science Photo Library

圖 17-4 (a)　Science Photo Library

圖 17-13 右圖　Fundamental Photographs

第 18 章扉頁　Getty Images

第 21 章扉頁　Getty Images

圖 21-10　Fundamental Photographs

第 25 章扉頁　Getty Images

習題簡答 ━━━━━━━━━━━━━━━━━━━━━━━━━━━━

第 13 章

1. （略）　2. （略）　3. （略）　4. （略）　5. （略）　6. （略）　7. （略）　8. （略）

9. （略）　10. （略）　11. （略）　12.(a) $9.92×10^{-2}$ 牛頓（相斥）　(b) $\dfrac{F_e}{F_g}=-3.09×10^{35}$　13.庫侖力大小

為 $5.56×10^{-26}$ 牛頓，方向為沿對角線向外　14. x=7 公尺處；位置與 Q 電荷無關　15.(a) 相斥力

(b) $\dfrac{Q}{q}=-\dfrac{3}{2}$ 或 $-\dfrac{2}{3}$　(c) $\dfrac{1}{9}$ 牛頓　16.(a) $\dfrac{2kqx}{(x^2+a^2)^{\frac{3}{2}}}\mathbf{i}$　(b) $\dfrac{-2kqa}{(x^2+a^2)^{\frac{3}{2}}}\mathbf{j}$　17. （略）　18.(a) $5.57×10^{-11}$ 牛頓／

庫侖，方向為指向地心　(b) $2.05×10^{-7}$ 牛頓／庫侖，方向為離開地心向上　19. $\dfrac{2k\lambda}{r}$　20.繩上張力 $T=\dfrac{mg}{\cos\theta}$；

電荷密度 $\sigma=\dfrac{2\varepsilon_0 mg\tan\theta}{g}$　21.(a) $E=0$　(b) $E=\dfrac{q}{4\pi\varepsilon_0 r^2}$，方向為沿徑向外　22.(a) $E=0$　(b) $E=\dfrac{\rho}{3\varepsilon_0}(r-\dfrac{a^3}{r^2})$

(c) $E=\dfrac{\rho b^3}{2\varepsilon_0 r^2}$　23.(a) $\dfrac{\rho r}{2\varepsilon_0}$　(b) $E=\dfrac{\rho R^2}{2\varepsilon_0 r}$24. (a) $\sqrt{\dfrac{2qEd}{m}}$　(b) qEd　(c) $\sqrt{\dfrac{2dm}{qE}}$

第 14 章

1. $1.5×10^{-2}$ 焦耳　2.(a) $1.15×10^{-18}$ 焦耳　(b) $2.3×10^{-18}$ 焦耳　3.(a)電子所受電力為 $1.6×10^{-14}$ 牛頓，所受

重力為 $8.93×10^{-30}$ 牛頓；質子所受電力為 $1.6×10^{-14}$ 牛頓，所受重力為 $1.64×10^{-26}$ 牛頓　(b)電子的重力位能變

化為 $8.93×10^{-32}$ 焦耳，電力位能變化為 $-1.6×10^{-16}$ 焦耳；質子的重力位能變化為 $1.64×10^{-28}$ 焦耳，電力位能

變化為 $1.6×10^{-16}$ 焦耳　4. $(4-\sqrt{2})\dfrac{kq^2}{a}$　5.(a) $2.00×10^{-7}$ 庫侖　(b)3 公尺　6. （略）　7. $5.4×10^4$ 伏特

8.(a) $\dfrac{v_e}{v_p}=27.1$　(b)1　9.(a) $1.6×10^{-17}$ 焦耳　(b) $E_{AB}=-5.0×10^3$ 伏特／公尺　(c) $E_{BC}=2.0×10^4$ 伏特／公尺

(d) （略）　10. $4.25×10^{-4}$ 庫侖　11. （略）　12.(a) $3.54×10^{-9}$ 法拉　(b) $3.54×10^{-6}$ 庫侖

(c) $2.0×10^5$ 伏特／公尺　13. $7.2×10^{-2}$　14.並聯的等效電容為 14 微法拉；串聯的等效電容為 $\dfrac{8}{7}$ 微法

拉　15.(a) 3.0 微法拉　(b) $V_1=V_2=V_3=60$ 伏特　(c) $Q_1=3×10^{-4}$ 庫侖, $Q_2=6×10^{-4}$ 庫侖, $Q_3=9×10^{-4}$ 庫侖　16.

$Q_1=8.0×10^{-5}$ 庫侖, $Q_2=1.6×10^{-4}$ 庫侖, $V=80$ 伏特　17. $\dfrac{25}{7}$ 法拉　18. $\dfrac{17}{6}$ 微法拉　19. $C_0(\dfrac{\kappa_1}{2}+\dfrac{\kappa_2\kappa_3}{\kappa_2+\kappa_3})$

20.(a) 0.045 焦耳　(b) 0.0417 焦耳

第 15 章

1. 0.1 安培　　2. $3.6×10^5$ 庫侖　　3. $1.6×10^{-5}$ 安培，向左　　4. $1.88×10^{-3}$ 安培　　5. $5.31×10^4$ 安培／公尺^2

6. $4.03×10^{-3}$ 公斤　　7.(a) $5.07×10^{-7}$ 公斤／庫侖　(b) 97.9 公克／克分子　　8. （略）　　9. 3.34 伏特

10. 2.4 電子伏特

第 16 章

1. 197 歐姆　　2. $\dfrac{銀線半徑}{銅線半徑}=0.924$　　3. 467 公尺　　4. $4.00×10^{-3}K^{-1}$　　5. 66.5°C　　6. $V_{R6}=48$ 伏特，

$V_{R4}=12$ 伏特，$V_{R3}=15$ 伏特　　7.(a) 3.67 安培　(b) 404 瓦特　　8.(a) $R_{100}=121$ 歐姆，$R_{60}=202$ 歐姆

(b) $P_{100}=100$ 瓦特，$P_{60}=60$ 瓦特　(c) $P_{100}=14.0$ 瓦特，$P_{60}=23.4$ 瓦特　　9.(a) $V_R=150$ 伏特，$V_{tube}=200$ 伏特

(b) $i_R=3.3×10^{-3}$ 安培，$i_{tube}=2.0×10^{-3}$ 安培　(c) $R=3.00×10^4$ 歐姆　　10.(a) 45 歐姆　(b) 4.62 歐姆　　11. $R_{ab}=5$ 歐姆

12. 6 歐姆　　13.(a) 各為 $\dfrac{V}{2}$　(b) R　　14. $\dfrac{5}{6}R$　　15. （略）　　16.(a) $i_5=12$ 安培，$i_6=8$ 安培，$i_{12}=4$ 安培　(b) 1296

焦耳　(c) $P_{5\Omega}=720$ 焦耳，$P_{6\Omega}=384$ 焦耳，$P_{12\Omega}=192$ 焦耳　　17.(a) 180 瓦特　(b) 2 安培　(c) $V_{80V}=74$ 伏特，

$V_{14V}=-16$ 伏特　　18.(a) $4\sqrt{3}$ 伏特　(b) $P_{R1}=13.5$ 瓦特，$P_{R2}=3$ 瓦特　　19.(a) $\mathscr{E}_1=3$ 伏特，$\mathscr{E}_2=13$ 伏特

(b) 4 伏特　　20. $V_{4\Omega}=\dfrac{164}{37}$ 伏特，$V_{5\Omega}=\dfrac{95}{37}$ 伏特，$V_{6\Omega}=\dfrac{132}{37}$ 伏特　　21.(a) 2.0 秒　(b) $6.0×10^{-5}$ 庫侖

(c) $3.0×10^{-5}$ 安培　　22. 1.60 焦耳　　23. 0.5 歐姆　　24.不能平衡；0.41 安培

第 17 章

1. $\dfrac{F_e}{F_m}=2.3×10^6$　　2.(a) $1.5×10^7$ 公尺／秒　(b) （略）　　3. $B_a=8.0×10^{-7}$ 特士拉，$B_b=2.18×10^{-7}$ 特士拉，

$B_c=2.83×10^{-7}$ 特士拉，$B_d=0$ 特士拉　　4. $2×10^{-7}$ 特士拉　　5. $3.14×10^{-5}$ 特士拉　　6. $3.51×10^{-5}$ 特士拉

7.(a) $\dfrac{\mu_0 iR^2}{(R^2+d^2)^{\frac{3}{2}}}$，向左　(b) 0，無　　8. $3.02×10^{-3}$ 特士拉　　9. $1.0×10^{-4}$ 特士拉　　10. $1.6×10^{-2}$ 特士拉

11. $6.4×10^{-21}$ 牛頓　　12.(a) 1.27 特士拉　(b) $1.94×10^8$ 赫　　13.(a) $4.79×10^7$ 公尺／秒　(b) $1.92×10^{-12}$ 焦耳

(c) $7.63×10^6$ 赫　　14. $2.0×10^{-5}$ 牛頓　　15. 12.5 牛頓　　16. 0.82 安培，由左向右　　17. $\mathbf{F}=-ia B\mathbf{j}$

18. $1.25×10^{-2}$ 牛頓·公尺　　19.(a) $7.85×10^{-3}$ 牛頓·公尺　(b) $6.80×10^{-3}$ 牛頓·公尺　　20. $8.00×10^{-3}$ 牛頓·

公尺　　21.並聯 0.02 歐姆的分路電阻器　　22. $R_{A1}=0.020$ 歐姆，$R_{A2}=0.081$ 歐姆，$R_{A3}=1.010$ 歐姆

23.(a) 15 歐姆　(b) 15 伏特　　24. $R_{V1}=2.99×10^3$ 歐姆，$R_{V2}=1.50×10^4$ 歐姆，$R_{V3}=1.50×10^5$ 歐姆　　25. （略）

26. （略）

第 18 章

1.（略）　　2. 0.283 韋伯　　3. 2.0×10^{-4} 伏特　　4.(a)0.10 伏特　(b)0.2 安培　(c)0.01 牛頓，向右

5. −0.18 伏特　6.(a)順時針，順時針　(b)1　(c)成正比　(d)1.41 伏特　　7.(a)1.0 伏特，逆時針　(b)1.25 牛頓　(c)1　8.(a)0.08 伏特　(b)0.16 瓦特　(c)0.8 牛頓　　9.(a)$-\dfrac{1}{R}\dfrac{\Delta\phi_0}{\Delta t}$，逆時針　(b)不是　10.順時針（由右向左看）　11.(a)1.39×10^{-1} 安培　(b)3.33×10^{-7} 特拉士　　12. 100 伏特　　13. 10 伏特　　14. 7.54×10^{-2} 亨利，3000 倍　　15. 12 秒　　16. 27.3 安培／秒　17.(a)0 瓦特　(b)1000 瓦特　(c)1000 瓦特　18.(a)97.9 亨利　(b)1.96×10^{-4} 焦耳　19. 7.07×10^5 弧度／秒，1.13×10^5 赫　20.(a)1.20×10^6 弧度／秒　(b)1.67×10^{-6} 庫侖　(c)4.76×10^{-2} 伏特　(d)3.97×10^{-8} 焦耳　　21. $R > \sqrt{\dfrac{3L}{C}}$　22.（略）　　23. 3.85×10^2 公尺　　24. 0.60 伏特／公尺，2.0×10^{-9} 特士拉

第 19 章

1.(a)0.5 伏特　(b)0.628 伏特　　2.(a)6.34×10^{-2} 特士拉　(b)6.67 安培　　3. 2.83 安培　　4.(a)1.44×10^6 歐姆　(b)1.43×10^{-1} 亨利　　5.(a)3.32×10^2 歐姆　(b)0.452 安培　　6.(a)−659 歐姆（負值表示容抗大於感抗）　(b)688 歐姆　(c)0.218 安培　(d)−1.28 弧度　7.(a)95.0 歐姆　(b)−0.318 弧度　(c)$(1.16)sin(\omega t+0.318)$ 安培　8.(a)80 匝　(b)2.2 安培　　9.(a)11.0 伏特　(b)0.121 瓦特　　10.(a)40 匝　(b)110 瓦特　(c)0.33 度

第 20 章

1.（略）　　2.（略）　　3.（略）　　4.（略）　　5.（略）　　6.（略）　　7.（略）　　8.（略）　　9.（略）

第 21 章

1.（略）　　2.（略）　　3.（略）　　4.(a)0.25 秒　(b)4 赫　5.(a)0.30 公尺／秒　(b)0.15 公尺　6.(a)3 公尺，15.7 公尺，1.27 赫　(b)向正 x 方向行進　(c)20 公尺／秒　　7. 170 公尺　8. 1.46×10^3 公尺　　9. 850 公尺　　10. 10 公尺秒　　11. 6.98 秒　　12.（略）　　13.（略）　　14.甲彈簧　15.（略）　16.(a)2.4 公尺，1.2 公尺，0.8 公尺　(b)4.8 公尺，1.6 公尺，0.96 公尺　　17. 1:2　　18. $\dfrac{L_2}{L_1}=9$　19. 0.425 公尺　　20. 0.332 公尺，332 公尺／秒　　21. $\sqrt{2}$　　22. $y=(0.01)sin[126x-(2.82 \times 10^4)t]$　23. 3.67×10^3 公尺／秒　　24. 346.4 公尺／秒　　25. 0.577 公尺，2.49 公尺　　26.(a)850 赫　(b)847 赫　(c)900 赫　27.(a)825 赫　(b)778 赫　　28. 849 赫　　29. 8484 赫　　30.(a)800 赫　(b)800 赫　(c)825 赫　　31. 6.80 瓦特　32.(a)1.59×10^{-2} 瓦特／公尺^2，102 分貝　(b)3.98×10^{-3} 瓦特／公尺 2，96 分貝

第 22 章

1. （略）　　2. 0.385 公尺　　3. 5 個　　4.鏡前 0.60 公尺處　　5.凹面鏡，0.8 公尺，鏡前 1 公尺處

6. 0.17 公尺　7.凹面鏡，0.48 公尺或 1 公尺　　8. 61.1°　　9. 0.042 公尺　　10. 2×10^8 公尺／秒

11.(a) 0.98　(b) 1.02　(c)由酒精入射到水中，78.6°　　12. $n_{21} = 1.414$　　13. 2.66 公尺　　14. （略），0.228 公尺

15. 0.33 公尺，凸透鏡，正立虛像　　16.鏡後 0.33 公尺處，倒立實像，$M_1 = -0.67$；鏡後 1 公尺處，倒立實像，

$M_2 = -4$　　17.(a) B 鏡前 0.133 公尺處，倒立實像　(b) 0.46 公尺　　18. 0.067 公尺

第 23 章

1.凹透鏡，−0.167 公尺　　2.凹透鏡，−0.30 公尺　　3.凹透鏡，−0.375 公尺　　4.凸透鏡，0.625 公尺

5. 0.60 公尺　　6. 0.048 公尺　　7. −231（倒立）　　8.大小 0.0225 公尺，目鏡前 0.2 公尺處　　9. 0.167

公尺，−88.1（倒立）　　10. −40（倒立）　　11. 0.020 公尺　　12. −20（倒立）　　13.(a) −6.0（倒立）

(b) −0.384（倒立）　　14.(a) −0.035（凹透鏡）　(b) 0.105 公尺　　15.塔前 60 公尺　　16. 0.128 秒　　17. 0.005 公尺

第 24 章

1. 1.96×10^{-3} 公尺　　2. 3.75×10^{-4} 公尺　　3. 9.17×10^{-5} 公尺　　4. 4.07×10^{-7} 公尺　　5. 1.14

6. 3.53×10^{-3} 公尺，1.77×10^{-3} 公尺　　7. 3.30×10^{-4} 公尺，2.05×10^{-4} 公尺　　8. 4.00×10^{-7} 公尺

9. 2.68×10^{-1} 公尺　　10. 2.53×10^{-3} 公尺　　11. 7.38×10^{-7} 公尺　　12. 8.22×10^{-7} 公尺　　13. 1.00×10^{-4} 公尺

14. 7.08×10^{-3} 公尺　　15. 1.00029

第 25 章

1. 7.55×10^4 公尺／秒　　2. 0.8 公尺　　3.(a) 1.63×10^{-2}　(b) 980 公里　　4.(a) 3.44×10^{-14} 焦耳（或 0.215

MeV）　(b) 4.76×10^{-13} 焦耳（或 2.975 MeV）　　5. 5800 K　　6.(a) 2.57×10^{-19} 焦耳（或 1.61 電子伏特）

(b) 7.26×10^5 公尺／秒　　7.(a)（略）　(b) 6.22×10^{-11} 公尺（或 0.622 埃）　　8. 1.91×10^{-15} 焦耳（或 1.20×10^4

電子伏特）　　9. 2.44×10^{-10} 公尺（或 2.44 埃）　　10.(a) 5×10^{-7} 公尺　(b) 2.62×10^{-10} 公尺　(c) 1.90×10^3

11. （略）　　12. （略）　　13. 1.03×10^{-7} 公尺　　14. 54.4 電子伏特　　15. 1.23×10^{-10} 公尺　　16. 3.6×10^{-15} 公

尺（或 3.6 費米），2.2×10^{17} 公斤／公尺^3　　17. 1.44×10^{-11} 焦耳（或 90.0 MeV），7.5 百萬電子伏特／核子

18. 0.97 居里

● **微積分** 白豐銘、王富祥、方惠真／著

- 由三位資深教授累積十餘年在技職體系及一般大學的教學經驗，精心規劃所設計完成，符合大專院校的需求。
- 減少了抽象觀念的推導和論證，例題並有題型分析和解題技巧。
- 習題難易深入淺出，適合教師作為隨堂測驗或考試之用。
- 主要為一學年的教學課程所設計，亦可由授課者自行安排，作為單學期授課之用。

● **普通化學 —— 基礎篇** 楊永華、蘇金豆、林振興、黃文彰／著

- 特聘國內一流化學教授，針對化學教學重點寫作，徹底改善翻譯教科書不符國內教學的缺點。
- 基礎篇內容分為二個主題單元，每單元各有數章，可依照教學設計，將各章編排組合運用。

● **普通化學 —— 進階篇** 楊永華、蘇金豆、林振興、黃文彰／著

- 進階篇內容包含無機化學、有機化學、生物化學及材料化學等與時下科技發展息息相關的主題。
- 彙總實驗列於書末，不需額外負擔實驗手冊的費用。

● 應用力學 ── 靜力學　金佩傑／著

- 作者以多年實際的教學經驗,並參酌國外相關書籍撰寫而成,同時能符合目前國內技職學校程度。
- 全書共有十章,皆從基本觀念談起,並以例題和課後習題輔助加強學生的學習效果。
- 列舉了相當多實際應用的例子,讓學生在校學習時就能與實務接軌。
- 編排極為用心,除了嚴謹的排版、校對外,圖片的選用、繪製、印刷都力求精美。

● 應用力學 ── 動力學　金佩傑／著

- 內容主要包括質點之運動學及運動力學、剛體之平面運動學及平面運動力學,主要之應用原理為牛頓第二定律及其衍生之能量法及動量法。
- 為求內容之連貫,同時使讀者能夠掌握重要觀念之應用時機,特別對各章節間之相互關係,以及各主要原理間之特性及差異均加以充分比較及說明。
- 除了提供傳統的介紹方式外,更在許多章節加入創新之解說,相信對於教學雙方均有極大之助益。

● 流體力學　陳俊勳、杜鳳棋／著

- 作者累積多年的教學經驗,配合平常從事研究工作所建立的概念,針對流體力學所涵蓋的範疇,分門別類、提綱挈領予以規劃說明。
- 內容分為八章,包括基本概念、流體靜力學、基本方程式推導、理想流體流場、不可壓縮流體之黏性流、可壓縮流體以及流體機械等。
- 每章均著重於一個論題之解說,配合詳盡的例題剖析,將使讀者有系統地建立完整的觀念。
- 每章末均附有習題,提供讀者自行練習,俾使達到融會貫通之成效。

● **計算機概論** 盧希鵬、鄒仁淳、葉乃菁／著

· 針對大專技職院校的計算機概論課程所精心設計。
· 分為五個部分：DIY 篇、程式篇、資料篇、網路篇及系統管理與應用篇。
· 從 DIY 組裝電腦開始，系統分析、程式設計、檔案與資料庫，一直到日新月異的網路科技均有十分完整的敘述，並介紹各種資訊系統。
· 內容深入淺出，文字敘述淺顯易懂，不僅適合作為教科書，也適合自學者閱讀。

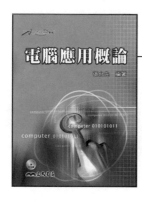

● **電腦應用概論** 張台先／著

· 介紹各種當前使用率最高、版本最新的電腦應用軟體，亦介紹各種網路工具、網路搜尋工具、多媒體軟體，以及維護電腦資訊安全的概念與實作。
· 力求理論與實務並重，理論部分強調電腦科技發展歷程與應用趨勢；實務部分則側重步驟的引導及圖片說明。
· 另附實習手冊及教學範例影片，以 Step by step 的方式講解。
· 各種貼心的內容設計，讓使用者循序漸進熟悉各種電腦相關應用。

● **水質分析** 江漢全／著

· 作者據其長期在水質分析方面的研究及教學經驗寫作本書。
· 除稟承前版架構外，更依現行最新水質檢測方法更新內容。
· 彙整各個行政院環保署公告標準檢驗方法成獨立之篇章。
· 內容能確實反映國內現況，符合教學需要。

以文學閱讀科學 用科學思考哲學

◎ 科學讀書人 —— 一個生理學家的筆記　潘震澤／著

　　作者在從事科學研究工作之餘，將一些科學發現，以及許多科學家的故事，介紹給一般讀者，為許多令人迷惑但深感興趣的問題，提供了第一手的解答，也對於科學與文化的現象提出了獨到的看法。

◎ 另一種鼓聲 —— 科學筆記　高涌泉／著

　　本書作者是一位成就斐然的理論物理學者，但在這本書中，他卻將難懂的科學知識化為一篇篇易讀的文學作品，更要告訴你牛頓、愛因斯坦、波爾、海森堡、費曼、納許……等科學家的迷人故事。

◎ 天人之際 —— 生物人類學筆記　王道還／著

　　本書企圖闡述「物理不外乎人情」的道理，描繪了不少學界名人私下不為一般人所知的小故事，並隱約透露出其對人類社會文明的深切關懷。筆調看似輕鬆幽默，但往往在各篇末又會神來一筆，給人無限想像與深思的空間。

◎ 數學拾貝　蔡聰明／著

　　數學的求知活動有兩個階段：發現與證明。並且是先有發現，然後才有證明。在本書中，我們強調發現的思考過程，這是作者心目中的「建構式的數學」，會涉及數學史、科學哲學、文化思想背景……，這些更有趣！

◎ 數學的發現趣談　蔡聰明／著

　　一個定理的誕生，基本上跟一粒種子在適當的土壤、陽光、氣候……之下，發芽長成一棵樹，再開花結果，並沒有兩樣。本書仍然嘗試儘可能呈現這整個的生長過程。讀完後，請不要忘記欣賞和品味花果的美麗！